AF345124

DE
L'ÉCLAIRAGE AU GAZ

Corbeil, typ. et ster. de Crete.

DE
L'ÉCLAIRAGE AU GAZ

DÉVELOPPEMENTS

SUR LA COMPOSITION DES GAZ DESTINÉS A L'ÉCLAIRAGE,

SUR LA CONSTRUCTION DES FOURNEAUX ET DES CHEMINÉES,

SUR LA POSE DES TUYAUX,

SUR LES PHÉNOMÈNES DE LA LUMIÈRE, ETC..

PAR

E. ROBERT D'HURCOURT

ANCIEN ÉLÈVE DE L'ÉCOLE POLYTECHNIQUE, ANCIEN CAPITAINE D'ARTILLERIE.

SECONDE ÉDITION

PARIS

DUNOD, ÉDITEUR

LIBRAIRE DES CORPS IMPÉRIAUX DES PONTS ET CHAUSSÉES ET DES MINES

Quai des Augustins, 49

M DCCC LXIII

AVANT-PROPOS

L'industrie du gaz exige des connaissances spéciales. En faisant l'histoire de toutes les innovations qui ont été proposées jusqu'à ce jour, il me serait facile de montrer que, sans ces connaissances, il n'y a jamais eu que leurre et déception.

Réunir toutes les données scientifiques dont les applications s'adressent directement à l'industrie du gaz ; montrer d'après quels principes fondamentaux on doit raisonner lorsque l'on est appelé à monter ou à diriger une usine ; indiquer les résultats de toutes les expériences faites sur cette matière : tel est le but que je me suis proposé en publiant la seconde édition de cet ouvrage.

J'ai un peu interverti l'ordre des matières suivi par les auteurs qui ont écrit sur le même sujet : ainsi, après avoir traité les questions relatives à l'analyse du gaz, j'ai parlé immédiatement des brûleurs et du titre. Comme j'avais, dans le cours de l'ouvrage, à revenir souvent sur la valeur du gaz, j'y ai trouvé l'avantage de pouvoir parler d'une chose connue et expliquée.

On s'est beaucoup occupé dans ces dernières années du

titre ; toutes les recherches ont tendu à découvrir un chiffre raisonné qui donnât exactement la valeur de chaque nature de gaz.

Le gaz, comme toute autre marchandise, n'acquiert de valeur que par l'emploi qu'on en sait faire. Or, la quantité de lumière obtenue n'est pas proportionnelle au volume, et varie suivant la pression et la nature du brûleur ; de plus, les variations observées d'après le volume, la pression et le brûleur, ne suivent plus les mêmes lois quand on passe d'un gaz à un autre plus riche ou plus pauvre.

La valeur relative de deux gaz change donc suivant que, voulant obtenir une lumière déterminée, on change de brûleur ou de pression. Il faut s'arrêter à une pression et à un brûleur qui soient généralement acceptés. Le choix fait par M. Jeanneney me paraît rationnel. Il cherche le volume de gaz qui, brûlé dans un bec Manchester, à la pression de 7 millimètres, donne la lumière d'une carcel brûlant 42 grammes d'huile à l'heure, ou celle de sept bougies. Cette lumière est effectivement réclamée par les consommateurs ; mais je trouve la pression de 7 millimètres trop faible, bien qu'avantageuse pour relever le titre.

Quoi qu'il en soit, si deux gaz évalués d'après cette marche donnent, pour leurs valeurs respectives, un rapport déterminé, il faut s'attendre à un tout autre rapport si l'on change la pression, le volume et la nature du brûleur.

J'avais reconnu et publié dans la première édition de cet ouvrage que, pour les becs à un jet, la dépense, quelle que soit la grandeur de l'orifice, est proportionnelle à la hauteur de flamme ; et de plus, que cette dépense est d'autant plus faible que le gaz est plus riche.

Cette loi paraît avoir été reconnue par le docteur Tyfe : pour chaque nature de gaz dont il donne l'analyse, il constate le temps qu'un jet d'une hauteur de $0^m,125$, sortant par un orifice de $0^{mm},769$, met pour dépenser un volume déterminé de gaz.

Il reste à faire des expériences spéciales pour connaître d'après quel rapport on concluera la richesse d'un gaz, de la dépense ou de la durée de consommation du bec-bougie.

J'ai été frappé des différences dans les indications que donnent quelques constructeurs pour fixer les dimensions des foyers : quelques-uns veulent des foyers très-étroits avec un fort tirage ; d'autres, au contraire, préfèrent des fours à coke avec un tirage très-faible. — J'ai trouvé dans les beaux travaux d'Ebelmen les éléments pour asseoir une théorie sur la production de chaleur dans les foyers des fourneaux. Il en ressort que les dimensions des foyers ne doivent nullement être proportionnelles à celles des fourneaux : plus le fourneau est grand, plus le foyer doit être relativement petit. Ainsi les foyers étroits avec fort tirage conviennent aux fours de M. Crool, qui ont jusqu'à vingt cornues ; pour les petits fourneaux, il vaut mieux, au contraire, de grands foyers et un faible tirage.

J'ai combattu le mérite accordé aux extracteurs, de faire disparaître le graphite qui se forme dans l'intérieur des cornues : ce graphite ne disparaît que lorsqu'il y a aspiration et introduction d'air à travers les fentes, ce qui augmente, il est vrai et nécessairement, le volume, mais nuit à la qualité du gaz.

Les extracteurs ne sont sans inconvénient qu'à la condition qu'ils prennent le gaz dans un gazomètre donnant une faible pression, et dans lequel se rendent directement les produits de la distillation. Avec cette modification indispensable pour conserver la valeur du titre, le graphite reparaît et l'on cesse d'obtenir des rendements aussi exagérés.

Je ne saurais trop recommander aux chefs d'usines le brevet de M. Gire, chef des travaux au gaz portatif à Paris, pour enlever le graphite des cornues. J'en donne la description ; le procédé est le plus simple et le plus parfait que je connaisse : en l'employant, les usines seront affranchies d'embarras dont beaucoup se plaignent avec raison, et elles constateront une économie considérable de combustible et de cornues.

J'ai dû parler du rapport de la commission de Saint-Cloud, qui avait reçu mission de l'Empereur pour déterminer le prix de revient du gaz. Personne plus que moi ne professe d'admiration sincère pour les travaux scientifiques qui ont illustré les savants distingués composant cette commission ; mais, en présence de leurs conclusions si contraires aux résultats pratiques, je ne pouvais m'empêcher de les combattre : car il est évident qu'un semblable travail, entrepris par des hommes aussi éminents dans les sciences, avait une redoutable portée. L'industrie du gaz l'a déjà durement éprouvé.

La commission de Saint-Cloud a raisonné d'après des conditions qui ne sont pas aussi avantageuses que celles où se trouve, présentement, après quatre à cinq années d'exploitation, la compagnie parisienne : aussi ai-je été heureux de pouvoir faire ressortir les prix de revient qu'a obtenus cette compagnie, et de montrer que l'on était loin encore des 2 centimes par mètre cube, prix fort annoncé par la commission.

Il faut espérer, dans l'intérêt de notre industrie, que les idées rationnelles finiront par prendre le dessus. Aujourd'hui, quand il s'agit de faire un marché d'éclairage à l'huile, tout le monde connaît le prix des huiles; mais comment arriver à une convention équitable, quand chaque municipalité, oubliant que la commission de Saint-Cloud ne s'est occupée que d'une seule partie du prix de revient, s'attache à ce prix de 2 centimes, prix qu'elle déclare fort ; tandis que l'entrepreneur, s'il est sérieux, sait très-bien qu'à Paris ce prix est de $0^f,20$, en comprenant l'intérêt d'argent sans amortissement, et qu'il sera pour lui de $0^f,30$, et probablement au-dessus?

En traitant de l'épuration, j'ai tenu à employer les propres termes des inventeurs qui ont réalisé les perfectionnements les plus notables. Ce sont, au reste, des personnes de capacité incontestée et dont les indications sont précieuses. Mais, pour toutes les usines qui ne sont pas à même, vu leur peu d'importance, de profiter de l'économie que leur procurerait la vente des sels ammoniacaux, je ne saurais trop appuyer sur le mérite de l'hydrate de chaux, qui, employé seul, a toujours donné les meilleurs résultats et les plus satisfaisants sous tous les rapports.

J'ai apporté les plus grands soins à traiter la question des conduites, je sais que l'emploi des formules présente des longueurs qui rebutent toujours, malgré l'importance de la solution. Je publie un tableau qui, au moyen de courbes, donne presque immédiatement des résultats pratiques plus étendus que ne le peut faire une formule.

J'ai appuyé fortement, à dessein, sur les expériences fondamentales qui font connaître la loi d'écoulement des fluides, uniquement pour les rappeler. Je sais que ces expériences sont connues de toute personne se consacrant à l'industrie du gaz. Depuis quelques années les saines idées de mécanique se répandent de plus en plus; on en est principalement redevable à ce grand nombre d'ingénieurs de mérite que forment, chaque année, l'École centrale des arts et manufactures, les écoles de Chalons, d'Angers, etc. Aussi, bien que ce livre soit purement industriel, n'ai-je hésité devant aucun calcul pouvant conduire à une conclusion pratique utile. J'ai pu ainsi déterminer les conditions à remplir pour poser, le plus économiquement possible, une conduite devant satisfaire à des exigences déterminées.

En traitant du gaz portatif, je me suis borné à des considérations générales. J'ai insisté cependant, au sujet de la fabrication des réservoirs, sur l'importance de la pose des rivets et de la qualité de la tôle. J'ai tenu pour les nouvelles usines qui se montent à prévenir des conséquences fâcheuses.

La possibilité de pouvoir transporter, économiquement, du gaz portatif comprimé a été contestée; j'ai répondu aux objections, en évitant d'avancer aucun fait sans une preuve ou le calcul à l'appui.

Si je n'avais craint de sortir des limites de cet ouvrage, j'aurais aimé à faire l'histoire de l'industrie du gaz portatif, à parler des travaux de la compagnie Ternaux aux Ternes, de ceux de M. Bocquillon... j'aurais eu des mécomptes à constater, mais j'aurais eu, d'un autre côté, à signaler des luttes glorieuses. J'aurais développé le système si simple monté à Paris par M. Houzeau, de Reims, pour transporter le gaz portatif non comprimé. C'est la première usine de ce genre qui ait eu une exploitation suivie ; elle fut constituée en société anonyme avec un capital trop faible pour pouvoir s'étendre.

Malgré les qualités du système de M. Houzeau, bien des obstacles s'opposaient à son développement : néanmoins, grâce à une administration sage, que dirigeaient des personnes le mieux posées dans l'industrie, et dont le dévouement à cette affaire était entier, cette exploitation a duré pendant de nombreuses années, acquittant toutes ses charges et réalisant même un petit bénéfice, avec une production qui n'atteignait pas 30,000 mètres cubes de gaz par an. Enfin, abandonnant un matériel qui était devenu improductif, pour le remplacer par le système de la compression du gaz, cette compagnie a pu ainsi céder une usine pleine d'avenir à une société plus puissante, dont les capitaux sont venus compléter son œuvre.

DE

L'ÉCLAIRAGE AU GAZ

CHAPITRE PREMIER

DISTILLATION DES MATIÈRES ORGANIQUES. — NATURE DES GAZ
PRODUITS. — ANALYSE.

DISTILLATION DES MATIÈRES ORGANIQUES. — Lorsque l'on chauffe
les matières organiques jusqu'à un certain point, leurs éléments
se combinent en d'autres proportions, qui varient suivant leur
nature et suivant la température à laquelle on opère. Si l'on
chauffe dans un vase clos, à l'abri de tout contact de l'air, les
corps volatils se dégagent ; il reste pour résidu du charbon. En
opérant à l'air libre, les corps volatils s'enflamment, brûlent
ainsi que les charbons ; il ne reste que les substances inorgani-
ques qui constituent les cendres.

Ces produits volatils renferment donc des matières combustibles, et le phénomène de leur combustion se manifeste par une
flamme. Si maintenant, opérant en vase clos, on recueille les
produits volatils qui se dégagent, et qu'on leur donne ensuite
issue par une petite ouverture, en en approchant un corps enflammé, on produira une combinaison, par suite un développement de chaleur qui sera suffisant pour la combinaison d'une
nouvelle quantité de gaz sortant avec une autre portion d'air, et
ainsi de suite. Le résultat de ces combinaisons successives sera
une flamme dont on pourra se servir pour l'éclairage et qui se

1

continuera tant que l'on donnera issue aux matières volatiles.

L'intensité de la lumière que l'on obtient dépend, comme on le verra, d'un élément assez fixe pour ne pas être volatilisé instantanément par la chaleur développée : cet élément est le carbone, qui provient de la décomposition préalable des vapeurs ou des gaz carburés. Il peut être aussi un fil ou un réseau de platine maintenu au rouge blanc par la combustion des gaz : c'est ainsi que l'on utilise, pour la lumière, le gaz hydrogène pur, dit gaz à l'eau.

Tel se résume, en quelques mots, le problème de l'éclairage par le gaz.

On peut en conclure que tous les corps organiques doivent être propres à l'éclairage; mais tous ne remplissent pas également le but : car les proportions de ces matières volatiles combustibles varient à l'infini, et il n'y a guère que l'hydrogène bicarboné et les hydrocarbures gazeux qui puissent être recherchés pour la lumière.

De toutes les matières que l'on emploie, les plus propres sont les huiles grasses, les suifs, les résines, les schistes bitumineux, les bois, et enfin, le plus généralement, la houille.

Produits de la distillation des matières organiques. — Les produits volatils obtenus par la distillation de ces matières sont dans des proportions qui dépendent évidemment de la nature des matières employées, du mode de distillation et de la température à laquelle on opère; ce qui donne lieu à autant de questions importantes que nous aurons à étudier.

Outre les hydrocarbures gazeux qui sont, en définitive, les seuls gaz à rechercher et ayant une valeur industrielle sous le rapport de la lumière, ces produits sont composés d'abord : des gaz oxyde de carbone, hydrogène protocarboné et hydrogène pur qui brûlent avec des flammes bleuâtres donnant peu de lumière; et du gaz acide carbonique, des gaz ammoniacaux, du gaz sulfhydrique et des vapeurs de sulfure de carbone, dont il importe de se débarrasser, à cause de l'influence fâcheuse que ces gaz peuvent exercer sur l'hygiène, sur les métaux et les couleurs. C'est surtout lorsque l'on distille des combustibles minéraux que la présence de ces gaz sulfurés, due au soufre contenu dans le combustible, est le mieux constatée. Nous verrons plus loin, lorsque nous traiterons de l'épuration, les moyens employés pour se débarrasser de ces gaz.

Il faudrait encore ajouter d'autres produits secondaires, qui se trouvent mêlés à l'opération en si petite quantité, que l'on s'en préoccupe peu, tels que le cyanogène et quelques cyanates qui doivent leur naissance à la présence de l'azote et des substances alcalines ; en admettant, avec Berzelius, que lorsqu'une matière végétale renferme de l'azote, celui-ci se combine avec l'hydrogène pour donner naissance à de l'ammoniaque ; mais que, lorsque la matière végétale contient une quantité notable d'alcali, alors l'azote s'unit au carbone pour former du cyanogène.

D'après M. Jacquemyns (*Annales de physique et de chimie*, page 293, 1843), la quantité de cyanogène et de cyanates, renfermée dans les eaux ammoniacales provenant de la distillation de la houille, est assez forte pour que 2 litres de liquide, saturés avec l'acide sulfurique, puissent donner $1^{gr},5$ de bleu de Prusse, en y ajoutant un sel ferrique.

PROPRIÉTÉS SOMMAIRES DES GAZ PRODUITS PAR LA DISTILLATION. — Nous allons rappeler en quelques mots les propriétés des gaz auxquels donne lieu la distillation des matières organiques, afin d'être plus à même d'apprécier les méthodes qui permettent d'en faire l'analyse ; d'où il sera permis de juger le mérite du système d'épuration à appliquer et la valeur industrielle du gaz, sous le rapport de l'éclairage.

Les matières organiques, décomposées et ramenées à leurs principes élémentaires, contiennent de l'hydrogène, de l'oxygène, de l'azote, du carbone et du soufre.

Les produits de la distillation ne peuvent donc contenir que ces corps simples ou leurs combinaisons.

Ces corps simples eux-mêmes ne se trouvent pas en liberté dans les matières organiques. La plus grande partie de l'oxygène se trouve sans doute unie à l'hydrogène pour former de l'eau. L'hydrogène en excès combiné avec le carbone, fournit alors ces résines et ces hydrocarbures, qui sont les seuls produits utiles pour obtenir, par la distillation, du gaz d'éclairage.

On peut conclure, dès à présent, qu'une matière organique est d'autant moins propre à la fabrication du gaz, toutes choses égales d'ailleurs, qu'elle contient plus d'oxygène.

Hydrogène. — Gaz permanent, incolore, le plus léger de tous les corps.

La densité de l'air étant prise pour unité (à la température de 0°. et sous la pression normale de 0^m,76), celle de l'hydrogène est égale à 0,06920.

Un litre d'air pesant 1^{gr},2932, le poids d'un litre d'hydrogène sera exprimé par $1{,}2932 \times 0{,}0692 = 0^{gr}{,}089$.

Il brûle dans l'air, en se combinant avec l'oxygène, pour former de l'eau ; sa flamme est jaune, peu éclairante, parce qu'elle ne contient aucune particule solide.

Il est à peine soluble dans l'eau, qui n'en dissout qu'un centième et demi de son volume.

L'équivalent atomique de l'hydrogène est $H = 12{,}50$, celui de l'oxygène étant 100 ; il est représenté par deux volumes, celui de l'oxygène étant représenté par un seul volume.

Carbone. — Corps simple, inodore, infusible, dont les propriétés physiques, telles que la couleur, l'éclat, la densité, sont éminemment variables.

Il se combine directement avec l'oxygène sous l'influence de la chaleur.

L'hydrogène, bien qu'il forme de nombreuses combinaisons avec le carbone, n'exerce aucune action directe sur ce corps. Ceci prouve que nous n'avons pas l'espoir d'arriver à former directement des hydrocarbures et que nous sommes réduits à utiliser ceux que la nature nous offre.

L'azote, le chlore, le phosphore, l'arsenic ne se combinent pas plus avec le carbone.

Lorsque l'on fait passer des vapeurs de soufre sur du charbon incandescent, ces deux corps se combinent, et l'on obtient du *sulfure de carbone.*

L'équivalent du carbone est C = 75. Il est formé de 2 volumes de vapeur de carbone.

COMBINAISONS DE L'HYDROGÈNE AVEC LE CARBONE. — Les combinaisons de l'hydrogène avec le carbone sont des plus nombreuses. Nous n'avons à étudier ici que les produits gazeux ; nous bornant encore à mentionner ceux dont les propriétés sont le mieux caractérisées et désignant les autres sous le nom générique d'hydrocarbures gazeux.

HYDROGÈNE PROTOCARBONÉ (gaz des marais). — Ce gaz, dont la formule atomique est C^2H^4, est composé de :

4 vol. de vap. de carbone dont l'équivalent est...	150
8 vol.	d'hydrogène	id........	50
Formant 4 vol.	d'hydrog. protocarb.	id........	200

En d'autres termes 1 volume d'hydrogène s'unit à 3 fois son poids de carbone pour former un demi-volume d'hydrogène protocarboné.

La densité de ce gaz est donc égale à 8 fois celle de l'hydrogène 8 × 0,0692 = 0,5586 ; elle a été trouvée égale à 0,556.

Gaz incolore, presque inodore ; sa densité étant 0,556, 1 litre de ce gaz pèse donc $0^{gr},7180$.

Il brûle avec une flamme bleuâtre peu éclairante. 1 volume de ce gaz exige, pour sa combustion, 2 volumes d'oxygène, et il donne son propre volume en gaz *acide carbonique.*

Étant mêlé avec l'oxygène, il détone au contact d'un corps enflammé ou d'une étincelle électrique.

Étant mêlé avec 3 fois son volume de chlore, il détone violemment, même à la lumière diffuse.

Ce gaz se décompose par la chaleur. L'eau n'en dissout que

1 1/2 de son volume. Il n'est pas absorbé par l'acide sulfurique concentré.

Ce gaz prend naissance dans la décomposition spontanée d'un grand nombre de matières organiques, et dans leur décomposition par la chaleur. C'est à sa présence qu'il faut attribuer les feux grisous des mines de houille.

HYDROGÈNE BICARBONÉ (gaz oléfiant). — Ce gaz, dont la formule atomique est C^4H^4, est composé de :

8 vol. de vap. de carbone dont l'équiv. est.....	300
8 vol. d'hydrogène	50
4 vol. de gaz oléfiant.......................	350

En d'autres termes, un volume d'hydrogène s'unit à 6 fois son poids de carbone pour former un demi-volume de gaz oléfiant.

La densité de ce gaz est donc 14 fois celle de l'hydrogène $14 \times 0,0692 = 0,9688$. Cette densité a été trouvée égale à 0,9852.

Ce gaz est incolore, d'une odeur empyreumatique caractérisée.

Il brûle avec une flamme très-brillante ; il est décomposé par la chaleur et par l'électricité.

Il est peu soluble dans l'eau ; mais, de même que tous les hydrocarbures d'une composition atomique de la forme C^nH^n, il se dissout, au contraire, assez facilement dans l'acide sulfurique monohydraté, ce qui donne un moyen de le distinguer.

La réaction du chlore sur le gaz oléfiant dans l'obscurité est un des moyens d'analyse fréquemment employés. Lorsque l'on mêle à volumes égaux le gaz oléfiant et le chlore, les deux gaz se combinent presque immédiatement et forment un composé oléagineux désigné sous le nom de liqueur des Hollandais. Mais si l'on mêle 1 volume de gaz oléfiant avec 2 volumes de chlore et que l'on porte dans le mélange une allumette enflammée, il se produit de l'acide chlorhydrique avec dépôt de charbon.

Ce gaz détone violemment dans l'eudiomètre avec l'étincelle électrique, étant mêlé à 3 volumes d'oxygène.

L'hydrogène bicarboné, de même que l'oxyde de carbone, est absorbé par le protochlorure de cuivre ammoniacal.

On obtient ce gaz et en grande abondance, à l'état de pureté parfaite, en chauffant 1 partie (en poids) d'alcool avec 4 parties d'acide sulfurique monohydraté.

L'alcool, dont la composition est exprimée par la formule $C^4H^6O^2$, peut se dédoubler en $C^4H^4 + 2HO$. L'acide sulfurique, par son contact avec l'alcool, produit cette séparation vers la température de 275° : l'hydrogène bicarboné mis en liberté se dégage.

On doit à M. Wœhler une modification très-simple qui permet de régulariser l'opération et d'éviter le boursouflement qui se manifeste toujours à la fin de la réaction. Celle-ci consiste dans l'addition d'une certaine quantité de sable fin aux matières qui servent à la production du gaz. — Au moyen de cette modification, le dégagement du gaz se fait jusqu'à la fin avec une régularité parfaite.

Pour faire cette opération, on introduit l'alcool dans un ballon de verre et l'on ajoute l'acide sulfurique concentré par petites portions, en agitant chaque fois, afin d'éviter une élévation de température.

Afin de débarrasser le gaz des produits étrangers qui se forment en même temps, on le fait passer à travers des flacons qui renferment le premier une dissolution de potasse, le second de l'acide sulfurique concentré. Le premier arrêterait l'acide sulfureux et l'acide carbonique, et le second, les vapeurs d'éther.

On arrête l'opération dès qu'on aperçoit des vapeurs blanches et que le boursouflement se manifeste. (Cahours.)

D'après M. Ebelmen, on obtient également le gaz bicarboné en chauffant un mélange d'acool anhydre et d'acide borique fondu.

Bicarbure d'hydrogène de Faraday. — Ce gaz dont la formule atomique est H^8C^8, est composé de :

16 vol. de vapeur de carbone dont l'équiv. est..   600
16 vol. d'hydrogène..........................   100
————
4 vol. de bicarbure........................   700

On voit que le bicarbure d'hydrogène de Faraday est composé de carbone et d'hydrogène, dans les mêmes proportions que le gaz oléfiant, mais il a une densité double. Elle est, effectivement, 1,9264, celle du gaz oléfiant étant 0,9852.

Ce gaz se condense sous un froid de —18°; sa flamme est très-éclairante. Il est peu soluble dans l'eau, mais très-soluble dans l'acide sulfurique, qui en dissout jusqu'à 100 fois son volume.

Ce gaz se combine, comme le gaz oléfiant, à volumes égaux avec le chlore, et forme une liqueur analogue à celle des Hollandais.

Lorsque l'on décompose les corps gras par la chaleur, on donne naissance à des produits liquides et gazeux, parmi lesquels **Faraday** a distingué ce bicarbure d'hydrogène.

Nous aurions encore à distinguer, parmi les carbures d'hydrogène, le propylène, dont la composition atomique est C^6H^6. Tous paraissent se comporter également avec le chlore et être absorbés par l'acide sulfurique.

AZOTE. — Gaz incolore, inodore, formant environ les quatre cinquièmes de l'air atmosphérique. Il éteint les corps en combustion. Tous ses caractères sont négatifs.

Sa densité est 0,9721. Un litre d'azote pèse $1^g,256$.

L'eau n'en dissout que 0,016 de son volume. L'équivalent de l'azote est Az = 175. Il est formé de deux volumes, l'équivalent de l'oxygène étant formé d'un.

AMMONIAQUE. — Ce gaz est doué d'une odeur caractéristique très-piquante; ses propriétés, fortement alcalines, servent à le distinguer. Sa formule atomique est AzH^3. Il est composé de :

```
2 volumes d'azote dont l'équivalent est.........  175
et 6 volumes d'hydrogène ..........  3 × 12,50   37,50
─────
4 volumes d'ammoniaque ..................  212,50
```

Sa densité est 0,596; par conséquent, 1 litre pèse $0^{gr},7707$.

Ce gaz est incolore, d'une odeur vive et pénétrante tout à fait caractéristique.

Ce gaz n'est pas permanent : il se liquéfie par le froid et par la pression.

Il est très-soluble dans l'eau, qui en dissout jusqu'à 670 fois son volume; mais, chauffée à 60°, elle abandonne tout le gaz qu'elle contient.

Le charbon décompose le gaz ammoniac, sous l'influence d'une température élevée, et produit du cyanhydrate d'ammoniaque et de l'hydrogène.

L'hydrogène et l'azote ont une grande tendance à se combiner pour former de l'ammoniaque, lorsque ces deux corps se rencontrent à l'état naissant.

Soufre. — Le soufre est un corps solide, jaune, incolore, insoluble dans l'eau, mais très-soluble dans le sulfure de carbone, qui en dissout jusqu'à 38 p. 100 de son poids à la température ordinaire. (Payen.) De là un moyen proposé pour débarrasser le gaz d'éclairage du sulfure de carbone.

Densité = 2,087. — Il entre en fusion à la température de 110°, et en ébullition à 460°.

Il se combine directement avec l'hydrogène, à l'état naissant, pour former de l'acide sulfhydrique.

Son équivalent atomique est égal à 200 ; il est représenté par un demi-volume de vapeur de soufre, lorsque l'équivalent de l'oxygène est représenté par un volume.

Acide sulfhydrique. — La formule atomique de ce gaz est HS. Il se compose de :

2 volumes d'hydrogène dont l'équivalent est.	12,50
½ volume de vapeur de soufre...............	200
2 volumes d'acide sulfhydrique............	212,50

Ainsi un volume d'hydrogène s'unit à 16 fois son poids de soufre, pour former un égal volume d'acide sulfhydrique, dont la densité est précisément double de celle de l'ammoniaque, comme cela ressort de la valeur des équivalents et des volumes : effectivement la densité est 1,1912.

Il est incolore ; il a une odeur fétide qui rappelle celle des œufs pourris.

Il se liquéfie sous une pression d'environ 17 atmosphères, et l'on parvient même à le solidifier sous la double influence d'un froid très-vif et d'une pression considérable.

Ce gaz est très-délétère : 1/1800 dans l'atmosphère fait périr un cheval.

Il brûle, en contact avec une bougie enflammée, avec une flamme bleue d'une odeur caractéristique.

L'eau en dissout trois fois son volume, et l'alcool, six fois. — Le chlore agit à la température ordinaire et le décompose.

Il forme, avec la plupart des dissolutions métalliques, des précipités de sulfures insolubles qui servent à le caractériser. Ainsi, avec un sel de plomb, on peut découvrir les moindres traces d'acide sulfhydrique. C'est ainsi que, pour reconnaître la présence de l'acide sulfhydrique dans le gaz, on emploie des bandes de papier, imprégnées d'une dissolution d'acétate de plomb, qui noircissent sous l'influence des moindres traces d'acide.

En présence de l'ammoniaque sec et en excès, il se produit un composé blanc, formé de deux volumes d'ammoniaque et d'un volume d'acide sulfhydrique, dont la formule est AzH^3,HS.

Oxygène. — Gaz permanent, incolore, inodore, presque insoluble dans l'eau, dont la densité est 1,1057; par conséquent, un litre de ce gaz pèse $1^{gr},4298$.

L'oxygène est essentiellement propre à la combustion. Les combustibles y brûlent avec une intensité plus grande que dans l'air. Il rallume avec vivacité une allumette présentant encore un point en ignition. Il forme une des parties constituantes de l'atmosphère ; son équivalent atomique est $O = 100$.

L'oxygène forme avec le carbone deux combinaisons gazeuses importantes : l'oxyde de carbone et l'acide carbonique.

L'oxyde de carbone, dont la formule atomique est CO, est composé de :

2 vol. de vapeur de carbone dont l'équiv. est..   75
1 vol. d'oxygène............................ 100
______
2 vol. d'oxyde de carbone.................. 175

Ce gaz est incolore, inodore; il brûle avec une flamme bleue, en produisant de l'acide carbonique. Il est à peine soluble dans l'eau : c'est le gaz le plus délétère que contienne le gaz d'éclairage.

Le protochlorure de cuivre, dissous dans l'ammoniaque, absorbe rapidement l'oxyde de carbone.

1^{gr} de carbone dégage 2403 unités de chaleur, en se transformant en oxyde de carbone, et 8080 unités en se changeant en acide carbonique.

L'ACIDE CARBONIQUE a pour formule atomique CO^2. Il est composé de :

2 vol. de vapeur de carbone dont l'équiv. est.   75
2 vol. d'oxygène 200
______
2 vol. d'acide carbonique................. 275

Ce gaz est incolore, d'une odeur un peu piquante; il rougit faiblement la teinture de tournesol; sa densité est 1,529.

Il n'est pas décomposé par la chaleur. L'eau en dissout son volume à la pression ordinaire.

La propriété que possède cet acide de précipiter l'eau de chaux, sert à constater sa présence.

L'acide carbonique forme avec l'ammoniaque des combinaisons nombreuses, qui sont moins fixes que celle de l'ammoniaque avec l'acide sulfhydrique; aussi cet acide décompose-t-il les carbonates ammoniacaux.

CYANOGÈNE. — Ce gaz a pour formule atomique C^2Az. — Il est donc composé de :

4 vol. de vapeur de carbone dont l'équiv. est...   150
2 vol. d'azote............................ 175
______
2 vol. de cyanogène dont l'équivalent est....... 325

Ce gaz est incolore, d'une odeur pénétrante ; sa densité est 1,8064.

Par conséquent 1 litre de cyanogène pèse 2^{gr},3360.

Il se liquéfie sous une pression de 4 atmosphères.

L'eau en dissout 4 fois son volume.

Il est combustible et il brûle avec une flamme pourpre.

Il se décompose par la chaleur.

Il peut se former par l'action directe de l'ammoniaque sur le charbon.

Il produit trois acides en se combinant avec l'oxygène.

SULFURE DE CARBONE. — A pour formule atomique CS^2.

Il est composé de :

2 vol. de vapeur de carbone dont l'équiv. est...	75
1 vol. de soufre.............................	400
2 vol	475

Liquide, incolore, d'une grande fluidité, d'une odeur fétide, peu soluble dans l'eau ; mais c'est un dissolvant parfait pour les huiles, graines, résines.

Il entre en ébullition à 45°.

Très-inflammable, il produit une flamme bleue.

Nous résumons dans le tableau suivant les densités et les compositions atomiques des gaz que nous venons de passer en revue.

NOMS DES GAZ.	DENSITÉ celle de l'air étant prise pour 1.	POIDS du mètre cube.	COMPOSITION atomique.	ÉQUIVALENTS EN VOLUMES.	ÉQUIVALENTS EN POIDS 1 vol. oxygène étant 100.
Hydrogène	0,0692	0,0896	H	2 vol..........	12,50
Carbone.........	»	»	C	2 vol........	75,00
Hydrogène proto-carboné.......	0,5560	0,7180	H⁴C²	4 vol. de carb. — 8 vol. d'hydr. — 4 vol........	150,00 — 50,00 — 200,00
Hydrogène percar-boné..........	0,9780	1,2653	H⁴C⁴	8 vol. de carb. — 8 vol. d'hydr. — 4 vol........	300,00 — 50,00 — 350,00
Propylène........	1,4670	1,8980	H⁶C⁶	12 vol. de carb. — 12 vol. d'hydr. — 4 vol.......	450,00 — 75,00 — 525,00
Bicarbure d'hydro-gène (métylène).	1,9560	2,5306	H⁸C⁸	16 vol. de carb. — 16 vol. d'hydr. — 4 vol........	600,00 — 100,00 — 700,00
Azote...........	0,9720	1,259	Az	2 vol........	175,00
Ammoniaque.....	0,5960	0,7707	AzH³	2 vol. d'azote. — 6 vol. d'hydr. — 4 vol........	175,00 — 37,50 — 212,50
Soufre..........	»	»	S	½ vol.	200,00
Acide sulfhydrique.	1,1912	1,5405	HS	½ vol. soufre.. — 2 vol. hydrog. — 2 vol. hyd. sul.	200,00 — 12.50 — 212,50
Oxygène.........	1,1059	1,4298	O	1 vol........	100,00
Oxyde de carbone.	0,9670	1,2504	CO	2 vol. de carb. — 1 vol. d'oxyg. — 2 vol........	75,00 — 100,00 — 175,00
Acide carbonique..	1,5290	1,9740	CO²	2 vol. de carb. — 2 vol. d'oxyg. — 2 vol........	75,00 — 200,00 — 275,00
Cyanogène.......	1,8064	2,3360	C²Az	4 vol. de carb. — 2 vol. d'azote. — 2 vol........	150,00 — 175,00 — 325,00
Chlore..........	2,4400	3,1554	Cl	2 vol........	443,20

ANALYSE SOMMAIRE DES GAZ. — Nous venons de rappeler les principales propriétés des gaz que fournit la distillation des matières organiques. — Nous avons à indiquer, maintenant, les méthodes d'analyse les plus généralement employées pour connaître dans quelles proportions ces gaz existent, suivant les modes d'opération adoptés et suivant les matières employées.

Une analyse chimique complète est une opération très-délicate ; peu d'usines sont à même de la faire : cependant il leur importe de connaître la proportion des gaz délétères, pour apprécier l'importance de l'épuration ; et la proportion des gaz éclairants, afin d'être fixées sur la valeur industrielle du gaz produit.

Au lieu d'une analyse chimique, ce ne sont plus alors que des opérations très-simples à effectuer : car les gaz délétères, dont on se débarrasse par l'épuration, sont l'acide sulfhydrique et l'acide carbonique que la potasse absorbe ; et les seuls gaz éclairants à rechercher sont ceux dont la formule atomique est C^nH^n ou $C^{n+m}H^n$; ils sont absorbés par l'acide sulfurique monohydraté ou par le brôme.

En mesurant au moyen d'un premier compteur d'essai une quantité de gaz que l'on fait passer à travers une dissolution de potasse, et au moyen d'un second compteur, le gaz restant, la différence donnera la proportion des gaz délétères. Si l'on fait, ensuite, passer le gaz, au sortir du second compteur, ainsi que nous l'indiquerons plus loin, à travers une dissolution de brôme, un troisième compteur donnera la quantité absorbée et, par suite, la proportion des hydrocarbures. Ce simple aperçu suffit pour montrer le parti que les usines peuvent retirer de ces expériences préliminaires. Seulement, au lieu de compteurs d'essai, il serait préférable de prendre de petits gazomètres.

Ceux qui ont eu occasion de faire des expériences photométriques avec un compteur, savent combien il est difficile de purger entièrement la partie libre au-dessus du niveau de l'eau et d'arriver à la remplir complétement du gaz soumis à l'expérience : ce n'est qu'après en avoir fait passer un grand volume que l'on arrive à l'uniformité dans les rendements de lumière.

Quelquefois, même, l'emploi d'un compteur est impossible si l'on a intérêt à suivre toutes les variations que fournit un petit four d'essai pendant une distillation qui, souvent, ne dure pas une demi-heure ; le nombre d'expériences que l'on peut faire avec un compteur d'essai est très-limité et ne fournit, en outre, aucune donnée certaine.

Les résultats sont autres avec un petit gazomètre dont la calotte plonge entièrement dans l'eau : le gaz que l'on introduit ne se trouve mêlé à aucun gaz étranger.

Description d'une petite cloche pour les expériences. — Pour que la pression reste uniforme, ce gazomètre doit monter librement et sans frottement.

A cet effet, nous nous servons d'un petit gazomètre, d'une construction particulière, dont voici la description (*fig.* 1).

Ce petit gazomètre $aba'b'$, dont le fond ab rectangulaire, a les dimensions de $0^m,30$ sur $0^m,3308$. Il monte et descend en tournant autour d'un axe O.

Par ce moyen : 1° le mouvement est aussi doux que possible ; 2° ce mouvement est invariable et parfaitement arrêté : de telle sorte que la marche d'un de ses points, du point b par exemple, donne une mesure rigoureuse de la quantité de gaz qui entre ou qui sort.

Ce gazomètre plonge dans une caisse ABCD, remplie d'eau. En n se trouve un robinet de trop-plein, qui limite la hauteur de l'eau dans la cuve AB : n est à 4 centimètres au-dessus de la ligne horizontale passant par O.

La cloche ab' peut être plongée dans la cuve ABCD, de manière à ce que l'eau remplisse entièrement la capacité intérieure.

Les deux faces AB, A'B' de la caisse ABCD se prolongent extérieurement, de manière à former deux supports à l'axe xx', autour duquel tourne le gazomètre.

A cet effet, cet axe xx', en cuivre, porte, soudées à ses extrémités, deux pièces circulaires en fer xy, $x'y'$, qui, se fixant sur les deux joues latérales du gazomètre, le relient ainsi, d'une manière invariable, à l'axe xx'.

Les portées AF, A'F' ont, chacune au point O, une vis V garnie d'une pointe qui vient se loger dans une petite ouverture conique, ménagée à cet effet aux deux extrémités de l'axe xx'.

On a toutes les facilités pour rendre ce frottement aussi doux que possible; et, quand on songe à la faible quantité de travail qu'il absorbe dans le mouvement de la cloche, on n'en déduit qu'une différence de pression tellement insignifiante, qu'on ne pourrait la constater expérimentalement.

La cloche est figurée sur le plan, lorsqu'elle est au bas de sa course, la ligne ab étant horizontale.

Le point O, centre de rotation, est à 4 centimètres au-dessous de la direction de la ligne ab.

Les arcs aa', bb' sont décrits du point O, comme centre, avec des rayons égaux à 15 et à 45 centimètres.

bb' est égal à 19 centimètres, et $a'b'$ passe par le point O.

La face AB de la grande caisse est prolongée dans le haut, ou bien porte une feuille de tôle percée d'une rainure circulaire, dont O est le centre.

Cette rainure donne passage à un indice fixé sur la cloche en b. Elle porte des divisions qui permettent d'apprécier les mouvements de la cloche.

Supposons que le fond ab de la cloche ait $0^m,30$ sur $0^m,333$, sa surface sera de 10 centimètres carrés. Lorsque le point z, milieu de ab, aura parcouru 1 centimètre, la cloche aura reçu ou débité 1 litre; d'après les dimensions ci-dessus arrêtées, le point b aura, alors, parcouru $0^m,0150$; et, comme ce point peut parcourir 15 centimètres, avant que $a'b'$ ne devienne horizontal, ce qui indique la limite d'ascension de la cloche, la capacité de la cloche est donc de 10 litres.

Pour l'introduction et la sortie du gaz, il existe deux tubes en cuivre, de la forme pqr qui sont soudés en r, r' sur la cloche, le plus près possible de l'arête ab.

Un de ces tubes sert à l'introduction du gaz; l'autre, à la sortie.

Les extrémités p, p' traversent le tube xx' passant par l'axe. C'est sur ces extrémités que l'on fixe des tuyaux de caoutchouc donnant passage au gaz. Cette disposition soustrait presque entièrement la cloche aux variations de pression que le poids de ces tuyaux pourrait opérer. — On n'en doit pas moins les soutenir, de manière à atténuer encore cette faible influence.

INFLUENCE DU DÉPLACEMENT DU CENTRE DE GRAVITÉ SUR LA PRESSION. — En suivant les prescriptions ci-dessus, le centre de gravité du système rigide de la cloche, lorsqu'elle est au bas de sa course, c'est-à-dire lorsque ab est horizontal, est sensiblement sur la ligne horizontale $Oa''b''$; de telle sorte que ce centre de gravité, à mesure que la cloche s'emplit de gaz, s'élève de manière à décrire un angle maximum qui ne peut dépasser 19° 6'. En effet, le rayon Ob étant égal à $0^m,45$, la circonférence décrite par le point b sera de $2^m,8274$, dont la 360° partie, qui est $0^m,007854$ indique la grandeur de l'arc décrit par le point b pour chaque degré; et comme $b''b'$ est égal à 15 centimètres, l'arc que pourra décrire le point b, jusqu'au moment où $a'b'$ deviendra horizontal, est $\left(\dfrac{15}{0,7854}\right)^\circ$; soit 19° 6'.

Tant que l'arc décrit par le centre de gravité ne dépasse pas 10°, la variation de la pression ne peut osciller que d'un centième environ; mais lorsque la cloche est au haut de sa course, le point b ayant parcouru 15 centimètres, le bras de levier du centre de gravité s'est raccourci dans le rapport de 1 à 0,936. Par suite, la pression a diminué de 6,4 p. 100. Comme la pression que donne le poids de la cloche est de 20 millimètres, elle sera, par ce fait, de près de $0^m,001333$ plus faible lorsque la cloche sera au haut de sa course, quantité dont on doit tenir compte. Il est cependant utile de remarquer que ce n'est que lorsque la cloche est tout à fait au haut de sa course, que cette différence atteint cette limite.

INFLUENCE DE LA PARTIE PLONGÉE DE LA CLOCHE SUR LA PRESSION.— Mais, d'un autre côté, lorsque la cloche sera au haut de sa course, les joues cylindriques aa', bb' et les joues latérales ab, $a'b'$ seront en partie sorties de l'eau : on sait, alors, que la pression du gaz aura augmenté comme si l'on avait chargé la cloche d'un volume d'eau égal à celui du volume de l'enveloppe sorti de l'eau.

Or, le poids de ce volume d'eau est égal à la surface totale de l'enveloppe qui est, ici, de 12 ^{déc.} q,50, multipliée par l'épaisseur de la tôle qui est 0^m,0072 ; soit 0^k,090 ou 90 grammes.

Le centre de gravité de ce petit volume d'eau, ne passe pas par le point z milieu de $a''b''$; il est écarté du point de rotation de 6 p. 100 en plus, environ, que le centre de gravité de la cloche, qui est calculé de manière à passer par le point z.

Pour avoir l'influence des 90 grammes sur la pression du gaz, il faut les transporter au point z et par conséquent les augmenter de 6 p. 100. C'est donc comme si l'on chargeait la cloche au point z d'un poids $= 90 \left(1 + \frac{1}{6}\right)$, soit 105 grammes.

La surface de la cloche étant de 10 décimètres carrés, l'augmentation de pression sera donc de 0^c,105; comme la pression totale est de 2 centimètres, cette augmentation de pression est de 5,25 p. 100.

COMPENSATION DE CES DEUX INFLUENCES. — On reconnaît :

1° Que le volume de tôle qui sort de l'eau est proportionnel à l'angle décrit;

2° Que, quoique le centre de gravité de ce petit volume décrive un axe de cercle, cet axe de cercle n'est que moitié de celui décrit par le centre de gravité de la cloche, ce qui rend presque négligeable la petite réduction qui provient de cette cause.

Ainsi, à mesure que la cloche s'élève, la pression diminue par suite du raccourcissement du bras de levier du centre de gravité de la cloche, et elle augmente, d'un autre côté, par suite d'un moins grand volume de la cloche plongeant dans l'eau. Ces deux effets se compensent lorsque la cloche est arrivée au terme de sa course : c'est-à-dire lorsque le point b a décrit un arc de $19°,6'$; puisque nous venons de voir que la pression diminue, d'une part, de 6,4 p. 100 et augmente, de l'autre, de 5,25 p. 100, différence qui est tout à fait négligeable dans des expériences de cette nature. Dans les positions intermédiaires, la compensation ne se fait peut-être pas aussi bien parce que la cause de diminution n'est pas proportionnelle à l'angle décrit, tandis que la cause d'augmentation l'est sensiblement. Nous ne croyons pas, malgré cela, que l'on doive se préoccuper de cet écart, qui ne peut influencer la pression que d'une manière inappréciable.

INFLUENCE DE L'ABAISSEMENT DU NIVEAU. — CORRECTION. — On calcule le volume de la cloche, en admettant que le niveau de l'eau reste constant ; mais ce niveau baisse évidemment à mesure que la cloche s'élève, quoique la pression puisse rester constante.

Ainsi, quand la cloche a parcouru l'angle de $19°,6'$, le niveau de l'eau a dû baisser comme si l'on avait enlevé de la caisse un volume d'eau égal au volume de la tôle qui est sorti de l'eau, par suite de cette ascension. Ce volume est, comme nous l'avons calculé plus haut, de $0^{dc},090$.

La surface de la caisse étant de 12 décimètres, le niveau d'eau aura donc baissé de $\dfrac{0^{dc},090}{12} = 0^{dc},0075$, soit 3/4 de millimètre.

Le volume total, calculé dans l'hypothèse d'un niveau constant, est donc trop faible de $0^{dc}0075 \times 10 = 0^{dc},075$ ou de 75 centimètres cubes d'erreur sur un volume total de 10 litres ou de 10,000 centimètres cubes, soit 7,5 p. 1000.

Il est facile de compenser cette erreur.

La cloche a $0^{m},30$ sur $0^{m},3333$. Il suffit de diminuer cette largeur ($0^{m},3333$) de 7,5 p. 1000, soit de $0^{m},0025$; elle devient alors $0^{m},3308$.

Par ce moyen, on compense entièrement l'erreur provenant de cette baisse de niveau qui s'opère à mesure que la cloche se lève; car elle est évidemment proportionnelle à l'angle décrit, de même que la rectification du volume obtenu.

Cet appareil devient, ainsi, aussi complet et aussi rigoureux que l'on peut le désirer.

Moyen de modifier la pression. — En chargeant de poids la face ab, il est facile d'obtenir des pressions plus fortes que celles que donne le poids seul de la cloche; mais on élève ainsi le centre de gravité au-dessus de la ligne Ob''.

Pour avoir des pressions moindres, il faut une petite addition à cet appareil, qui consiste à prolonger les bras xy, $x'y'$ et à relier ces prolongements en l, point situé sur la direction Ob'' à une distance de 20 centimètres du point O, comme ils le sont déjà en xx', mais par un carré en acier ll'. Ce carré est placé, ainsi que l'indique la figure, de manière à présenter l'une des arêtes en dessus. C'est, plus rigoureusement, cette arête qui doit être placée dans la direction Ob''. Sur cette arête repose un crochet auquel on suspend un plateau, que l'on charge de poids suivant la pression que l'on veut enlever au gaz renfermé dans la cloche.

Lorsque l'on a ainsi soit augmenté, soit diminué la pression, l'arc de cercle gradué qui indique la contenance de la cloche, suivant ses différentes élévations, cesse d'être exact : car le niveau d'eau dans la cloche a monté ou baissé.

Pour connaître la correction à faire, on rappelle que la surface de l'eau est de 10 décimètres carrés dans la cloche, et de 2 décimètres dans la partie extérieure : puisque la surface totale de la caisse est de 12 décimètres. Par conséquent, lorsque l'eau monte ou descend dans la cloche de 1, elle descend ou elle monte dans l'espace enveloppé de 5, et la différence de niveau a perdu ou gagné 6. Or, cette différence de niveau mesure la pression.

Ce qui revient à dire que, lorsque la pression du gaz dans la cloche gagne ou perd, par un des moyens ci-dessus indiqués, 1, 2, 3, 4 millimètres, le niveau d'eau dans la cloche baisse ou monte de $\frac{1}{6}$, $\frac{2}{6}$, $\frac{3}{6}$, $\frac{4}{6}$ de millimètre; et comme la surface de la cloche est de 10 décimètres carrés, la quantité de gaz qui se trouve en plus ou en moins, dans la cloche, de celle indiquée sur le cadran est, exprimée en litres, de $\frac{1}{100} \times \frac{1}{6} \times 10$, par millimètre, soit $0^{\text{lit.}},0166$.

DISPOSITIONS POUR MESURER LES DENSITÉS. — Nous avons à parler d'une dernière petite addition faite à cet appareil pour mesurer les densités des gaz, comme nous l'indiquerons plus loin. Cette addition consiste en une petite ouverture v, en mince paroi, de 2 millimètres de diamètre, par où devra s'écouler le gaz.

La cloche porte, en dessus, un bout de tube de 4 centimètres de diamètre, qui sert à fixer un simple bouchon de liége fermant cette ouverture, lorsque cela devient nécessaire.

La circonférence du tube est concentrique à celle de l'ouverture v, et elle est d'un assez fort diamètre pour que sa présence n'influence pas les lois de l'écoulement.

Au lieu d'observer les mouvements de la cloche sur la rainure graduée, dont nous avons parlé, on peut placer sur l'axe xx' une roue dentée faisant mouvoir un pignon qui laisse lire ces mouvements sur un cadran.

MANOMÈTRE DIFFÉRENTIEL DE M. JEANNENEY. — Il nous reste à compléter cet apppareil par la description d'un manomètre différentiel employé par M. Jeanneney, dont l'idée fut publiée, pour la première fois, par M. le docteur Penot, dans le Mémoire lu le 27 avril 1853 à la Société industrielle de Mulhouse. M. Jeanneney a, depuis, donné une description de cet instrument dans le n° 16, 5me année du *Journal de l'éclairage au gaz*, du 20 novembre 1856. Nous donnons le dessin de cet appareil (*fig.* 2).

« La ligne ab, dit M. Jeanneney, doit être posée parfaitement « de niveau. Le tube en verre cd est exactement incliné au « dixième par rapport à cette règle, en sorte que les divisions en « centimètres de l'échelle inclinée n'indiquent réellement que « des millimètres pour une échelle qui serait verticale. On ad-

« met que la section du réservoir d'eau est infinie par rapport à
« la section du tube, ce qui est sensiblement vrai. »

AUTRE MANOMÈTRE DIFFÉRENTIEL. — Adoptant l'idée suivie par
M. Jeanneney, on a modifié ainsi qu'il suit ce manomètre (*fig.* 3).

F est un tube de verre sans fond, de 2 centimètres de diamètre intérieur, fixé avec du mastic, dans une pièce en cuivre A,
et recouvert d'un chapeau C, également en cuivre, que traverse
une vis I portant un tube de verre de un centimètre de diamètre,
qui, par le mouvement de la vis, peut plonger à volonté dans
le liquide, de manière à régler la hauteur du niveau. L'air peut
s'introduire à travers la vis qui, cependant, ferme le tube, lorsqu'elle est entièrement descendue.

Dans la pièce en cuivre A est pratiquée une ouverture
centrale *oo'*, communiquant au tube T.

B, boule dans laquelle est ménagée une ouverture destinée
à recevoir le tube de verre T.

Le tube de verre T a 5 millimètres de diamètre intérieur; il
est fixé, par une de ses extrémités, avec du mastic, sur la
boule B, suivant une inclinaison que nous indiquerons tout à
l'heure; il porte, à l'autre extrémité, un robinet D.

Ce robinet D est disposé de manière à ce que, suivant trois
positions différentes de la clef, on puisse : 1° fermer le robinet;
2° mettre le tube T en communication avec un autre tube en
cuivre rejoignant une genouillère R. Cette genouillère sert à fixer
le manomètre sur le raccord par où arrive le gaz. 3° Par la troisième position de la clef, on met en communication le tube T
avec l'air atmosphérique; ce que l'on doit faire lorsque l'on veut
placer et mettre de niveau le manomètre. Pour cela, on verse
de l'eau dans le tube F qui s'introduit dans le tube T; l'on
dispose le manomètre en le faisant mouvoir autour de la genouillère R, et en manœuvrant la vis I, si cela devient nécessaire, de
manière à ce que le niveau de l'eau dans le tube F soit sur une
ligne horizontale N, et à ce qu'il soit dans le tube T au point
marqué O. Le manomètre est alors fixé.

Reste à déterminer la pente du tube de verre.

Admettons qu'on se contente de rendre les indications 3 fois plus grandes, au lieu de 10 fois ; afin de pouvoir évaluer des pressions de 5 à 6 centimètres, sans avoir à donner une trop grande longueur au manomètre.

Le gaz arrivant dans le tube T et y exerçant sa pression, le niveau de l'eau baissera dans ce tube et s'élèvera dans le tube F. Comme ce tube a une section 12 fois plus grande que celle du tube T, d'après les diamètres que nous avons adoptés, et en tenant compte du cylindre I; lorsque le niveau de l'eau aura parcouru dans le tube T une longueur $Vx = 12$ centimètres, le niveau de l'eau se sera élevé, dans le tube F, de 1 centimètre : par conséquent la pression sera $xy + 0^m,01$. D'un autre côté, cette pression doit être égale au tiers de 12 centimètres; il faut donc que xy soit égal à $0^m,03$. Ainsi pour $xy = 3$, Vx doit être égale à 12 : telle est la pente suivant laquelle doit être incliné le tube de verre (1).

DÉTERMINATION DE LA DENSITÉ DU GAZ. — La densité d'un gaz peut servir à juger, par déduction et comme approximation, de sa qualité : car cette densité ne paraît guère augmenter qu'avec la proportion des hydrocarbures, et ces hydrocarbures sont les seuls produits à rechercher pour la lumière. On a donc tout intérêt à connaître la densité pour avoir une première appréciation de la qualité d'un gaz.

Nous renvoyons aux traités de physique pour connaître les moyens en usage pour arriver à cette détermination. Ces moyens sont très-délicats, exigent des appareils spéciaux que les usines ne possèdent pas toujours. Nous croyons donc utile de rappeler celui que nous avions proposé dans notre première édition.

« Nous savons que lorsqu'un gaz est enfermé dans un gazomè- « tre, à une pression manométrique désignée par H, D désignant

(1) On trouve ce manomètre et la cloche d'expérience décrite plus haut, rue Amelot, 74, chez MM. Nicole et Galan. C'est une de nos premières maisons de Paris pour les appareils à gaz.

« la densité du fluide manométrique et d la densité du gaz, la
« vitesse de sortie par une ouverture pratiquée dans le récipient
« est donnée par la formule :

$$v = \sqrt{2g\mathrm{H}\frac{\mathrm{D}}{d}}.$$

« Pour un autre gaz dont la densité est d' et qui est soumis à la
« même pression manométrique, la vitesse de sortie est égale-
« ment :

$$v' = \sqrt{2g\mathrm{H}\frac{\mathrm{D}}{d'}}.$$

« d'où :

$$\frac{d'}{d} = \frac{v^2}{v'^2}.$$

« Or, à mesure que le gaz s'échappera, le gazomètre des-
« cendra nécessairement, et le temps qu'il mettra à descendre
« d'une hauteur déterminée, sera évidemment proportionnel à
« la vitesse de sortie. De façon que, si l'on remplit un petit ga-
« zomètre successivement des deux gaz dont on veut comparer
« les densités et qu'on leur donne ensuite issue par une même
« ouverture, en maintenant toujours le gazomètre à une même
« pression manométrique, et représentant par t et t' les espaces
« de temps, ou plutôt le nombre de secondes que le petit gazo-
« mètre met à descendre d'une hauteur déterminée correspon-
« dant aux vitesses v et v', nous avons évidemment :

$$\frac{d'}{d} = \frac{v^2}{v'^2} = \frac{t'^2}{t^2} \quad \text{d'où } d' = d\,\frac{t'^2}{t^2}.$$

« Qu'on prenne donc un petit gazomètre ayant un diamètre de
« $0^m,30$ à $0^m,50$ au plus ; qu'on dispose ce gazomètre de manière
« à ce qu'il éprouve le moins de frottement possible pour mon-
« ter ou pour descendre, afin que la pression manométrique
« reste sensiblement constante ; qu'on adapte un robinet au-
« dessus de la calotte, par lequel le gaz serait introduit par le haut,
« afin d'avoir plus de chance contre l'admission d'une petite

« quantité d'air. Dans le même but, le gazomètre devrait entiè-
« rement plonger dans l'eau de manière à être certain qu'il n'y
« ait aucune partie d'air logée dans l'intérieur.

« Par l'introduction du gaz dont on veut connaître la densité,
« le gazomètre s'élèvera jusqu'à une certaine hauteur ; on fer-
« mera alors le robinet et on adaptera sur le pas de vis un bec
« ayant une ouverture de 3 à 4 millimètres de diamètre par la-
« quelle le gaz devra s'échapper dans l'atmosphère. On notera
« le nombre de secondes que le gazomètre met à descendre de la
« hauteur déterminée, et t' désignant ce nombre, la densité sera
« donnée par la formule $d' = d \dfrac{t'^2}{t^2}$.

« Pour déterminer dt^2, il suffira de remplir le gazomètre
« d'air, de noter le nombre de secondes que le gazomètre met
« à descendre de la hauteur fixée, lorsque le gaz s'échappe par
« la même ouverture de 3 à 4 millimètres de diamètre ; et
« comme d, densité de l'air, est égal à 1, dt^2 se réduira à t^2.

« Ainsi, supposons que le petit gazomètre étant rempli d'air,
« mette $15''{,}5$ à descendre de la hauteur d'un décimètre, on
« demande la densité d'un gaz pour lequel le petit gazomètre
« mettrait à descendre, de la même hauteur, 12 ; on a évidem-
« ment :

$$d' = \left(\frac{12}{15{,}5}\right)^2 = 0{,}599.$$

« Si l'on voulait obtenir des appréciations plus grandes, il
« faudrait opérer sur de plus grands nombres et disposer en con-
« séquence les dimensions du petit gazomètre et la grandeur de
« l'orifice de sortie, de manière à arriver à des nombres de secon-
« des plus grands que 12 et 15,5. Ces nombres correspondent
« à un gazomètre de $0^m{,}10$ de diamètre, descendant de $0^m{,}1$
« et ayant un orifice de sortie de 4 millimètres de diamètre. »

Nous négligeons, en opérant ainsi, l'influence de la température, de la pression et de l'humidité. Il est possible d'y avoir
égard, et voici alors la marche à suivre.

Soit P la pression atmosphérique observée, exprimée en hauteurs de mercure ;

H la pression manométrique différentielle observée pour le gaz renfermé dans la cloche : (elle est ordinairement exprimée en hauteurs d'eau).

Dans chacune des expériences ci-dessus, l'air et le gaz s'échappaient, étant soumis à une pression exprimée en colonne de mercure égale à :

$$\left(P + \frac{H}{13,59}\right).$$

Soit T la température à laquelle on opère. La table suivante donne, pour chaque degré de température, la tension et la densité de la vapeur.

TEMPÉRATURE.	TENSION exprim. en colonne DE MERCURE.	DENSITÉ ou poids DU MÈTRE CUBE.	TEMPÉRATURE.	TENSION exprim. en colonne DE MERCURE.	DENSITÉ ou poids DU MÈTRE CUBE.
— 20	1,333	0,00154	19	16,288	0,01622
— 15	1,870	0,00212	20	17,314	0,01718
— 10	2,631	0,00292	21	18,317	0,01811
— 5	3,660	0,00498	22	19,417	0,01914
0	5,059	0,00540	23	20,577	0,02021
1	5,393	0,00573	24	21,805	0,02133
2	5,748	0,00609	25	23,090	0,02252
3	6,123	0,00646	26	24,452	0,02370
4	6,523	0,00686	27	25,881	0,02507
5	6,947	0,00727	28	27,390	0,02643
6	7,396	0,00772	29	29,045	0,02794
7	7,871	0,00848	30	30,643	0,02938
8	8,375	0,00867	31	32,410	0,03097
9	8,909	0,00919	32	34,261	0,03263
10	9,475	0,00974	33	36,188	0,03435
11	10,074	0,01032	34	38,254	0,63619
12	10,707	0,01092	35	40,404	0,03809
13	11,378	0,01157	36	42,743	0,04017
14	12,087	0,01224	37	45,038	0,04219
15	12,837	0,01299	38	47,579	0,04442
16	13,630	0,01372	39	50,147	0,04666
17	14,468	0,01451	40	52,998	0,04910
18	15,353	0,01534			

J'appellerai, d'après cette table, p la pression de la vapeur à la température T, et d sa densité ou le poids du mètre cube.

Nous rappelons ce principe fondamental : « Lorsque des gaz « sont recueillis sur un liquide en excès, la quantité de vapeur « qui se forme, dans un espace déterminé, ne dépend que de la « température et nullement de la nature du gaz. Elle serait la « même si cet espace était vide. »

Si D et D' représentent les densités de l'air et du gaz à 0°, à une pression de $0^m,76$ et à l'état sec.

Ces gaz, étant saturés d'humidité, ne se trouvent plus, dans ces expériences, soumis qu'à une pression $P + \dfrac{H}{13,59} - p$; et comme ils sont à la température T, leurs densités sont :

1° Pour l'air :

$$\frac{D\left(P + \dfrac{H}{13,59} - p\right)}{0,76\,(1 + 0,00375\,T)} = DC;$$

2° Et pour le gaz :

$$\frac{D'\left(P + \dfrac{H}{13,59} - p\right)}{0,76\,(1 + 0,00375\,T)} = D'C.$$

On désigne, par abréviation,

$$\frac{P + \dfrac{H}{13,59} - p}{0,76\,(1 + 0,00375\,T)} \quad \text{par C.}$$

Les gaz, réellement soumis à l'expérience, avaient donc une densité :

Pour l'air $= DC + d$.

Et, pour le gaz $= D'C + d$.

C'est le rapport de ces deux densités qui est en raison inverse des carrés des temps, je représente ce rapport par K.

Et l'on a :

$$\frac{D'C + d}{DC + d} = K;$$

d'où :

$$D' = \frac{(DC + d)\,K - d}{C}.$$

Or, D $= 1^k,29$; par conséquent :

$$D' = \frac{K(1^k,29\,C + d) - d}{C}.$$

Cette formule est alors rigoureuse, et fait connaître D' lorsque l'on connaît K qui est donné par l'expression $\frac{t'^2}{t^2}$; C, en effectuant les calculs ci-dessus ; et d, par les tables.

Ainsi, dans une expérience faite avec l'appareil décrit ci-dessus,

3 litres 1/2 d'air ont été écoulés en   40 secondes
—   de gaz de houille..... 24   —
—   de gaz de Boghead 33   —

La hauteur barométrique était de $0^m,74$.

La température, 10° : d'où $p = 0,0095$ et $d = 0,097$.

La hauteur du manomètre différentiel qui mesure la pression de ces gaz dans le gazomètre était de 2 centimètres.

Substituant, on a :

$$C = \frac{0,74 + \dfrac{0,02}{13,59} - 0,0095}{0,76\,(1 + 0,0375)} = 0,9287.$$

Pour la houille,

$$K = \left(\frac{24}{40}\right)^2 = 0,36.$$

Et alors la densité du gaz sec, ou le poids du mètre cube est :

$$\frac{0,36\,(1,29 \times 0,9287 + 0,0097) - 0,0097}{0,9287} = 0^k,4575$$

Pour le Boghead :

$$K = \left(\frac{33}{40}\right)^2 = 0,6944.$$

La densité du gaz sec, ou le poids du mètre cube, est :

$$\frac{0,6944\,(1,29 \times 0,9287 + 0,0097) - 0,0097}{0,9287} = 0^k,8921.$$

En négligeant l'influence de la pression barométrique, de

la température et de l'humidité, on eût trouvé pour le gaz
de houille :

$$\text{Densité} = 0,36 \times 1,29 = 0,4644 \text{ au lieu de } 0,4575 ;$$

et pour le gaz de Boghead :

$$\text{Densité} = 0,6944 \times 1,29 = 0,8957 \text{ au lieu de } 0,8921.$$

Ce n'est, en définitive, dans les conditions de l'exemple ci-
dessus, qu'une erreur de moins de 2 pour 100, que l'on peut
négliger dans bien des cas particuliers.

La recherche de la densité d'un gaz peut servir d'indication
pour apprécier la richesse du gaz, sans cependant qu'on soit en
droit d'en conclure un rapport exact.

La proportion des hydrocarbures, gaz ou vapeurs, constitue
seule la richesse d'un gaz. Or, une même proportion d'hydrocarbures peut être mêlée soit avec l'hydrogène pur, dont le
poids du mètre cube est de $0^k,089$, soit avec l'oxyde de carbone,
dont le poids est $1^k,25$.

On constituerait, ainsi, deux gaz ayant la même valeur, sous le
rapport des éléments éclairants qu'ils contiennent, quoique ayant
cependant des densités bien différentes, qui pourraient varier
du simple au double.

Malgré cela, la connaissance de la densité d'un gaz rend de
très-grands services. Elle permet de tirer une conséquence juste
pour la richesse d'un gaz du moment que l'on emploie des matières identiques ou comparables.

Analyse sommaire du gaz d'éclairage. — Reprenons maintenant les deux problèmes que nous nous étions proposés relativement à la détermination des matières délétères et des matières
éclairantes contenues dans le gaz ; et montrons comment deux
cloches semblables à celle décrite plus haut suffisent pour
déterminer d'une manière satisfaisante dans la pratique :

1° La proportion des gaz à éliminer par l'épuration ; 2° la
proportion des gaz ou vapeurs réellement utiles pour l'éclairage
(bicarbures).

M. Regnault publia en 1855, comme rapporteur d'une commission de membres de l'Institut, un travail sur des essais entrepris à l'usine à gaz de Saint-Cloud, dans le but de fixer le prix de revient du gaz de houille. Voulant se rendre compte de la proportion des gaz délétères contenus dans le gaz soumis à l'expérience, cette commission en fit passer un volume déterminé à travers des morceaux de coke imbibés d'une dissolution concentrée de potasse. Cette dissolution retient précisément ces gaz délétères (acide carbonique, acide sulfhydrique): la différence des volumes avant et après l'action de la potasse en indique la proportion.

La commission s'est servie de deux compteurs d'essai à travers lesquels on avait, préalablement, fait passer un même volume de gaz. On avait pu, ainsi, rectifier les indications données par les cadrans. Puis, en faisant passer un volume de gaz du premier compteur au tube contenant la potasse, et du tube au second compteur, la différence des indications des deux cadrans donnait le volume absorbé.

Dans les expériences qui ont été faites, ce volume a été trouvé égal à 1 1/2 p. 100 du volume total. On tenait compte de la pression, de la température et de l'humidité.

La même expérience faite avec le gaz de Boghead a donné 1/2 pour 100.

Au lieu de deux compteurs, il serait plus rigoureux d'employer deux petites cloches semblables à celle que nous avons décrite. Pour cela, on commence d'abord, en chargeant de poids l'une des cloches, s'il était nécessaire, par bien s'assurer qu'elles indiquent toutes deux, rigoureusement, la même pression au manomètre différentiel. On les met ensuite en communication au moyen d'un petit tube en caoutchouc, sur lequel on a préalablement assujetti un petit robinet. On remplit l'une des cloches d'air, l'autre cloche reste vide. On note les indications fournies par les deux cloches; on ouvre, après, le robinet et l'on chasse cet air de la première dans la seconde cloche, en faisant pression sur la première et soulevant un peu cette dernière.

Par moments, on rétablit la même pression dans les deux cloches, en les abandonnant à elles-mêmes, et l'on vérifie si les deux cadrans indiquent bien les mêmes chiffres pour la quantité d'air perdue par la première cloche et pour celle qui est gagnée par l'autre ; sinon, on note la correction à faire.

Pour faire maintenant l'expérience, on place, entre les deux appareils, trois ou quatre tubes en U reliés par des tuyaux en caoutchouc, que le gaz doit traverser. Dans ces tubes, on a placé préalablement des morceaux de coke imbibés d'une dissolution concentrée de potasse. On remplit une des cloches de gaz et on en chasse une partie à travers les tubes afin d'enlever la totalité de l'air. On ferme après le robinet placé sur la conduite de caoutchouc, on remplit totalement de gaz la première cloche et l'on vide la seconde.

On commence alors l'expérience, en envoyant d'abord une petite portion de gaz, de manière à soulever seulement la seconde cloche. On rétablit l'égalité des pressions et l'on note bien attentivement les chiffres indiqués par les deux cadrans. On fait ensuite passer successivement des quantités de gaz de la première à la seconde cloche, à travers les tubes en U, et l'on note, chaque fois, les indications des cadrans ; d'où l'on déduit l'absorption par la potasse. Cette absorption doit rester proportionnelle au volume émis, ce que l'on doit vérifier.

Comme il s'agit d'apprécier des différences très-petites, on conçoit que cette expérience doive être faite avec beaucoup de soins et qu'elle demande d'être répétée.

PROPORTION DES MATIÈRES ÉCLAIRANTES CONTENUES DANS LE GAZ. — Les hydrocarbures, gaz ou vapeurs, sont les seuls, avons-nous dit, qui aient une valeur dans le gaz d'éclairage ; il est donc important d'avoir des moyens simples d'en connaître les proportions. Le plus anciennement connu est celui d'utiliser la propriété qu'a le chlore de se combiner aux hydrocarbures à volumes égaux, et de former une liqueur connue sous le nom de liqueur des Hollandais, parce qu'elle a été découverte par les Hollandais.

La liqueur des Hollandais, proprement dite, est celle formée de l'hydrocarbure (gaz oléfiant) H^4C^4 avec le chlore. Les autres hydrocarbures forment avec le chlore des composés analogues.

Comme le chlore a également une action, sous l'influence de la lumière solaire, et sur l'hydrogène, et sur l'hydrogène protocarboné, on a songé à écarter ce moyen. Il faut cependant faire remarquer que, dans l'obscurité, le chlore ne semble avoir d'action que sur les hydrocarbures H^nC^n ou H^nC^{n+m}.

M. A. Fil. (*Journal de Pharmacie*, tome V, page 123) s'exprime en ces termes au sujet du chlore :

« Je me suis assuré, par des expériences photométriques, que « le pouvoir éclairant d'un gaz est proportionnel à la quantité de « matières condensables par le chlore qu'il contient, et que l'é- « preuve par le chlore est le moyen le plus simple et le plus ex- « péditif que l'on puisse employer, pour apprécier la capacité « d'éclairage d'un gaz. Voici comment on opère :

« On prend deux cloches d'environ 100 centimètres cubes cha- « cune ; dans l'une on introduit 30 centimètres cubes de gaz, « dans l'autre, une égale quantité de chlore. L'on fait passer de « suite ce dernier dans l'éprouvette au gaz ; on la recouvre d'un « carton, et on l'abandonne au repos pendant cinq minutes.

« Après ce temps, on examine la contraction que le mélange « a subie, et l'on en prend la moitié, qui représente celle qui « appartient au gaz.

« L'eau dissolvant le chlore, il est indispensable de déterminer « d'avance les limites de son action pour un temps voulu et pour « une cloche d'une capacité donnée ; afin d'en tenir compte dans « les calculs et d'apprécier exactement la diminution du vo- « lume. »

Cette méthode indique bien le volume total d'hydrocarbures gazeux ; mais comme ces hydrocarbures sont de nature variable, elle ne donne aucune indication précise sur la richesse du gaz, du moment que l'on est convenu de regarder cette richesse comme proportionnelle à la quantité de carbone contenue dans ces hydrocarbures gazeux.

Si l'on avait, cependant, la densité du gaz avant et après l'absorption des hydrocarbures gazeux, il serait facile d'en déduire le poids de ces hydrocarbures, du moment que l'on connaîtrait le volume absorbé.

Pour y arriver, on prendrait les deux petites cloches oscillantes décrites plus haut; l'une d'elles servirait, d'abord, à faire connaître la densité du gaz soumis à l'expérience. Puis on opérerait comme on l'a fait pour enlever les gaz délétères; avec cette différence qu'au lieu de mettre dans les tubes en U du coke imbibé dans une dissolution de potasse, on y mettrait du coke imbibé dans du brôme. Après le brôme, il faudrait un autre tube en U contenant de l'éther pour absorber les vapeurs de brôme; un autre tube contenant de l'acide sulfurique fumant pour absorber les vapeurs d'éther; et enfin un dernier tube en U dans lequel on mettrait du peroxyde de manganèse pour absorber les vapeurs d'acide sulfureux qui pourraient se former.

Au lieu d'imbiber les morceaux de coke dans du brôme, on pourrait les imbiber dans un mélange de moitié acide sulfurique anhydre et de moitié acide sulfurique fumant; mais ce dernier moyen est plus dispendieux à cause du prix de l'acide sulfurique anhydre. Il faudrait dans ce cas faire également passer le gaz dans le peroxyde de manganèse.

L'acide sulfurique ordinaire ne paraît pas, d'après nos expériences, avoir d'action sensible sur le pouvoir éclairant du gaz. Avec l'acide sulfurique de Nordhausen, l'effet n'est que partiel.

L'on a ainsi tous les éléments nécessaires pour résoudre le problème.

En effet, soit D la densité du gaz, avant l'absorption des gaz hydrocarburés;

d cette densité, après l'absorption;

Et V le volume de ces hydrocarbures absorbés par le brôme, par mètre cube.

On calcule D et d en supposant ces gaz secs.

Un mètre cube du gaz pèse D.

Ce mètre cube est réduit à $(1 - V)$ après l'absorption.

Or, puisqu'un mètre cube de ce gaz restant pèse d, les $(1 - V)$ pèsent $(1 - V)\, d$;

Et, par conséquent, le poids enlevé, par l'absorption du brôme et par mètre cube, est $D - (1 - V)\, d$; c'est celui du volume V d'hydrocarbures.

Nous terminons ce chapitre en donnant les moyens en usage pour faire d'une manière plus complète l'analyse du gaz.

ANALYSE DU GAZ D'ÉCLAIRAGE. — Dès que le gaz a été débarrassé par la potasse de l'acide carbonique, de l'hydrogène sulfuré et de l'ammoniaque, il ne reste plus que les hydrocarbures gazeux, l'hydrogène protocarboné, l'hydrogène pur, l'oxyde de carbone et l'azote.

Pour cela, on introduit le gaz dans le tube à absorption, rempli de mercure, en prenant toutes les précautions convenables pour qu'il ne reste pas les moindres traces d'air, de manière à ce qu'il occupe environ 100 divisions.

On note alors le niveau supérieur de la colonne de mercure, au-dessus du niveau; on observe en même temps la hauteur barométrique et la température.

Pour enlever l'humidité et les dernières traces d'acide carbonique, si, par hasard, il en restait, on se sert d'une boule de potasse que l'on a le soin d'humecter pour rendre son action plus rapide. On mesure après le résidu gazeux qui est, alors, complétement desséché.

HYDROCARBURES GAZEUX. — Pour séparer les hydrocarbures gazeux des gaz hydrogène protocarboné, hydrogène pur, etc., on emploie un mélange de parties à peu près égales d'acide sulfurique anhydre solide et d'acide sulfurique fumant; on introduit dans le tube un morceau de coke que l'on a imprégné de cette dissolution. Il doit rester plusieurs heures en contact avec les gaz.

A la fin de l'opération, par suite de la formation des vapeurs de gaz sulfureux et d'acide sulfurique anhydre, on observe plutôt une augmentation de volume qu'une diminution. Pour être certain que l'acide sulfurique est resté en excès et que, par conséquent, la totalité des hydrocarbures a été absorbée, on s'assure si la boule répand encore à l'air des fumées blanches, auquel cas on regarde l'absorption comme complète.

Pour enlever les vapeurs des gaz sulfurique et sulfureux, on fait usage d'une boule de peroxyde de manganèse. L'absorption terminée, on mesure le résidu comme nous l'avons indiqué plus haut.

DÉTERMINATION DE L'OXYGÈNE. — On enlève l'oxygène avec une boule de phosphore. Il est nécessaire de placer l'appareil dans un lieu chaud pour que l'action marche bien. Les vapeurs de phosphore sont ensuite enlevées au moyen d'une boule de potasse.

On peut encore enlever l'oxygène au moyen d'une lame de cuivre humectée d'acide sulfurique.

DÉTERMINATION DES AUTRES GAZ COMBUSTIBLES ET DE L'AZOTE. — Il ne reste plus maintenant que l'oxyde de carbone, l'hydrogène, l'hydrogène protocarboné et l'azote. On mélange ces gaz avec le double, environ, de leur volume d'oxygène parfaitement pur et, à cet effet, obtenu par la décomposition du chlorate de potasse fondu.

On détermine alors une combinaison au moyen d'une étincelle électrique et, pour éviter qu'au moment de l'explosion une partie du gaz ne soit projetée hors du tube eudiométrique, on ferme celui-ci au moyen d'une plaque de caoutchouc.

Après la combustion, on laisse le mercure entrer lentement dans le tube, et l'on procède ensuite à la lecture du volume.

Le gaz carbonique formé par la combustion est absorbé par une boule de potasse qui enlève en même temps les vapeurs d'eau formées par la combinaison de l'hydrogène avec l'oxygène.

L'oxygène est ensuite enlevé comme il a été dit plus haut.

Ce qui reste est l'azote contenu dans le gaz. Si l'on retranche ce volume d'azote du volume primitif, la différence représentera le volume total des gaz combustible, hydrogène, hydrogène protocarboné et oxyde de carbone que nous représenterons par x, y et z et le volume total, qui est connu, par a; nous avons donc déjà :

$$x + y + z = a \qquad (1)$$

Nous connaissons aussi le volume d'oxygène consommé qui est égal au volume introduit diminué du volume absorbé par le phosphore ; représentons par b ce volume.

Le volume x d'hydrogène a absorbé un volume $\frac{x}{2}$ d'oxygène, pour former de l'eau.

Le volume y d'hydrogène protocarboné a absorbé $2y$ d'oxygène, pour donner un volume y d'acide carbonique.

Le volume z d'oxyde de carbone a absorbé un volume $\frac{z}{2}$ d'oxygène pour former un volume z d'acide carbonique.

On a donc :

$$\frac{x}{2} + 2y + \frac{z}{2} = b \qquad (2)$$

Pour avoir le volume d'acide carbonique, connaissant le volume des gaz dans l'eudiomètre après l'étincelle électrique, on a ce volume humide. Par les formules connues, on calcule ce qu'il deviendrait à l'état sec. La différence entre ce volume ainsi calculé et celui du mélange, après l'action de la potasse, représente le volume c d'acide carbonique, et l'on a ·

$$y + z = c \qquad (3)$$

Ces trois équations permettent d'en déduire les volumes x, y, z cherchés, et l'on a :

$$x = a - c$$

$$y = c - \frac{2b - a}{3}$$

$$z = \frac{2b - a}{3}$$

Voici quelques analyses anciennes de gaz d'éclairage obtenues en Angleterre par la distillation de la houille.

Gaz oléfiant......................	8
Hydrogène protocarboné...........	72
Oxyde de carbone................,	13
Acide carbonique.................	4
Hydrogène sulfuré................	3
	100

ANALYSE DE GAZ OBTENUS A L'USINE DE CLIFTON PRÈS DE MANCHESTER AVEC DES HOUILLES DE DIFFÉRENTES QUALITÉS.

NUMÉROS.	COMPOSITION DU GAZ.			CONSOMMATION en oxygène. b	ACIDE CARBONIQUE produit. c
	GAZ oléfiant.	GAZ inflammables. a	AZOTE.		
1	10	90	0	164	91
2	9	91	0	168	93
3	6	94	0	132	70
4	5	80	15	120	64
5	2	89	9	112	60
6	0	85	15	90	43

Ces expériences donnant les valeurs de a, b, c, il est facile d'en déduire les valeurs de x, y, z.

AUTRES ANALYSES PROVENANT DES HOUILLES DITES CANNEL-COAL.

NUMÉROS.	COMPOSITION EN :			CONSOMMATION en oxygène.	ACIDE CARBONIQUE produit.
	GAZ oléfiant.	GAZ inflammables. a	AZOTE.		
1	18	77,25	5,75	210	112
2	10	64	20	180	94
3	15	80	5	200	108
4	13	72	15	176	94

ANALYSE D'UN GAZ A L'HUILE DONT LA DENSITE EST 0,96 (HENRY).

Gaz oléfiant	0,25
Hydrocarbures	0,13
Hydrogène protocarboné	0,42
Hydrogène	0,06
Oxyde de carbone	0,14
	1,00

ANALYSES DE GAZ AU BOIS DE PIN DE LA VIRGINIE FAITES A NEW-YORK PAR M. CHARLES ROOME, ESQ. (*Journal de l'éclairage au gaz*, 5ᵉ année, 1856, page 227).

Gaz oléfiant et hydrocarbures	7,25
Oxyde de carbone	39,25
Hydrogène protocarboné	20,25
Hydrogène pur	24,17
Azote et perte	9,08
	100,00

DEUXIÈME ANALYSE DE GAZ OBTENU AVEC LE MÊME BOIS DISTILLÉ A UNE TEMPÉRATURE UN PEU MOINS ÉLEVÉE.

Gaz oléfiant	6,75
Vapeur d'hydrocarbures	2,25
Oxyde de carbone	42,94
Hydrogène protocarboné	25,91
Hydrogène	14,50
Azote	5,71
Perte	1,94
	100,00

Ces deux gaz expérimentés au photomètre donnaient une lumière qui était les 3/4 de celle du gaz de houille, provenant d'un mélange de quatre parties de charbon de Pittsburg et d'une de charbon Cannel.

ANALYSE DE GAZ OBTENUS PAR LA DISTILLATION DU BOIS DE CHÊNE.

Gaz oléfiant	6,50
Vapeur d'hydrocarbures	1,00
A REPORTER	7,50

REPORT.....	7,50
Oxyde de carbone..............	33,33
Hydrogène protocarboné.........	23,05
Hydrogène pur.................	30,15
Azote........................	5,10
Perte........................	0,87
	100,00

Le pouvoir éclairant de ce gaz n'était que moitié de celui de la houille.

ANALYSE DE GAZ DE HOUILLE ORDINAIRE EMPLOYÉ A L'ÉCLAIRAGE DE LA VILLE DE VERVIERS (EXPÉRIENCES DU DOCTEUR VEROIS, *Journal de l'Éclairage au gaz*, 8ᵉ année, 1859, p. 178.)

Hydrocarbures.	8,02
Hydrogène protocarboné.........	58,92
Hydrogène....................	24,83
Oxyde de carbone.............	6,85
Acide carbonique..............	0,86
Azote........................	0,09
Pertes.......................	0,43
	100,00

CHAPITRE II

PHOTOMÉTRIE. — PHÉNOMÈNES DE LA LUMIÈRE. — PUISSANCE
ÉCLAIRANTE D'UN GAZ. — TITRE. — BRULEURS.

PHOTOMÉTRIE. — L'appareil photométrique le plus généralement employé en France est celui qui est dû à Rumford. Il est
d'une grande simplicité et se trouve décrit dans tous les livres de
physique (*fig.* 4).

Il consiste en une tige cylindrique verticale A que l'on place
devant un écran BC couvert d'une feuille de papier blanc.

Les deux lumières à comparer L et L′ sont placées de manière
à projeter les ombres ab, $a'b'$ de la tige A sur l'écran BC.

L'ombre ab fournie par la lumière L est éclairée par la lumière L′.

Et l'ombre $a'b'$ fournie par la lumière L′ est, à son tour, éclairée par la lumière L.

Les deux lumières L et L′ et la tige cylindrique A, sont disposées de manière à ce que les deux ombres ab, $a'b'$ se touchent
presque ; afin de pouvoir mieux juger de l'égalité des deux teintes que l'on cherche à obtenir, en faisant varier, à cet effet, les
distances des lumières.

Lorsqu'on y est arrivé, on mesure les distances d et d' des
deux lumières à la ligne de jonction des deux ombres. En admettant que les intensités de ces deux lumières soient en raison directe
des carrés des distances, on aura la proportion :

$$I : I' :: d^2 : d'^2$$

I et I′ désignent les intensités des lumières L et L′.

On doit veiller :

1° A ce que les deux lumières soient à la même hauteur ;

2° A n'observer l'égalité des teintes, sur la ligne de jonction des deux ombres, qu'au point situé au niveau des lumières : car on remarque que l'égalité de ces teintes est loin de se maintenir aux autres points de la ligne, ce qui d'ailleurs ne saurait être.

Les distances sont alors mesurées suivant des lignes horizontales ;

3° Enfin à ce que les lignes qui mesurent les distances de chaque lumière à la ligne de jonction, viennent frapper l'écran BC suivant le même angle.

Bien que cet appareil soit appelé photomètre à ombres, on voit, cependant, que l'on cherche à apprécier comment chaque lumière éclaire une partie qui n'est pas éclairée par l'autre : c'est donc bien, en définitive, les lumières produites que l'on compare.

Au lieu de placer l'observateur devant l'écran, du même côté que les lumières, Rumford a pris un écran translucide formé d'une feuille de papier blanc : l'observateur se place du côté opposé, où il se trouve plus commodément, pour expérimenter.

Il faut avoir l'attention de se maintenir vis-à-vis des ombres, perpendiculairement au plan de l'écran : car le rapport des deux teintes change complétement lorsque l'on se met de côté.

On a fait à cet appareil quelques modifications que je vais indiquer.

1° On remplace la tige cylindrique A par un diaphragme en tôle de zinc ou de fer-blanc que l'on fixe contre l'écran et perpendiculairement à son plan suivant la verticale. Ce diaphragme est peint de chaque côté en noir mat ; afin qu'une lumière réfléchie ne vienne pas s'ajouter à celle qui est émise et qui, seule, doit être observée.

Ce diaphragme a une largeur très-variable : elle n'est, quelquefois, que de 3 à 4 centimètres et souvent de 15 à 20. Il y a même des constructeurs qui prolongent cette séparation par une toile, de manière à bien isoler chaque lumière. La nécessité de ne pas recevoir les rayons lumineux trop obliquement sur l'écran translucide oblige à une largeur de 5 à 6 centimètres au moins, afin de conserver aux ombres une largeur suffisante.

Avec ce diaphragme, la séparation des ombres est mieux tranchée et l'observation devient plus facile.

2° Nous avons fait observer que sur la totalité des ombres portées, il n'y avait qu'un seul point à regarder ; il devient donc inutile de conserver la transparence à la totalité de l'écran : à ce point, seul, où doit être fait l'examen des teintes, on perce une ouverture circulaire de 2 à 3 centimètres de diamètre, que l'on ferme avec du papier blanc et que le diaphragme partage par la moitié.

Par cette disposition l'expérience est plus facile : car l'œil n'est pas distrait par ces teintes diverses de lumière.

Le centre du cercle transparent est évidemment placé à la même hauteur que les lumières.

3° Enfin, pour atténuer l'effet de la faible réflexion de la pièce où l'on fait l'expérience, sur le petit cercle transparent, on noircit, comme nous l'avons dit, les deux faces du diaphragme, ou bien on les recouvre de papier noir non glacé. Elles s'opposent ainsi, en partie, à l'arrivée de ces rayons réfléchis et elles absorbent ceux qu'elles reçoivent des deux lumières. De plus, on place devant l'écran transparent soit un bout de tube de 10 à 15 centimètres environ de diamètre et de même hauteur, dont l'intérieur est noirci, soit un tronc de pyramide quadrangulaire. D'autres fois, on se contente de deux joues latérales et à charnières qui servent, en outre, à mettre en place le photomètre sans avoir besoin de support.

Nous avons parlé de la *faible* réflexion de la pièce où l'on fait l'expérience ; parce que nous avons admis que l'on avait eu l'attention de bien peindre en noir ou de recouvrir de toile noire non glacée toutes les parois de la salle d'expérience qui pourraient réfléchir la lumière et l'envoyer à l'écran; l'addition d'une surface cylindrique, ou conique ou prismatique, au photomètre n'a d'autre but que de garantir l'écran du faible rayonnement que ces parois pourraient, malgré cela, produire encore.

On entoure, également, du côté de l'observateur, le disque éclairé d'une enveloppe soit cylindrique soit quadrangulaire, noircie intérieurement : ce qui permet, d'une part, de mieux comparer les teintes du disque en le soustrayant au rayonnement de la pièce, et de l'autre, force l'observateur à se placer vis-à-vis du cercle éclairé.

INFLUENCE DU RAYONNEMENT DES PAROIS DE LA CHAMBRE D'EXPÉRIENCE. — L'influence de la lumière réfléchie par les parois de la chambre d'expérience ne nous paraît pas avoir d'importance, lorsqu'elle arrive également sur les deux moitiés du disque transparent : car, du moment que les teintes, d'ailleurs très-faibles, provenant de cette réflexion seront égales, de chaque côté du diaphragme, l'égalité se maintiendra encore en y ajoutant une même lumière.

Lors donc qu'en faisant une expérience, on sera arrivé à des teintes égales, on pourra masquer chacune des deux lumières avec un écran très-petit, dont la grandeur soit limitée par cette condition qu'aucun des rayons directs ne puisse arriver au papier. Si alors les teintes, de nouveau, observées restent égales, on en conclura que l'effet de la lumière réfléchie est nul et que, par conséquent, l'expérience est bien faite. Sinon, il faudrait aviser à se placer dans de meilleures conditions.

Toutes ces raisons, en ayant le soin de faire les vérifications que nous venons d'indiquer, nous éloignent de l'idée d'attacher trop d'importance à ces surfaces qui doivent garantir des rayons réfléchis.

Quant aux enveloppes qui entourent le disque, du côté de l'observateur, elles ont un autre but que nous avons indiqué.

Les deux teintes de lumière à comparer ont, quelquefois,

des couleurs différentes, ce qui présente une difficulté. On s'en est beaucoup préoccupé, et l'on a proposé pour s'y soustraire de remplacer le papier blanc par une couche d'amidon étendue entre deux verres, ou bien par une couche de stéarine.

On a encore parlé d'une feuille de gélatine, couleur cerise-rouge, que l'on place à l'entrée de la petite chambre cylindrique ou quadrangulaire située du côté de l'observateur, en face du petit transparent circulaire.

Nous pensons qu'avec un peu d'habitude, ces moyens deviennent inutiles; nous recommandons de ne pas se placer trop près de l'appareil, et de varier les distances de l'œil au photomètre, d'avancer et de reculer l'une des deux lumières de manière à n'assurer la distance jugée convenable qu'après une suite d'oscillations.

VÉRIFICATION PRATIQUE DE LA LOI D'ÉMISSION DE LA LUMIÈRE. — Nous avons admis que les intensités de deux lumières, donnant au photomètre des teintes égales, étaient entre elles dans le rapport des carrés des distances. Comme nous avons vu des personnes élever des doutes au sujet de cette loi connue, nous avons cherché les moyens d'en constater l'exactitude dans les limites, bien entendu, des moyens d'appréciation que la pratique possède et qui, nous ajoutons, sont suffisantes pour elle.

Nous avons expérimenté deux lumières quelconques et, après avoir noté leurs distances respectives au disque éclairé, nous avons constaté que si l'on faisait varier la distance de l'une des lumières, on était obligé d'augmenter ou de diminuer l'autre dans le même rapport pour arriver à l'égalité des teintes. M. Péclet avait déjà fait la même expérience et reconnu la loi.

De plus, nous avons remarqué que, si l'on mettait d'un côté du photomètre une bougie stéarique et de l'autre deux ou trois bougies conservant entre elles un petit intervalle, et chacune à égale distance du photomètre, les distances du photomètre à la bougie et à ce groupe de bougies, lorsqu'on arrive à l'égalité de lumière, étaient entre elles dans le rapport de 1 à $\sqrt{2}$ ou à $\sqrt{3}$.

Comme vérification, nous avons placé d'un côté du photomètre plusieurs bougies à des distances différentes et comprises dans un angle très-petit dont la bissectrice coïncidait avec celui adopté pour la comparaison des lumières. Les bougies étaient, bien entendu, disposées de manière à ce que la lumière de chacune d'elles arrivât au photomètre librement et sans être masquée par une autre bougie.

On calcule, d'après la loi admise et successivement en mesurant les distances respectives, le nombre de bougies qu'il faudrait placer à un mètre du photomètre, pour remplacer la lumière donnée par chacune d'elles. On fait la somme qui donne alors le nombre total de bougies qu'il faudrait placer à un mètre, de l'autre côté, pour égaler la teinte totale de lumière fournie.

Mais comme la loi permet aussi de calculer à quelle distance il faut placer une seule bougie pour qu'elle donne, à elle seule, autant de lumière que cette somme :

En plaçant la bougie à cette distance, l'égalité des teintes apparaît. La loi peut donc être admise.

Tableau donnant directement les intensités. — Quand on fait des expériences photométriques avec cet appareil, on place ordinairement la lumière à essayer à une distance fixe, généralement à 1 mètre, et l'on fait varier la distance de la bougie jusqu'à ce que l'on arrive à l'égalité.

Si d est cette distance et que l'on appelle i l'intensité de la bougie prise pour unité et I l'intensité du bec, on aura :

$$ 1 : i :: 1 : d^2 \text{ d'où } I = \frac{i}{d^2} $$

Toutes les intensités des lumières seront donc données par cette valeur $\left(\frac{1}{d^2} \right)$, puisque $i = 1$. Or, si l'on construit une table dans laquelle on donne à d toutes les valeurs croissant de centimètre en centimètre, depuis $0^m,01$ jusqu'à 1 mètre, et si l'on calcule toutes les valeurs $\left(\frac{1}{0,01} \right)^2 \left(\frac{1}{0,02} \right)^2 \left(\frac{1}{0,03} \right)^2 \ldots$ jusqu'à

$\left(\dfrac{1}{1}\right)^{2} = 1$; en cherchant dans cette table la valeur de d fournie par l'expérience, on aura en regard l'intensité cherchée.

On peut encore construire une courbe sur du papier quadrillé d'après deux ordonnées : la ligne horizontale indiquerait les distances de la lumière, et la ligne verticale, le nombre de bougies donnant la lumière cherchée.

M. le docteur Penot, de Mulhouse, dans un rapport présenté à la Société industrielle de cette ville le 22 juin 1859, recommande une modification heureuse apportée par M. Ferguson.

« D'habitude, dit M. Ferguson, on conserve invariable la dis-
« tance du gaz à l'écran, et on fait mouvoir la bougie sur une
« règle qui, presque toujours, est divisée en mètres et ses frac-
« tions ; de sorte que, pour chaque opération, on est obligé de
« faire un calcul dans lequel peut facilement se glisser une er-
« reur.

« Ce mode d'opérer offre un autre inconvénient : car, en faisant
« varier la distance de la bougie à l'écran, les ombres projetées
« par le style varient naturellement d'intensité, ce qui fait que,
« pour chaque essai photométrique, l'œil a une autre différence
« de teinte à apprécier. »

M. Ferguson propose de placer, non le bec, mais la bougie à une distance constante, qu'il fixe à $0^{m},30$, et de faire varier la position du bec jusqu'à l'égalité des teintes. Dans ce cas, reprenant la proportion posée plus haut, on aura :

$$1 : 1 :: d^{2} : 0{,}30^{2} \text{ d'où } 1 = \left(\dfrac{d}{0{,}30}\right)^{2}$$

Cette expression est effectivement plus simple à calculer. Si l'on exprime la distance du bec en prenant pour unité la distance de la bougie, le carré de cette distance donnera directement la puissance éclairante du bec exprimée en bougies. Une table des carrés de ces rapports, donnerait immédiatement l'intensité cherchée lorsque l'on connaîtra la distance du bec.

On peut également obtenir les mêmes indications au moyen d'une courbe.

Le premier moyen présente la même simplification du moment que la table est construite ; mais cet avantage d'avoir toujours les mêmes teintes de lumière à comparer mérite d'être pris en considération.

EXPÉRIENCES PHOTOMÉTRIQUES DE LIÉGE. — La commission de la ville de Liége chargée, en 1854, de déterminer le pouvoir éclairant du gaz fourni à la ville, a cru devoir rejeter le photomètre dont nous venons de donner la description et généralement admis en France. (Voir le rapport des experts inséré dans le *Journal de l'éclairage au gaz*, numéro du 5 avril 1758, n° 1 de la 7ᵉ année.)

Cette commission a essayé successivement :

« 1° Le photomètre de Rumford ;

« 2° Celui de Wheatstone, où l'on compare deux lignes lumi-
« neuses formées par le mouvement rapide d'une perle éclairée
« de deux côtés par les deux lumières ;

« 3. Celui de Ritchie, formé de deux glaces perpendiculaires
« l'une à l'autre et recevant les deux lumières sous un angle de
« 45° pour les renvoyer, ensuite, à une mince bande de papier
« partagée en deux par l'arête des glaces ;

« 4° Celui de Bunsen, consistant essentiellement en un disque
« de papier présentant au centre une tache transparente qui
« cesse d'être visible lorsque le disque placé entre les deux lu-
« mières est également éclairé de chaque côté.

« Les trois premiers instruments donnèrent des résultats peu
« satisfaisants. Cet insuccès doit être attribué à ce que, dans la
« comparaison de la lumière du gaz à celle d'une bougie, on ren-
« contre une difficulté particulière résultant de la différence de
« teinte de ces deux lumières.

« Dans le photomètre de Bunsen, cette différence de teinte
« n'a que peu d'influence. C'est pourquoi nous nous déci-
« dâmes à faire construire un appareil fondé sur le principe

« de ce photomètre et disposé de la manière suivante :

« Une boîte rectangulaire en cuivre noirci repose sur un pied
« également en cuivre et très-solide. Cette boîte présente à la
« partie supérieure une rainure d'un côté de laquelle se trouve
« une échelle divisée en millimètres, tandis que l'autre est une
« crémaillère. Dans celle-ci engrène un petit pignon à bouton
« auquel est suspendu un cadre en laiton ; sur ce cadre on peut
« en adapter d'autres portant une feuille de papier bien tendue.
« Une entaille faite dans le bord de la face inférieure de la boîte
« reçoit un chandelier où l'on place la bougie-type. Avant d'opé-
« rer avec cet instrument, on doit faire au milieu de la feuille de
« papier une tranche transparente qui, pour que l'instrument
« soit sensible, doit à peu près complétement disparaître dès que
« la feuille est placée entre les deux lumières, de façon à être
« également éclairée des deux côtés. Pour amener la feuille dans
« cette position, il suffit de tourner le bouton du pignon, et le
« cadre qui porte la feuille avance lentement et sans secousses.

« Une tache faite avec l'*alcool amylique*, c'est-à-dire l'*es-
« sence de pomme de terre*, parfaitement pur, nous a paru très-
« convenable. Encore ne disparaît-elle pas entièrement pour un
« œil exercé, et il faut saisir le moment où, considérée des deux
« côtés, elle a un éclat égal et aussi faible que possible. Cette
« difficulté, légère quand la tache est faite avec l'essence de
« pomme de terre, devient très-sérieuse lorsque l'on observe une
« tache de cire ou de stéarine , ou bien encore une inégalité.
« soit naturelle, soit artificielle, dans l'épaisseur du papier. »

Nous ajouterons que le photomètre de Bunsen est celui que les
Anglais adoptent le plus généralement.

Unité de lumière. — M. Péclet publia en 1836 un traité d'é-
clairage très-remarquable qui paraît avoir servi de base à la
ville de Paris pour traiter avec les compagnies de gaz chargées de l'éclairer, et pour leur imposer une lumière déterminée
pour une dépense convenue.

M. Péclet a adopté, comme type de lumière, celle fournie par une lampe Carcel, dépensant 42 grammes d'huile à l'heure. Cependant il avait signalé, le premier, des différences d'intensité de lumière très-grandes, suivant le temps de la combustion ; ce qui était déjà une objection grave contre ce type de lumière. Il y a à observer, en outre, que cette lumière varie suivant la nature de l'huile, la hauteur de la mèche et la position du verre.

De plus, lorsque l'on se sert d'une lampe Carcel, il faut vérifier la consommation de l'huile à chaque observation. Ce sont là de graves inconvénients qui viennent compliquer l'opération si simple de la mesure des intensités de lumière. Les Anglais ont donc, avec raison, rejeté ce type de lumière pour adopter la bougie de spermaceti de 6 à la livre, brûlant $8^{gr},207$ à l'heure.

En France, on paraît avoir renoncé, également, au type de la lampe Carcel pour prendre celui de la bougie stéarique, dite de l'étoile. On a préféré les bougies de cette manufacture parce qu'elle n'en livre au commerce que d'une seule qualité.

M. Penot, de Mulhouse, a constaté que la bougie de 5 à la livre brûlait $9^{gr},60$ par heure. Quand on néglige de la moucher, elle peut perdre de sa lumière dans le rapport de 1 à 0,88, suivant l'état d'entretien de la mèche. Aussi recommande-t-on de la maintenir toujours dans le même état, à une hauteur que l'on fixe à un centimètre environ.

Le moment de plus grande diminution de lumière arrive quand la mèche est trop longue et que son extrémité présente une partie carbonisée rougie à la flamme ; mais, si l'on entretient cette mèche à une longeur convenable, en la coupant à mesure avec des ciseaux, on peut placer deux bougies quelconques à égales distances du photomètre, et toujours on trouvera, comme je l'ai constaté moi-même, deux teintes identiques d'égale intensité, ou du moins n'ayant aucune différence appréciable à l'œil. Je dois ajouter que j'ai constamment trouvé la même égalité de lumière en comparant la bougie de l'Étoile à une bougie stéarique d'une autre fabrique lorsqu'elle était de première qualité.

La bougie anglaise de blanc de baleine (spermaceti) n'équivaut, d'après les expériences de M. Penot, qu'aux 9/10 de la bougie française (stéarique). Ce qui donne le moyen de comparer les expériences faites en France et en Angleterre.

Pour avoir le rapport des intensités de lumière de la bougie stéarique de l'Étoile et de la lampe Carcel, il faut recourir à l'ouvrage de M. Péclet, où l'on trouve les données suivantes :

L'intensité de la lumière de la lampe Carcel, dépensant 42 grammes à l'heure, étant représentée par. 100

Celle de la bougie stéarique le sera par. 14,30

Par conséquent, la lampe Carcel éclaire comme $\frac{100}{14,30} =$ 6,993, soit 7 bougies.

Voici les résultats d'une expérience que je fis dans le but de vérifier ce rapport des intensités des deux lumières.

Intensité de la lumière de la lampe Carcel brûlant 42 grammes
  à l'heure, au moment de l'allumage........................... 6^{boug},75
Intensité de la lumière une demi-heure après............... 6   84
Intensité de la lumière deux heures après................ 7   839

Ce rapport, comme on le voit, diffère très-peu de celui de 100 à 14,30 constaté par M. Péclet. De plus, il est à remarquer que le rapport de 6,75 à 7,839, qui exprime l'augmentation de la lumière après deux heures d'allumage, est précisément le même que celui observé par Péclet, après le même temps, qui est celui de 100 à 116.

M. Penot a également expérimenté les lumières données et par l'huile et par la bougie stéarique.

Voici ces expériences :

Huile brûlée par heure dans un quinquet..... 31^{gr},94
Pouvoir éclairant. . . . . 6^{bougies},150
Huile brûlée par heure dans un modérateur... 28^{gr},60
Pouvoir éclairant.............................. 6^{bougies},21

Ces expériences, comparées à celles que je viens de citer, présentent des différences que je ne ne sais comment expliquer. Avec 42 grammes d'huile, Péclet n'a obtenu que 7 bougies; tandis que M. Penot en trouve 6,21 avec $28^{gr},60$ en se servant de la lampe modérateur. Il est vrai que les petites lampes sont plus avantageuses, sous le rapport de la lumière donnée par une même quantité d'huile. Ainsi, Péclet a constaté que deux lampes dont l'une consommait 37 grammes et l'autre 51, donnaient, pour une même quantité d'huile, des intensités de lumière qui étaient dans le rapport de 235 à 215. Cela ne peut expliquer cette contradiction entre les expériences de Péclet et celles de M. Penot. Rien n'autorise non plus à admettre d'aussi grandes différences dans les intensités de lumière des bougies. J'ai eu occasion de constater, avec des lampes de schiste, en prenant des huiles qui provenaient pourtant de la même usine, des différences aussi fortes que celles que je signale. J'hésite à croire qu'il en soit de même pour les huiles de colza, mais le fait mériterait d'être vérifié.

Pouvoir éclairant, titre. — Nous appellerons, avec M. Penot, *puissance* ou *pouvoir éclairant* d'une lumière, le nombre de bougies normales qu'elle peut remplacer : ces bougies étant maintenues dans le meilleur état d'entretien de la mèche, où elles produisent leur maximum d'effet.

Lorsque l'on connaît la dépense en litres et par heure d'un bec et son *pouvoir éclairant*, on obtient ce que l'on appelle le titre du gaz, en faisant la proportion suivante : tant de litres donnent une lumière de tant de bougies, combien 100 litres, brûlant dans les mêmes conditions et éclairant dans le même rapport. donneront-ils de bougies ? Ce quatrième terme est ce que l'on nomme le titre : c'est, si l'on veut, le nombre de bougies nécessaire pour équivaloir à la lumière fournie par un nombre suffisant de becs semblables brûlant ensemble 100 litres de gaz dans une heure. Le titre d'un gaz peut donc varier suivant la nature et la force du bec employé.

Ainsi, je suppose un bec dépensant 45 litres par heure, dont la puissance éclairante soit de 8 bougies. Pour avoir le titre on fera la proportion suivante.

Puisque 45 litres donnent une lumière de 8 bougies, combien 100 litres donneront-ils ?

$$45 : 8 :: 100 : x \text{ d'où } x = \frac{8 \times 100}{45} = 17,77$$

Le titre du gaz est donc, avec ce brûleur, de 17,77.

On estime quelquefois la puissance éclairante d'un bec d'après le nombre de lampes Carcel brûlant 42 grammes à l'heure qu'il peut remplacer.

Ainsi, dans le marché que la ville de Paris passa, il y a quelques années, avec les compagnies de gaz, il était dit :

L'éclairage doit être fait par le gaz extrait de la houille, parfaitement épuré, donnant, comme pouvoir éclairant, pour les becs de service public, les intensités de lumière ci-après :

Première série. — Consommant 100 litres à l'heure, 0,77 de l'éclat d'une lampe Carcel brûlant 42 grammes à l'heure.

Deuxième série. — Consommant 140 litres à l'heure, 1,10 de l'éclat d'une lampe Carcel..., etc...

Troisième série. — Consommant 200 litres à l'heure, 1,72 de l'éclat, etc...

D'après M. Péclet, il faut dépenser 127 litres de gaz de houille, pour obtenir la lumière d'une carcel brûlant 42 grammes à l'heure, soit la lumière de 7 bougies.

Le bec de 127 litres ayant un pouvoir éclairant de 7 bougies, le titre du gaz était de $7 \times 100 : 127$, soit 5,5.

En transformant en bougies les lumières imposées par la ville, suivant les séries, nous en concluons le titre du gaz qui augmente, comme on le voit, suivant la force du bec.

NATURE DES BECS.	DÉPENSE EN TITRES.	INTENSITÉ DE LA LUMIÈRE EXPRIMÉE en bougies.	TITRES.
1re série..........	100	$0,77 \times 7 = 5,39$	5,39
2e série..........	140	$1,10 \times 7 = 7,70$	5,5
3e série..........	200	$1,72 \times 7 = 12,04$	6,0

CONDITIONS DE PRODUCTION DE LUMIÈRE. — Les gaz dont la combustion fournit le plus de lumière, sont ceux qui contiennent un élément assez fixe pour ne pas être volatilisé instantanément par la chaleur développée. Dans le gaz d'éclairage, cet élément fixe est le carbone passant à l'état d'ignition et ensuite à celui de combustion. Il ne peut y avoir de lumière blanche produite, sans qu'il y ait décomposition préalable des gaz carbonés.

Dans un jet de gaz, la combustion qui a lieu à chaque point de l'enveloppe, détermine au centre une décomposition des gaz carbonés. Il y a dépôt de carbone et l'on se trouve, alors, dans les conditions de production de lumière.

Il y a une expérience très-simple qui démontre clairement que dans un bec, dit bougie, la combustion n'a effectivement lieu qu'à l'enveloppe et que le centre de la flamme est noir. Il suffit pour cela de prendre deux becs-bougie et de les diriger l'un contre l'autre, de manière à produire une flamme analogue à celle des becs Manchester, dont nous parlerons plus loin. Si A et B sont les deux becs-bougies (*fig.* 5), la flamme Manchester F peut se produire à plusieurs centimètres de l'ouverture des becs, distance, au reste, que l'on peut varier à volonté. Cette flamme F coupe net le jet du bec-bougie. Si l'on place l'œil en *a*, par exemple, dans la direction du jet A, on aperçoit, à travers la flamme transparente F, la section du jet; l'on reconnaît que l'anneau de la section est effectivement brillant et que le centre est noir. On peut, par ce moyen, voir la section en un point quelconque du jet et l'on constate que l'anneau près de l'ouverture est bleuâtre et qu'il devient, ensuite, d'autant plus brillant que l'on s'éloigne davantage de l'orifice.

EXAMEN DES PHÉNOMÈNES DE LA COMBUSTION. — Pour nous rendre compte des différentes particularités que présente la combustion d'un jet de gaz, nous allons examiner ce qui se passe dans une tranche du jet, depuis le moment où elle sort de l'ouverture du bec jusqu'à celui où elle est entièrement brûlée. (1), (2), (3)… représentent les positions successives de cette tranche depuis le point de départ (*fig.* 6).

En sortant du bec, la tranche n'a pas d'autres points de contact avec l'air atmosphérique que ceux de l'anneau *a* ; dans le premier instant, la combustion ne peut avoir lieu qu'entre les molécules de gaz de l'anneau *a* et l'air atmosphérique. Cette combustion sera complète lorsque la tranche sera, par exemple, arrivée dans la position (1). Dans cette première opération, le volume de la tranche, ayant été soumis à une élévation de température, devra se dilater, et cette tranche, quoique s'étant brûlée en partie, augmentera de largeur, ainsi que le représente la figure. Cette augmentation s'explique encore par une diminution dans la vitesse.

A partir de la position (1), lorsque la tranche s'élèvera vers la position (2) ; la combustion ne pourra avoir lieu qu'entre les molécules de l'anneau *b* et l'air atmosphérique. De (2) à (3) ce sera l'anneau *c* qui brûlera, et ainsi de suite jusqu'à la combustion des dernières parties de la tranche.

Tous ces anneaux *a, b, c,* se consumeront dans des circonstances différentes que nous allons étudier. La combustion du gaz de l'anneau *a* aura lieu sans qu'il y ait eu décomposition préalable, il ne pourra y avoir dépôt de carbone : la combustion aura suivi la décomposition chimique ou plutôt aura lieu en même temps ; le carbone se sera consumé sans qu'il ait eu le temps de pouvoir s'isoler. Le gaz aura donc brûlé dans de mauvaises conditions pour la lumière ; la flamme aura une teinte bleuâtre.

L'anneau *b* ayant pu subir un commencement de décomposition préalable, au moyen de la chaleur qu'a développée la combustion de l'anneau *a*, la flamme de (1) à (2) présentera une teinte bleuâtre moins prononcée. Suivant le même raisonnement on comprend que les anneaux *b*, *c*, *d* venant se consumer dans des conditions de plus en plus avantageuses, car la décomposition a eu plus de temps pour s'y effectuer, la teinte de la flamme doive se graduer, insensiblement, à partir d'en bas, du bleu au blanc.

La décomposition du gaz sera la plus complète possible pour les anneaux du centre qui brûlent les derniers; mais ces gaz pourront ne plus trouver assez d'air pour leur combustion, ou bien ne se trouveront pas à une température suffisante pour que la combinaison puisse se faire convenablement; la teinte de la flamme deviendra alors rougeâtre, et, si l'air vient à manquer totalement, il y aura perte et le bec fumera.

Conclusions. — Ces simples considérations déduites de la théorie de Davy démontrent que, dans un jet de gaz, il y a toujours une partie qui brûle dans de mauvaises conditions : ce sont les premiers anneaux extérieurs *a*, *b*... La combustion de ces anneaux sert à préparer les anneaux intérieurs, en leur faisant subir une décomposition préalable, à brûler dans de meilleures conditions. Cette perte est indispensable, et elle sera d'autant moins sensible que la masse de gaz contenue dans les premiers anneaux *a*, *b*, *c*, sera plus petite, par rapport à la masse totale, c'est-à-dire que le diamètre du jet sera plus grand.

D'un autre côté, on doit craindre que les anneaux intérieurs ne trouvent plus assez d'air pour leur combustion, ou que leur température ne soit trop faible pour qu'ils puissent brûler en donnant une lumière blanche, il y aurait alors production de fumée. Il y a pour les dimensions les plus convenables à donner à un jet, une limite qu'on ne saurait dépasser, soit en plus, soit en moins, lorsque l'on veut produire le plus de lumière possible, avec une quantité donnée de gaz, et éviter la fumée.

Bec a un jet et influence de la grandeur de l'orifice. — MM. Robert Christison et Edward Turner, d'Édimbourg, dans le beau travail qu'ils publièrent en 1816, ont mis en évidence l'influence de la longueur de la flamme, en faisant voir que le titre, qu'ils appellent l'intensité relative, augmente avec la dépense; ou, ce qui revient au même, que la puissance éclairante du bec augmente dans un rapport plus grand que celui de la dépense.

Voici ces expériences faites sur le gaz de houille et sur le gaz de l'huile brûlant dans un bec à jet.

Gaz de houille.

Longueur de la flamme..	2°	3°	4°	5°	6°
Lumière...............	55,6	100	150,6	197,8	247,4
Dépense...............	60,5	101,4	126,3	143,7	182,2
Intensité relative........	100,0	109	131	150	150

On ne gagne rien au delà de 5°.

Gaz de l'huile.

Longueur de la flamme.....	1°	2°	3°	4°	5°
Lumière..................	22	63,7	96,5	141	178
Dépense.................	33,1	78,5	90	118	153
Intensité relative..........	100,0	122	159	181	174

Le diamètre le plus convenable, d'après ces expérimentateurs, pour un jet, avec le gaz de houille, est de $\left(\dfrac{1}{28}\right)$ de pouce, soit $0^{mm},89$.

Avec le gaz de l'huile, dont la densité varie de 9 à 10, le diamètre de l'ouverture des jets étant :

$$\left(\frac{1}{70}\right)^o \quad \left(\frac{1}{60}\right)^o \quad \left(\frac{1}{45}\right)^o$$

l'intensité relative est :

$$85 \qquad 97 \qquad 100$$

J'ai cherché à mettre ces résultats en évidence, et c'est dans ce but que je pris trois becs à un jet, dont les ouvertures avaient les diamètres de $0^{mm},33$, de $0^{mm},75$ et enfin de 1 millimètre. Voici les résultats de ces expériences que je publiais en 1845.

	Hauteur du jet.......	$0^m,02$	$0^m,04$	$0^m,06$	$0^m,08$	$0^m,10$	$0^m,12$	$0^m,14$
Dépense pour un jet de :	1^{mm} de diamètre.	$7^l,50$	$13^l,00$	$19^l,50$	$26^l,00$	$32^l,00$	$43^l,00$	$46^l,00$
	$0^{mm},75$ —	$8^l,00$	$15^l,00$	$21^l,50$	$28^l,00$	$35^l,00$	$47^l,00$	$51^l,00$
	$0^{mm},33$ —	$8^l,00$	$15^l,00$	$21^l,50$	$29^l,00$	$33^l,5$		
Puissance éclairante du jet de :	1^{mm} de diamètre.	$0^b,09$	$0^b,42$	$0^b,70$	$1^b,30$	$1^b,62$	$1^b,76$	$2^b,8$
	$0^{mm},75$ —	$0^b,06$	$0^b,25$	$0^b,53$	$0^b,74$	$1^b,07$	$1^b,57$	$2^b,01$
	$0^{mm},33$ —	$0^b,25$	$0^b,08$	$0^b,27$	$0^b,45$	$0^b,65$		
Titre du gaz avec le jet de :	1^{mm} de diamètre.	$1,20$	$3,23$	$3,59$	$5,00$	$5,06$	4.09	$6,08$
	$0^{mm},75$ —	$0,75$	$1,66$	$2,52$	$2,64$	$3,05$	$3,34$	4.12
	$0^{mm},33$ —	$0,31$	$0,53$	$1,20$	$1,55$	$1,94$		

La flamme du bec, dont l'orifice a pour diamètre $0^{mm},33$, était constamment bleuâtre. La pression du gaz extérieur était de 7 centimètres. Lorsque l'on ouvrait entièrement le robinet du bec, la flamme ne pouvait monter au delà de 10 centimètres.

La flamme du bec, dont le diamètre de l'orifice est de $0^{mm},75$, était blanche. Lorsque l'on ouvrait entièrement le robinet, la flamme montait jusqu'à 23 centimètres.

Enfin la flamme du dernier bec était jaunâtre et donnait des reflets de même teinte très-prononcée ; ce qui était une difficulté pour évaluer les intensités de lumière. En ouvrant tout à fait le robinet, la flamme montait jusqu'à 35 centimètres.

Ces observations sont conformes aux principes de combustion énoncés plus haut. Lorsque le jet était étroit, peu de gaz avait le temps de subir la décomposition préalable et la flamme devenait bleuâtre. A mesure que la largeur du jet augmentait, le gaz pouvait se brûler dans de meilleures conditions et la teinte de la flamme devenait jaunâtre.

Cependant, lorsque la flamme avait une faible hauteur, même pour les· becs de $0^{mm},75$ et de 1^{mm}, elle restait bleuâtre; parce que là encore, il ne pouvait y avoir décomposition préalable.

La flamme bleue indique toujours la partie du gaz qui brûle sans être préalablement décomposée. Cette teinte se fait remarquer dans les parties du bas de la flamme. Cela ressort des principes que nous avons posés.

Ces expériences montrent, d'après les nombres portés dans la dernière colonne du tableau, que la flamme la moins avantageuse, relativement à la dépense, est la flamme bleuâtre ; ensuite la flamme blanche et enfin la flamme ayant une teinte jaunâtre. Ainsi, par exemple, avec le bec de $0^{mm},33$, n'élevant la flamme que de 2 centimètres, il faudrait dépenser 300 litres par heure pour produire une lumière égale à une bougie ; tandis qu'avec le bec de $0^{mm},75$ et une hauteur de 14 centimètres, on obtient une flamme jaunâtre, et on ne dépenserait que 18 litres de gaz par heure pour produire la même intensité de lumière. Suivant les différentes manières de consumer le gaz, on obtient donc des intensités qui varient de 300 à 18. Nous prévoyons déjà combien il doit y avoir de difficultés pour expliquer le nombre qui doit représenter le titre d'un gaz.

Rapport entre la dépense et la hauteur du jet. — En comparant, d'après ces dernières expériences et celles de MM. Christison et Turner, les dépenses du bec avec la hauteur du jet correspondante, nous voyons ce rapport demeurer constant. Ainsi la dépense du gaz double quand la hauteur du jet double elle-même ; elle triple lorsque la hauteur du jet triple, et ainsi de suite.

De plus, dans ces dernières expériences, où l'on a pris trois jets de dimensions différentes ($0^{mm},33$, $0^{mm},75$, 1^{mm}), nous voyons les dépenses rester, sensiblement, les mêmes avec les trois ouvertures, pour la même hauteur de jet.

Ce qui permet de poser ce principe expérimental : *avec les becs à un seul jet, la hauteur de la flamme, pour une même dépense de gaz, est proportionnelle à la dépense et, sensiblement, indépendante de la grandeur de l'orifice.*

Cette dépense que nous trouvons proportionnelle à la hauteur du jet et sensiblement indépendante de la grandeur de l'orifice constitue un fait très-remarquable. J'ai eu occasion d'expérimenter des gaz de nature bien différente obtenus avec la houille, la résine, les graines, les huiles ordinaires, les huiles de schistes, et constamment j'ai observé le même fait : seulement cette dépense, qui est constante pour un même gaz et pour une même hauteur du jet, est d'autant moindre que le gaz est plus riche.

Ainsi, avec le gaz de houille la dépense, pour un décimètre de hauteur de flamme, varie de 32 à 50 litres. Avec le gaz de Boghead cette dépense est de 13 à 15 litres ; et j'ai constaté qu'elle pouvait se réduire à 10 et à 12 litres avec des gaz plus riches obtenus par la distillation de matières grasses.

Sans me préoccuper de la loi qui pourrait exister entre la valeur industrielle d'un gaz, sous le rapport de l'éclairage, et la dépense du jet de 10 centimètres, je ne vois pas moins cette valeur industrielle augmenter pendant que la dépense du jet diminue. Naturellement j'ai dû commencer par constater cette dépense, lorsque j'ai eu un gaz à expérimenter. J'ai toujours reconnu que cette première expérience me donnait une appréciation exacte.

On comprendrait bien que plus le gaz renferme de matières éclairantes, moins il en faut pour que le jet atteigne une hauteur déterminée ; mais là se borne la présomption, et rien ne me semble conclure à un rapport défini.

Il faudrait d'ailleurs, pour cela, que l'on se fût mieux entendu sur le sens exact que l'on doit attribuer à la valeur industrielle d'un gaz. Or on verra plus loin que, dans une certaine limite, *tant vaut le bec tant vaut le gaz* ; et comme la forme et la nature d'un bec n'ont rien d'absolu ; que ce sont des éléments variables à l'infini ainsi que le mode de combustion ; que de plus, tel bec qui convient à tel gaz ne convient pas à tel autre, rien ne dit que le rapport d'aujourd'hui ne soit celui de demain.

Pour ne citer qu'un exemple. On avait admis, dès l'origine, que la richesse d'un gaz est proportionnelle au poids condensable par le chlore. Dès 1816, MM. Christison et Turner, en cherchant à comparer le gaz de l'huile avec le gaz de houille, ont trouvé que le gaz de l'huile ne donnait pas la lumière qu'il eût été permis de conclure de cette proportion. Ces messieurs se sont bornés à comparer les deux gaz avec un bec d'Argand, celui reconnu le meilleur alors : ce bec est effectivement le plus avantageux pour le gaz de houille de qualité ordinaire ; tandis que le bec à deux jets, dit bec Manchester, employé avec le gaz à l'huile, donne à ce gaz une valeur industrielle plus grande. La pression a aussi une importance qui n'a été bien constatée que depuis peu. En changeant de becs suivant la nature des gaz, ils auraient peut-être confirmé un principe qu'ils ne pouvaient que nier à l'époque où ils firent leurs expériences.

J'avais depuis longtemps proposé d'évaluer la richesse d'un gaz par la dépense d'un jet de 10 centimètres de hauteur, sans se préoccuper de la lumière produite. Je ne pouvais craindre les anomalies ou les différences provenant de la grandeur de l'ouverture, puisque j'avais constaté que la dépense était sensiblement la même et que la pression seule variait. On pouvait d'ailleurs adopter un diamètre déterminé, un demi-millimètre par exemple. On était au moins certain que les écarts dans la mesure ne pouvaient constituer une différence appréciable.

Des becs ronds dits becs d'Argand. — Expériences de MM. Christison et Turner. — Lorsque plusieurs jets se réunissent, comme dans le bec d'Argand, la lumière augmente dans un rapport plus grand que la dépense. Cela tient à diverses circonstances que la théorie que nous venons d'émettre expliquerait : car, reprenant les raisonnements ci-dessus qui nous ont conduit à admettre que la combustion de l'enveloppe ne servait qu'à préparer la partie centrale à brûler dans de meilleures conditions, et que la perte qui en résultait était d'autant moindre que la masse de gaz formant l'enveloppe était moins grande par rapport à la masse totale, cette condition se trouve mieux remplie dans l'anneau de gaz que fournit le bec d'Argand que dans un jet.

Dans la pratique, cet anneau n'existe pas aussitôt que le gaz rencontre l'air atmosphérique. Le gaz sort par de petits trous et c'est en s'élevant que la masse entière se réunit pour former l'anneau.

Les premières expériences satisfaisantes qui aient été faites pour découvrir les circonstances qui influent sur la lumière du gaz sont dues à MM. Christison et Turner, qui publièrent leurs beaux travaux dans le *Journal philosophique d'Édimbourg*. Ce mémoire a été traduit et publié dans les *Annales de physique et de chimie*, t. XXXV, p. 309.

« Lorsque l'on bouche avec le doigt le dessous de la lumière « d'un bec d'Argand, disent MM. Christison et Turner, la flamme « s'allonge et, quoique son intensité diminue, cependant son « pouvoir est augmenté; l'observateur n'a qu'à tourner le dos à « la lumière, et à observer la clarté de l'appartement. »

Diamètre du courant d'air intérieur. — Afin d'apprécier cet effet, ces messieurs avaient pris de petits glisseurs gradués à 1/50 de pouce. Le courant d'air intérieur avait 9/50 de pouce et le bec, 5 trous. Quand la flamme avait 2 pouces de hauteur, sa lumière, comparée à celle d'un jet de gaz à l'huile de 3ᵖ 2ⁱ, pris pour unité, était représentée par 2,07 ; quand l'ouverture du courant d'air a été diminuée jusqu'à 3/50, la flamme a commencé à s'allonger ; et, enfin, lorsque l'ouverture n'a été que de 1/50 de pouce, la flamme avait 3 pouces de haut et sa lumière avait augmenté d'un quart : elle était devenue 2,66.

Pour un autre bec de 10 trous, ils ont obtenu les résultats suivants :

Dimension du courant d'air.	Hauteur de la flamme.	Intensité de la lumière comparée au jet de 3P 2I.
$\frac{15}{50}$ de pouce.	.... 2 pouces.	 4,52
$\frac{4}{50}$ —	.... 3 1/4 —	 5,83
$\frac{5}{100}$ —	.... 5 —	 6,65

Si, originairement, la flamme du bec était plus courte que 2 pouces, le gain obtenu, en diminuant le courant d'air, était plus grand ; et si la flamme était plus longue, le gain devenait moindre.

Ainsi, en partant d'une lumière n'ayant qu'une hauteur de 1 pouce 1/2 et resserrant le courant d'air de manière à n'avoir que 1/50 de pouce, la lumière avait doublé.

A mesure que l'ouverture est ainsi diminuée, la flamme, perdant graduellement sa couleur blanche, passe au jaune, puis au brun ; lorsque cette teinte est arrivée, on ne gagne rien en augmentant la longueur de la flamme, tandis qu'au commencement, un sacrifice sur la pureté de la teinte donne une augmentation de lumière.

Le diamètre à donner au courant d'air intérieur semble dépendre de la grandeur de l'anneau, et nullement du nombre des trous, du moment qu'ils sont assez rapprochés pour que les jets se rejoignent à une petite distance des ouvertures : car l'expérience démontre que la consommation varie très-peu avec le nombre des trous percés dans un même cercle ; par conséquent la quantité d'air à introduire pour l'alimentation reste sensiblement la même, ce qui exige un même diamètre du courant d'air intérieur pour un même diamètre de l'anneau lumineux.

Il semble qu'on en dût conclure que la consommation du bec augmente avec la grandeur de l'anneau. Cela ne paraît se vérifier que jusqu'à une certaine limite. Quand il s'agit de becs ronds, les moindres modifications qu'on y apporte donnent lieu à tant d'autres phénomènes divers, que les anomalies se produisent à chaque instant.

Voici, au reste, les dimensions adoptées dans les becs Maccaud et Bengel :

Dans le bec Maccaud :

Le cercle a 20 centimètres, et le diamètre intérieur, 11 millimètres.

Dans le bec en porcelaine Bengel :

Le cercle a 17 millimètres, et le diamètre intérieur, 10 millimètres.

Le bec Maccaud m'a donné de meilleurs résultats que le bec Bengel. Cela pourrait tenir à la grandeur des trous qui étaient trop petits dans le bec en porcelaine.

De là, l'on conclut que : *pour obtenir le plus de lumière possible, dans un bec d'Argand, le courant d'air doit pouvoir brûler le gaz complétement; mais, dès que la combustion est complète, non-seulement on ne gagne rien, mais encore on perd, en donnant au courant d'air une dimension plus grande, afin d'activer la combustion.*

Ainsi, avec un trop grand courant d'air, le gaz trouve plus d'air qu'il ne lui en faut pour brûler; la flamme reste basse; peu de gaz subit la décomposition préalable, il y a perte.

A mesure que le courant d'air d'air diminue, l'air devient plus rare; le gaz doit mettre plus de temps pour se consumer; la partie centrale peut se décomposer plus facilement, et l'on obtient une flamme jaune. En diminuant encore le courant d'air. la partie de gaz décomposée peut ne plus trouver assez d'air pour brûler; il y a, alors, production de fumée. Il faut donc arrêter auparavant le rétrécissement du courant d'air.

Verre rétréci par le haut. — On a pris, depuis quelques années, différents brevets qui réalisent la condition de diminuer la masse d'air à introduire sous le bec, de manière à arriver à la limite de maximum de lumière, avec une dépense donnée.

Un de ces brevets consiste à recouvrir le verre du bec d'un chapeau dans lequel est une ouverture dont on peut régler à volonté la grandeur, au moyen d'une disposition analogue à celle employée pour régler l'ouverture des bouches de chaleur dans quelques poêles. On produit, alors, les mêmes effets que ceux que MM. Christison et Turner produisent avec les glisseurs.

Un brevet plus simple consiste à resserrer le verre dans le haut. Ce moyen est moins complet : car la masse d'air qui passe dans ce bec est réglée ainsi d'une manière fixe et ne peut être amenée au point voulu, comme dans le brevet précédent.

Malgré cela, voici les résultats d'une expérience que j'ai eu occasion de faire, en 1852, avec le gaz de la Compagnie Payn de Belleville, en employant ce verre. Cette Compagnie livrait, alors, à la ville, du gaz d'un très-beau pouvoir éclairant, comme il ressort, au reste, de ces expériences.

J'ai commencé par rechercher la dépense d'un bec-bougie de 10 centimètres, j'ai constaté qu'elle était de 32 litres. Cela seul me faisait prévoir la beauté du gaz : car il est rare que le gaz de houille dépense moins de 35 à 45 litres.

Le pouvoir éclairant de ce jet était de $1^{boug},48$, ce qui représente un titre de 4,60, que je n'ai jamais pu obtenir depuis avec d'aussi faibles dépenses.

BEC A TROUS (VERRE ORDINAIRE).

HAUTEUR DE LA FLAMME.	DÉPENSE.	POUVOIR ÉCLAIRANT.	TITRE.
3	82^l	4,35	5,30
5	100	8,70	8,70
7	114	11,11	9,70
9	124	13,33	10,70
12	128	16,00	12,50

MÊME BEC (VERRE ÉTRANGLÉ).

HAUTEUR DE LA FLAMME.	DÉPENSE.	POUVOIR ÉCLAIRANT.	TITRE.
3	72^l	3,15	4,40
5	84	6,75	8,00
7	98	9,80	10,00
9	102		
12	108	11,11	12,87

J'ai expérimenté le même verre avec un gaz d'un titre plus élevé, dont la dépense du bec-bougie, de 1 décimètre de hauteur, était de 16 litres.

Voici le résultat de ces expériences :

BEC ANNULAIRE (VERRE ORDINAIRE).

HAUTEUR DE LA FLAMME.	DÉPENSE.	POUVOIR ÉCLAIRANT.	TITRE.
3	44^l	5,04	12,03
4	52	10,02	19,00
5	60	21,09	36,05
6	64	23,00	36,05
7	67	25,00	37,00
8	74	26,75	36,05
9	82	29,75	37,00

MÊME BEC (VERRE ÉTRANGLÉ).

HAUTEUR DE LA FLAMME.	DÉPENSE.	POUVOIR ÉCLAIRANT.	TITRE.
3	36^l	6,46	18
4	43	11,11	26
5	46	13,39	29
6	54	16,88	30
7	56	19,47	35
8	60		
9	64		

L'inspection de ces tableaux montre que l'addition du verre étranglé ne donne pas, il est vrai, de plus beaux titres ; puisque l'on n'a obtenu, au maximum, qu'un titre de 12,8, que fournit également le verre ordinaire.

Mais, si l'on a égard à la masse de gaz dépensée, les conclusions sont tout autres. Ainsi, pour les mêmes dépenses avec le verre ordinaire et avec le verre étranglé, l'avantage est pour ce dernier dans le rapport de 25 à 30 0/0.

Dans ces expériences, je n'ai pas noté la pression, mais j'avais eu l'attention de prendre un bec ayant des trous de $0^{mm},7$ de diamètre. Je savais déjà, par les expériences citées plus haut que j'avais publiées en 1845, combien la grandeur des ouvertures a d'influence sur la valeur du titre. J'étais donc placé dans les conditions d'une très-faible pression.

Si j'avais fait ces expériences en recouvrant le verre d'un disque qui modérât, à volonté, la grandeur de l'ouverture, je fusse sans doute parvenu à des résultats plus avantageux encore ;

car la flamme et le titre s'élèvent, en même temps, à mesure que l'on rétrécit le passage, jusqu'au point où l'on produit de la fumée ; or la grandeur de l'ouverture du verre était ici fixée d'une manière stable.

L'emploi de ce verre paraît donc très-propre à relever les titres des petites dépenses et, sous ce rapport, c'est un progrès incontestable ; mais cependant, si la somme de lumière que fournit un nombre de becs déterminé n'était reconnue que suffisante en employant le verre ordinaire, l'usage du verre étranglé ne présenterait aucun profit. On ne doit l'adopter que lorsque l'on désire réduire la dépense et profiter cependant de la même proportion entre la lumière produite et le gaz dépensé, c'est-à-dire conserver le même titre.

INFLUENCE DE LA HAUTEUR DE LA FLAMME. — Les expériences que je viens de citer, faites avec le gaz courant et avec le gaz riche, montrent qu'avec le gaz de houille le titre a constamment augmenté, à mesure que l'on a élevé la hauteur de la flamme, jusqu'à 12 centimètres où le titre est devenu 12,50 ; tandis qu'avec le gaz riche, on obtient le titre maximum lorsque la flamme atteint 6 centimètres de hauteur. On n'a plus rien gagné, ensuite, en élevant davantage la flamme.

On peut en conclure, ce que l'expérience journalière confirme d'ailleurs, que la hauteur de la flamme doit être d'autant plus haute que le titre du gaz est moins élevé, ce qui autorise à prescrire une hauteur de flamme de 10 à 12 centimètres avec le gaz de houille : 6 centimètres suffiraient avec un gaz ayant un titre 4 fois plus grand.

Il faut avoir l'attention de modérer d'autant plus la hauteur de la flamme que le gaz est plus riche. Cette attention a son importance : car nous voyons qu'avec le bec étranglé, au delà d'une hauteur de 7 centimètres, on ne gagne plus rien, sous le rapport de la lumière, en élevant la flamme à 8 et 9 centimètres ; cependant la dépense du gaz augmente : de 56 litres elle monte à 60 et 64 litres sans aucun profit.

Toile métallique pour assurer la tranquillité de la flamme.
— La Société du gaz portatif non comprimé a, la première, fait usage de toile métallique dans le but de rendre la flamme de ses becs plus calme. Elle ne se servait que de becs Manchester qui brûlaient dans des verres fixés sur de larges galeries. Afin d'éviter l'oscillation et le papillonnement de la flamme, elle garnissait le fond de ces galeries d'une large rondelle en toile métallique et elle couvrait le dessus des verres d'une autre toile métallique également.

Ce système fut complété au moyen d'une bobèche mobile soit en métal soit en verre. En manœuvrant cette bobèche, on arrive à ne laisser introduire, à travers la grille, que la quantité d'air justement nécessaire à la combustion. La flamme acquiert ainsi un pouvoir éclairant plus grand et une fixité remarquable.

C'est là, sans doute, le point de départ de ces grilles de toutes sortes, qui ont été successivement placées au-dessous des becs, dans le but de tamiser l'air. M. Maccaud est le premier néanmoins qui ait employé la toile métallique pour le bec d'Argand, et ses tentatives ont été couronnées de succès; elles ont complété ce bec, qui est livré au commerce sous le nom de bec Maccaud et qui brûle, en effet, dans d'excellentes conditions.

Les imitateurs sont venus après et ont fait des paniers en tôle de cuivre repoussé, percés de trous ou fendus à la scie suivant des lignes régulières. On en a fait même en porcelaine et en verre.

Influence du nombre des trous dans un bec rond et de leur grandeur. — Pour qu'il y ait avantage dans l'emploi du bec d'Argand, il faut que les jets puissent se réunir. Cet avantage doit nécessairement être d'autant plus grand que les jets sont plus rapprochés; c'est en effet ce que montrent les expériences suivantes de MM. Robert Christison et Edward Turner :

Becs à	8	10	15	20	25 trous.
Lumière	360	360	391	409	382
Dépense	367	318	206	289	273
Intensité relative	98	118	132	141	139

Ces expériences démontrent effectivement que l'avantage a augmenté avec le rapprochement des jets, mais qu'il a cessé, cependant, au delà de 20 trous, qui est le nombre le plus généralement adopté.

La distance des trous la plus favorable est de 3 millimètres ; de façon que le diamètre de la circonférence où ils doivent être percés doit avoir 2 centimètres environ pour le bec de 20 trous.

L'expérience semble, cependant, établir que le titre d'un gaz augmente toujours avec le nombre de trous, jusqu'à la limite où le gaz sort par une fente annulaire ; mais cette augmentation est peu marquée au delà des becs à 20 trous, du moment où le diamètre de ces trous est d'au moins $0,^m6$. La ville de Paris a adopté pour bec type, destiné à contrôler le gaz fourni par la Compagnie parisienne, un bec rond de 30 trous.

Ces trous n'ont pas besoin d'être aussi grands que pour le bec à un seul jet. Ils doivent néanmoins l'être d'autant plus que le titre du gaz est moins élevé. D'après MM. Christison et Turner, pour des gaz ayant les densités :

$$0,6 \quad \ldots\ldots \quad 0,68 \quad \ldots\ldots \quad 0,78 \quad \ldots\ldots \quad 0,9 \text{ à } 1$$

les ouvertures doivent être :

$$\left(\frac{1}{32}\right)^{\prime\prime} \qquad \left(\frac{1}{40}\right)^{\prime\prime} \qquad \left(\frac{1}{43}\right)^{\prime\prime} \qquad \left(\frac{1}{50}\right)^{\prime\prime}$$

En brûlant un gaz dont la densité est 0,68 avec un bec d'Argand dont les trous ont un diamètre de :

$$\left(\frac{1}{30}\right)^{\prime\prime} \quad \text{la perte en lumière a été de} \ldots\ldots\ldots\ldots \quad 6 \text{ p. } 100$$

$$\left(\frac{1}{50}\right)^{\prime\prime} \qquad - \qquad\qquad - \qquad \ldots\ldots\ldots\ldots \quad 18 \text{ p. } 100$$

$$\left(\frac{1}{60}\right)^{\prime\prime} \qquad - \qquad\qquad - \qquad \ldots\ldots\ldots\ldots \quad 39 \text{ p. } 100$$

Avec un gaz dont la densité est de 0,78, le diamètre des trous étant de :

$$\left(\frac{1}{30}\right)^{o} \text{ la perte en lumière a été de} \dots\dots\dots \quad 11 \text{ p. } 100$$

$$\left(\frac{1}{60}\right)^{o} \qquad - \qquad\qquad - \qquad \dots\dots\dots \quad 20 \text{ p. } 100$$

On en conclut que l'on perd beaucoup moins en faisant les trous un peu plus larges que plus étroits.

Nous devons ajouter que l'influence de la grandeur des trous est d'autant plus grande que le titre du gaz est moins élevé.

Ainsi, dans le cas d'un gaz très-pauvre, on doit augmenter beaucoup le diamètre des trous : c'est même une nécessité pour obtenir un éclairage convenable.

Des cheminées en verre. leur but. — Les cheminées en verre remplissent deux objets : 1° elles rendent la flamme plus tranquille ; 2° elles activent la combustion.

Lorsque les trous d'un bec sont très-nombreux, de manière à ce que les jets se trouvent unis à la naissance de la flamme : et que le courant d'air est en même temps trop petit, on observe, en allumant le gaz et en augmentant graduellement son écoulement sans employer de verre, que la flamme se contracte par degrés à l'extrémité et qu'à la fin elle se réunit. Dans cet état, la flamme est jaune; en augmentant le jet, elle devient brune et finit, enfin, par fumer.

La raison en est, que la surface extérieure trouve assez d'air pour brûler convenablement; tandis que la portion intérieure du gaz, décomposée par la chaleur, ne peut se consumer, faute d'air. Il est nécessaire d'activer la combustion au centre : c'est l'effet produit par le verre qui, s'échauffant, détermine un tirage qui augmente avec le degré de température.

Par l'addition d'un verre, la flamme brune fumante devient brillante; le point où elle se contracte s'élève de plus en plus, s'ouvre et la flamme prend une forme cylindrique. En mettant des verres plus étroits, la lumière devient plus brillante, mais la flamme devient plus petite. Nous devons présumer que, par rapport à la dépense, la plus grande lumière est émise quand la flamme étant parfaitement ouverte, elle ne pourrait être augmentée sans perte ou sans production de fumée.

DIMENSIONS A DONNER AUX CHEMINÉES DE VERRE. — Pour un même bec et avec une même dépense de gaz, il n'y a qu'une seule dimension de verre qui soit économique. Si la combustion est activée par une température plus élevée du verre, la flamme diminue en hauteur ; et, quoiqu'elle soit plus blanche, ainsi que nous l'avons déjà fait remarquer, l'intensité de la lumière diminue, parce que le gaz a moins de temps pour sa décomposition préalable. Nous rapportons, à l'appui, les expériences de MM. Christison et Turner.

Lorsque le diamètre de la cheminée a varié de :

$$1_p \; 5^l \qquad 1_p \; 3^l \qquad 1_p$$

l'intensité de la flamme a diminué dans le rapport de :

$$100 \qquad 80 \qquad 66$$

La cheminée qui a donné la lumière la plus blanche et la flamme la plus tranquille est une cheminée de 1^p7^l, resserrée dans le haut, en un tube étroit de 1^p1^l et de 3 pouces de hauteur. La partie du bas avait 4 pouces de hauteur.

Avec ce verre qui rappelle, pour la forme, celui employé pour l'éclairage à l'huile, on a obtenu une intensité représentée par 115, pendant que pour des cheminées de :

$$1^p \; 9^l \qquad 1^p \; 6^l \qquad 1^p \; 3^l$$

L'intensité était :

$$100 \qquad 81 \qquad 66$$

Le mérite de cette forme de cheminée se justifie par les mêmes raisons que nous avons données page 63, au sujet du verre étranglé dans le haut. C'est, d'ailleurs, la même idée.

Quant à la hauteur, il est évident que plus la cheminée sera élevée, plus le tirage augmentera et plus on pourra dépenser du gaz sans fumée; ou bien, plus la flamme diminuera par rapport à la dépense. La hauteur reconnue la plus avantageuse est de 6 à 7 pouces (15 à 18 centimètres). On adopte assez généralement 20 centimètres.

On peut obtenir la même économie avec un verre plus haut, mais étranglé par le haut. On y gagne même plus de calme dans la lumière.

Nous venons de dire que le verre qui donnait la flamme la plus tranquille et la lumière la plus avantageuse avait un diamètre de 1^p7^l (anglais). Nous devons ajouter que, dans la pratique, on ne peut adopter une aussi faible dimension à cause de la casse des verres : on porte ce diamètre à 5 centimètres; mais on arrive à obtenir, cependant, le même effet au moyen d'un cône en métal. L'air se dirige mieux sur la flamme et son passage se trouvant réduit à volonté, il en résulte un avantage : c'est que le courant intérieur du bec étant plus grand que l'espace annulaire laissé entre le cône et le bec, la flamme s'ouvre mieux et produit un meilleur effet à l'œil.

Voici les dimensions d'un bec à 20 trous, donnant de très-bons résultats avec le gaz de houille.

Diamètre du courant d'air	11^{mm}
Diamètre extérieur	23
Diamètre de la circonférence des trous	20
Diamètre des trous	0,6
Hauteur totale de la partie cylindrique	50
Hauteur totale au-dessus du fond de la galerie	30
Hauteur du cône	30
Diamètre du cône dans le haut	29
Diamètre de la galerie, et par suite, diamètre extérieur de la partie de la cheminée	50

Dans le bas du cône, sont ménagées des ouvertures pour l'introduction d'un peu d'air nécessaire à l'alimentation de la partie haute de la flamme, ce qui permet de l'élever davantage sans craindre de fumée.

BECS CIRCULAIRES. — On emploie depuis longtemps des becs qui ont, au lieu de trous, une fente annulaire. Ces becs étaient même exclusivement employés, dans le début, pour le gaz à l'huile. Ils pouvaient aussi avantageusement servir au gaz de houille, comme ils le font aujourd'hui ; mais on y renonça à cause de la difficulté de nettoyer ces becs et de conserver une fente nette et égale. Avec les becs à trous, l'épinglage est, au contraire, une opération facile qui donne toujours des ouvertures égales, que le gaz peut traverser librement ; ce qui est une condition indispensable pour avoir un bon bec.

Depuis quelques années, on se sert de becs ronds à fente annulaire où le nettoyage est très-facile. Voici la description d'un de ces becs, connu sous le nom de bec *Dumas ;* l'invention en revient à M. Parisot.

Les deux tubes qui forment le corps du robinet sont indépendants l'un de l'autre. Le tube intérieur est fixé à la partie annulaire du bas, sur laquelle se soude la fourche du bec. Cette partie annulaire est tournée en cône extérieurement : c'est sur cette partie conique que vient reposer le tube extérieur tourné, lui-même, intérieurement, de manière à former rodage et à obtenir une fermeture hermétique. L'écoulement du gaz se fait dans le haut entre les deux tubes, qui sont disposés de manière à conserver entre eux une fente de $0^{mm},4$ à $0^{mm},5$ de largeur. Le nettoyage intérieur de ce bec est très-facile ; il suffit d'enlever le tube conique extérieur.

Dans le but de conserver à la fente une largeur bien régulière et en même temps de diminuer la pression du gaz à l'orifice en lui présentant un obstacle à son passage, le tube centrale porte, extérieurement, à son milieu un anneau qui fait corps avec lui, et qui guide et fixe le tube extérieur en assurant de cette manière un écartement régulier. Cet anneau porte de petites fentes longitudinales par où le gaz peut s'écouler : il est, comme on le voit, un obstacle qui tend à diminuer la pression.

Une disposition particulière assure le tamisage de l'air. Le panier est en cuivre fondu faisant corps avec le bec. Le passage de l'air se fait par des fentes longitudinales découpées d'une manière régulière.

Voici une autre disposition de becs à fente annulaire, dont je me suis servi dans mes expériences. Ce bec se compose également d'un tube central faisant corps avec la pièce annulaire sur laquelle se fixe la fourche du bec. Un autre tube cylindrique extérieur soudé à la partie annulaire monte jusqu'aux deux tiers environ de la hauteur du tube intérieur, et là, dans le haut, il se recourbe intérieurement de manière à former une fente annulaire pour le passage du gaz. Cet espace annulaire produit le même effet que les fentes longitudinales tracées sur l'anneau intérieur du bec Dumas. Un troisième tube cylindrique entre à frottement sur ce tube extérieur et vient reposer contre la partie annulaire du bec, qui est d'un diamètre un peu plus grand, comme dans les becs ordinaires, dans le but de soutenir la galerie. Le joint se fait au bas entre les parties cylindriques des deux tubes (*fig.* 7).

La partie du haut de ce tube extérieur est également courbée, intérieurement, de manière à donner une fente annulaire de $0^{mm},4$ à $0^{mm},5$ d'écartement. Dans ce bec, le tube intérieur dépasse, dans le haut, le tube extérieur de 1 à 2 millimètres environ.

DIMENSIONS DES BECS A FENTE ANNULAIRE SOUMIS A L'EXPÉRIENCE.

	Petit bec.	Moyen bec.	Gros bec.
Diamètre intérieur.........	10^{mm}	14^{mm}	16^{mm}
Diamètre extérieur.........	19,0	23,0	25,0
Hauteur totale du bec......	44,0	48,0	44,0
Largeur de la fente........	0,5	0,5	0,5

RÉSULTATS DES EXPÉRIENCES.

Le bec-bougie de 10 centimètres de hauteur dépensait 17 litres.

Hauteur de flamme	2^c	4^c	6^c	8^c
Petit bec. Dépense en litres	32,0	48,0	50,0	64,0
Puissance éclairante	3,9	6,5	14,0	16,0
Titre	11,8	13,5	24,1	25,0
Bec moyen Dépense en litres	54,0	62,0	72,0	84,0
Puissance éclairante	5,33	10,0	18,0	19,0
Titre	9,8	16,1	25,0	22,5
Bec fort. Dépense en litres	52,0	62,0	76,0	84,0
Puissance éclairante	6,25	11,2	16,0	18,0
Titre	12,0	19,16	21,0	21,4

Bec de M. Chaussenot, air chaud. — M. Chaussenot a obtenu un prix de la Société d'Encouragement pour une disposition de cheminée, qui a l'avantage d'augmenter l'intensité de la lumière par une élévation plus grande de température de l'air comburant. Le bec est muni de deux cheminées concentriques : l'air ne peut y parvenir sans s'introduire, par le haut, entre les deux enveloppes où il s'y échauffe, et il arrive, ainsi, au bas du verre du milieu. Par conséquent, le verre extérieur doit être entièrement fermé par le bas.

Les membres de la commission, chargés de l'examen du bec de M. Chaussenot, ont constaté, par son emploi, une économie de 33 0/0 ; et de plus, une stabilité plus grande dans la flamme. Malgré cela, ce bec est rarement employé à cause, sans doute, de sa complication.

Mais depuis, MM. Jobard, Magniez, Sagey et Bonnet eurent l'idée de substituer au verre cylindrique extérieur, un globe : ils obtinrent ainsi une forme extérieure déjà acceptée par le commerce et il leur fut, ainsi, plus facile de faire adopter ce bec.

Expériences de M. Jeanneney. — M. Jeanneney a eu occasion d'expérimenter ces becs. Nous en donnons d'autant plus volontiers les résultats, que les nombreux travaux publiés par M. Jeanneney se recommandent par l'exactitude et par l'intelligence avec laquelle ils sont conduits. (Voir *Journal de l'Éclairage au gaz*, 5ᵉ année, n° 2, 5 février 1857.)

NUMÉRO DE L'EXPÉRIENCE.	NATURE DU BEC.	PRESSION EN MILLIMÈTRES.	DÉPENSE PAR HEURE.	PUISSANCE DU BEC.	TITRE DU GAZ.	RAPPORTS.
1	Petit Dumas naturel.....	3,50	119,0	8,95	7,52	1,05
2	Id. à air chaud......	2,50	85,0	7,07	8,31	
3	Moyen Dumas naturel...	2,00	128,0	8,25	6,45	1,285
4	Id. à air chaud......	1,50	101,5	8,40	8,28	
5	Grand Dumas naturel...	2,60	151,0	9,50	6,30	1,272
6	Id. à air chaud......	2,10	100,5	8,04	8,02	
7	Petit Lambert naturel...	7,00	110,0	6,45	5,87	1,190
8	Id. à air chaud......	5,50	81,0	5,67	7,00	
9	Moyen Lambert naturel..	5,00	97,0	5,74	5,92	1,045
10	Id. à air chaud......	4,00	77,5	4,79	6,18	
11	Grand Lambert naturel..	2,50	160,0	10,67	6,68	1,210
12	Id. à air chaud......	1,00	107,5	8,71	8,40	
13	Petit Dumas sans globe..	3,80	124,5	10,57	8,48	
14	Id. sans panier......	2,80	92,0	7,71	8,39	
15	Id. naturel..........	2,70	100,0	7,07	7,07	
16	Moyen Lambert naturel..	4,40	90,5	7,79	5,30	
17	Grand Dumas, air en bas..	2,50	120,0	8,88	7,40	
18	Petit d'Argand naturel..	11,00	116,5	4,60	3,95	1.36
19	Id. à air chaud......	14,50	89,0	4,79	5,39	
20	Porcelaine naturel......	2,00	106,0	7,00	6,60	1,065
21	Id. à air chaud......	1,00	96,0	4,85	7,03	
22	Id. naturel..........	1,00	74,0	4,85	6,55	
23	Moyen Dumas, globe tout dépoli..............	1,50	109,0	4,77	4,38	1,345
24	Moyen Dumas sans globe..	1,50	108,9	6,38	5,90	
25	Autre moyen Dumas, globe tout dépoli......	2,30	136,0	8,65	6,36	1,320
26	Autre moyen Dumas, sans globe..........	2,30	134,0	11,22	8,39	

L'inspection de ce tableau ne permet pas de conclure qu'avec des becs ronds, le titre augmente avec la dépense : car nous y voyons qu'avec 3 becs Dumas de grandeurs différentes et dont les consommations ont été de 119, 128 et 151 litres, à des pressions de $3^{mm},50$, $2^{mm},00$ et $2^{mm},60$, les titres ont été de 7,52, 6,45 et 6,30; et paraissent, ainsi, avoir diminué avec la consommation et avoir augmenté avec la pression, ce qui est contraire aux principes admis. Avec trois becs Lambert, dont les consommations ont été de 110, 97 et 160, avec des pressions de 7^{mm}, 5^{mm}, 2^{mm} les titres ont été de 5,87, 5,92 et 6,68. Ils sont un peu plus conformes aux principes posés plus haut.

C'est ici le cas de faire remarquer les anomalies que présente l'emploi des becs ronds, qui tiennent à des modifications particulières qui n'ont pu, encore, être bien constatées.

Ces expériences établissent, en faveur de l'air chaud, un avantage, pour la même dépense, qui va de 20 à 25 p. 100 de lumière en plus avec cet appareil que sans l'appareil.

M. Jeanneney signale surtout pour les petits becs le peu de fixité de la flamme, qui s'abaisse et s'élève alternativement ; comme si l'air n'alimentait le bec qu'en formant des ondes et des vagues. Il a pu atténuer ces ondulations, en laissant entrer un filet d'air entre la bobèche et le globe, comme il l'a fait à l'expérience 17 ; mais, alors, le titre du gaz a diminué.

MM. Sagey et Bonnet ont adopté pour leur appareil un chapeau en métal percé de trous, qui recouvre la partie annulaire comprise entre le globe et le verre : ces messieurs attribuent à ce chapeau un plus grand échauffement de l'air et par suite un plus grand effet. M. Jeanneney a constaté, en effet, que, sans le chapeau, on ne réalisait que les deux tiers de l'avantage du système complet; de sorte que l'action du chapeau est d'un tiers de l'effet total.

L'effet du chapeau percé de trous nous semble analogue à celui dont nous avons parlé en rapportant nos expériences sur le verre étranglé. Il diminue la quantité d'air à introduire sous le verre.

Les expériences n°⁵ 23, 24, 25 et 26 établissent qu'en employant un globe entièrement dépoli, la quantité de lumière perdue est dans le rapport de 100 à 133.

Becs fendus. — Le bec fendu se compose d'un cylindre en fer ou mieux en fonte, de 9 millimètres environ de diamètre extérieur, percé intérieurement par un trou cylindrique qui s'arrête à quelques millimètres de la tête du bec, qui est formée d'une partie demi-sphérique. Cette tête est fendue jusqu'à la rencontre du diamètre intérieur. Ce bec est spécialement adopté pour les éclairages publics ; on peut facilement le nettoyer au moyen d'une lame de ressort ; sa flamme affecte la forme d'un éventail ; aussi le désigne-t-on, quelquefois, sous le nom de bec-éventail. Il est peu employé dans les intérieurs ; car il donne de la fumée : on lui préfère le bec dit Manchester. Toutes les conséquences que fournit l'étude des becs Manchester s'appliquent aux becs fendus : aussi étudierons-nous simultanément les phénomènes de combustion de ces deux brûleurs.

Becs Manchester. — Nous avons parlé plus haut, page 59, de l'effet produit par deux becs-bougie de même hauteur brûlant à la même pression et inclinés l'un vers l'autre. Il se forme perpendiculairement au plan des deux jets et suivant la bissectrice de l'angle qu'ils forment, une flamme formant l'éventail.

On réalise cet effet de deux jets dirigés l'un vers l'autre en ne se servant que d'un seul bec. Pour cela dans un jet de fonte de 9 millimètres de diamètre, on perce une ouverture cylindrique intérieure o de $3^{mm},5$, environ, de diamètre ; de manière à ménager au fond un petit cône abc, tel que l'angle abc soit le supplément de celui que doivent former les deux jets.

En m on perce, dans un plan passant par l'axe du bec, deux trous mn, mn', chacun dans une direction perpendiculaire aux arêtes ab, ac du cône intérieur (fig. 8).

On comprend que le gaz sortant par les deux ouvertures mn, mn' produise l'effet des deux jets décrits plus haut.

Avec deux becs-bougies, il est facile d'étudier toutes les circonstances qui changent la forme du bec suivant l'inclinaison. On reconnaît que la forme de la flamme se modifie sensiblement suivant l'angle des jets. Cette flamme s'allonge à mesure que l'angle des jets diminue, et par conséquent que l'angle abc augmente.

Et, si l'on étudie l'influence des pressions, l'on remarque que plus l'angle des jets est petit, plus la flamme peut supporter de hautes pressions sans siffler.

L'avantage de la réunion de ces deux jets est de pouvoir dépenser une plus grande quantité de gaz sans produire de fumée, et d'obtenir, ainsi, des becs d'un plus fort foyer lumineux : cette circonstance augmente le titre du gaz et l'on obtient, en réunissant deux jets, une lumière plus grande que celle qu'aurait donnée la somme des deux jets brûlant isolément.

EXPÉRIENCES DE M. JEANNENEY SUR LES BECS MANCHESTER. — L'étude de toutes les circonstances qui accompagnent la combustion du bec Manchester suivant la dépense et la pression, est rendue facile par les expériences suivantes que nous empruntons aux travaux publiés en 1855 par M. Jeanneney : elles ont été faites en brûlant des quantités du gaz qui vont en croissant avec des pressions constantes de 2 millimètres, puis de 7, de 12 et enfin de 18 millimètres. (*Journal de l'Éclairage au gaz.*)

PRESSION MANOMÉTRIQUE	DÉPENSE par heure.	PUISSANCE du bec.	TITRE du gaz.	PRESSION MANOMÉTRIQUE	DÉPENSE par heure.	PUISSANCE du bec.	TITRE du gaz.
2 millimètres.	22,0	0,54	2,46	7 millimètres.	23,5	0,24	1,02
	32,5	1,50	4,90		29,5	0,37	1,26
	40,0	2,15	5,38		41,5	0,64	1,54
	49,0	2,82	5,75		50,0	1,28	2,56
	62,5	4,78	7,65		61,5	2,16	3,51
	69,5	5,41	7,80		68,0	2,56	3.78
	79,0	6,20	7,85		78,0	3,37	4,32
	89,0	7,65	8,60		89,0	4,16	4,68
	98,0	8,41	8,60		97,0	4,57	4,72
	109,0	9,55	8,85		112,0	5,95	5,30
	»	»	»		123,0	7,28	5,92
	»	»	»		130,0	8,00	6,15
	»	»	»		140,0	9,27	6,62
12 millimètres.	22,0	0,34	1,55	18 millimètres.	23,5	0,11	0,47
	30,0	0,79	2,63		30,5	0,24	0,79
	42,0	1,47	3,50		42,0	0,43	1,02
	50,0	2,13	4,26		54,0	0,80	1,48
	62,0	3,66	5,90		61,0	1,18	1,93
	68,5	4,20	6,14		75,0	2,06	2,74
	80,0	5,06	6,32		86,0	2.72	3,17
	89,0	6,20	6,95		90,0	3.00	3,38
	102,0	7,35	7,20		99,5	3,58	3,60
	109,0	8,70	8,00		111,0	4,84	4,35
	117,5	10,07	8,60		122,5	5,32	4,42
	130,0	11,27	8,65		132,5	6,02	4,55
	137,0	11,90	8,70		143,0	6,95	4,85

M. Jeanneney a représenté par un tracé graphique les résultats de ces expériences, ce qui est le meilleur moyen pour arriver à une conclusion pratique (*fig.* 9).

L'inspection de ce tableau démontre :

Que, pour une même pression, le titre augmente très-sensiblement avec la consommation.

Cela confirme ce que nous avons dit en faveur des gros foyers, et démontre qu'il y aura toujours avantage, pour la masse de lumière obtenue, à brûler une même quantité de gaz dans un seul bec, lorsque cela se peut, plutôt que dans deux. Ainsi, un bec de 120 litres donne plus de lumière que 2 becs de 60 litres, quelle que soit la pression dont on fasse usage. La limite est dans la difficulté de brûler une grande quantité de gaz sans fumée et par conséquent sans perte. Cet avantage est même très-important, puisque le tableau ci-joint indique une graduation de la valeur du titre qui varie souvent dans un rapport plus grand que celui de 1 à 5.

Influence des faibles pressions. — La seconde remarque est que, pour une même dépense, plus la pression est faible, plus le titre est grand. Ainsi, en brûlant 100 litres de gaz à une pression de 2 à 3 millimètres, on obtient une lumière double de celle que fournirait la même quantité de gaz brûlée à une pression de 12 à 13 millimètres.

Il était impossible de mettre mieux en évidence les avantages d'une faible pression que ne l'a fait, ainsi, M. Jeanneney. Ces avantages, au reste, avaient déjà été constatés, pour les becs bougies et pour les becs d'Argand, par les expériences de MM. Christison et Turner et par celles citées plus haut : car prescrire des trous d'un grand diamètre ou une faible pression pour une même dépense, est chose identique ; mais la considération des pressions est plus complète, plus précise.

M. Jeanneney a même poussé plus loin les preuves de son assertion, en faisant voir que tous les becs brevetés, dits économiques, ne doivent leurs avantages d'économie qu'à cette seule cause, qu'ils sont disposés de manière à brûler à une basse pression.

Ces idées ont été appliquées aux becs dits fendus ; on est allé jusqu'à donner à la fente une largeur de 6/10 de millimètre. Ces becs, construits de manière à dépenser 140 litres à l'heure à une pression de 7 millimètres, sont adoptés pour l'éclairage public de Paris.

On ne saurait nier les résultats d'expérience ; mais nous ferons cependant remarquer que, dans les expériences photométriques, on apporte naturellement le plus grand soin à ce que la flamme soit soustraite à tout courant d'air. Pour comprendre l'influence de ces courants d'air sur la valeur du titre, il suffit de regarder l'écran du photomètre, lorsque le moindre souffle agite la flamme ; la dépréciation de lumière est des plus marquées. Or, cette agitation est plus forte avec une faible pression ; la flamme est plus molle et se tortille ; dans ces conditions il y a production de fumée : de telle sorte que, dans la pratique, l'avantage des faibles pressions s'amoindrit et s'annule, à moins d'enfermer les becs dans des lanternes, des globes où l'air ne puisse s'introduire qu'étant tamisé.

Les petites pressions ont en outre l'inconvénient de donner à la flamme un mouvement d'oscillation de haut en bas très-fatigant, qui ne tend à disparaître que lorsque l'on atteint une pression de près de 20 millimètres.

De plus, elles donnent à la lumière un aspect rougeâtre qui déplaît et qui change complétement la teinte des objets : ainsi le bleu se distingue mal du vert, etc.

Toutes ces raisons expliquent pourquoi on ne brûle guère, à basse pression, qu'avec des becs d'Argand. Les becs connus à Paris sous le nom de becs Maccaud, Dumas, Gilbert, ont des ouvertures suffisamment grandes, par suite la pression y est faible ; l'air est tamisé avant d'arriver au brûleur ; la flamme devient alors très-calme. En donnant au jet une hauteur convenable, d'autant plus grande, ainsi que nous l'avons vu, que le gaz est moins riche, on obtient un titre qui rivalise avec les plus beaux titres donnés par les becs Manchester brûlant aux plus basses pressions. Mais les dépenses d'achat et d'entretien de ces becs, les soins journaliers qu'ils nécessitent sont un obstacle sérieux à leur développement, sans parler du mauvais effet que produit une élévation accidentelle de pression dans les conduites : la flamme monte, file et fume. Aussi y a-t-on renoncé dans beaucoup de grands établissements qui ne se servent que de becs Manchester à une pression de 15 à 20 millimètres, malgré la perte à supporter sur la valeur du titre.

MOYENS PROPOSÉS POUR RÉGLER LA PRESSION. — Dans le but de

parer aux inconvénients de variation dans la pression et de brûler avec les becs Manchester, à basse pression, sans être astreint à régler la flamme de chaque bec avec le robinet, quelques inventeurs ont logé dans l'intérieur de ces becs des obstacles qui, effectivement, s'opposent, en partie, à l'écoulement du gaz et qui, recevant le gaz à une pression constante de 2 ou 3 centimètres, ne le laissent échapper qu'à une pression demandée, de 5 millimètres par exemple. C'est dans ces obstacles que consiste le mérite de ces becs, ainsi que le constate M. Jeanneney. Mais on aurait tort d'en conclure que, la pression augmentant, ces obstacles puissent encore ne laisser, malgré cela, échapper le gaz qu'à la même pression.

Bien entendu que je ne parle que d'obstacles fixes et non pas de ceux qui pourraient jouer le rôle de régulateur.

En effet, du moment qu'il y a écoulement régulier, il y a, pour chaque instant déterminé, équilibre entre le travail de la seule force motrice qui détermine le mouvement, force qui est ici proportionnelle à la hauteur manométrique h, et les quantités de travail qui représentent : 1° la force vive gagnée par le volume de gaz qui sort de l'orifice pendant cet instant ; 2° celle perdue par les étranglements ; 3° la résistance du frottement du gaz dans les conduites. Toutes ces quantités de travail résistant sont exprimées en fonction du carré de la vitesse et des différentes sections que traverse le gaz.

En définitive, nous arriverons ainsi, de quelque manière d'ailleurs que l'on apprécie ces forces et ces résistances, à une relation entre h et la vitesse de sortie que j'appelle V. Cela seul démontre que, h variant, V doit varier également, tant que les sections restent constantes ; en d'autres termes, tant qu'on ne change rien à l'état des conduites. Ce n'est donc pas au moyen d'obstacles fixes que l'on peut arriver à régler l'écoulement d'un gaz, quelle que soit la pression dans les conduites.

Ces obstacles ne règlent et ne réduisent la pression au point voulu, qu'autant que la pression dans les conduites demeure elle-même constante. On a proposé également de placer à chaque bec deux robinets, dont l'un ne pourrait s'ouvrir qu'avec une clef spéciale. Ce robinet de *jauge* serait réglé, de manière à ce que, l'autre restant entièrement ouvert, le bec ait la pression voulue : l'allumeur n'aurait la libre disposition que de ce dernier robinet. Cette disposition exige toujours que la pression dans les grandes conduites reste constante.

TITRE DU GAZ DE BOGHEAD. — M. Jeannency a fait, sur le gaz de Boghead, la même série d'expériences que sur le gaz de houille. Voici les résultats :

	DÉPENSE par heure.	PUISSANCE du bec.	TITRE du gaz.		DÉPENSE par heure.	PUISSANCE du bec.	TITRE du gaz.
PRESSION MANOMÉTRIQUE 2 millimètres.	5,5	0,41	7,50	PRESSION MANOMÉTRIQUE 7 millimètres.	10,2	1,57	15,40
	6,2	0,66	10,55		13,5	2,50	18,50
	7,3	0,92	12,60		15,7	3,14	20,00
	8,2	1,24	15,10		18,2	3,82	21,00
	9,2	1,66	18,00		20,6	4,54	22,10
	11,5	2,25	19,50		24,5	5,62	23,00
	12,2	2,55	20,90		26,7	6,60	24,70
	14,6	3,07	21,10		31,2	7,83	25,10
	17,0	3,74	22,00		35,4	9,70	27,40
	21,7	4,90	22,60		46,5	12,05	25,90
	26,7	6,32	23,70		54,5	13,50	24,70
	29,3	6,50	22,15		61,1	14,90	24,40
	32,7	6,86	20,95		65,0	14,90	22,90
PRESSION MANOMÉTRIQUE 12 millimètres.	14,6	2,40	16,40	PRESSION MANOMÉTRIQUE 18 millimètres.	18,70	3,19	17,70
	18,7	3,44	18,40		23,75	4,52	19,00
	22,9	4,50	19,60		28,40	5,83	20,50
	24,7	4,97	20,15		»	»	»
	28,2	6,18	21,90		»	»	»
	34,2	7,92	23,15		»	»	»
	36,2	8,90	24,50		»	»	»
	42,8	10,55	24,60		»	»	»
	48,1	12,60	26,10		»	»	»
	62,4	17,35	27,75		»	»	»
	73,4	19,80	27,00		»	»	»
	81,8	21,25	26,00		»	»	»
	87,5	22,80	26,00		»	»	»

L'inspection de ces résultats démontre :

Que, pour un même volume, le titre semble aussi augmenter avec les faibles pressions; mais, cependant, dans un rapport bien moindre que pour le gaz de houille. Ainsi, pour un bec de 18 litres, qui représente une petite dépense, circonstance avantageuse pour faire ressortir le mérite des faibles pressions,

La pression étant	2^{mm}	le titre est de	22,20
—	7	—	21,00
—	12	—	18,00
—	18	—	17,00

Pour des becs plus forts, cet avantage tend à disparaître.

On reconnaît également que, pour une même pression, le titre du gaz va en augmentant avec le volume consommé par heure; mais seulement jusqu'à une certaine limite, après laquelle le titre décroîtrait plutôt. Cette limite est d'autant plus éloignée que la pression est plus forte.

Ainsi à des pressions de

2^{mm} la limite du titre est	23,70	correspondant à une dépense de	26^l
7 —	27,40	—	35
12 —	27,75	—	62

Pour une dépense de 40 à 60 litres, les expériences de M. Jeanneney sembleraient démontrer qu'il est aussi avantageux de brûler le gaz à une pression de 12 millimètres que de 7 millimètres; et comme, à mesure que l'on élève la pression, la flamme devient moins molle, perd ces oscillations désagréables qui fatiguent la vue, acquiert plus de fixité, devient plus blanche et, par suite, est moins sujette à produire de la fumée, on comprend que l'on ait renoncé à brûler à de faibles pressions le gaz de Boghead, et que l'on ait adopté la pression de 20 millimètres pour des becs de 40 à 60 litres.

Les faibles pressions pour des consommations supérieures à 40 litres ne présentent donc que des inconvénients sans compensation.

J'ai fait, en 1854, des expériences sur du gaz obtenu avec des matières grasses. Je n'ai pu prendre, malheureusement, la pression au bec même ; je l'ai prise sur la conduite à un point éloigné du bec, ·ce qui laisse une incertitude sur sa valeur véritable. De plus, comme je me suis servi du même bec, à mesure que j'augmentais la pression, la consommation augmentait aussi ; de telle sorte que les causes d'amoindrissement du titre résultant de l'élévation de pression pouvaient se trouver compensées par les causes d'élévation provenant d'un plus grand volume : mais on a vu que ces causes d'élévation sont presque négatives du moment que l'on arrive à de fortes consommations, et c'est le cas de ces expériences. L'effet de l'élévation de pression devient seul apparent. Voici ces expériences :

BEC FENDU.

PRESSION MANOMÉTRIQUE.	DÉPENSE PAR HEURE.	PUISSANCE DU BEC.	TITRE DU GAZ.
10	23	6,00	26,1
15	32	9,00	28,1
20	42	12,50	29,9
25	48	13,00	27,0
30	54	16,00	29,0
35	60	15,00	25,0
40	66	12,50	18,9
45	70	12,50	17,9
50	76	12,50	16,5
55	78	12,50	16,0

BEC MANCHESTER.

PRESSION MANOMÉTRIQUE.	DÉPENSE PAR HEURE.	PUISSANCE DU BEC.	TITRE DU GAZ.
10	30	8,20	27,33
15	39	10,00	25,60
20	46	12,50	27,00
25	54	14,00	25,90
30	60	14,00	23,30

Ces expériences démontrent, surabondamment, qu'avec du gaz riche, on ne doit pas craindre de brûler à des pressions de

20 à 25 millimètres lorsque l'on emploie de forts becs ; c'est même le seul moyen d'obtenir un fort titre.

Voici d'autres expériences où la pression a varié de 2 à 3 centimètres, bien qu'elle n'ait pas été observée rigoureusement, et nous voyons des becs dépensant jusqu'à 70 litres donner des titres remarquables. On s'est servi d'un gaz dont le bec-bougie dépensait 16 litres à l'heure. C'est le même gaz, au reste, que celui expérimenté avec des becs ronds.

DIMENSIONS DE LA FLAMME.		DÉPENSE.	POUVOIR ÉCLAIRANT en bougies.	TITRE.
LARGEUR.	HAUTEUR.			
6ᶜ	6ᶜ	70	29,31	42,4
4,8	6,0	64	23,31	36,4
4,5	4,7	44	14,32	32,5
3,6	4,0	36	10 06	27,8
2,3	3,0	20	2,07	10,3

Voilà un gaz qui, avec un bec de 20 litres, n'a donné qu'un titre de 10, et qui cependant donne 42 avec une dépense de 70. Si l'on n'a obtenu que le titre 10, cela tient à la forte pression dont on a fait usage. Cette forte pression, au contraire, était une nécessité pour des dépenses de 70 litres. On obtenait alors un gaz ayant un titre de 42.

Il résulte de ces expériences que pour brûler avantageusement le gaz riche, il faut des pressions qui augmentent avec la force du bec. Ainsi, 10 millimètres sont suffisants pour une dépense de 20 litres, et il en faut de 25 à 30 pour une dépense de 70 à 80 litres. Ce sont là des difficultés pratiques dont on triomphe cependant en plaçant, par exemple, à chaque bec deux robinets, comme nous l'avons dit.

Lorsque l'on se sert d'un régulateur de pression qui fixe la pression du gaz de 24 à 25 millimètres, les forts becs n'ont pas besoin de ces doubles robinets ; ils ne devraient être appliqués qu'aux petits becs.

Pour relever le titre des petits becs, j'ai proposé de resserrer un peu la flamme. Avec les petites dépenses, une trop forte largeur ne peut qu'être nuisible : la surface extérieure devient trop grande par rapport au volume de la flamme, ce qui est une mauvaise condition pour la production de la lumière, d'après la théorie émise plus haut. Pour la même raison, un bec-bougie simple, avec de petites dépenses, doit donner et donne en effet un meilleur titre. Ainsi, dans l'exemple ci-dessus, le bec d'essai de 10 centimètres dépensant 16 litres donnait 4 bougies. Le titre était alors de 25 au lieu de 10 obtenu avec un bec Manchester de 20 litres. Il est juste d'ajouter, cependant, que, les pressions n'ayant pas été observées dans ces expériences, le bec-bougie brûlait peut-être à une pression assez faible, par rapport à celle du bec Manchester, pour expliquer par cela seul cet avantage du titre.

On a reproché, par induction, au gaz riche de donner plus de fumée en brûlant. L'expérience a prouvé le contraire. J'ai eu occasion de fabriquer du gaz qui, avec une dépense de 20 litres, donnait une lumière de 10 bougies. C'était un titre de 50. Je n'ai jamais vu une lumière de gaz plus vive et plus belle, sans apparence aucune de fumée. Un pareil éclairage réalisait ce que l'on peut concevoir de plus parfait. J'avais obtenu ce gaz en coulant des huiles de schiste de l'usine d'Autun sur du charbon incandescent, comme nous le verrons plus loin. La température était très-élevée.

Il m'a toujours semblé que la température de la distillation avait une influence sur la production de fumée du brûleur. Le gaz serait d'autant plus disposé à donner de la fumée, en brûlant, que la température de la distillation serait moindre.

COMPARAISON ENTRE LES TITRES DE GAZ OBTENUS AVEC LES BRULEURS. — CONCLUSION. — En cherchant à comparer les titres suivant les brûleurs employés, on voit qu'à part les anomalies que présentent les becs d'Argand, on ne peut, avec le gaz de houille, obtenir les mêmes titres en brûlant dans des becs Manchester qu'en usant des pressions de 2 millimètres, pressions impossibles en pratique, et avec lesquelles d'ailleurs on n'obtiendrait l'égalité qu'à la condition difficile d'obtenir une flamme stable. Avec les pressions usuelles de 15 millimètres, le bec d'Argand reprend alors toute la supériorité, que les expériences de M. Jeanneney donnent au bec de 2 millimètres sur ceux de 12 et 15 millimètres. D'autant mieux qu'en adoptant les dispositions données plus haut des becs Dumas, Maccaud, etc., on obtient une flamme calme et régulière.

Cette supériorité du bec d'Argand sur le bec Manchester est d'autant plus marquée que le titre du gaz est plus faible ; mais du moment qu'il s'élève et qu'il atteint la valeur du gaz que fournissait la compagnie Payn, à Belleville, qui était de 8 et arrivait quelquefois à 12, les conditions sont toutes changées, et j'ai, alors, souvent eu occasion de constater que le titre du bec Manchester, avec des pressions de 2 centimètres, était comparable au titre obtenu avec le bec d'Argand. Le bec d'essai de 10 centimètres dépensait, alors, de 30 à 32 litres. Il serait alors désirable que les compagnies de gaz courant pussent élever le titre de leur gaz : car le bec Manchester est le brûleur le plus parfait que nous ayons pour le gaz et celui que l'industrie et le commerce adoptent le plus volontiers. Il est économique, ne demande presque aucun soin et il peut brûler sans globe ni verre. — Lorsqu'il est bien construit, il supporte de grandes variations de pression sans donner les inconvénients connus des becs d'Argand : flamme qui s'allonge, rougit et fume.

Tant que le titre ne dépasse pas 6, les becs Manchester ne peuvent être utilisés sans perte qu'à une très-faible pression, donnant alors une flamme molle, dont les oscillations altèrent à chaque instant la lumière et occasionnent de la fumée.

Pour les gaz qui atteignent des titres de 20 et au-dessus avec des dépenses de 30 à 40 litres, les conditions sont toutes renversées. Le bec Manchester prend la supériorité sur le bec d'Argand. Il peut brûler à une forte pression sans perdre autant de son titre, surtout avec les forts brûleurs. La flamme devient plus fixe, oscille moins et l'éclairage satisfait mieux la vue. Avec les becs ronds, au contraire, le titre baisse le plus souvent.

On peut, vu la faible dimension de la flamme, obtenir la fixité de la lumière en l'enfermant dans des globes qui soient fermés en dessus et en dessous par des toiles métalliques. C'est le moyen dont se servait, à Paris, il y a longtemps, la compagnie du gaz portatif non comprimé; elle parvenait, ainsi, à donner aux becs une fixité remarquable. La grille qui couvrait le globe était percée, au milieu, d'une ouverture de 3 à 4 centimètres de diamètre, qui servait à introduire la lumière pour l'allumage du bec. — Malgré les avantages et la simplicité de ce système, l'industrie et le commerce sont tellement éloignés de tout appareil exigeant un soin quelconque, que pour éviter d'avoir à nettoyer ces grilles on emploie rarement cette disposition : on lui préfère celle des globes dits *verres anglais.*

Ces verres sont loin de donner la fixité des globes garnis de grilles; mais, cependant, lorsqu'ils sont peu élevés et que la flamme est bien au centre, on obtient encore une flamme calme. Les verres en forme de poire donnent rarement un éclairage convenable : il se forme dans le verre un courant d'air de bas en haut, et si la section du verre diminue au-dessus de l'ouverture du bas, la vitesse de l'air augmente en ce point et la flamme se trouve agitée. C'est pour la même raison qu'il faut éviter de placer le bec trop près des ouvertures du haut et du bas, où la vitesse de l'air est évidemment plus forte. La grandeur des verres doit varier suivant celle des flammes.

PUISSANCE ÉCLAIRANTE DU GAZ A L'EAU. — Nous avons dit que l'intensité de la lumière produite par la combustion des gaz dépendait d'un élément assez fixe pour ne pas être volatilisé instantanément par la chaleur développée. Avec le gaz hydrogène ce ne peut être le carbone provenant de la décomposition des gaz carburés, on se sert alors d'un réseau de platine.

Les expériences les plus concluantes que nous connaissions

ont été faites à l'usine de Narbonne, par le docteur B. Verver, professeur de chimie et de physique à l'Athénée royal de Maëstricht; elles ont été publiées depuis en 1859. C'est à cette publication que nous empruntons les détails suivants (1) :

« Les becs sont de trois dimensions différentes, d'après le « nombre des trous dont leurs couronnes sont percées ; il y en a de « 20, de 16 et de 12 trous au jet. C'est dans un anneau de platine « que les trous sont pratiqués ; la température élevée de la flamme « de l'hydrogène aurait bientôt altéré les couronnes, si elles « étaient en cuivre jaune. Cet anneau en platine constitue la seule « différence entre ces couronnes et celles qui sont employées dans « l'éclairage au gaz de la houille ; peut-être aussi le diamètre des « orifices est-il un peu moindre dans ce dernier système.

« Dans la flamme sont placées les mèches en fil de platine dont « j'ai déjà fait mention. La forme de ces mèches se rapproche de « celle d'une corbeille renversée sans fond. Elles sont fixées par « trois supports en fil de platine de $0^{mm},75$ d'épaisseur, à un « anneau circulaire qui passe sur la couronne ; la distance entre « celle-ci et la base de la mèche est de 4 millimètres. Les dimen- « sions et le poids varient avec les dimensions des becs auxquels les « mèches sont adaptées ; les mesures que j'ai prises ont donné « les nombres suivants :

			Poids.
Mèche de 20 jets.	Hauteur......	22^{mm}	$1^{gr},371$
	Grande base..	23	
	Petite base....	20	
Mèche de 16 jets.	Hauteur......	18	$0^{gr},7565$
	Grande base..	19	
	Petite base....	17	
Mèche de 12 jets.	Hauteur......	18	$0^{gr},551$
	Grande base..	15	
	Petite base....	12	

« L'épaisseur du fil de platine employé à la confection de ces « mèches est de $0^{mm},35$.

(1) *L'Éclairage au gaz à l'eau à Narbonne*, par le docteur Verver. Paris, E. Lacroix, quai Malaquais, 15. 1859.

« La disposition des becs étant connue, voici maintenant les
« résultats auxquels je suis arrivé dans la détermination du pou-
« voir éclairant :

PRESSION : 0^m,130 D'EAU.

Becs à 20 jets.

Consommation par heure................... 380 litres.
Pouvoir éclairant........................ 16 bougies.

Becs à 16 jets.

Consommation par heure.................. 230 litres.
Pouvoir éclairant........................ 12 bougies.

Becs à 12 jets.

Consommation par heure................. 175 litres.
Pouvoir éclairant........................ 7 bougies.

« Ce qui donnerait pour 100 litres de gaz consommé :

Pour un bec de 16 jets, un pouvoir éclairant de 5,22 bougies.
       —   20   —   —   4,21   —
       —   12   —   —   4,00   —

« Les becs de 16 jets sont donc les plus avantageux.

« Quant à la pression, une fois qu'elle est suffisante pour
« chauffer à blanc la corbeille de platine, une pression plus forte
« qui fait écouler une plus grande quantité de gaz sur la mèche,
« n'augmente aucunement la lumière qu'elle produirait déjà.
« Cet excédant de gaz est donc superflu et partant en pure
« perte.

« L'expérience suivante l'a constaté :

Becs à 20 jets.

Pression.. 0^m,097   Pouvoir éclairant.. 13,5 bougies.
    —   0^m,127   —   13,5   —

« Il est inutile d'entourer les mèches de cheminées en verre
« poli, comme cela se fait dans l'éclairage au gaz de houille ; il
« est préférable, au contraire, de ne pas les employer, parce que
« ces cheminées, quelque bien polies et nettoyées qu'elles soient,
« absorbent toujours une partie assez considérable de la lumière

« produite. Cette déperdition a été mise en évidence par l'expé-
« rience suivante :

« Un bec à 12 jets ayant un pouvoir éclairant de 6,75 bou-
« gies sans cheminée : la mèche étant entourée d'une cheminée
« parfaitement polie et propre, le pouvoir éclairant n'équivalait
« plus qu'à 5,25 bougies et avait diminué, par conséquent,
« de 1,5 bougies, soit de 22 p. 100.

« Les mèches de platine coûtent de 1 à 2 francs, suivant leurs
« dimensions. Leur durée serait indéfinie, si le gaz hydrogène
« était toujours absolument pur et si leur fragilité n'était aug-
« mentée par une cristallisation, assez lente il est vrai, qui s'effectue
« à la surface des fils exposés à une température aussi élevée que
« l'est celle de la flamme d'hydrogène. La durée peut cependant
« être fixée à une année au moins; l'usine reprend alors les
« mèches altérées, en les payant à raison de 60 à 75 centimes le
« gramme. Les dépenses pour les mèches ne sont donc point
« considérables, et elles sont compensées par l'économie à faire
« sur les cheminées en verre, dont on pourra se dispenser.

« Sous le rapport de la beauté, l'éclairage au gaz hydrogène
« laisse peu à désirer. Ce qui rend cette lumière si belle, c'est sa
« grande fixité, son immobilité; ce n'est pas d'une flamme jamais
« tranquille, toujours vacillante, c'est d'un corps solide, chauffé
« à blanc, qu'émane la lumière. Aussi ne fatigue-t-elle aucu-
« nement les yeux, et ce qui m'a toujours frappé, c'est qu'on
« peut regarder forcément la mèche radiante sans que la vue en
« soit blessée.

« Cet éclairage jouit aussi d'un grand pouvoir pénétrant. En
« général, les réverbères dans les rues de Narbonne sont distants
« entre eux de 50 mètres, et cependant la ville est parfaitement
« éclairée. J'ai passé par une rue qui avait une longueur de
« 99 mètres sur une largeur de 4 mètres et demi et qui, étant peu
« fréquentée, ne recevait de lumière que de deux réverbères
« placés à ses extrémités, dans chacun desquels brûlait un bec
« à 20 jets ; l'éclairage de cette rue était encore très-suffisant.

« Un seul bec à 16 jets, placé devant l'usine, dans un réverbère
« qui était élevé à 4 mètres au-dessus du sol, donnait assez de
« lumière pour qu'on pût lire sans peine un journal à une dis-
« tance horizontale de 10 mètres, et voir l'heure à la montre à
« une distance de 45 mètres. »

Il nous reste à faire sur cet exposé une observation très-im-
portante. La pression a ici une plus haute importance qu'avec
le gaz carboné ; puisque l'on voit que, du moment que l'on est
arrivé à un certain point, si l'on passe outre, on augmente en
pure perte la dépense ; le pouvoir éclairant du bec reste constant. Ainsi le docteur Verver a reconnu qu'avec un bec de
20 jets, le pouvoir éclairant du bec était de 13 bougies et demie,
la pression étant de $0^m,097$ à $0^m,127$. — Si ce pouvoir éclairant
est moindre que celui des expériences citées plus haut, cela tient,
observe le docteur Verver, à ce que le gaz n'était pas pur ce jour-
là. On avait fait des réparations au gazomètre, et une petite partie
d'air s'y était introduite. Mais n'est-on pas en droit alors de demander, puisque nous voyons ici qu'avec une pression de $0^m,097$
on ne gagne rien à l'augmenter, si dans les premières expériences
la pression adoptée $0^m,130$ n'était pas trop forte ? Auquel cas on
aurait obtenu le même pouvoir éclairant du bec avec une moindre
dépense, ce qui aurait permis de conclure un plus fort titre
pour le gaz.

TABLEAU :

TABLEAU COMPARATIF

des diverses natures d'éclairage produisant l'unité de lumière (Bougie stéarique de l'Étoile).

NATURE DE L'ÉCLAIRAGE.	EXPLICATION.	QUANTITÉ de matière brûlée en 1 heure.	PRIX de LA MATIÈRE.	VALEUR EN CENT. de l'unité de lumière
BOUGIE STÉARIQUE (DITE DE L'ÉTOILE).	1 l. de boug. (485ᵍ) donne 50 h. d'éclair., donc..	9ᵍʳ,60	1ᶠ,60 la liv.	3ᶜ,07
CHANDELLE......	La chandelle, à poids égal, donne autant de lumière que la bougie. (M. PENOT, de Mulhouse.)	9ᵍʳ,60	0ᶠ,90 la liv.	1ᶜ,73
HUILE..........	*Lampe carcel* de 42 gram., donne une lumière de 7 bougies. (PÉCLET). 42 gr. à 1ᶠ,60....... 6ᶜ,72 Mèche, entretien.... 0ᶜ,4 TOTAL....... 7ᶜ,12 Soit, pour l'unité de lum.	6ᵍʳ,00	1ᶠ,60 le kil.	1ᶜ,02
	Lampe modérateur, dépensant 28 grammes. — Les petites dépenses sont plus avantageuses d'après Péclet et M. Penot. — Lumière produite, 6ᵇ,20. 28 gr. à 1ᶠ,60...... 4ᶜ,48 Mèche, entretien.... 0ᶜ,4 TOTAL....... 4ᶜ,88 Soit, pour l'unité de lum.	4ᵍʳ,51	1ᶠ,60 le kil.	0ᶜ,79
GAZ DE HOUILLE..	*Bec d'Argand*, dit Benghel, sans panier, dépense 105 litres, lumière exigée 7 bougies.	15ˡ	0ᶠ,30 le mèt.	0ᶜ,45
	Bec fendu. Largeur de la fente, 0ᵐᵐ,60 ; pression, 7 millimètr. ; dépense, 138 litres ; lumière, 7 bougies (*expérience*)............	19,7	Id.	0ᶜ,59
	Usine à gaz de Mulhouse, titre 6,28. (PENOT.)..	15ˡ,92	0ᶠ,30	0ᶜ,48
GAZ DE BOGHEAD..	Expérience de Mulhouse, titre 28,20...........	3ˡ,53	1ᶠ,20 le mèt.	0ᶜ,12
GAZ PORTATIF....	Titre variant de 25 à 30. Pour titre de 25........	4,00	Id.	0ᶜ,48
	— 30........	3,33	Id.	0ᶜ,40
	Mixtures grasses, pour titre de 40............	2,50	Id.	0ᶜ,30
GAZ HYDROGÈNE..	Titre maximum, 5,22...	19,1	0ᶠ,30	0ᶜ,57

CARBURATION DU GAZ. — La puissance éclairante d'un gaz dépend, d'après la théorie de Davy que nous avons exposée plus haut, du carbone déposé dans l'intérieur de la flamme par les gaz ou vapeurs hydrocarburés, dans lesquels la proportion atomique du carbone est égale ou supérieure à celle de l'hydrogène.

Parmi ces gaz nous avons principalement insisté sur le gaz oléfiant H^4C^4, qui n'a pu encore être liquéfié ou solidifié même à un froid de 110°, d'après les dernières expériences de M. Faraday.

Mais il existe d'autres hydrocarbures liquides dans lesquels la proportion de carbone est généralement supérieure à celle de l'hydrogène, telles que la benzine, par exemple, $C^{12}H^6$. Ces liquides suivent la loi connue de physique : ils émettent, à toutes les températures, des vapeurs se comportant et brûlant comme de véritables gaz. Ces vapeurs déposent même plus de carbone, d'après leurs formules atomiques, dans la décomposition préalable qui a lieu à l'intérieur de la flamme. Cette circonstance ne peut qu'être avantageuse à la production de lumière; pourvu toutefois que la chaleur développée par la combustion de tous les gaz soit suffisante pour porter à l'ignition ces dépôts de carbone, sinon il y aurait production de fumée.

On ne peut douter que les différents gaz d'éclairage ne doivent une partie de leur richesse à la présence de ces vapeurs, ce qui expliquerait l'appauvrissement du titre à l'époque des grands froids. Cet effet est encore augmenté par la condensation des vapeurs d'eau, dont le gaz est généralement saturé en sortant des épurateurs. — Cette eau retient ces hydrocarbures.

Les principes fondamentaux de physique qui régissent les vapeurs sont les suivants :

PRINCIPES FONDAMENTAUX. — 1° Lorsque les gaz sont recueillis sur un liquide en excès, la quantité de vapeur qui se forme dans un espace déterminé, ne dépend que de la température et nullement de la nature du gaz : elle serait la même si cet espace était vide;

2° Lorsqu'on accumule dans le même espace divers fluides élastiques qui sont *sans action chimique*, chacun se répand dans toute l'étendue de cet espace, et l'élasticité du mélange est égale à la somme des élasticités que prendrait chacun des fluides s'il était seul.

La solubilité des liquides qui fournissent les vapeurs modifie cette dernière loi, d'après les expériences de M. Regnault (Comptes rendus de l'Académie, août 1854). La tension du mélange est, dans ce cas, pour chaque température, plus petite que la somme des tensions de ces vapeurs dans le vide et quelquefois même plus petite que celle du liquide le plus volatil.

Brevets Lowe, Jobard. — Les premières applications connues de l'enrichissement du gaz par la vapeur d'un liquide carburant, d'après la date du brevet de M. Lowe, 1832, paraissent avoir eu lieu en Angleterre. Peu de temps après et dans la même année, M. Jobard, directeur du Musée royal de l'industrie belge, voyant brûler une lampe à hydrogène avec éponge de platine, eut l'idée de la rendre lumineuse, en faisant barboter le gaz produit par la décomposition de l'eau, dans un liquide capable de lui céder le carbone qui lui manquait. Poursuivant la même idée, M. Jobard prit des brevets d'invention pour la fabrication du gaz par la décomposition de l'eau sur du charbon ardent qui fournit du gaz hydrogène, lequel s'unit au gaz hydrogène surcarburé produit dans une cornue séparée par la décomposition de la houille, des huiles, des bitumes, etc... c'est le gaz hydrocarbone des Anglais, le gaz Leprince, etc. Ces brevets furent exploités à Paris, aux Batignolles, sous le nom de gaz Selligue. Nous donnerons plus loin la description du travail qui était suivi dans l'usine des Batignolles.

Il est juste de mentionner cependant que la première idée de cette fabrication de gaz revient à MM. Geingembre père et fils, qui prirent des brevets d'invention le 26 avril 1816 et le 12 août 1817, *à l'effet de produire du gaz au moyen de la vapeur d'eau injectée sur du charbon de bois placé dans les cornues et enrichi par la production simultanée du gaz d'huile dans la même cornue.* (Voir à ce sujet un excellent article de M. Leroux, *Journal de l'éclairage au gaz*, 7 juin 1859.)

Le liquide choisi par M. Jobard pour enrichir à froid le gaz hydrogène produit par la lampe de platine fut l'huile essentielle de goudron de gaz. C'est encore celui qui est le plus généralement employé dans tous les carburateurs qui ont été exploités dans ces dernières années.

RAPPORT DE M. PAYEN SUR LE CARBURATEUR LAUNAY. — Dans un rapport, en date du 10 septembre 1856, sur le carburateur Launay (*Journal de l'éclairage au gaz*, 5ᵉ année, n° 16, 20 novembre 1856), M. Payen cite plusieurs expériences qu'il fit à l'usine de Passy (gaz hydrogène), dans le but de comparer l'effet des hydrocarbures introduits dans le gaz, avec le pouvoir éclairant obtenu par l'interposition du réseau de platine.

« Un bec de gaz de l'eau, garni de son réseau de platine,
« placé à 163 centimètres du photomètre, la dépense étant de
« 200 litres à l'heure, offrit une intensité lumineuse égale à
« celle d'un autre bec d'un autre gaz carburé dans l'appareil
« Launay placé à 192 centimètres du photomètre et dépensant
« 100 litres de gaz dans le même temps ; d'où l'on peut déduire
« que la lumière produite à volume égal est dans le rapport de
« 100 à 31,9, ou que, pour obtenir avec le réseau de platine
« autant de lumière qu'avec l'appareil Launay, il faudrait
« employer, dans le premier cas, 313 litres de gaz hy-
« drogène au lieu de 100 litres dans le second ; il reste à
« déterminer la quantité de carbure employé pour produire
« cet état.

« Dans une autre série d'expériences, en réduisant le pou-
« voir lumineux à une égale intensité, la consommation dans
« le même temps se trouve être de 320 litres pour le bec brûlant
« le gaz avec réseau de platine, et de 100 litres seulement pour
« le bec à gaz carburé au moyen de l'appareil Launay.

« L'économie du gaz réalisée dans ces conditions coïncide avec

« la production d'une flamme plus blanche et plus facile à ré-
« gler. Des résultats analogues ont été obtenus en employant des
« becs fendus et des becs Manchester, sans cheminée de verre, et
« dans tous les cas sans augmenter la pression et sans la moindre
« difficulté. »

On doit regretter que dans ces expériences la quantité de carbure employé n'ait pas été observée.

EXPOSÉ THÉORIQUE DE LA CARBURATION.— *Expériences de M. Regnault.* — La quantité de vapeur qui se forme augmentant avec
la température et contribuant, seule, à l'augmentation du pouvoir éclairant du gaz, on en conclut que, toutes choses égales
d'ailleurs, plus la température sera élevée, plus les résultats
seront satisfaisants.

Lorsque l'on veut carburer le gaz d'éclairage, on ne doit pas
perdre de vue que ce gaz, outre les hydrocarbures gazeux fixes
qui constituent sa véritable valeur, sous le rapport de la lumière,
contient, lui aussi, des vapeurs d'hydrocarbures liquides, en quantité variable ; et que la carburation ne peut faire autre chose que
de compléter la saturation.

Il en résulte qu'il doit s'évaporer dans l'hydrogène pur une
plus grande quantité de vapeurs. L'effet de la carburation atteindra donc, dans ce cas, un maximum que l'on ne peut espérer
avec le gaz d'éclairage ordinaire. Bien plus, si le gaz d'éclairage
est déjà saturé de ces vapeurs, soit du fait de la fabrication, soit
par suite d'un abaissement de température tel que les vapeurs
qui s'y trouvent arrivent à saturation, l'effet de la carburation
devient nul, puisqu'une nouvelle quantité de vapeur ne pourrait
trouver place.

Une première question à résoudre, lorsque l'on veut faire servir à la carburation un hydrocarbure liquide (huile légère),
c'est de déterminer la quantité de vapeur qu'il laisse évaporer
dans un espace non saturé d'une capacité déterminée, d'un mètre
cube par exemple, à une température donnée.

Les expériences de M. Regnault communiquées à l'Académie

des sciences (comptes rendus 14, 21, 28 août 1854), résolvent cette question pour la benzine.

Températures.	Forces élastiques de la vapeur de benzine.	Poids de la vapeur par mètre cube.
7°,22	40^{mm},4	160^{gr}
9°,88	46^{mm},2	183,7
13°,11	54^{mm},4	211,5
16°,05	62^{mm},7	240.0
18°,59	71^{mm},0	270,0

D'après MM. Pelouze et Fremy, la densité de la vapeur de benzine à 0° et sous une pression de 760^{mm} est de 2,378. Un litre de cette vapeur pèsera donc $2,378 \times 1,3 = 3^{gr},09$ (nous prenons 1,3 pour le poids du mètre cube d'air au lieu de 1,299); par conséquent aux températures ci-dessus, et aux pressions correspondantes, le mètre cube de vapeur pèsera donc :

$$3,09 \times \frac{40^{m},4}{760\,(1 + 0,00365 \times 7,22)} \times 1000 = 160^{gr}$$

$$3,09 \times \frac{46^{m},2}{760\,(1 + 0,00365 \times 9,88)} \times 1000 = 183^{gr}$$

$$3,09 \times \frac{54^{m},4}{760\,(1 + 0,00365 \times 13,11)} \times 1000 = 211^{gr}$$

$$3,09 \times \frac{62^{m},7}{760\,(1 + 0,00365 \times 16,05)} \times 1000 = 240^{gr}$$

$$3,09 \times \frac{71^{m},0}{760\,(1 + 0,00365 \times 18,59)} \times 1000 = 270^{gr}$$

Ce sont ces poids que nous avons ajoutés à la troisième colonne.

En étudiant ce tableau on reconnaît, en effet, que les quantités de vapeur fournies par l'évaporation, et par suite l'enrichissement du gaz, augmentent avec la température. Cette influence de la température est plus prononcée avec un gaz contenant déjà des vapeurs qu'elle ne le serait, par exemple, avec le gaz hydrogène provenant de la décomposition de l'eau. Si le gaz contient déjà 100 grammes de vapeur d'hydrocarbure, l'augmentation de 7°,22 à 16°,05 sera dans le rapport de 160-100 à 240-100, c'est-à-dire, de 60 à 140 ou de 1 à 2 $^1/_3$; au lieu d'être de 160 à 240 ou de 1 à 1 $^1/_2$.

EXPÉRIENCES DE M. LEFÈVRE.—*Influence de la température.* — M. Lefèvre, ingénieur-chimiste, a publié dans le journal *du gaz* (15 et 29 février 1860), un très-bon travail au sujet d'expériences qu'il fit sur la carburation.

Nous empruntons à ce travail les résultats suivants, démontrant l'influence de la température sur la carburation.

Les nombres placés dans ce tableau représentent les·puissances éclairantes exprimées en bougies. Ils ont été obtenus dans diverses séries d'expériences.

	BEC MANCHESTER No 5.				
	CONSOMMATION : 109 LITRES A L'HEURE.				
GAZ SIMPLE.	GAZ CARBURÉ.				
	0°	5°	10°	15°	20°	25°
5,90	6,0	6,2	7,3	10,0	11,8	12,7
5,66	6,0	6,0	7,3	10,0	11,11	13,7
5,66	5,9	6,0	7,5	10,0	11,8	12,7
5,90	6,0	6,2	7,6	10,0	11,0	12,7
5,70	5,9	6,2	7,2	10,1	11,8	11,8
5,66	5,6	6,2	7,2	10,7	11,11	13,7
5,90	6,0	6,2	7,6	10,7	11,8	12,7
5,70	5,9	6,2	7,2	10,1	11,8	13,7

Pour faire ces expériences M. Lefèvre plaça le flacon carburateur dans un bain d'eau qui lui-même était placé sur un fourneau de gaz. Un agitateur formé d'une plaque de tôle munie de deux tiges permettait de mélanger continuellement l'eau du bain. Un thermomètre à mercure indiquait exactement la température. Rien n'était, ensuite, plus facile, avec le fourneau de gaz, que de régler la température et de la rendre stationnaire.

Si nous comparons ces expériences avec celles de M. Payen,

que nous avons citées plus haut, où, avec une dépense de 100 litres d'hydrogène carburé, on obtient la lumière fournie par 313 litres brûlant avec réseau de platine, nous trouvons la confirmation des principes théoriques que nous avons posés.

En effet, les expériences du docteur B. Verver sur la puissance éclairante du gaz hydrogène brûlant avec réseau de platine, l'ont conduit à constater une intensité de 4 bougies au moins par 100 litres. Ce même gaz carburé aurait donné, d'après M. Payen, une lumière 3,13 plus grande, soit de 12,5 à 13 bougies : la même que celle obtenue par M. Lefèvre en carburant à la température de 25°, 109 litres de gaz de houille, qui donnaient déjà, avant la carburation, une lumière de 5,66 à 5,90 bougies. Comme il est probable que M. Payen n'a pas opéré à cette température, la différence pourrait être attribuée à la qualité de la benzine qui n'était sans doute pas la même pour ces deux expérimentateurs. Nous voyons que la carburation de l'hydrogène porte ce gaz d'une puissance éclairante zéro, lorsque l'on n'emploie pas le réseau de platine, à 13 ; tandis que la carburation d'un gaz éclairant déjà comme 5,66, élève son pouvoir éclairant de 13 moins 5,66 ou de 7,33 seulement. Le gaz de houille a donc dû prendre moins de vapeur que le gaz hydrogène pur.

INFLUENCES DES REFROIDISSEMENTS. — Il était important de savoir comment un gaz carburé à une température de 5 à 20°, par exemple, se comporte lorsqu'il est refroidi ou qu'il entre dans un milieu d'une température inférieure. Cette expérience a été faite par M. Lefèvre. En voici les résultats.

Bec papillon consommant 60 litres sous la pression de 20^{mm}.

Gaz simple.	Gaz carburé à 15°	Gaz décarburé à 5°
2,74	4,8	3,43

Ce sont des chiffres moyens déduits de plusieurs expériences. La décarburation avait lieu en faisant passer le gaz dans un large flacon de verre de 2 litres de capacité, dans lequel on avait laissé tomber un faisceau de tubes en verre destinés à multiplier les points de contact.

La carburation directe du même gaz à la température de 5° avait donné une intensité de 3,1, qui est plus faible, il est vrai, que celle (3,43) obtenue par la décarburation à 5°. Ces deux chiffres sont cependant assez voisins ; mais on comprend que la carburation dans le premier cas, comme la décarburation dans le second, ont pu ne pas être complètes, ce qui expliquerait cette petite différence.

Aussi regardons-nous cette expérience comme une confirmation des principes fondamentaux que nous avons rappelés au sujet des vapeurs. Nous voyons combien il serait peu logique de faire passer le gaz sur des huiles légères que l'on surchaufferait dans l'espoir d'augmenter la quantité de vapeur qui doit enrichir le gaz. Ces vapeurs se comporteraient comme le fait un jet de vapeur d'eau qui traverse un tube mal protégé contre les causes de refroidissement, elles se condenseraient. Ce serait donc en pure perte que l'on aurait dépassé la limite de carburation qui correspond à la température de la conduite.

Tous ces faits sont conformes à la théorie.

Nous devons, cependant, ajouter qu'il est des circonstances où cet échauffement des huiles légères peut être avantageux. Ainsi, dans un théâtre ou dans un café, etc., pendant l'hiver et au moment des plus grands froids, les conduites de distribution y sont, évidemment, à une température plus élevée que les conduites des rues. Le gaz arrive déjà appauvri chez l'abonné, et les conduites de distribution, bien que l'échauffant en partie, ne sauraient lui restituer les dépôts de vapeurs d'hydrocarbures que le froid a condensées et dans les gazomètres et dans les conduites. C'est alors que l'échauffement des huiles légères pourrait communiquer au gaz, à son passage rapide dans le carburateur, une chaleur peu différente de celle des conduites intérieures, qui ne seraient plus, d'ailleurs, autant refroidies par un gaz froid : cette chaleur fournirait plus de vapeurs qui, ne se condensant plus, augmenteraient évidemment les résultats de la carburation.

Mais pour un éclairage extérieur, comme ceux des gares de chemins de fer, cette opération est en pure perte : elle ne peut avoir d'effet que pour les becs rapprochés du carburateur.

L'évaporation d'un liquide n'étant point instantanée, on doit multiplier les points de contact du gaz, ou laisser le gaz un certain temps au-dessus de ce liquide afin de lui donner le temps de se charger de vapeurs. On y parviendra en diminuant la vitesse du gaz à son passage dans le carburateur et en proportionnant sa capacité au volume de gaz qui doit le traverser. M. Lefèvre, se servant d'un large flacon en verre, a reconnu qu'une capacité d'un litre était insuffisante à la température de 15° pour 20 becs ; et qu'une de 11 litres, pour la même dépense, donnait de très-bons résultats. Cette capacité de 11 litres est-elle une limite ? M. Lefèvre regrette à ce sujet de n'avoir pas été à même de faire les expériences nécessaires.

Quantité d'huiles légères dépensée par mètre cube. — M. Lefèvre a constaté depuis, dans ses expériences, une dépense de 44 à 45 grammes de benzine par mètre cube de gaz, pour une augmentation de lumière de 75 à 80 p. 100 d'un gaz qui, sans carburation, donnait 7 bougies 30 avec une dépense de 144 litres : ce qui correspond à un titre de $\frac{7,3 \times 100}{144} = 5,07$ et à une augmentation de ce titre, du fait de sa carburation, de près de 4.

Les benzines du commerce contiennent peu de véritable benzine ; elles ne sont le plus souvent qu'un mélange d'huiles légères provenant de la distillation des goudrons de gaz. Ces huiles varient de densité, les plus essentielles se volatilisent d'abord en plus grande proportion et il ne reste, ensuite, dans les carburateurs que des huiles plus lourdes produisant peu de vapeurs. — Cela explique les résultats si avantageux constatés dans des expériences d'essais, que la pratique ne donne plus ensuite.

Huiles légères, condensation du gaz comprimé. — La benzine n'est à rechercher pour la carburation qu'en raison de sa grande volatilité : elle bout à 80°. — Tout autre hydrocarbure ayant la même volatilité ou une supérieure, pourrait la remplacer ou même lui être préférée. C'est ainsi que les nouveaux produits livrés au commerce par les usines à gaz portatif obtiennent, sous ce rapport, une préférence marquée sur toutes les autres benzines.

Ces produits proviennent de la condensation du gaz soumis à la compression. Supposons 10 mètres cubes de gaz pris dans le gazomètre, par exemple, que l'on réduise en un seul mètre dans un cylindre contenant déjà du gaz entièrement saturé de vapeurs et à la pression atmosphérique : ce qui revient à comprimer ces 10 mètres cubes de gaz à 11 atmosphères. Si, de plus, on admet ce gaz également saturé de vapeurs d'hydrocarbures liquides, il est évident, d'après les lois des vapeurs, que la totalité des vapeurs contenues dans les 10 mètres cubes se condensera et que le liquide recueilli en donnera exactement le poids.

Si le gaz pris dans le gazomètre n'est qu'à moitié saturé de vapeurs, tant que la compression n'aura pas réduit de moitié son volume total, il n'y aura aucune condensation : c'est-à-dire tant que les 10 mètres cubes ne seront pas réduits à 5 mètres cubes; mais à partir de ce point la condensation augmentera avec la compression, et lorsque celle-ci atteindra 11 atmosphères, le poids total de la condensation à recueillir sera égal à celui de la vapeur saturant 5 mètres cubes.

Ainsi, tant que la saturation du gaz contenu dans le cylindre est complète, il s'y condense, ce qui est évident *à priori*, la totalité des vapeurs contenues dans le gaz à comprimer; et par suite, toutes choses égales d'ailleurs, on recueillera d'autant plus de condensation que le degré de saturation du gaz sera plus grand.

En pratique, le gaz arrive aux pompes qui sont fortement échauffées par le travail de la compression ; cette circonstance éloigne le degré de saturation et il y a donc peu de condensation à obtenir dans ces pompes. Le gaz se rend, ensuite, aux cylindres de voiture; il s'y refroidit en prenant la température du milieu, et c'est là que la condensation se dépose. Lorsque ces cylindres vont se vider dans d'autres cylindres placés chez les abonnés, comme, d'une part, l'évaporation n'est pas aussi rapide que l'écoulement et que, d'une autre part, les gaz sortent des cylindres à des pressions encore assez fortes, la plus grande partie de la condensation formée reste dans les cylindres de voiture. L'évaporation augmentant avec la température, le gaz sortant entraînera plus de vapeurs en été qu'en hiver : par conséquent, il y a plus de condensation à recueillir en hiver.

Cette condensation est ensuite traitée et distillée à des températures qui varient de 40 à 140°. Les premières parties recueillies sont volatiles à ce point qu'en en versant, goutte à goutte, elles s'évaporent avant d'arriver au sol.

Ce sont ces hydrocarbures, les plus légers que puisse livrer, en forte proportion, l'industrie, qui sont en partie employés pour la carburation. Aux températures ordinaires ils laissent évaporer plus de 100 grammes par mètre cube de gaz; et évidemment les résultats que l'on obtient sont proportionnels à cette quantité. Généralement cependant, on ne dépense que 70 grammes environ. Pour y arriver, on modère l'évaporation en réduisant le volume du carburateur calculé d'après le volume de gaz qui doit le traverser.

Ces hydrocarbures se vendent environ 1 fr. 60 le kilogramme; 40 à 50 grammes suffisent pour doubler le pouvoir éclairant du gaz de houille ayant un titre de 5 à 6. Il est facile d'en déduire l'économie que donne leur emploi.

Tous les carburateurs donnent, à peu près, les mêmes résultats, du moment qu'ils satisfont aux conditions théoriques exposées ci-dessus.

Système Ador. — C'est un carburateur placé à chaque bec, que la chaleur de la flamme vient échauffer. On jouit, ainsi,

du bénéfice d'une carburation plus grande par suite de l'élévation de température, et l'on peut employer des huiles moins volatiles. Cette disposition complique, malheureusement, la simplicité que l'on recherche, avant tout, dans ces appareils ; elle exige
un service d'entretien journalier pour remplir ces petits carburateurs ; c'est retomber dans les inconvénients des lampes à l'huile
qui leur ont fait, dès le début, préférer le gaz, bien plus dans le
but de s'y soustraire, que dans celui de profiter d'une économie
qui, alors, était d'ailleurs contestable.

On comprend que l'on puisse varier à l'infini les dispositions
qui permettent de réaliser l'idée du système *Ador* ; nous ne nous
y arrêtons pas. Il existe à Paris, à la Librairie-Nouvelle, une
lampe de ce système, qui donne effectivement une belle lumière.

CHAPITRE III.

COMBUSTIBLES MINÉRAUX UTILISÉS POUR LA PRODUCTION
DU GAZ. — ANALYSE.

COMBUSTIBLES MINÉRAUX. —Les combustibles minéraux sont les
matières les plus généralement employées pour la production du
gaz d'éclairage. Ils existent en grande abondance sur le globe.
L'importance considérable qu'a prise depuis longtemps l'exploitation de leurs mines assure une matière première sur laquelle
on peut compter, et qui, relativement, a l'avantage d'être à un
prix de revient très-minime.

Les combustibles minéraux, dont on semble d'accord pour
attribuer l'origine à des plantes primitives, se subdivisent en
quatre classes, qui sont les suivantes, rangées par ordre d'après
les époques de leur formation, c'est-à-dire leurs âges géologiques,
ou plutôt d'après leurs usages dans l'industrie : les anthracites,
les houilles, les lignites et enfin les tourbes, qui appartiennent à
la formation contemporaine. Il y a entre ces classes des variétés
nombreuses et telles que la transition est insensible.

Nous empruntons une partie des considérations qui suivent à
la théorie du docteur Zimmermann sur la formation de la
houille. (Voir *Journal de l'éclairage au gaz,* 6ᵉ année, n° 14,
20 octobre 1857.)

Ces masses énormes de carbone, accumulées sous la forme
de débris végétaux, sont couvertes de couches de plus récente
formation, qui opèrent, ainsi que les détritus végétaux, une

pression puissante sur les couches inférieures, et d'autant plus forte que celles-ci sont plus profondes. S'il survient alors une des révolutions plutoniennes du globe, elle détermine à la surface de la terre des sources de chaleur qui distillent ces gisements carbonifères. Les combinaisons gazeuses sont chassées du bas, remontent par le haut, où elles trouvent d'autres couches moins chaudes et moins denses dans lesquelles elles s'infiltrent en s'incorporant ainsi à leur masse. Si l'on étudie les gisements les plus considérables, on voit, en effet, que les charbons inférieurs sont plus denses, d'un noir plus foncé, libres de tout mélange de bitume et qu'ils deviennent de plus en plus bitumineux à mesure que l'on s'élève; la densité diminue; la couleur devient brune et la transition s'opère ainsi de la houille au lignite.

CLASSIFICATION ADOPTÉE PAR M. REGNAULT. — M. Regnault, distingue, pour classer les combustibles minéraux, quatre grandes formations qui sont :

I. La *grande formation carbonifère*, qui se compose des terrains de transition formant l'étage inférieur et du terrain houiller proprement dit, qui constitue l'étage supérieur.

Le charbon qui gît le plus bas et qui a perdu tout élément bitumineux et toute substance végétale s'appelle *graphite*. Il ne contient ni oxygène ni hydrogène, et peut être considéré comme du charbon presque pur. Ses propriétés sont d'être infusible et incombustible; il ne brûle, comme le diamant, que dans l'oxygène pur. On se sert de cette propriété d'infusibilité du graphite pour en faire des creusets. Le graphite est l'élément des crayons dits de *mine de plomb*.

D'après M. Regnault, la position géologique du graphite, sa composition chimique et sa texture, qui souvent présente des paillettes cristallines très-distinctes, portent à croire que cette matière ne s'est pas formée de la même manière que les autres combustibles. Il est probable que le graphite était du carbone en combinaison dans des gaz carburés, qui s'est déposé dans les fentes et les cavités des terrains échauffés; son origine serait alors semblable à celle du graphite des hauts fourneaux, qui vient se former en lames brillantes dans les fentes et dans les cavités des parois de l'ouvrage.

Cette espèce se trouve en petits amas dans les terrains primitifs ou de transition, ou bien elle se trouve en filons.

La couche suivante de charbon s'appelle *anthracite*. C'est un combustible très-sec, difficile à brûler, ne perdant que peu de son poids par sa calcination ; leurs fragments conservent leurs arêtes vives et ne se collent aucunement les uns aux autres. On parvient à le brûler dans des foyers de générateurs à vapeur à l'aide d'un ventilateur. Il fait partie de la grande formation carbonifère qui se compose des terrains de transition et du terrain houiller proprement dit. On le rencontre encore dans l'étage inférieur des terrains secondaires.

La troisième couche comprend la véritable houille, dans laquelle on trouve les substances dégagées, par distillation, des couches inférieures. C'est un combustible qui brûle avec la plus grande facilité, rendant, sous ce rapport, des services immenses à l'industrie ; il contient un principe gras qui lui donne la propriété de s'agglutiner par la chaleur ; et il fournit par la calcination un coke dont les morceaux restent reliés entre eux. On distingue plus spécialement par le nom de houilles grasses, les combustibles minéraux de cette couche dans lesquels cette propriété d'agglutination par la chaleur se trouve le mieux caractérisée. Ces houilles grasses s'unissent par des passages insensibles soit à l'anthracite, soit au lignite. Ces passages s'effectuent par des variétés distinctes, d'un côté par les houilles sèches anthraciteuses, et de l'autre par les houilles sèches flambantes gazeuses ; de telle sorte qu'aux points de séparation il est difficile de classer la nature du combustible.

On trouve la houille dans le terrain houiller, mais jamais dans les terrains de transition où l'on rencontre l'anthracite ; on la trouve encore dans les étages supérieur et inférieur des terrains secondaires.

II. Les *terrains secondaires* qui peuvent également être divisés en deux étages :

1° L'étage inférieur qui se compose de grès bigarré, muschelkalk, marnes irisées, et des terrains jurassiques.

2° L'étage supérieur qui se compose du grès vert et de la craie.

Comme aucun caractère extérieur ne distingue les combustibles des terrains secondaires de ceux des terrains houillers proprement dits, M. Regnault conserve le nom de houilles pour désigner les combustibles de cette seconde formation; bien que certains combustibles de la craie, tels que le jager, portent le nom de *lignites*, qui n'est donné qu'aux combustibles de la formation suivante.

III. Les terrains tertiaires qui renferment deux espèces de combustibles :

1° Une espèce de houille imparfaite, présentant encore, au moins dans certaines parties, des traces d'organisation végétale, et à laquelle nous donnons le nom de *lignite*.

2° Les bitumes, qui paraissent quelquefois s'être formés à la manière des houilles, et sont disposés en couches, et qui, d'autres fois, sont évidemment des produits de la décomposition des autres combustibles par l'action de la chaleur. Dans ce dernier cas, ils forment des amas irréguliers qui imprègnent les terrains à une certaine distance. On remarque toujours alors dans le voisinage des roches ignées qui ont bouleversé le terrain, telles que des porphyres, des ophites et des basaltes.

IV. La *formation contemporaine*, qui renferme les combustibles qui se forment journellement sous nos yeux. La contrée qui offre les plus vastes tourbières est l'Irlande, où l'on en trouve, comme dans l'Amérique du Nord, d'une longueur de 70 lieues sur 40 de large, offrant, à 300 pieds de profondeur, des tourbes dont le sondage a prouvé que la base avait pris une consistance pierreuse.

Lorsque des gisements carbonifères se trouvent à proximité du porphyre ou mieux encore du basalte, deux puissantes roches d'origine ignée, les charbons les plus rapprochés de ces roches jadis ardentes sont carbonisés derechef, c'est-à-dire transformés en un genre de *coke* qui se distingue du coke artificiel par une plus grande solidité, résultant de ce que la combustion s'est faite sous une pression beaucoup plus considérable. Ici l'action du feu éclate d'une façon tout à fait évidente. Ces gisements carbonifères sont composés de couches qui diffèrent grandement l'une de l'autre. Le plus près du foyer se trouve le charbon éteint, qui a brûlé sans fumée, annonçant une action énergique et prompte; puis, non loin de là, l'anthracite; puis la houille.

Les gisements de houille du pays de l'Ohio, lorsqu'ils s'étendent à l'intérieur de montagnes soulevées par l'action plutonienne, sont, sur de grands espaces, tout à fait privés de bitume et transformés en anthracite brûlant sans fumée; tandis que dans les plaines contiguës, les mêmes couches se composent de houilles bitumineuses. Près de Worcester, dans le Massachusetts, une couche de houille ordinaire, très-combustible et intercalée dans un schiste argileux, se transforme, en se prolongeant, en graphite incombustible intercalé dans le micaschiste. Dans les Alpes de Savoie, de même que dans le Stangenalp, en Styrie, on trouve également des gisements d'anthracite qui, d'après les empreintes des plantes qu'ils renferment, font partie du terrain houiller ordinaire et se sont transformés en anthracite par l'influence des forces plutoniennes qui ont soulevé ces vastes chaînes de montagnes.

Il résulte indubitablement de toutes ces observations que la première couche végétale de la terre, quelle qu'elle fût, a servi de base à la formation de la houille, de la plus ancienne aussi bien que de la plus récente : un procédé de distillation sèche accomplie par l'effet d'une température élevée, sous une pression puissante, a carbonisé la matière végétale accouplée; par sa décomposition ont été amenées d'autres combinaisons d'hydrogène, de carbone et d'oxygène; ces substances, chassées des couches les plus voisines du foyer, ont été repoussées plus haut; enfin, la transformation des végétaux en charbon de terre et en lignite s'est modifiée encore par l'action prompte et énergique, longue ou momentanée, de températures élevées.

Comme conséquence des considérations qui viennent d'être exposées, on ne peut espérer trouver la houille là où apparaissent, comme base du sol, des roches cristallines, le granit, le porphyre, le schiste argileux primitif, ni dans le voisinage des hautes montagnes ; la houille appartient à une formation plus récente.

ANALYSE DES COMBUSTIBLES MINÉRAUX. — La théorie de formation des combustibles minéraux, telle qu'elle vient d'être exposée, conduit à admettre de grandes variétés dans les différentes couches qui se sont formées. Pour la question qui nous occupe, la question du gaz, on doit s'attendre, même lorsqu'on se borne à étudier un gisement particulier, à des résultats variables, suivant la hauteur de la couche que l'on choisit ; toutes ces couches doivent varier dans leur composition intime ; et il est curieux d'étudier l'effet de cette variation sur la valeur industrielle du combustible.

M. Thompson, en 1820, et plus tard M. Karsten, donnèrent les premières analyses des combustibles minéraux. L'analyse des matières organiques acquérant un plus grand degré de perfection, M. Théodore Richarson, à Giessen, et M. Regnault, à Paris, à peu près dans le même temps, 1837, reprirent ces expériences qui furent continuées depuis, en 1858, par M. de Marsilly, ingénieur des mines.

Les divers éléments qui entrent dans la composition de la houille sont :

1° L'eau hygrométrique ;

2° Les cendres ;

3° L'hydrogène ;

4° Le carbone ;

5° L'azote ;

6° L'oxygène, qui, comme l'on sait, se détermine toujours par différence dans l'analyse des substances organiques.

Mon intention n'est pas de m'étendre sur les méthodes d'analyse employées d'abord par M. Regnault et ensuite par M. de Marsilly qui, à de faibles modifications près, a suivi la même marche. Je me borne à dire que la détermination des cendres a été obtenue par l'incinération du combustible, réduit en poudre fine, dans une capsule très-mince en platine chauffée sur une lampe à esprit-de-vin.

La détermination de l'hydrogène et du carbone a été faite avec l'appareil ordinaire de M. Liebig pour les analyses organiques. On sait que, par ce procédé d'analyse, la substance organique brûlée avec un corps riche en oxygène, comme l'oxyde de cuivre ou le bromate de plomb, se transforme en acide carbonique et en eau que l'on pèse séparément : de l'acide carbonique recueilli dans une boule à potasse, dite de Liebig, on déduit le carbone ; et de l'eau absorbée par un tube à chlorure de calcium on conclut l'hydrogène. Mais comme les anthracites et même les houilles sont difficiles à brûler, on ajoute à l'oxyde de cuivre du chlorate de potasse que l'on chauffe à la fin de l'opération. Lorsque la substance organique ne contient que de l'hydrogène et du carbone, les poids réunis de ces deux éléments fournis par l'analyse forment le poids total du corps, sinon la différence donne la quantité d'oxygène et d'azote, défalcation faite de la proportion des cendres que l'on détermine par la dessiccation.

Dans les expériences que nous rapportons plus loin, les proportions d'oxygène et d'azote sont données par différence et par cette méthode.

La proportion d'azote a cependant été déterminée, dans quelques expériences spéciales, en employant la méthode de M. Dumas. Les résultats établissent que la proportion d'azote est très-faible dans les anthracites ; mais que dans les autres combustibles elle varie entre 1,5 et 2 p. 100.

Analyses de MM. Regnault, Marsilly et Richarson. — M. Regnault, concluant d'après les analyses des combustibles minéraux appartenant aux quatre formations, dont nous donnons le tableau dressé par lui, arrive à cette conséquence :

La composition des houilles de la formation carbonifère varie entre des limites assez étendues, mais elle reste sensiblement constante, ou du moins elle ne varie qu'entre des limites très-resserrées pour des houilles d'une même qualité.

D'après cela, il est admis que les houilles, par cela seul qu'elles appartiennent à une même variété, sous le rapport de leurs propriétés physiques, ont sensiblement la même composition chimique.

D'après leur application dans les arts, on peut diviser les houilles en cinq genres :

1° *Les anthracites.* Ces houilles ne changent que très-peu d'aspect à la calcination ; leurs fragments conservent leurs arêtes vives, ne se collent aucunement les uns aux autres, et brûlent très-difficilement.

2° *Les houilles grasses, fortes ou dures.* Ces houilles donnent un coke métalloïde boursouflé, mais moins gonflé et plus lourd que les houilles maréchales, dont elles diffèrent par un plus grand contenu de carbone. Elles donnent le meilleur coke pour les hauts fourneaux. Leur poussière est noir brun.

3° *Les houilles grasses maréchales.* Ces houilles donnent un coke métalloïde très-boursouflé : ce sont les plus estimées pour la forge.

4° *Les houilles grasses à longue flamme.* Elles donnent encore un coke métalloïde boursouflé, mais moins cependant que celui des houilles maréchales. On y reconnaît encore les différents fragments de houille employés à la carbonisation ; mais ces fragments se sont toujours très-bien collés les uns aux autres. Ces houilles sont très-recherchées pour la grille, quand il faut donner un coup vif comme dans le puddlage. Elles conviennent très-bien pour le chauffage domestique, et ce sont celles que l'on préfère pour la fabrication du gaz d'éclairage. Elles donnent souvent un bon coke pour le haut fourneau, mais toujours en assez petite quantité. Pour type de cette espèce, on choisit le flénu de Mons et le cannelcoal du Lancashire. La poussière de cette qualité est brune comme celle des houilles maréchales.

5° *Houilles sèches à longues flammes*. Ces houilles donnent un coke métalloïde, à peine fritté, et dont les divers fragments ne contractent qu'une adhérence très-faible. Elles ne sont pas susceptibles de donner une chaleur aussi intense que les houilles de la classe précédente. La couleur de la poussière est la même que celle des variétés précédentes.

Au reste, comme le fait observer M. Regnault, il n'existe aucune séparation entre ces divers genres. Il y a, au contraire, passage insensible des anthracites les plus dures aux houilles bitumineuses, et de celles-ci aux houilles sèches.

Les tableaux suivants renferment les compositions élémentaires des combustibles soumis aux expériences de MM. Regnault, Marsilly et Richarson.

TABLEAU :

Tableau des résultats obtenus par M. Regnault. (Combustibles de la formation carbonifère.)

DÉSIGNATION des COMBUSTIBLES.	LIEUX d'où ILS PROVIENNENT.	NATURE du COKE.	DENSITÉ.	COMPOSITION.				DÉDUCTION FAITE DES CENDRES.				100 AT. carb. sont unis avec atomes	
				Carbone.	Hydrogène.	Oxyg. et azote.	Cendres.	Coke donné à la calcination.	Carbone.	Hydrogène.	Oxyg. et azote.	Hydrogène.	Oxygène.
I. Anthracites.....	Pensylvanie...	Pulvérulent....	1,462	90,45	2,43	2,45	4,67	89,5	94,89	2,55	2,56	329	20
	Pays de Galles	—	1,348	92,56	3,33	2,53	1,58	91,3	94,05	3,38	2,57	440	21
	Mayenne............	—	1,367	91,98	3,92	3,16	0,94	90,9	92,85	3,96	3,19	522	26
	Rolduc............	—	1,343	91,45	4,18	2,12	2,25	89,1	93,56	4,28	2,16	560	17
II. Houilles grasses et dures.........	Alais (Rochebelle)..... .	Boursouflé....	1,322	89,27	4,85	4,47	1,41	77,7	90,55	4,92	4,53	666	38
	Rive-de-Gier (P. Henri)..	—	1,315	87,85	4,90	4,29	2,96	76,3	90,53	5,05	4,42	684	37
III. Houilles grasses marechales.......	Rive-de-Gier (Grande-Croix).... {1	Très-boursouflé.	1,298	87,45	5,14	5,63	1,78	68,5	89,01	5,23	5,73	719	49
	{2	—	1,302	87,79	4,86	5,91	1,44	69,8	89,07	4,93	6,00	678	51
	Newcastle (Richarson)...	—	1,280	87,95	5,24	5,41	1,40	»	89,19	5,31	5,50	729	47
IV. Houilles grasses à longue flamme....	Flénu de Mons..... {1	Boursouflé.....	1,276	84,67	5,29	7,94	2,10	»	86,49	5,40	8,11	965	72
	{2	»	1,292	83,87	5,42	7,03	3,68	»	87,07	5,63	7,30	782	64
	Rive-de-Gier Cimetière {1	»	1,288	82,04	5,27	9,12	3,57	70,9	85.08	5,46	9,46	786	85
	{2	»	1,294	84,83	5,61	6,57	2,99	69,0	87,45	5,77	6,78	808	59
	Couzou.. {1	»	1,298	82,58	5,59	9,11	2,72	64,6	84,89	5,75	9,36	830	84
	{2	»	1,311	81,71	4,99	7,98	5,32	65,6	86,30	5,27	8,43	748	75
	Lavaysse............	»	1,284	82,12	5,27	7,48	5,13	57,9	86,56	5,56	7,88	787	70
	Lancashire (Cannelcoal)..	»	1,317	83,75	5,66	8,04	2,55	57,9	85,81	5,85	8 34	834	74
	Épinac.............	»	1,353	81,12	5,10	11,25	2,53	62,5	83,22	5,23	11,55	769	106
	Commentry..........	»	1,319	82,72	5,29	11,75	0,24	43,4	82,92	5,30	11,78	783	117
V. Houilles sèches à longue flamme....	Blanzy.............	Fritté.........	1,362	76,48	5,23	16,01	2,28	57,0	78,26	5,35	16,39	837	160

Tableau des résultats obtenus par M. Regnault. (Combustibles des terrains secondaires et tertiaires.)

DÉSIGNATION des COMBUSTIBLES.		LIEUX d'où ILS PROVIENNENT.	NATURE du COKE.	DENSITÉ.	COMPOSITION.				DÉDUCTION FAITE DES CENDRES.				1000 AT. carb. sont unis avec atomes.	
					Carbone.	Hydrogène.	Oxyg. et azote.	Cendres.	Coke donné à la calcination.	Carbone.	Hydrogène.	Oxyg. et azote.	Hydrogène.	Oxygène.
TERRAINS SECONDAIRES.														
I. Étage inférieur.	Anthracite. — Lamure		Pulvérulent....	1,362	89,77	1,67	3,99	4,57	89,50	94,07	1,75	4,18	227	34
	Macot	—	—	1,919	71,49	0,92	1,12	26,47	88,90	97,23	1,25	1,52	156	12
	Houilles — Obernkirchen	Très-boursouflé.	1,279	89,50	4,83	4,67	1,00	77,80	90,40	4,88	4,72	661	40	
	— Ceval	Fritté........	1,294	75,38	4,74	9,00	11,86	53,30	84,56	5,30	10,12	771	92	
	— Noroy	Pulvérulent....	1,410	63,28	4,35	13,17	19,20	51,20	78,32	5,38	16,30	841	159	
II. Étage supérieur.	Jayet — Saint-Girons		Fritté.........	1,316	72,94	5,45	17.53	4,08	42,50	76,05	5,69	18.26	916	184
	— Belestat	—	1,305	75,41	5,79	17,91	0,89	42,00	76,09	5,84	18,07	941	182	
TERRAINS TERTIAIRES.														
I. Lignite parfait.	Dax		Pulvérulent....	1,172	70,49	5,59	18,93	4,99	49,10	74,19	5,88	20,13	970	207
	Bouc.-du-Rhône.	—	1,254	63,88	4,58	18,11	13,43	41,10	73,79	5,29	20,92	878	217	
	Mont-Mesnier	— ..	1,351	71,71	4,85	21,67	1,77	48,50	73,00	4,93	22,07	827	231	
	Basses-Alpes	—	1,276	70,02	5,20	21,77	3,01	49,50	72,19	5,36	22,45	910	238	
II. Lignite imparfait	Grèce	Analogue au charbon de bois.	1,185	61,20	5,00	24,78	9,02	38,90	67,28	5,49	27,23	1,000	309	
	Cologne		1,100	63,29	4,98	26,24	5,49	36,10	66,96	5,27	27,77	964	318	
	Uswach (bois fossile)		1,167	56,04	5,70	36,07	2,19	»	57,29	5,83	38,88	1,247	492	
III. Lignite passant au bitume	Ellebogen	Boursouflé	1,157	73,79	7,46	13,79	4,96	87,40	77,64	7,85	14,51	1,238	143	
	Cuba	—	1,197	75,85	7,25	12,96	3,94	39,00	78,96	7,55	13,49	1,257	126	
Asphalte	»	—	1,063	79,18	9,30	8,72	2,80	9,00	81,46	9,55	8,97	1,438	84	

In the "DÉDUCT. FAITE DES CENDRES" group below, the columns Hydrogène, Carbone, Oxyg. et azote and Résidu de la calcination are marked with the suffix (d.).

DÉSIGNATION DE LA HOUILLE				Hydrogène	Carbone	Oxygène et azote	Cendres	Résidu de la calcination	Hydrogène (d.)	Carbone (d.)	Oxyg. et azote (d.)	Résidu de la calcination (d.)	Rapport du résidu de la calcination au charbon	OBSERVATIONS
Bassin de Mons.	Houilles flénu sèches.	Haut flénu		5,42	82,95	10,93	0,70	63,58	5,46	83,53	11,01	63,32	75	Coke fritté.
		Levant du flénu		5,22	82,91	10,13	1,74	66,96	5,31	24,38	10,31	66,37	78	
		Midi du flénu, maigre		4,92	79,96	8,89	6,23	66,02	5,24	85,27	9,49	63,76	74	
		Id. demi-gras.		5,12	83,38	9,70	1,80	65,74	5,21	84,91	9,88	65,11	76	
	Houilles flénu grasses.	Grand hornu		5,63	83,30	8,54	2,53	68,31	5,78	85,46	8,76	67,48	78	Coke bien formé.
		Nord du bois de Boussu.		5,34	82,25	9,51	2,90	68,16	5,50	84,70	9,80	67,20	79	
		Grand buisson		5,49	83,40	7,76	3,44	70,10	5,59	86,37	8,04	69,03	79	
	Houilles dures.	Escouffiaux		5,49	85,10	7,25	2,16	72,90	5,61	86,98	7,41	72,30	83	Coke bien formé.
		Sainte-Hortense.		5,35	85,11	7,61	1,93	75,17	5,35	86,78	7,77	74,68	36	
	Houilles fines forges.	Fewand		4,60	86,13	7,92	1,35	74,71	4,67	87,30	8,03	74,36	85	Coke bien formé.
		Jolimet et Roinge		4,87	88,85	1,46	1,82	80,51	4,96	90,49	4,55	81,14	88	
Bassin du Centre (Mons.)	Houilles grasses.	Haine Saint-Pierre		4,49	85,82	7,29	2,40	81,63	4,60	87,93	7,47	81,17	92	Coke bien formé très-boursoufflé.
		Houssu		4,56	86,40	4,56	6,82	83,90	4,89	90,01	5,00	82,72	91	Coke un peu boursoufflé.
	Houilles demi-grasses	Haine Saint-Pierre		4,43	83,40	5,84	6,33	82,84	4,73	89,14	6,23	81,46	91	Coke bien formé à peine boursoufflé.
		Boussu		4,85	87,47	4,72	2,96	83,50	4,99	90,14	4,87	82,99	92	Coke à peine boursoufle.
Bassin de Charleroi	Houilles grasses.	Saint-Martin		4,62	86,23	5,81	3,34	79,48	4,77	89,20	6,03	78,77	88	Coke bien formé boursouflé.
		Poivier		4,47	83,21	5,80	6,52	83,60	4,78	89,01	6,21	82,45	92	
	Houilles demi-grasses	Bayemat		4,06	80,64	5,67	9,63	85,75	4,49	89,23	6,28	84,31	94	Coke à peine formé non boursouflé.
		Gouffre		3,87	83,94	6,20	5,99	88,15	4,13	89,28	6,59	87,40	97	
	Houilles maigres.	Rotan, veine Greflier		3,91	84,50	5,10	6,50	87,17	4,17	91,37	5,46	86,34	95	Coke non formé.
		Bois d'Heigne		3,83	89,22	4,52	2,43	91,35	3,93	91,43	4,64	90,92	99	
Bassin de Valenciennes.	Houilles grasses à longue flamme.	Renard		5,47	82,55	7,68	4,30	66,68	5,72	86,25	8,03	65,18	75	Coke bien formé très-boursouflé.
		Orléans		5,23	83,28	8,09	3,40	68,82	5,41	86,21	8,38	67,72	78	
		Lebrat		4,95	86,34	6,81	1,90	72,83	5,05	88,01	6,94	72,30	82	
	Houilles maréchales à courte flamme.	Division de St-Wast.	Réussite	5,03	85,90	6,57	2,50	75,91	5,16	88,10	6,74	96,83	87	Coke bien formé.
			Ernest	4,78	86,15	5,97	3,10	78,90	4,93	88,91	6,16	78,22	86	
	Houilles demi-grasses	Id Anzin	Temple	4,61	85,98	4,91	4,50	81,58	4,83	90,03	5,14	80,71	89	Coke formé peu boursouflé.
			Rosière	4,81	82,90	6,51	5,70	75,42	5,11	88,00	6,89	73,93	94	
	Houilles maigres.	Vieux Condé.	Sarteau	3,83	91,16	3,61	1,40	92,28	3,88	92,46	3,66	90,14	97	Coke non formé.
		Tremes.	Bonnepart.	3,49	86,47	3,84	6,20	89,95	3,72	92,18	4,10	89,28	96	
Bassin du Pas-de-Calais	Bruai			5,56	79,86	12,38	2,20	62,49	5,68	81,66	12,66	61,64	75	Coke boursouflé.
	Martes			5,56	79,64	11,00	3,80	62,77	5,78	82,78	11,54	60,29	74	
	Lons			5,31	85,68	6,41	2,60	76,85	5,45	87,96	6,59	76,23	86	Coke bien formé.
	Courrières			4,48	82,69	4,54	8,60	87,62	4,57	90,46	4,97	86,45	95	Coke en poussière.

Tableau des résultats obtenus par M. Richarson.

ESPÈCE du COMBUSTIBLE.	LIEU d'où IL PROVIENT.	DENSITÉ.	COMPOSITION.				COMPOSITION déduction faite DES CENDRES.		
			Carbone.	Hydrogène.	Oxygène.	Cendres.	Carbone.	Hydrogène.	Oxygène.
Splintcoal (houille esquilleuse.)	Wylan.....	1,302	74,823	6,180	5,085	13,912	86,91	7,18	5,91
Idem........	Glascow...	1,307	82,924	5,491	10,457	1,128	83,87	5,55	10,58
Cannelcoal (houille compacte).	Lancashire.	1,319	83,753	5,660	8,039	2,548	85,94	5,81	8,25
Idem........	Édimbourg.	1,318	67,597	5,405	12,432	14,566	79,13	6,33	14,54
Cherrycoal (houille molle).	Newcastle..	1,266	84,846	5,048	8,430	1,676	86,29	5,14	8,57
Idem........	Glascow...	1,268	81,204	5,452	11,923	1,421	82,38	5,53	12,09
Cakingcoal (houille collante).	Newcastle..	1,280	87,952	5,239	5,416	1,393	89,19	5,31	5,50
Idem........	Durham...	1,274	83,274	5,171	9,036	2,519	85,43	5,30	9,27

CONSÉQUENCES A TIRER DES ANALYSES POUR LE CHOIX DES COMBUS-
TIBLES. — De l'étude de ces tableaux d'expérience, on tire quelques
conséquences qui, *à priori*, peuvent guider dans le choix des
combustibles devant servir, par leur distillation, à la fabrication
du gaz d'éclairage. — Nous nous arrêtons, d'une manière plus
spéciale évidemment, sur la proportion d'hydrogène qui entre
dans ces analyses. Or, on reconnaît que, lorsque l'on part des combustibles d'anciennes formations pour remonter vers le haut,
cette proportion d'hydrogène, qui n'est que 2,50 p. 100, défalcation faite des cendres, quand on considère quelques anthracites, monte graduellement et d'une manière sensible alors que
l'on s'avance vers les houilles grasses dures et les houilles grasses
maréchales, où, alors, elle devient 4,90 et 5,25 p. 100. — A
partir de ce point, l'augmentation cesse d'être aussi marquée, à
mesure que l'on continue de marcher vers les lignites et vers les

tourbes où, d'après les expériences de M. Regnault, on constate de 5,96 à 6,45 p. 100 d'hydrogène. J'en excepte, cependant, les lignites passant au bitume, où la proportion trouvée d'hydrogène est plus considérable.

En même temps que la proportion d'hydrogène augmente, on voit aussi augmenter la proportion d'oxygène, avec cette différence capitale cependant : c'est que la gradation de l'oxygène continue, à partir des houilles grasses, suivant une loi plus rapide. L'hydrogène et l'oxygène entrent en parties à peu près égales dans la composition de ces combustibles ; mais, pendant que la proportion de l'hydrogène reste presque stationnaire, on voit celle de l'oxygène partir de 4 à 5 p. 100 pour s'élever à 32,5 et 36 p. 100 lorsqu'on arrive aux tourbes.

La proportion d'hydrogène ne suivant qu'une gradation peu marquée, du moment que la proportion d'oxygène augmente sensiblement, la proportion du carbone doit diminuer nécessairement. Ainsi, quand on remonte des anthracites vers les lignites, une des modifications principales du combustible consiste en ce que la proportion du carbone, déduite de l'analyse, diminue successivement ; ce qui manque est remplacé par l'oxygène.

L'analyse élémentaire d'un combustible ne permet pas de conclure la nature des produits volatils provenant de la distillation. Les mêmes analyses peuvent s'appliquer à d'autres dispositions de molécules formant des produits différents et, par suite, donnant lieu par la distillation à des produits variables. Néanmoins, on est certain que l'oxygène ne pourra s'unir qu'à l'hydrogène et au carbone : dans le premier cas, il détruit une partie de la substance que l'on cherche le plus à ménager ; et dans l'autre, il forme, soit de l'oxyde de carbone, soit de l'acide carbonique : c'est-à-dire, un gaz délétère que nous ne savons enlever ou un gaz nuisible qui augmente les frais de l'épuration. — La présence de l'oxygène est donc une substance nuisible dans les substances organiques, dont on veut retirer le gaz d'éclairage. Aussi, malgré la proportion plus considérable d'hydrogène que l'on rencontre dans quelques lignites et dans les tourbes, on s'explique naturellement les mauvais rendements de ces combustibles, lorsque l'on songe à en extraire le gaz d'éclairage.

Ce n'est ni dans les anthracites, ni même dans les houilles grasses maréchales, ni dans les combustibles de formation plus récente, les lignites et les tourbes, que l'on doit rechercher les meilleurs combustibles minéraux pour la production du gaz. La distillation de ces combustibles ne donne qu'un gaz pauvre en matières éclairantes et en petite quantité. Quand on compare, néanmoins, la proportion d'hydrogène contenue dans les houilles grasses maréchales à celle constatée dans les houilles grasses et sèches à longue flamme, qui sont les combustibles à préférer pour la production du gaz, on s'étonne de la grande différence que l'on trouve dans les rendements en gaz, eu égard au peu de variation que présentent les proportions correspondantes d'hydrogène ; d'autant plus que l'oxygène se trouve en plus faible proportion, 50 p. 100 en moins environ, dans la houille maréchale, ce qui serait, venons-nous de dire, une condition favorable. On expliquerait cette contradiction par la variété des composés que forment les éléments, oxygène, hydrogène et carbone.

Nous venons de dire que les houilles grasses et maigres à longue flamme étaient celles qui donnaient les plus beaux rendements en gaz ; ce sont celles qui donnent à la calcination le plus faible résidu, et de cette circonstance seule on déduirait que le gaz doit être plus carburé et, par conséquent, plus riche en matières éclairantes. En effet, la quantité de carbone qu'enlève l'oxygène pour former de l'acide carbonique est 75 p. 200 d'oxygène, et 75 p. 100 d'oxygène seulement quand il se forme de l'oxyde de carbone ; tandis que l'hydrogène enlève trois ou six fois son poids de carbone pour former, soit de l'hydrogène protocarboné, soit de l'hydrogène percarboné. Par conséquent, la formation d'une plus grande quantité d'hydrogène percarboné ne peut que correspondre à une diminution plus grande dans le rendement en coke. Aussi tout combustible minéral perdant, à la calcination, moins de 30 p. 100, doit-il être rejeté comme ne pouvant fournir que peu de gaz et généralement peu éclairant. En effet, on voit que, dans le bassin de Mons, les houilles flénu sèches et grasses, les plus utilisées dans les usines à gaz, donnent des pertes supérieures. Pour les houilles dures et fines forges, seulement, les résidus de la calcination dépassent 70 p. 100.

On ne saurait nier les grands services que rendent à l'industrie ces analyses chimiques; mais, en présence des appareils spéciaux qu'il faut employer et des soins qu'ils nécessitent, on y renonce dans la pratique. — On se borne à constater la proportion des matières volatiles que fournit la distillation des matières organiques, la nature et le poids du résidu charbonneux ou du coke formé, et quelquefois la proportion des cendres. On y arrive par l'incinération de 5 grammes environ de matière réduite en poussière très-fine, que l'on met dans une capsule de platine portée dans la moufle d'un grand fourneau de coupelles.

On place le creuset de platine dans l'intérieur d'un autre creuset de terre, recouvert lui-même. Entre les deux convercles, on met quelques morceaux de charbon de bois pour empêcher l'influence de la rentrée de l'air lors du refroidissement.

L'opération, quand on opère sur 5 grammes, dure de 10 à 15 minutes. On donne, à la fin, un coup de feu en poussant le creuset au fond de la moufle et fermant celle-ci.

Une opération qui donne la perte par la calcination, le volume de gaz produit et la densité de ce gaz, a donc une grande importance pour guider un ingénieur dans le choix du combustible. En recueillant le gaz dans la petite cloche d'essai, l'on pourrait calculer la densité par la méthode indiquée plus haut. Cette marche est suivie en Angleterre; elle est effectivement simple et rationnelle.

Ces renseignements sont le résultat d'opérations faciles, qui sont industrielles, et l'on évite ces analyses chimiques si compliquées, tout en obtenant, pour la pratique, des données précieuses.

MÉTHODE D'ANALYSE D'APRÈS M. THOMPSON. — Voici un extrait d'un article sur la chimie du gaz d'éclairage, par M. Lewis Thompson, relatif à l'analyse de la houille. Cet article a été publié dans le numéro du 15 avril 1860 du journal *le Gaz*.

« Lorsque l'on veut se livrer à l'analyse du charbon de terre,
« dit M. Thompson, il y a d'abord à considérer les caractères
« extérieurs qu'il présente : sa couleur d'abord, puis sa struc-
« ture, qui peut être ou massive, ou feuilletée, ou avoir l'aspect
« de concrétions d'une forme déterminée ; c'est ensuite son
« lustre, soit brillant, soit terne, et enfin sa cassure, qui souvent
« présente deux caractères bien distincts : l'un, qui a l'aspect de
« l'ardoise, et se manifeste par couches plus ou moins parallèles ;
« l'autre inégal, en fragments anguleux se rapprochant plus
« ou moins de l'angle droit.

« On doit encore considérer comme des caractères généraux
« de la houille, sa couleur lorsqu'on la gratte avec un instru-
« ment tranchant, la manière dont elle se comporte quand on
« l'introduit dans un foyer incandescent, la couleur des cendres
« qui résulte de sa combustion, et enfin la pesanteur spécifique
« du charbon. »

Après avoir décrit les moyens connus d'obtenir la pesanteur spécifique du charbon, après avoir montré comment on détermine la quantité de matières volatiles et de coke que contient le charbon, ainsi que la nature des cendres, M. Thompson indique la méthode suivante pour connaître la quantité de soufre contenu dans la houille.

« Après avoir réduit en poudre fine 100 parties de charbon,
« on devra les mélanger avec 30 parties de carbonate de soude
« pur, également réduit en poudre. Ce mélange sera placé dans
« une petite cuiller de fer, semblable à celles dont on se sert
« pour couler le plomb ; on posera la cuiller sur un feu clair, de

« manière à laisser un libre accès à l'air qui aidera à la combus-
« tion des parties bitumineuses et carbonacées, pendant que le
« soufre se combinera avec la partie métallique de la soude,
« pour former un sulfure de sodium.

« En retenant cette substance un temps suffisant sur le feu,
« elle se convertira immédiatement en sulfate de soude ; mais il
« vaut mieux hâter l'opération, ce que l'on peut aisément effec-
« tuer en saupoudrant la masse, pendant qu'elle est rouge, avec
« du nitrate de potasse en poudre, jusqu'à ce que la déflagration
« n'ait plus lieu. Lorsqu'elle aura cessé, l'on élèvera la chaleur
« pendant quelques minutes, puis l'on ôtera la cuiller du feu et
« on la fera refroidir.

« Alors le contenu de la cuiller sera enlevé au moyen de l'eau
« bouillante, et la solution filtrée. Le liquide filtré, après avoir
« été saturé d'acide nitrique pur, sera traité au moyen d'un
« excès de solution de nitrate de baryte qui occasionnera un
« précipité. Ce précipité sera recueilli avec soin dans un filtre
« taré ; on le lavera avec de l'eau bouillante, puis on le séchera
« et on le pèsera à la manière ordinaire. Chaque 117 grammes
« indiqueront 16 grammes de soufre, d'où l'on pourra détermi-
« ner la quantité de soufre qui existera dans 100 grammes de
« houille.

« Pour trouver la quantité de soufre qui s'évapore avec les
« matières volatiles, il n'est plus besoin que de chauffer
« 100 grammes de houille dans un creuset de fer, comme nous
« l'avons dit pour déterminer les matières volatiles. Le coke qui
« restera après l'opération sera réduit en poudre, mêlé avec du
« carbonate de soude, et traité exactement comme nous l'avons
« indiqué pour la houille elle-même ; on obtiendra ainsi la
« quantité de soufre, et il n'est pas besoin de dire que la diffé-
« rence représente la quantité évaporée avec les matières volatiles
« aussi exactement que l'analyse chimique peut approcher de
« la perfection.

« C'est là une question de très-haute importance pour le

« fabricant de gaz, car, quoiqu'il arrive fréquemment que le
« soufre existe dans le charbon à l'état de bisulfure de fer, auquel
« cas il est réparti, tant dans les matières fixes que dans celles
« volatiles. Il y a cependant des charbons, le boghead et le
« capeldrae, par exemple, dans lesquels presque tout le soufre
« s'évapore avec les sous-produits. »

Ce travail est complété par l'analyse suivante des principaux
cannels et charbons anglais.

TABLEAU :

DÉSIGNATION des combustibles.	PESANTEUR SPÉCIF.	PRODUCTION PAR CENT.			SOUFRE CONTENU DANS			PRODUCTION EN GAZ par tonne.	DENSITÉ DU GAZ.	OBSERVATIONS
		Matières volat.	Coke.	Cendres.	Charbon.	Coke.	Matières volat.			
Boghead...	1,221	68,40	31,60	22,80	0,53	0,08	0,45	423	0,752	Brun compacte et massif, cassure principale en ardoise conchoïdale, brisure irrég., jaune au grillage, cend. blanche.
Kirkness...	1,208	60,00	40,00	13,50	1,40	0,58	0,82	361	0,562	Massif, feuilleté, brun, cassure ardoise, conchoïdale, brun au grattage, cendre blanc grisâtre.
Capeldrae..	1,227	54,50	45,50	10,50	0,65	0,20	0,45	406	0,577	Massif, noir foncé, cassure ardoisée conchoïdale, brun jaune au grattage, cendre blanche.
Lesmahago.	1,222	49,60	50,40	9,10	2,25	1,14	1,09	380	0,737	Massif noir foncé, cass. ardoisée conchoïdale, noir au gratt., cendre blanch.
Knights-wood......	» »	48,50	51,50	2,40	1,10	0,61	0,49	372	0,590	Compacte, noir foncé, cassure ardoisée conchoïdale, noir brillant au grattage, cendre couleur terre d'ombre pâle.
Wigan.....	1,271	37,00	63,00	3,00	1,25	0,60	0,65	321	0,528	Compacte, noir brillant, brisure conchoïdale cubique, noir brillant et visqueux au grattage, cendre brun jaunâtre.
Ramlay's Newcastle.	1,290	36,80	63,20	6,60	1,75	0,94	0,81	274	0,731	Compacte et massif, noir brillant, cassure conchoïdale et résineuse, cendre brun rougeâtre.
Lockgelly cannel.....	1,320	33,50	66,50	13,10	0,75	0,25	0,50	257	0,567	Noir foncé et ardoisé, brisure irrégulière et conchoïdale, noir brillant au grattage, cendre blanche.
Newbruns-wick cannel	1,098	66,30	33,60	0,06	0,07	0,00	0,07	»	» »	Noir de jais, aspect sombre, cassure conchoïdale résineuse, sombre couleur de poix au grattage, coke léger friable comme celui de la tourbe.
Pelton-Mais	1,270	28,40	71,60	1,40	1,10	0,62	0,48	310	0,430	Noir avec couches brillantes, cassure cubique, grattage noir brillant, cendre jaune d'ocre pâle.
Pelton-Mais cannel.....	1,310	31,50	68,50	9,40	0,95	0,49	0,46	324	0,520	Noir foncé avec teinte brune, brisure irrégulière conchoïdale, grattage noir luisant, cend. blanche pâle, teintee rose.
Leverson's Walls-End.	1,273	34,90	65,10	4,90	1,30	0,65	0,65	»	» »	Noir, couches brillantes, cassure cubique, grattage noir brillant, cendre rouge de brique.
Leverson's Walls-End cannel....	1,300	30,80	69,20	9,35	1,00	0,50	0,50	327	0,523	Noir foncé, brisure cubique conchoïdale, grattage noir brillant, cendre blanc pâle, teinte rose.
Washington	1,200	31,25	68,75	2,20	1,30	0,67	0,63	282	0,430	Noir, couches brillantes, brisure cubique irrégulière, grattage noir brillant, cendre jaune rougeâtre.
Washington cannel...	1,326	27,40	72,60	9,37	1,10	0,56	0,55	296	0,500	Noir-brun foncé, cassure irrégulière conchoïdale, grattage noir brillant, cendre blanche pâle teintée rose.
Pelaw-Main	1,271	30,30	69,70	2,60	1,20	0,70	0,50	322	0,444	Noir tirant sur le jais et cassure cubique, cendre fauve pâle.
New-Pelton	1,265	30,20	69,80	1,75	1,10	0,56	0,54	296	0,415	Noir tirant sur le jais, brisure irrégulière et cubique, grattage noir brillant; cendre rouge-brique.
Dean's-Primrose...	1,261	29,25	70,75	2,40	1,40	0,71	0,69	314	0,410	Noir tirant sur le brun, cassure irrégulière et cubiq., cendre rouge-brique.
West-Hartley....	1,269	35,80	64,20	4,70	1,10	0,06	0,05	296	0,420	Jais et noir, cassure cubique, grattage noir brun, cend. café au lait foncé.
Hastings-Hartley....	1,278	35,5	63,40	2,00	0,95	0,50	0,45	290	0,410	Jais et noir, cassure cubique, grattage noir brun, cendre blanche tachée rouge.
South-Peareth...	1,278	27,80	72,20	1,80	1,20	0,60	0,60	»	» »	Noir terne, cassure irrégulière, grattage noir terne, cendre jaune clair.
Blenkinsopp	1,296	33,00	62,00	5,10	0,61	0,80	0,80	273	0,450	Noir, en lames, brisure en écaille cubique, grattage noir terne, cendre grise.

Valeur industrielle d'un combustible. — La distillation d'un combustible fournit deux produits principaux, le gaz et le coke.

La valeur industrielle d'un gaz d'éclairage fourni par la distillation d'un poids donné de combustible, soit de 1000 kilogrammes, s'obtient en multipliant le volume de gaz, exprimé en mètres, par le titre du gaz multiplié par 10 (car le titre du gaz est le nombre de bougies dont la lumière équivaut à un ou plusieurs becs brûlant 100 litres dans une heure; il faut donc multiplier ce titre par 10 pour avoir la lumière fournie par une dépense d'un mètre cube).

Ce produit donne évidemment la quantité de lumière, exprimée en bougies, que l'on obtiendrait si l'on brûlait, dans des brûleurs spéciaux, le volume total de gaz. C'est donc bien la somme de lumière fournie par la distillation de 1000 kilogrammes de combustible ; et c'est cette somme que l'on doit chercher à rendre, toutes choses égales d'ailleurs, la plus grande possible. Elle est le produit de deux facteurs : l'un représente le titre ; l'autre, le volume.

Il est assez difficile d'augmenter à la fois ces deux facteurs ; mais si, en augmentant seulement l'un des deux dans un rapport déterminé, l'autre facteur baisse dans un rapport moindre, le produit, c'est-à-dire le rendement industriel en gaz, sera plus grand. Ainsi MM. Leprince, White ont annoncé qu'en coulant un jet d'eau sur le combustible minéral, tout en diminuant le titre du gaz, ils augmentaient le volume dans de telles proportions, que la valeur industrielle du combustible devait doubler : or, si les frais et les autres rendements ne changent pas, on doit, en effet, obtenir une grande diminution dans le prix de revient de l'unité de lumière.

Le prix de revient de l'unité de lumière varie avec la valeur des sous-produits, du coke principalement. Aussi est-il très-important de consulter la nature et le poids de ce coke. L'on comprend comment des houilles donnant un gaz riche et en quantité doivent cependant être rejetées du moment que le coke obtenu est en petite quantité et de difficile défaite, le bénéfice sur la somme de lumière ne compensant plus la perte faite sur la valeur du coke. Toutes ces raisons expliquent surabondamment pourquoi les usines à gaz de houille ne font leurs approvisionnements que parmi les combustibles minéraux donnant un coke de bonne nature.

Les combustibles minéraux, lorsqu'ils sont exposés à l'air, subissent des modifications qu'il importe de connaître pour l'industrie du gaz. — Nous exposerons alors avec détails les travaux sur cette matière de M. Regnault et de M. de Marsilly.

EAU HYGROMÉTRIQUE. — L'eau hygrométrique renfermée dans les houilles est variable suivant leur nature. M. Regnault annonce qu'il s'est assuré que cette eau hygrométrique était enlevée complétement dans le vide, ou par une température un peu supérieure à 100. Il cite, à ce sujet, les expériences suivantes.

1,388 d'une houille grasse séchée à l'air ont perdu par une exposition de deux jours, dans le vide sec, 0,019 p. 100.

1,542 de la même houille exposée pendant une demi-heure à une température de 110° ont perdu 0,021 p. 100 d'eau.

1,557 de la même houille ont été maintenus pendant une heure à une température de 230°.

Ils ont perdu 0,022 p. 100.

« On voit d'après cela, ajoute M. Regnault, que la houille aban-
« donne toute son eau hygrométrique à environ 100°; une fois
« desséchée, elle attire de nouveau l'humidité de l'air ; mais il lui
« faut un temps assez long pour reprendre son poids primitif. »

Toutes les houilles analysées par M. Regnault ont été préalablement exposées pendant une demi-heure à une température de 120°.

Les expériences de M. de Marsilly ne sont pas venues confirmer celles de M. Regnault; elles présentent même de notables différences. Ainsi, en résumé, ces expériences faites avec des houilles du bassin de Mons lui ont donné dans le vide, à 100° et à 230°, des pertes proportionnelles aux nombres 265, 684 et 1013 ; tandis que, d'après les expériences de M. Regnault, les pertes dans les mêmes circonstances étaient proportionnelles aux nombres 19, 21, 22.

Les houilles perdent donc plus à 100° que dans le vide sec, et plus encore à 250° qu'à 100°. Il y a une exception pour quelques variétés contenant des pyrites qui absorbent l'oxygène de l'air sous l'influence d'une température élevée.

« Si , à la température de 100° à 200°, » dit M. Marsilly, « la houille ne perdait que de l'eau , on ne comprendrait point « qu'elle éprouvât une perte plus grande que dans le vide sec ; « il y a donc lieu de penser qu'il se dégageait autre chose que « de la vapeur d'eau, et que la houille subissait une véritable « décomposition. C'est ce que j'ai constaté par de nombreuses « expériences ; toutes portent sur des morceaux de charbon ré-« cemment extraits de la mine. Il est essentiel de n'opérer que « sur des charbons frais et en gros morceaux, qui n'aient point « encore subi d'altération sensible par leur exposition à l'air. »

Voici les résultats de quelques-unes de ces expériences :

Charbon du grand Hornu (bassin de Mons).—Charbon gras, à longue flamme, donnant beaucoup de gaz et un coke bien formé, mais poreux et léger. (Mine sans grisou.)

650 grammes de houille pulvérisée, mis dans une cornue de verre et soumis dans un bain d'huile à une température graduée jusqu'à 350°, produisent :

1° Eau mêlée d'huiles carburées.
2° 750 centimètres cubes de gaz.

Soit 1^{litre},150 pour 1 kilogramme.

Ce gaz ne brûlait pas au contact d'une allumette en ignition ; il l'éteignait. La potasse n'en absorbait qu'une très-faible quantité.

Il était donc composé d'azote.

Charbon du Levant au flénu (bassin de Mons). — Pas de grisou dans la mine.

500 grammes produisent :

> 1° Eau.
> 2° 837 centimètres cubes de gaz.

Soit 1^{litre},674 pour 1 kilogramme.

De 300° à 550°, il ne s'est pas dégagé de gaz.

Houille d'Escouffiaux (*bassin de Mons*). — Charbon donnant du coke. (Mine à grisou.)

500 grammes de houille pulvérisée, mis dans une cornue de verre et soumis dans un bain d'huile à une température graduée, ont donné :

	Degrés.	Lit.	
1° de	70 à 150	0,230	gaz non inflammable.
2° de	150 à 180	0,100	gaz donnant flamme bleue légère.
3° de	180 à 250	0,480	gaz donnant flamme longue éclairante.
4° de	250 à 310	0,255	gaz donn. flamme plus longue, plus éclairante.
5° de	310 à 325	0,230	gaz donnant flamme très-longue et très-vive.
6° de	325 à 350	0,115	id. —

Charbon de Newcastle. — Charbon gras, propre à la fabrication du gaz et du coke. Il est resté longtemps exposé à l'air. (Mine à grisou.)

Le dégagement du gaz commencé à 50°; de 50° à 250°, on a obtenu 0^{litre},500 d'un gaz peu éclairant.

Les houilles qui proviennent des mines à grisou dégagent de l'hydrogène carboné; celles qui proviennent des mines où il n'y en a point n'en dégagent pas, elles donnent de l'azote.

En mettant sous une cloche du charbon pilé provenant d'une mine à grisou et récemment extrait, le gaz qui se dégage dans la cloche est inflammable. Après plusieurs jours, pas de dégagement; après plusieurs mois, pas de dégagement, même à 300°.

Après ces expériences, M. Marsilly pose les conclusions suivantes :

« 1° La houille éprouve par une dessiccation à la température « de 100° et au-dessus une perte supérieure à celle qu'elle subit

« dans le vide sec ; avec l'élévation de température , la perte
« augmente.

« 2° Sous l'influence d'une température comprise entre 50° et
« 330°, la houille subit une véritable décomposition ; elle dégage
« des gaz, de l'eau et des huiles carburées dans la proportion de
« 1 à 2 p. 100 ; la perte augmente avec l'élévation de tempéra-
« ture ; ce qu'il y a de remarquable, c'est qu'à la température de
« 200 à 300°, la houille perd complétement le principe gras qui
« détermine la formation du coke lors de la calcination.

« 3° Les gaz dégagés par les houilles provenant des mines à
« grisou consistent principalement en hydrogènes carbonés ;
« ceux dégagés par les houilles provenant des mines où il n'y a
« pas de grisou consistent principalement en azote et ne sont pas
« inflammables.

« De là un moyen de reconnaître, *à priori*, si une veine de
« houille est susceptible de donner du grisou.

« 4° Les houilles provenant des mines à grisou s'altèrent à
« l'exposition de l'air ; elles perdent de l'hydrogène carboné et
« une partie, sinon la totalité, du principe gras qui détermine la
« formation du coke lors de la calcination ; elles se délitent sou-
« vent en poussière.

« 5° Le gaz hydrogène carboné se dégage , lors même que la
« pression de l'atmosphère ambiant est quintuple de la pression
« atmosphérique. »

« M. Regnault exprime l'opinion que la houille ne subit au-
« cune altération à l'air :

« Des houilles d'Anzin et de Mons », dit-il, « qui ont été analy-
« sées par l'un de nous, il y a vingt ans, et qui étaient conservées
« dans des flacons imparfaitement fermés par des bouchons de
« liége, ayant été soumises à de nouvelles analyses, ont présenté
« la même composition que celle qu'on leur avait trouvée il y a
« vingt ans. Donc, dans les conditions où elles ont été conservées,
« elles n'ont subi aucune décomposition spontanée appréciable à
« une analyse délicate. »

« Ensuite ce savant cite deux expériences de fabrication du gaz
« faites, l'une avec de la gailleterie de Mons en magasin depuis
« plus de dix mois; l'autre avec du poussier de houille du bois
« de Saint-Ghislain : on a obtenu un bon coke et un rendement
« de gaz satisfaisant. L'essai fait sur des criblures de houille
« provenant du criblage de gailleterie tamisée, et qui séjournait
« depuis plusieurs années en tas dans les cours de la manufac-
« ture de Sèvres, a donné également un bon résultat en coke et
« en gaz.

« En résumé, termine M. Regnault, nous ne nions pas que
« certaines houilles, principalement celles qui renferment des
« pyrites ou des schistes se délitant facilement à l'air, ne puis-
« sent s'altérer à la longue et devenir impropres à la fabrication
« d'un coke de bonne qualité; mais l'expérience que nous ve-
« nons de citer, et qui a été faite spécialement pour cet objet,
« montre que cette altération n'est pas sensible pour les houilles
« de Mons, même au bout de dix mois. »

« Nous ne saurions admettre dans sa généralité la conclusion
« que M. Regnault tire des faits qu'il expose. Quant aux analyses
« faites sur des échantillons renfermés dans des bouteilles de-
« puis vingt ans, et analysés déjà il y a vingt ans, on ne peut
« tirer de leur concordance une autre conclusion que celle qu'en
« tire lui-même M. Regnault, savoir : que dans les conditions
« où les houilles ont été conservées, elles n'ont subi aucune dé-
» composition *spontanée, appréciable à une analyse délicate.*

« Mais, en admettant même que l'analyse fût parfaite, il fau-
« drait, encore, qu'on eût opéré sur des échantillons fraîchement
« extraits de la mine.

« Or, si l'on examine la provenance des divers échantillons de
« houille dont ce savant chimiste donne l'analyse dans ses belles
« recherches sur les combustibles minéraux, si l'on se rappelle
« que les chemins de fer n'existaient pas alors et que les commu-
« nications étaient lentes et difficiles, on restera persuadé que
« les échantillons sur lesquels il a opéré avaient été extraits de

« la mine depuis un temps plus ou moins long : ils avaient
« donc subi l'altération que cause l'exposition à l'air.

« En résumé, nous croyons avoir établi d'une manière cer-
« taine que les houilles provenant des mines à grisou subissaient,
« par leur exposition à l'air, une modification véritable dans
« leur composition ; pour les houilles provenant des mines où il
« n'y a pas de grisou, nous ne voudrions exprimer aucune opi-
« nion, car nous n'avons pas suffisamment étudié la question.

« Dans les recherches auxquelles nous nous sommes livrés,
« nous n'avons pas fait subir aux échantillons que nous avons
« analysés, de dessiccation à une température de 110 à 120°; seu-
« lement nous les avons laissés préalablement de 12 à 24 heures
« sous la cloche de la machine pneumatique dans le vide sec : la
« perte qu'ils éprouvent est faible, et on s'affranchit ainsi de la
« chance d'erreur que causerait la présence d'une portion notable
« d'eau hygrométrique absorbée par une cause accidentelle. »

D'après ces développements nous constatons que, puisque dans
l'exploitation des houilles on trouve de grandes variétés suivant la
hauteur des couches, on ne saurait apporter trop de soins au choix
du combustible. Il ne suffit pas que la localité soit désignée, il y a
encore, pour chaque mine, des couches qui doivent être préférées.

Bien que M. Marsilly n'ait pas fait d'expériences assez complètes, comme il le déclare lui-même, sur les mines où il n'y a
pas de grisou, en présence des altérations constatées par les
houilles provenant des mines à grisou, on doit donner la préférence aux houilles provenant des mines sans grisou.

ÉTAT HYGROMÉTRIQUE DE LA HOUILLE. — SON INFLUENCE. —
L'état hygrométrique de la houille exerce une grande influence
sur le rendement en gaz; nous citerons, à ce sujet, les expériences de M. Penot, de Mulhouse. Un kilogramme de houille,
contenant 10 p. 100 d'eau, a donné :

Gaz de bonne qualité	160 litres.
Gaz de mauvaise qualité	92
TOTAL	252

Après avoir fait dessécher la même houille, on a obtenu :

Gaz de bonne qualité.....................	240 litres.
Gaz de mauvaise qualité.................	92
TOTAL.....................	332

On voit, d'après ce résultat, la perte énorme que l'on a à redouter en employant des houilles qui ne sont pas desséchées, et le peu de confiance qu'il faut accorder aux expériences qui constatent le rendement d'une houille, lorsque l'on n'a point eu égard à cette circonstance. M. Penot conseille néanmoins de ne pas se servir d'une houille trop desséchée : car alors une partie s'échapperait en poussière avec les matières volatiles et viendrait obstruer les tuyaux. Il recommande de l'employer dans l'état hygrométrique où elle se trouve lorsqu'on la conserve sous des hangars. Dans cet état, d'après les expériences faites par M. Regnault, la quantité d'eau hygrométrique renfermée dans la houille s'y trouve logée dans la proportion de 2 p. 100. Une température un peu supérieure à 100° suffit pour l'enlever complétement.

J'ajoute que j'ai eu la curiosité de dessécher 100 kilogrammes de houille à une température de 150 à 200° environ. Les morceaux ne présentaient extérieurement aucune trace d'altération, et cependant ces 100 kilogrammes distillés dans une cornue n'ont donné qu'un gaz de très-mauvaise qualité.

INFLUENCE DES SCHISTES CONTENUS DANS LA HOUILLE. — « Je « pense, » dit M. Marsilly (*Annales des Mines*, 4ᵉ série, vol. 17, page 404), « que les schistes exercent une influence pernicieuse « sur la production du gaz d'éclairage ; que, quand la houille « est mouillée, cette influence devient plus mauvaise encore, « parce qu'ils retiennent l'eau et ne dégagent la vapeur qu'à une « température bien supérieure à 100°, lorsque la décomposition « du charbon est déjà avancée, et que c'est ce qui donne nais-« sance à l'acide carbonique et à l'hydrogène protocarboné.

« Les schistes étant enlevés par le lavage, ce qui resterait « d'eau dans le charbon se dégagerait au commencement de

« l'opération et n'exercerait plus cette influence nuisible.

« S'il en était ainsi, le lavage serait un grand bienfait pour
« l'industrie du gaz : car, dans le bassin de Mons, le prix du gros
« est de 1 fr. 45, tandis que celui du tout-venant est de 0,87.
« En supposant même que le lavage portât le prix du tout-venant
« lavé à 1 fr., on aurait à ce prix d'aussi bons résultats que ceux
« que l'on obtient en payant aujourd'hui 45 centimes en plus.

« Pour la fabrication du gaz, la supériorité de la gailleterie
« sur le tout-venant est encore incontestée. Ce n'est qu'en puri-
« fiant celui-ci qu'on le rend aussi bon que le gros. Mais il y au-
« rait à craindre que l'eau qui resterait toujours dans le char-
« bon après le lavage, quelque temps qu'on le laissât ensuite à
« l'air, ne le rendît mauvais. Car un fait bien reconnu, c'est que
« le charbon tout-venant mouillé donne moins de gaz que quand
« il est sec; que ce gaz est souillé d'acide carbonique et d'hy-
« drogène proto carboné; que la purification exige plus de
« chaux, et que cependant elle est incomplète. — Ces effets dis-
« paraissent-ils par le lavage de la houille? N'est-ce pas à l'in-
« fluence des schistes sur l'eau qu'ils sont dus? C'est ce qui pa-
« raît probable, mais c'est ce que je n'oserais affirmer, tant que
« l'expérience n'aura pas été produite. »

Les expériences de M. Penot, citées plus haut, dans lesquelles
une houille mouillée d'abord et séchée ensuite a donné de bons
résultats, ne devraient laisser aucune crainte sur l'effet du lavage.

CHAPITRE IV

THÉORIE DE LA DISTILLATION DES MATIÈRES ORGANIQUES. — FORMES A DONNER AUX CORNUES. — GAZ DE DIVERSES NATURES. — TÈTE DE CORNUE-BARILLET.

MARCHE DE LA DISTILLATION. — La distillation des matières organiques, faite dans le but d'en extraire le gaz d'éclairage, s'opère dans des cornues en terre ou en fonte de fer : elle a pour but de transformer, par la chaleur, en hydrocarbures gazeux, les hydrocarbures liquides ou solides qui entrent dans la composition de ces matières. Ces hydrocarbures forment un grand nombre de variétés, ayant toutes des degrés de *volatilité* différents ; de telle sorte que, lorsque la chaleur est graduelle, les parties les plus volatiles se dégagent d'abord sous forme de vapeurs, condensables par un abaissement de température, échappant ainsi, faute d'une température suffisante, à une transformation complète en gaz fixes, et fournissant un liquide plus ou moins volatil dont les portions les plus essentielles sont capables, seules, par leurs vapeurs, comme nous l'avons vu en parlant de la carburation, d'augmenter le pouvoir éclairant du gaz. En ne poussant pas la température au delà de 400 à 450°, on fait l'opération suivie dans les usines qui distillent des combustibles minéraux dans le but d'en extraire des huiles propres à l'éclairage. — La quantité de gaz, non condensable à la température ordinaire, que l'on obtient alors, est minime, et ce gaz a un faible pouvoir éclairant. Pour obtenir un gaz riche en matières éclairantes, en d'autres termes, pour transformer en gaz fixes les hydrocarbures contenus dans les matières organiques, il faut qu'ils soient saisis par une température assez vive et assez prompte pour qu'ils n'aient pas le temps de s'y soustraire en se dégageant sous forme de vapeurs condensables.

Mais ces hydrocarbures gazeux fixes, à leur tour, qui sont soit le gaz oléfiant, soit le propylène, etc., sont décomposés, avons-nous dit, par la chaleur ; de telle sorte qu'il faut une température vive et prompte pour obtenir ces gaz, et cependant une forte chaleur les décompose : en d'autres termes, les degrés de température pour la formation et pour la déformation des hydrocarbures gazeux fixes sont très-rapprochés. Il y a donc nécessité à ce que le gaz, une fois formé dans la cornue, s'en échappe au plus vite, afin de se soustraire à la température de déformation.

Ainsi Berthollet, ayant fait passer, à différentes reprises, le même gaz hydrogène bicarboné à travers un tube chauffé au rouge, a constaté en effet, par l'analyse, qu'à chaque passage le gaz perdait une partie de son carbone.

Influence du long séjour du gaz dans la cornue. — On peut toutefois se demander si les hydrocarbures, se dégageant à l'état de *vapeurs*, ne pourraient pas se transformer en hydrocarbures gazeux fixes ou du moins peu condensables, par leur passage à travers un combustible embrasé dans une cornue. J'ai cherché à me rendre compte de ce qui se passe dans ces circonstances, et voici l'expérience que j'ai faite. Je pris un tube de fer de 7 centimètres de diamètre, rempli à moitié de coke ; je le plaçai au foyer d'une forge volante et je le portai ainsi au rouge. J'y introduisis, par une des extrémités, des vapeurs d'huile de schiste que j'obtenais, à cet effet, en distillant cette huile dans une petite cornue de verre. Les produits gazeux, qui arrivaient par l'autre extrémité du tube, étaient recueillis dans un petit gazomètre. J'ai constaté que ce gaz était de très-mauvaise qualité ; tandis que la même huile tombant goutte à goutte sur de la houille embrasée donnait un gaz ayant un titre de 40.

D'après ces expériences, on est donc autorisé à poser en principe que, pour retirer d'une matière organique du gaz de bonne qualité, c'est-à-dire pour arriver à la transformation en hydrocarbures gazeux *fixes*, il faut que cette matière soit saisie le plus promptement possible par la chaleur; que la matière grasse demeure comme emprisonnée jusqu'au moment de sa transformation complète en gaz fixe; et que, sans dépasser cette température, le gaz ainsi formé puisse s'échapper aussitôt de la cornue.

Beaucoup de dispositions de cornues ont été proposées et sont même adoptées aujourd'hui par des constructeurs, dans le but, au contraire, de permettre aux produits gazeux de séjourner le plus longtemps possible dans la cornue. On obtient naturellement plus de gaz ; toutes les vapeurs et même les gaz fixes d'hydrocarbures sont décomposés, et se transforment en hydrogène protocarboné et en hydrogène pur, gaz qui n'ont aucune valeur sous le rapport de l'éclairage. Le volume de gaz est augmenté de celui obtenu par la décomposition des vapeurs condensables et peut-être même par une décomposition poussée à sa limite extrême, qui a ramené à l'hydrogène pur les gaz proto et bicarbonés. On sait qu'alors le volume double.

Expériences. — Ainsi, j'ai pris une petite cornue en fonte, de $1^m,30$ de longueur, partagée en deux parties égales par une plaque de fonte placée horizontalement. Cette plaque venait s'appuyer contre la tête de la cornue de manière à y intercepter complétement le passage du gaz, qui ne trouvait alors d'issue que par un petit intervalle laissé au fond de la cornue. On plaçait le combustible minéral à distiller entre le fond de la cornue et cette plaque : j'ai obtenu 15 à 20 pour cent de gaz en plus ; mais son titre était diminué de moitié. En définitive, la somme de lumière obtenue était moins grande.

M. Penot cite également une usine où l'on crut plus convenable d'accoupler des cornues deux à deux ; de manière que, pour chaque couple, le gaz produit dans la première cornue était obligé de traverser la seconde avant de se rendre dans le gazomètre.

On remarqua immédiatement que le gaz avait perdu une partie de sa qualité. (Rapport sur le mémoire de M. Jeanneney, lu dans la *Séance* du 27 avril 1853, à la Société industrielle de Mulhouse.)

Cornue de M. George Lowe. — J'en dirai autant du système de cornues inventé par M. George Lowe.

Chaque cornue a une longueur de 4 mètres environ ; elle est ouverte par les deux extrémités, qui ont, chacune, leur tête de cornue, leur colonne montante et leur barillet, ainsi que le représente la figure 6, planche VI. Dans un des barillets le plongeur pénètre moins que dans l'autre; mais il y a, en-dessous, un seau renversé que l'on peut élever à volonté au moyen d'un bras de levier indiqué dans le dessin, et alors le plongeur pénètre dans le seau à une plus grande profondeur que dans l'autre barillet.

Lorsque la cornue est chargée et tamponnée des deux côtés, le gaz s'écoule évidemment par le barillet, où il trouve une colonne de liquide moins grande à surmonter. On reste, ainsi, libre de le laisser échapper par l'une ou l'autre des deux colonnes.

On charge cette cornue toutes les 3, 4 ou 5 heures, suivant la nature du combustible et la section de la cornue, chaque fois par une seule des extrémités, alternativement, en ne dépassant pas la moitié de la cornue. On manœuvre ensuite le levier fixé à un des barillets, de manière que les vapeurs développées par chaque charge nouvelle de combustible traversent la charge précédente, c'est-à-dire s'écoulent par l'autre extrémité de la cornue.

Par cette disposition et par d'autres analogues, que l'on rencontre dans beaucoup de brevets, on obtient, en effet, une plus grande quantité de gaz; mais l'on perd en pouvoir éclairant ce que l'on gagne en volume, et souvent plus. En définitive, la quantité de lumière obtenue n'est pas augmentée.

Parce que le gaz, une fois formé, doit pouvoir s'échapper le plus promptement possible, il importe de donner à la cornue peu de longueur, et, afin d'augmenter la vitesse d'écoulement du gaz produit, d'adopter la plus faible section possible pour la même quantité de matière à distiller.

ÉPAISSEUR DE LA COUCHE DE COMBUSTIBLE. — L'épaisseur de la couche, lorsqu'on distille des combustibles minéraux, a une très-grande influence sur la quantité et sur la qualité du gaz. C'est un principe expérimental reconnu depuis longtemps. On lit, en effet, dans le traité de chimie appliqué aux arts de M. Dumas (tome Ier, page 649, année 1828) :

« Lorsqu'une cornue remplie de houille est soumise à l'action
« de la chaleur, la décomposition commence, naturellement, dans
« les parties qui touchent aux parois; il se forme bientôt une
« couche de coke dont l'épaisseur augmente continuellement.
« C'est à travers cette couche que le calorique doit pénétrer
« pour atteindre les portions intérieures de la matière; et comme
« le coke est un assez mauvais conducteur de la chaleur, il en ré-
« sulte qu'à mesure que la croûte de cette matière devient plus
« épaisse, la production du gaz doit se ralentir.

« Il est donc de la plus haute importance de donner aux cor-
« nues une forme telle que l'épaisseur de la couche de houille
« soit peu considérable. On a essayé des cornues de formes très-
« variées; mais quelques-unes de ces formes, qui d'abord avaient
« semblé avantageuses, ont été rejetées plus tard. En général,
« ces vases se sont trouvés d'autant moins convenables qu'ils
« étaient plus éloignés des conditions nécessaires pour l'effet
« qu'on vient d'indiquer. »

Une faible épaisseur donnée à la couche de combustible est, en effet, une des conditions nécessaires pour retirer d'un poids donné une plus grande quantité de gaz; mais ce n'en est pas toujours une pour obtenir un gaz ayant un grand pouvoir éclairant, en termes plus précis, ayant un fort titre. Si l'on distille à une température élevée, le titre augmente, au contraire, avec l'épaisseur de la couche jusqu'à un certain point, à partir duquel il reste stationnaire pour diminuer ensuite ; tandis que la quantité proportionnelle de gaz diminue toujours, et l'on recueille en compensation une plus forte proportion de goudron.

Il existe donc une relation utile à observer entre la température de la distillation et l'épaisseur de la couche de combustible. Ce qui explique comment, avec la cornue de Cleeg, où l'épaisseur de la couche est réduite à un centimètre, il faut distiller à une plus basse température qu'avec les cornues de M. Jeanneney, qui adopte l'épaisseur de trois centimètres.

INCONVÉNIENTS DES COUCHES ÉPAISSES ET DES DISTILLATIONS LONGUES. — Lorsque la couche de combustible est épaisse, la chaleur a plus de difficulté, comme le fait observer M. Dumas, pour atteindre les portions intérieures de la matière; la production du gaz doit se ralentir. Il y a une autre conséquence à en tirer : c'est que le titre du gaz doit diminuer à mesure que la distillation s'avance. En effet, lorsque les portions intérieures sont successivement atteintes par la chaleur, les gaz ou vapeurs qui se forment ont à traverser des couches de plus en plus épaisses de coke embrasé, dont la température va toujours croissant; il doit donc y avoir une décarburation, et par suite un appauvrissement du titre qui va en augmentant.

Les expériences les plus anciennes que nous connaissions, qui viennent confirmer cette théorie, sont dues à M. Henry. Les voici :

Après 1 h.   Densité 0,620 à 630.   Absorp. par le chl. 12 à 13 p. 100.
     5   0,50   7
    10   0,345   0

M. Payen a fait connaître d'autres expériences sur le gaz de houille. Les acides carbonique et sulfhydrique avaient été éliminés de ce gaz.

100 VOLUMES.	HYDROGÈNE BICARBONÉ.	HYDROGÈNE CARBONÉ.	HYDROGÈNE.	OXYDE DE CARBONE	AZOTE.	RAPPORT de LA LUMIÈRE
1ᵉʳ gaz	13	82,5	0,8	3,2	1,3	54
2ᵉ gaz	12	72,0	8,8	1,9	5,3	48
3ᵉ gaz	12	58,0	16,0	12,3	1,7	40
4ᵉ gaz	7	56,0	21,3	11,0	4,7	35
5ᵉ gaz	0	20,0	60,0	10,0	10,0	19

« On voit, » dit à ce sujet M. Payen, « que la densité du gaz
« diminue à mesure que la distillation est plus avancée ; la propor-
« tion d'hydrogène carboné diminue aussi, tandis qu'il se produit
« au contraire une plus grande quantité d'oxyde de carbone et
« d'hydrogène. Il est donc convenable d'éviter de pousser la car-
« bonisation trop loin. En effet, le dernier gaz obtenu au bout de
« six heures de chauffage a généralement un pouvoir éclairant
« très-faible, moindre que le quart de la moyenne, et son mé-
« lange avec les gaz produits durant les trois premières heures
« ne pourrait que diminuer la quantité totale de lumière. »

Nous donnons encore les résultats moyens de plusieurs expériences entreprises à l'ancienne compagnie française de Paris.

Après 1 h. de distillation le gazomètre a monté de............   38,00
   — 2   —   en plus   28,60
   — 3   —   —   22,00
   — 4   —   —   15,66
   — 5   —   —   9,33
   — 6   —   —   6,00

                     ASCENSION TOTALE...............   120,00

Ces expériences montrent le peu d'avantage que l'on obtient
en poussant trop la distillation : le gaz est de mauvaise qualité, et on n'en retire en plus qu'une faible quantité.

Nous avons dit que, lorsque la température de la cornue est élevée, en augmentant un peu la couche de combustible, on relève
le titre du gaz. On expliquerait ce fait en faisant observer qu'une
plus grande masse de combustible mise dans la cornue en affai-
blit davantage la température ; et que, par ce moyen, on gagne
plus — du moins d'après les résultats de l'expérience — que l'on
ne perd par l'épaisseur de la couche de combustible. En outre,
l'espace libre diminuant quand l'épaisseur de la couche de combustible augmente, toutes choses égales d'ailleurs, le gaz formé
s'échappe plus vite de la cornue, se soustrayant ainsi aux causes
de décomposition.

Il y a évidemment une limite variant suivant la nature du

combustible et suivant la température. Au delà, les résultats sont tout autres.

LIMITE INFÉRIEURE DE LA TEMPÉRATURE DE DISTILLATION. — La plus basse température à laquelle on puisse soumettre les combustibles minéraux, dans le but d'en extraire le gaz d'éclairage, pour les mines de houille sans grisou, est supérieure à 350° : car les expé-riences de M. Marsilly citées plus haut nous ont appris que, bien que la houille provenant de ces mines ait perdu complétement, étant poussée graduellement à cette température, le principe gras qui détermine la formation du coke, elle ne produisait cependant qu'un gaz incombustible composé d'azote.

La distillation des combustibles minéraux faite dans le but d'ex-traire du goudron les huiles destinées à l'éclairage des lampes de schiste, se fait à une température de 400 à 450°. Le gaz obtenu est relativement peu éclairant. On emploie de préférence le boghead d'Écosse, dont on ne recueille, par 100 kilogrammes de combus-tible, que 10 mètres cubes d'un gaz ayant un titre de 20 environ.

Élevant la température de manière à porter la production du gaz à 20 mètres cubes par 100 kilogrammes, le titre du gaz monte alors à 30, qui est le titre normal que M. Jeanneney dit avoir obtenu, avec son système de cornues, en poussant la tem-pérature de manière à arriver à une production de 35 mètres cubes par 100 kilogrammes.

On peut donc assigner comme limite inférieure, pour obtenir un gaz ayant un beau titre avec les combustibles minéraux, la température de 500 à 550°, c'est-à-dire le rouge naissant.

Lorsque l'on coule des huiles sur le charbon pour produire du gaz, il faut dans ce cas une température plus élevée, afin de com-penser les causes plus grandes de refroidissement : sinon la plus grande partie des huiles se convertit en hydrocarbures condensa-bles ; le gaz recueilli est en petite quantité ; il doit sa puissance éclairante plutôt à des vapeurs d'hydrocarbures volatiles mais con-densables qu'à des gaz fixes ; le gaz *est carburé ;* sa flamme fume.

Ainsi, pour obtenir un gaz riche, par la distillation des matières organiques, il faut des cornues courtes et ayant une faible section ; pour avoir beaucoup de gaz, il faut, au contraire, des cornues longues.

La température restant constante, le titre du gaz augmente, jusqu'à une certaine limite, avec l'épaisseur de la couche ; mais le rendement diminue.

Une température basse et une très-faible épaisseur de combustible paraissent les meilleures conditions pour produire la plus grande somme de lumière possible.

Mais on peut, en variant le mode de distillation, obtenir un gaz ayant un beau titre avec des températures plus élevées.

De l'égalité dans le titre, suivant le mode de distillation adopté, on conclurait à tort l'égalité dans la nature des principes constituants. Le gaz obtenu par une distillation à basse température est fumeux ; il a beaucoup de rapport avec le gaz dit carburé ; il est souvent impossible de le brûler dans de forts becs. Beaucoup d'établissements industriels qui font eux-mêmes leur gaz et qui ne distillent qu'une fois à peine par semaine, le plus souvent avec des cornues qui ne sont pas suffisamment chaudes, ont à se plaindre de cette fumée des becs, surtout lorsqu'ils emploient des combustibles riches en matières éclairantes.

Le gaz obtenu avec les mêmes combustibles, mais à une température plus élevée, quoique pouvant ne pas indiquer au photomètre le même titre, lorsque l'on n'a pas pris les précautions que nous avons indiquées, paraît à l'œil plus éclairant ; la flamme est plus blanche, plus vive ; le gaz ne fume pas.

La température rouge cerise est celle que l'on regarde comme étant la plus avantageuse pour la distillation de la houille ; elle correspond à la fusion du cuivre (800°). Mais beaucoup d'usines distillent à une plus haute température, surtout avec les cornues en terre.

Formes a donner aux cornues. — Nous avons dit qu'une des conditions pour obtenir un gaz riche, est de donner à la cornue la plus faible section possible par rapport à la quantité de combustible qu'elle doit distiller, ou mieux par rapport au volume de gaz produit; afin que ce gaz, une fois formé, puisse aussitôt s'échapper de la cornue.

D'un autre côté, la quantité de chaleur qui pénètre dans l'intérieur de la cornue dépend de la température du fourneau, de l'épaisseur de cette cornue et enfin de sa surface rayonnante. Toutes choses égales d'ailleurs, le combustible logé dans la cornue reçoit, dans l'unité de temps, une quantité de chaleur proportionnelle à l'étendue de cette surface : il est donc d'autant plus promptement distillé que cette surface est plus grande.

Quelle que soit la forme que l'on adopte pour les cornues, on en conclut qu'il est plus avantageux d'adopter des petites cornues, sauf à en multiplier le nombre : car, pour des figures semblables, lorsque le périmètre diminue de moitié, l'aire ou la section se réduit au quart; et le poids de combustible dont on charge une cornue est généralement proportionnel à sa section.

La grandeur intérieure d'un four, pour une même épaisseur de maçonnerie, mesure la perte de chaleur par le rayonnement, comme nous le verrons plus loin en traitant la construction des fours. — La grandeur du four étant déterminée, on reconnaît, à priori, que la quantité de combustible que l'on peut ainsi distiller, *par charge*, est moins considérable avec de petites cornues : en effet, dans un four à 7 cornues contenant chacune un hectolitre de combustible, on ne parviendrait pas à loger 14 cornues contenant chacune un demi-hectolitre ; mais la distillation étant plus prompte avec de petites cornues, on compense, en partie, cette différence tout en obtenant, d'un même poids de combustible, du gaz en plus grande quantité.

C'est donc avec raison que beaucoup d'ingénieurs accordent la préférence aux petites cornues. La forme la plus heureuse est celle indiquée (fig. 10, pl. II) : elle a la forme d'un D; l'épaisseur de la couche de combustible est régulière; le coke que l'on recueille est bien formé, et acquiert ainsi plus de valeur commerciale.

Du moment que l'on fixe la hauteur de la couche de combustible à 10 et 12 centimètres, on ne peut pas donner moins de $0^m,30$ de hauteur à la cornue au point milieu ; car le coke formé atteint une hauteur de 18 à 20 centimètres.

Les cornues sont ou en fonte de fer ou en terre. — En fonte de fer, elles ont une épaisseur de 3 centimètres, et en terre, de 6 centimètres environ. — Dans ce dernier cas, pour éviter les gerçures qui se produisent à la cuisson dans les angles vifs, on est dans l'habitude de les arrondir et l'on adopte les formes (fig. 11, 12, pl. II).

Afin de distiller plus de combustible dans un four, tout en conservant à la couche de combustible la même hauteur, on emploie fréquemment des cornues qui n'ont pas plus de hauteur au milieu (30 à 35 centimètres), mais ayant une largeur de 60 à 70 centimètres ; ces cornues ont les formes indiquées dans les fig. 13, 14, pl. II. Quelquefois le fond est plat, d'autres fois il est bombé, ce qui donne à la section la forme d'une ellipse.

Clecg a construit des cornues dites à oreilles, dont la forme est indiquée fig. 15, pl. II. La hauteur est réduite à 20 centimètres. Cette cornue transmet, en effet, pour la même quantité de combustible à distiller, plus de chaleur par cette raison que la surface rayonnante de ses parois est plus grande.

Les larges cornues sont souvent préférées, malgré les inconvénients que nous venons de citer, parce que l'on distille une plus grande masse de combustible dans un même four ; il faut moins de colonnes d'échappement, etc. Leur défaut est de s'affaisser par la chaleur, lorsqu'elles sont en fonte de fer. Ce défaut disparaît avec des cornues de terre ; mais les dépôts de graphite qui s'y forment assez rapidement, en diminuent la capacité et forcent à leur donner une hauteur qui va quelquefois jusqu'à 40 centimètres. Nous indiquerons un moyen facile d'enlever ce graphite à mesure qu'il se forme.

Quant à la longueur à donner aux cornues, plus elles sont courtes et plus la valeur du titre du gaz augmente. C'est une conséquence des principes expérimentaux que l'on vient d'exposer.

Aussi, bien souvent on limite cette longueur à 1^m, 20 et même à 1 mètre, dans le but d'obtenir un gaz riche; mais alors on obtient moins de gaz du même poids de combustible, et les frais de chauffage, par mètre cube, augmentent; car ils restent sensiblement les mêmes, lorsqu'on allonge les cornues. Ces considérations d'économie ont leur importance; aussi est-il rare que l'on donne aux cornues une longueur moindre que 1^m,60, et bien souvent on la porte à 2^m,50 et même 3 mètres.

Cornue a toile roulante de Cleeg. — En mettant dans la cornue une faible épaisseur de combustible, il faut multiplier le nombre des opérations; on est, alors, dans la nécessité d'introduire forcément, à chaque charge, un volume d'air égal à l'espace libre laissé dans la cornue, ce qui nuit à la pureté du gaz et à la valeur de son titre. On doit à Cleeg, dont le nom célèbre se rattache à toutes les améliorations introduites dès l'origine dans l'industrie du gaz, une cornue qui permet au combustible de se distiller en couche mince et empêche l'introduction de l'air atmosphérique. Cette cornue est connue sous le nom de cornue à toile roulante.

Dans ce système, la houille est cassée en morceaux très-fins, puis introduite dans un entonnoir qui n'est autre qu'une trémie contenant la consommation de 24 heures; cet entonnoir est ensuite hermétiquement fermé par un tampon.

L'entonnoir déverse la houille sur un chapelet formé de feuilles de tôle auquel on donne un mouvement continu tel qu'il va être indiqué.

Le déversement de la houille sur le chapelet se fait au moyen d'une roue placée au bas de l'entonnoir; cette roue est formée de plusieurs lames suivant la direction du rayon. Son mouvement est obtenu au moyen d'un agent extérieur, et il est réglé suivant la quantité de houille que l'on veut distiller dans un temps donné.

Chaque feuille de tôle composant le chapelet a 0^m,35 de longueur sur 0^m,60 de largeur; ce chapelet repose sur 2 poulies hexagonales dont le côté, ou le rayon inscrit, a précisément 0^m,35, longueur des feuilles. On comprend, dès lors, comment le mouvement de ces poulies détermine le mouvement continu du chapelet.

Les axes de ces deux poulies sont parallèles et dans un même plan horizontal. La partie supérieure du chapelet traverse la cornue en fonte d'une longueur de 2 mètres environ, et c'est sur elle que vient tomber le combustible, qui ne doit pas rester plus de quinze minutes pour traverser cette cornue. Le mouvement des poulies est dirigé en conséquence; et celui de la roue doit être tel que la couche de houille n'ait pas une épaisseur de plus de 1 centimètre.

Cette disposition oblige à une enveloppe en fonte circulaire, suivant la forme qu'affecte la partie inférieure du chapelet, dans laquelle celle-ci se meut.

Cette enveloppe et la cornue sont reliées, extérieurement et de chaque côté, à une caisse fermée dans chacune desquelles se meuvent les poulies hexagonales.

La caisse, servant de tête de cornue où se rend la houille par suite de son mouvement de translation sur le chapelet, porte en dessous un conduit qui amène le coke tombant du chapelet dans une caisse que l'on délute, en même temps que l'on charge l'entonnoir de houille, pour en retirer le coke produit. Au-dessus de cette tête de cornue se trouve la colonne d'échappement conduisant le gaz dans un barillet comme dans les cornues ordinaires.

La production en gaz, avec ce système, est bien plus considérable, ce qu'il est naturel de penser; mais ce qui est plus important c'est que le gaz acquiert une densité de 0,47 à 0,49; tandis que dans les cornues ordinaires, avec le même charbon, elle n'est que de 0, 40.

On a reproché à cette cornue sa complication, les causes de destruction si évidentes que présente la disposition des chapelets; aussi ne s'en sert-on pas dans les usines, malgré l'autorité de Clegg, qui assurait que ces réparations n'ont pas l'importance que l'on redoute, et que ces cornues ne coûtent pas plus d'entretien que les cornues ordinaires, tout en fournissant trois fois plus de gaz dans le même temps : car chacune peut distiller jusqu'à 900 kilogr. de houille en 24 heures.

Mais le coke obtenu est de moins bonne qualité ; il est d'un débit difficile : cette raison seule suffirait pour faire rejeter ce système par les usines à gaz de houille.

CORNUES ALLARD ET JEANNENEY. — Beaucoup d'inventeurs se sont occupés des moyens de recueillir les avantages connus d'une distillation des matières organiques en couche mince. Je citerai, entre autres, M. Allard de Bourgoin (Isère) qui prit, le 26 mars 1846, un brevet pour une cornue divisée en étages, à l'effet de multiplier les points de contact de la houille avec la cornue (fig. 16, pl. II). Cette disposition laisse craindre que la chaleur ne pénètre difficilement aux couches centrales.

« Le principe de chauffer la houille en couche mince est re-
« connu depuis longtemps comme avantageux, » fait observer
M. Penot (Rapport à la Société industrielle de Mulhouse, dans
la séance du 26 mai 1852). « Ce principe se trouve déjà consi-
« gné en 1828 dans le premier volume de chimie de Dumas
« page 649. Cependant, malgré divers essais qui sont restés in-
« fructueux, on n'est pas encore parvenu à donner aux cornues
« une forme convenable pour résister au feu, en ne présentant
« qu'une faible épaisseur de houille ; et l'expérience décidera si
« les cornues plates à trois compartiments adoptés par M. Jean-
« neney ont complétement résolu le problème. »

La grande difficulté à vaincre avec des cornues plates en fonte de fer était de parer à l'affaiblissement inévitable de la partie supérieure de la cornue lorsqu'elle est portée au rouge. M. Jean-neney maintient cet écartement au moyen de diaphragmes qui relient les deux faces de la cornue et les rendent ainsi solidaires.

M. Jeanneney fait observer que ces diaphragmes présentent, en outre, un avantage : c'est que la chaleur est transportée plus facilement au centre de la masse à distiller, par la conductibilité du métal. Sous ce rapport, la cornue de M. Allard de Bourgoin présente le même avantage.

M. Jeanneney a réalisé ainsi, pratiquement, les conditions sur lesquelles nous avons appuyé : une faible couche de combustible et une faible section transversale dans la cornue.

Aujourd'hui que l'emploi des cornues en terre réfractaire est généralisé, qu'elles permettent, sans craindre d'affaissement, de réduire leur hauteur, les diaphragmes de M. Jeanneney deviennent inutiles.

M. Jeanneney prescrit un poids de 20 à 25 kilogrammes de combustible par mètre carré, ce qui correspond à une épaisseur de 2 centimètres 1/2 à 3 centimètres au lieu de 1 centimètre, épaisseur adoptée par Cleeg sur sa cornue à toile tournante.

M. Penot, comme rapporteur d'une commission, a rendu compte d'expériences comparatives entreprises dans le but de constater le mérite des cornues de M. Jeanneney. Malheureusement, les expériences n'ont pas été faites avec les mêmes combustibles. On a expérimenté le gaz directement recueilli d'une cornue plate de M. Jeanneney dans laquelle on distillait de la houille de Saint-Étienne *d'assez bonne qualité;* mais telle, cependant, qu'on en trouve souvent de meilleure dans le commerce. *Enfin la température était d'un rouge vif; mais moins forte que dans les usines à gaz.* Et l'on a comparé ce gaz à celui fourni par l'usine de Mulhouse, sans tenir compte de la nature du combustible, de son état hygrométrique, de la température et de la longueur des cornues dans lesquelles s'est faite la distillation, du séjour plus ou moins long du gaz dans le gazomètre, de la perte dans le parcours des conduites, de la température extérieure.

Les cornues expérimentées par la commission ont une forme incomparablement préférable à celle des cornues en usage dans les usines à gaz ; mais les chiffres publiés ne donnent pas le rapport des valeurs réelles des deux systèmes.

Dans ces cornues, de même que dans la cornue Cleeg, le coke obtenu est en petits morceaux, et l'on comprend pourquoi leur emploi, lorsqu'on distille de la houille, est borné aux petits établissements. Ces cornues sont plus spécialement affectées à la distillation des schistes, dont le coke est sans valeur.

Voici, au reste, le résultat des expériences de la commission de Mulhouse avec le charbon boghead.

Un kilogramme de ce minerai a donné, en moyenne, 356 litres de gaz.

TABLEAU DONNANT LA VALEUR DU GAZ OBTENU.

NATURE DU BRULEUR.	PRESSION EN MILLIMÈTRES.	DÉPENSE PAR HEURE.	PUISSANCE DU BEC.	TITRE DU GAZ.
Bec à deux trous..............	10,00	22,20	6,42	29,00
—	10,00	26,60	6,81	25,60
—	15,00	32,75	8,77	26,80
Bec de 17 lignes 1/2 à 7 millimètr.	9,00	26,90	6,38	23,70
— 20 — à 7 —	9,00	29,60	7,50	25,40
— 22 — 1/2 à 7 —	9,02	32,10	8,06	25,15
— 15 — à 7 —	11,00	23,30	6,20	26,60
— 12 — 1/2 à 7 —	13,05	22,40	6,20	27,60
— 22 — 1/2 à 7 —	9,00	31,80	9,08	28,50
— 25 — à 7 —	8,80	33,80	9,60	28,30
— à deux trous..............	9,50	32,20	8,79	27,30
— 22 lignes 1/2 à 7 —	7,07	25,55	8,77	34,25
— 20 — à 7 —	8,00	28,10	9,72	34,60
— 17 — 1/2 à 7 —	9,50	25,50	8,41	32,90

MOYENNES CORRESPONDANT A DES DÉPENSES DE 22 A 33 LITRES, PAR HEURE.

Dépense par bec et par heure............... 28^{l}06
Puissance du bec......................... 7^{b}91
Titre du gaz............................. 28,26

Le docteur Tyfe a obtenu du boghead jusqu'à 438$^{m.\ cub.}$ par tonne (1015^{k}). Il donne la richesse du gaz par la durée d'éclairage de 100 litres de gaz se consommant dans un bec bougie dont l'ouverture a un diamètre de 0^{mm},769 donnant une flamme ayant une hauteur de 0^{m},125. C'est le moyen que j'avais proposé dans la première édition de cet ouvrage (1843). Je disais alors : « Que l'on « calcule la dépense d'un gaz pour une hauteur déterminée,

« soit de 5 centimètres, au moyen d'un bec à un jet, et ayant
« une ouverture dont le diamètre soit compris entre $0^{mm},5$ et
« 1 millimètre. Cette dépense servira à évaluer la richesse de ce
« gaz. Nous n'aurons pas à nous inquiéter de savoir si le bec type
« qui sert à brûler les gaz, a une ouverture qui se modifie avec
« le temps ; nous savons que la dépense est indépendante de la
« grandeur de l'orifice pour une même hauteur de flamme. »
Cette question a été traitée plus haut.

D'après le docteur Tyfe, 100 litres de gaz ont mis 4 heures
59' 5" à brûler par un jet de $0^m,125$ de hauteur.

C'est donc une dépense de 20 litres environ par heure, avec
un bec de $0^m,125$ de hauteur, et par conséquent de 16 litres avec
un bec de $0^m,10$ de hauteur : car la dépense est proportionnelle
à la hauteur. Or, par déduction, d'après les chiffres rapportés
par M. Penot, le gaz de boghead expérimenté devait dépenser
avec le bec bougie de $0^m,10$, 14 litres environ par heure. La
distillation du boghead par la cornue Jeanneney a donc produit
de meilleurs résultats.

CORNUE BRUNTON. — M. Brunton a cherché également à se
soustraire à l'inconvénient d'introduire, à chaque charge, un
volume d'air égal à l'espace libre laissé dans la cornue, ce qui
nuit à la pureté du gaz et, par suite, à la valeur de son titre.

Pour cela, il a imaginé une cornue un peu inclinée qui traverse le fourneau. Le combustible s'introduit par une des extrémités, la plus relevée, que nous appellerons la tête de cornue ; le
gaz et le coke se recueillent par l'autre extrémité.

La tête de la cornue est plus longue que celle des cornues ordinaires, afin de pouvoir loger, dans son intérieur, un piston que
l'on fait mouvoir au moyen d'un axe qui traverse un stuffen-box
fixé sur le couvercle. Ce couvercle se trouve joint d'une manière
permanente à la tête de cornue au moyen d'un mastic de fer.

Au-dessus de la tête est une auge contenant 15 kilogrammes
de houille : lorsqu'on ouvre une valve à frottement, la houille
tombe dans la cornue en avant du piston.

On fait alors mouvoir ce piston au moyen d'une manivelle placée sur l'axe, de manière à pousser la houille dans l'intérieur de la cornue, et on le ramène aussitôt afin de le soustraire à l'influence du feu.

En poussant cette houille, on chasse forcément en avant la charge précédente dans un tuyau vertical en forme de dégorgeoir fixé à l'autre extrémité de la cornue, et qui, ouvert par sa partie inférieure, plonge dans un bassin rempli d'eau, où le coke vient tomber et d'où on l'extrait.

Le gaz s'échappe par la partie supérieure de ce tuyau vertical.

Sur ce tuyau, et dans la direction de la cornue, se trouve un tampon que l'on peut défaire à volonté comme les portes de cornue. Ce tampon ferme une ouverture qui sert de regard pour reconnaître l'état de la cornue.

Chaque charge de houille n'est soumise qu'à une distillation d'une heure.

Tel est le système que M. Brunton a mis en exécution lorsqu'il dirigeait l'usine de West-Bromwick, et qui, malgré les avantages annoncés sous le rapport du rendement, a depuis été abandonné. Le coke éteint dans le goudron était de défaite difficile.

Gaz au suinter. — Quelques établissements industriels utilisent les eaux grasses provenant du lavage de la laine, pour en retirer une matière dite *suinter*, propre à la fabrication du gaz.

Voici l'exposé de l'opération telle qu'elle a été adoptée par M. Jeanneney dans l'usine de MM. Hartmann et Cie à Malmerspach.

« On a, » dit M. Jeanneney, « deux réservoirs, dans chacun
« desquels peuvent arriver les eaux grasses, par écoulement na-
« turel, ou au moyen d'une pompe. Quand un réservoir est plein,
« on y fait arriver de la chaux délayée dans l'eau grasse elle-
« même, et on agite fortement pendant cinq à dix minutes; puis,
« pour déterminer la formation du savon de chaux insoluble, on
« laisse reposer le liquide pendant 8 à 10 heures. Il se forme alors
« deux couches, l'une inférieure d'eau épaisse, et l'autre supé-

« rieure d'eau claire. On laisse écouler l'eau claire chargée d'al-
« cali soluble qui se perd, et on recueille celle chargée de savon
« de chaux, ou suinter, sur des filtres ou caisses plates en plan-
« ches, ayant leur fond formé d'une toile d'emballage. Si on veut
« employer le moins de chaux possible, la séparation en deux
« couches ne peut pas s'opérer dans le réservoir, et on est
« obligé de faire arriver toute la masse dans les filtres. On éco-
« nomise ainsi la chaux ; mais on a besoin d'une plus grande
« quantité de filtres. Dans tous les cas, l'eau coule toujours très-
« claire à travers la toile. Les filtres que j'emploie ont deux
« mètres sur un mètre cinquante centimètres de profondeur.
« J'ai remarqué que, quand la laine est chargée de beaucoup de
« suint, on est obligé d'employer une très-grande quantité de
« chaux, pour que le filtrage puisse s'opérer dans le temps or-
« dinaire, qui est de un à deux jours. Le suinter obtenu est alors
« pauvre, c'est-à-dire qu'il donne peu de gaz. Avec de pareilles
« laines, il faudrait une énorme quantité de chaux, pour que
« l'eau vînt claire à la partie supérieure du réservoir. Quand, au
« contraire, la graisse renfermée dans l'eau vient plutôt du savon
« que du suint, la précipitation et le filtrage se font avec une
« très-grande facilité, et le suinter obtenu est gras et riche. Si
« on recueille seulement les eaux de lavage, l'eau est générale-
« ment facile à traiter avec peu de chaux, et le contraire ar-
« rive, si on y mélange les eaux de trempage. J'ai bien remar-
« qué qu'à l'aide de la chaleur, la précipitation s'opère avec une
« facilité toute particulière, avec un minimum de chaux. En
« portant le liquide à l'ébullition, le précipité est si ferme,
« qu'on pourrait même se passer de filtres. Mais cette marche
« serait trop coûteuse, et j'ai été obligé, calcul fait, d'y renoncer.
« Après un ou deux jours de filtrage, on obtient une boue
« ferme, qu'on enlève à la pelle, qu'on charge sur une voiture,
« et qu'on transporte au lieu où elle doit être conservée ou sé-
« chée immédiatement. Pendant le travail d'hiver, on est obligé
« d'entasser les boues et de les mettre à l'abri de la gelée. Si la

« gelée les saisit on n'en obtiendra plus tard, après la dessicca-
« tion, qu'une poussière donnant peu de gaz. Le gaz est aussi
« alors de mauvaise qualité.

« La boue est transportée sur la terre unie pour y sécher au
« soleil, et on facilite la dessiccation en retournant une fois ou
« deux la matière. Par un beau temps, un mois suffit pour ob-
« tenir le produit définitif. Mais les années pluvieuses sont dé-
« sastreuses pour cette fabrication.

« Les fabricants qui ont consommé du gaz de suinter l'ont
« toujours payé à raison de 1 franc le mètre cube, *la matière*
« *rendue franco sur place.* »

On ne doit pas distiller le suinter à une température supérieure au rouge sombre, sinon la chaux qui s'est convertie en
carbonate, fournirait, à une température élevée, de l'acide carbonique, c'est-à-dire un gaz de très-mauvaise qualité.

Un kilogramme de suinter produit de 170 à 185 litres de gaz.

MOYENNES D'EXPÉRIENCES FAITES PAR MM. PENOT, GUSTAVE DOLFUS ET BURNAT
SUR DES BECS DÉPENSANT DE 20 A 80 LITRES, PAR HEURE.

Dépense par heure et par bec	38^l,47
Puissance du bec	8^h,29
Titre du gaz	19^b,81

DISTILLATION DES MATIÈRES LIQUIDES. — Lorsque les matières
organiques, dont on veut extraire le gaz, sont à l'état liquide, on
les coule, par filet, dans des cornues disposées en conséquence.

Dans ce but, les cornues portent sur leur face supérieure
autant de tubulures que l'on veut couler de jets. Ces tubulures
ont la forme d'un cône (fig. 18, pl. II) terminé par une
bride. Chaque tubulure est assez longue pour pouvoir traverser
la voûte du four. Sur chaque bride on raccorde un bout de
tube, de manière que l'autre extrémité arrive ainsi au niveau
de la face supérieure du fourneau. Lorsqu'il y a plusieurs tubulures sur une cornue, elles sont ordinairement espacées de
0^m,40 à 0^m,50.

On place sur la bride du tube un appareil en forme de siphon, dans lequel les matières organiques arrivent avant de pénétrer dans la cornue. Comme cet appareil est susceptible de s'engorger, il faut qu'on puisse, lorsque cela arrive, y passer facilement une tringle de fer. Les siphons des figures 19 et 20, pl. II, satisfont à cette condition. Celui de la fig. 19 est le plus simple ; il suffit d'enlever la petite cloche qui recouvre le tube conduisant les matières dans la cornue. Il se visite avec la plus grande facilité. Le joint du siphon sur le tube se fait, simplement, avec la terre à four. Le poids de l'appareil suffit pour assurer l'herméticité.

Tous ces siphons portent, dans le bas, des robinets que l'on ferme lorsque l'opération est finie ou qu'une obstruction occasionne dans la cornue un excès de pression qui rejette les huiles sur le dessus du four.

Les matières organiques liquides sont dans une caisse placée au-dessus du four. La chaleur en augmentant la fluidité de ces matières est favorable à l'opération. Un robinet est situé au bas de la caisse ; en l'ouvrant, les matières tombent dans une rigole qui les conduit au siphon. L'ouverture du robinet est réglée d'après la quantité de matières que l'on veut couler dans un temps donné. On met dans la cornue des briques, du coke ou mieux des combustibles minéraux sur lesquels les matières liquides s'écoulent. La force du filet se règle d'après la chaleur : lorsqu'il est trop petit, on obtient plus de gaz ; mais le titre est faible. En augmentant la force du filet la qualité du gaz augmente également ; mais on en recueille moins.

C'est par des dispositions semblables ou analogues que l'on arrive à distiller les goudrons du gaz. Les goudrons de houille donnent de très-mauvais résultats : il vaut mieux les brûler. Les goudrons de boghead donnent, par kilogramme, 400 litres d'un gaz ayant un titre de 20 à 25. Les rendements de ces goudrons dépendent de la température à laquelle ils ont été obtenus. Le titre du gaz obtenu est d'autant plus élevé que ces goudrons ont été recueillis à une plus basse température.

Ces goudrons, dans tous les cas, sont très-utiles lorsque l'on veut distiller des matières organiques qui n'ont pas une fluidité parfaite : on en fait le mélange. C'est ainsi que l'on peut distiller les résines et quelques matières grasses épaisses. Les rendements sont variables suivant la nature des produits. Avec la résine, il faut compter 3 kilogrammes pour avoir 2 mètres cubes d'un gaz dont le titre varie de 12 à 15. Avec le suif, on a 800 litres par kilogramme : le titre est de 50 avec un bec de 20 litres. Le prix élevé de cette matière en restreint l'usage. Les huiles végétales donnent des résultats aussi beaux. J'ai obtenu également avec des huiles minérales, impropres à l'éclairage des lampes, un gaz aussi beau qu'avec le suif et en même quantité.

On doit à M. Houzeau-Muiron de Reims d'avoir utilisé, pour la fabrication du gaz, les résidus provenant de la distillation des acides gras extraits des graisses de Reims et de Turcoing.

Les huiles de Reims sont obtenues en saturant par l'acide sulfurique les eaux savonneuses qui contiennent un mélange des huiles employées au graissage des laines, avec le savon qui a servi au dégraissage.

La graisse de Turcoing provient du graissage de la laine avec le beurre et du dégraissage au savon ; le liquide savonneux et gras est saturé par l'acide sulfurique. La distillation de ces huiles laisse un résidu brun fluide qui prend, par le refroidissement, la consistance de l'asphalte ou du bitume concentré. Ces résidus chauffés acquièrent une fluidité parfaite et peuvent être coulés dans les cornues, comme il a été dit ci-dessus ; ils donnent un gaz qui, avec un bec dépensant 40 litres, possède un titre qui souvent dépasse 40. On les mêle ordinairement avec le goudron.

Gaz mixte. — M. A. Le Roux a publié, dans le journal de l'éclairage au gaz du 5 juin 1859, un article dont le but était de constater la priorité d'invention du gaz que l'on est convenu d'appeler le gaz mixte, c'est-à-dire le produit de la carburation des gaz obtenus par la décomposition de l'eau, au moyen soit des huiles, soit des combustibles minéraux.

Le résultat de ces recherches a été d'établir que l'idée première est due à MM. Gingembre père et fils.

En effet, le 29 avril 1817, MM. Gingembre père et fils, prirent un brevet, et le 12 août 1819, un certificat d'addition, *à l'effet de produire du gaz au moyen de la vapeur d'eau injectée sur du charbon de bois placé dans les cornues et enrichi par la production simultanée du gaz d'huile dans la même cornue.*

Ce ne fut que plus tard, en 1834, que MM. Jobarb et White prirent un brevet d'invention. Puis vint le système de M. White en 1850, et enfin celui de M. Le Prince, de Liége.

Gaz de schiste de MM. Jobart et Selligue. — Voici ce que M. Dumas dit à ce sujet dans son traité de chimie appliquée aux arts tome 7, page 395, année 1844 : « M. Selligue emploie la « plus grande partie des bitumes liquides provenant de la distil- « lation des schistes à la préparation d'un gaz particulier ; les « graines, les résines, les bitumes, en un mot les carbures d'hy- « drogène volatils ou non, pourraient également servir à préparer « ce gaz.

« Au lieu d'employer l'huile de schiste seule, pour la prépara- « tion de son gaz, M. Selligue a eu l'idée de tirer parti de tout le « carbone qu'elle abandonnerait pendant sa transformation. A « cet effet, il décompose de l'eau, à une haute température, au « moyen du charbon, et il met les produits de cette décomposi- « tion en présence de l'huile de schiste, exposée à une tempéra- « ture rouge-cerise. Cette manière d'opérer offre deux avantages : « les appareils ne sont pas obstrués par des dépôts de charbon, et « on produit pour une quantité donnée d'huile beaucoup plus de « gaz que si l'on employait cette dernière seule.

« Voici, au reste, comment se passe cette opération : chaque « appareil de production se compose de trois cylindres ou cor- « nues, dépendant les uns des autres, et communiquant entre « eux, soit par la partie supérieure, soit par la partie inférieure.

« Pour économiser le combustible, M. Selligue place, dans
« chaque fourneau, deux séries de cornues chauffées par des
« foyers différents.

« Les trois cylindres sont continuellement maintenus à la tem-
« pérature rouge-cerise.

« Deux de ces cylindres sont remplis de charbon ; le troisième,
« qui est le dernier de la série, contient une chaîne qui remplit
« les deux tiers de sa capacité, et qui est destinée à augmenter les
« surfaces chauffées de ce dernier cylindre.

« Les deux cylindres remplis de charbon sont destinés à dé-
« composer l'eau : celle-ci arrive en vapeur dans la première
« cornue ; au contact du charbon, il se forme de l'acide carboni-
« que, de l'oxyde de carbone, de l'hydrogène ; un peu d'eau
« échappe à la décomposition. Le second cylindre, placé au cen-
« tre de la série, est celui dont la température est la plus élevée
« et la plus égale ; il sert à déterminer la décomposition de l'eau,
« et surtout à transformer l'acide carbonique en oxyde de car-
« bone.

« L'hydrogène et l'oxyde de carbone passent à une haute tem-
« pérature dans le troisième cylindre. C'est dans ce troisième
« cylindre que l'on fait arriver l'huile de schiste ou toute autre
« matière analogue, en un filet continu et dans la proportion de
« 4 à 5 litres à l'heure, pour produire 8,750 à 10,500 litres de
« gaz, pendant cet espace de temps. Cette huile de schiste entre
« de suite en vapeur, et se trouve en contact avec les parois du
« cylindre et les mailles des chaînes à la température rouge-ce-
« rise, en présence du gaz hydrogène et de l'oxyde de carbone.

« Une chose digne de remarque, c'est que ces huiles de schiste,
« qui seules déposeraient une grande quantité de carbone, n'en
« laissent pas déposer par le procédé de M. Selligue. Ce n'est
« qu'à la longue qu'il se forme sur les chaînes une légère couche
« de carbone extrêmement dure.

« Le gaz produit sort par la partie inférieure de la dernière
« cornue, se rend dans le barillet, et va se refroidir dans un con-

« densateur, qui retient l'huile et l'eau non décomposées ; il se
« rend ensuite dans le gazomètre, sans qu'il soit nécessaire de le
« purifier.

« Un grand fourneau, tel que celui que nous venons de décrire,
« renferme deux appareils, soit six cornues ; la capacité totale de
« ces six cylindres est de 6 mètres cubes. Il peut produire en
« vingt-quatre heures 2,450,000 litres à 2,800,000 litres de gaz,
« soit à peu près 400 à 500 litres par vingt-quatre heures par litre
« de capacité des cornues.

« Pour produire 2,450,000 à 2,800,000 litres, on emploie :

Combustible......................	16 hect. de houille.
Charbon pour décomposer l'eau......	400 kilogrammes.
Matières huileuses.................	1231 —

« Nous ne dirons rien ici du prix de revient du gaz Selligue,
« ni des chances plus ou moins grandes qu'il présente, comparé
« au gaz de houille ; ces données ne peuvent se juger que par
« une longue expérience. Cependant, le gaz de houille revient à
« des prix si bas, le coke que l'on en obtient pour résidu a dans
« l'avenir des débouchés si assurés, que nous ne pensons pas qu'il
« soit possible de faire un gaz éclairant à meilleur marché.

« Cela n'empêche pas que dans des circonstances particulières
« le gaz Selligue ne puisse présenter de grands avantages. Il est
« privé de ces gaz infects qui rendent le gaz de houille mal épuré,
« si repoussant ; mais d'un autre côté, il contient de l'oxyde de
« carbone, gaz qui a été reconnu fort délétère par les dernières
« expériences de M. Leblanc. Le mode de fabrication explique
« parfaitement la présence de ce gaz. »

GAZ WHITE ET LE PRINCE, DE LIÉGE. — Les brevets de
MM. White et Le Prince diffèrent peu de celui de MM. Jobart et Selligue. MM. Jobart et Selligue font un mélange des gaz provenant
de la décomposition d'eau avec ceux que donnent la distillation
des graines, huiles, résines, etc..... MM. White et Le Prince mélangent les mêmes gaz provenant de la décomposition de l'eau sur
le charbon avec ceux que donne la distillation des combustibles

minéraux. M. White se sert de trois cornues : deux distillant le combustible minéral, la troisième est remplie de coke porté au rouge sur lequel tombe un mince filet d'eau ; les gaz produits s'introduisent dans les deux premières cornues. Dans le système de M. Le Prince, toutes ces opérations se font dans la même cornue, qui est divisée à cet effet en trois compartiments d'inégale capacité, par deux cloisons longitudinales. Dans le plus grand compartiment on loge le combustible à distiller, un autre compartiment renferme le coke qui sert à la décomposition de l'eau ; les gaz qui s'y forment traversent le compartiment contenant la houille pour s'y mêler aux produits de la distillation, et de là se rendent dans le troisième compartiment.

Dans le système de M. White les gaz provenant de la décomposition de l'eau atteignent une proportion double et même triple de celle fournie par les gaz provenant de la distillation du combustible. Dans le système de M. Le Prince, les proportions de ces gaz ont lieu en sens contraire. Aussi, dans le système White, la quantité de gaz recueilli est de 45 à 290 0/0 plus grande que par la distillation du combustible sans vapeur ; tandis qu'avec le système de M. Le Prince l'augmentation est souvent insignifiante.

D'après les expériences du docteur Frankland, les gaz provenant de la décomposition de l'eau dissoudraient une plus grande quantité de gaz carburés provenant de la distillation des combustibles, ce qui semble rendu évident par une production bien moindre de goudron et par l'absence de dépôts de carbone. Or, comme la somme de lumière n'est due qu'à cette quantité de gaz carburés, on obtiendrait, en définitive, une somme totale de lumière plus considérable. D'après les expériences de M. Frankland sur le gaz White, elle a presque doublé ; malgré cependant que la somme de lumière donnée par le même volume puisse diminuer, en d'autres termes, que le titre puisse baisser. Il est bien évident que si le volume de gaz a triplé, quoique son titre ait diminué de moitié, en résultat final, avec la même somme de combustible on a 50 0/0 de plus de lumière.

C'est ce que le tableau suivant met en pleine évidence.

ESPÈCE DE HOUILLE.	VOL. DE GAZ venu du même poids de houille.		AUGMENTATION DU VOLUME DONNÉ en centièmes.	QUANTITÉ DE GAZ HYDR. BICARB. contenu dans le gaz prod.		AUGMENTATION du gaz hydr. bicarboné en centièmes.
	par le pr. ord.	par le pr. White		par le procédé ord.	par le proc. White.	
Wigan Cannelcoal.....	545	806	47,90	81,37	108,90	33,90
Boghead Cannelcoal...	662	1908	290,60	202,80	373,00	85,90
Lesmahago Cannelcoal.	531	1459	174,80	148,00	273,00	85,10
Methyl Cannelcoal....	678	1320	176,20	87,00	182,60	109,20
New-Castle Cannelcoal.	515	751	45,80	85,90	97,30	13,30

Quant aux avantages industriels que pourrait présenter ce nouveau mode de production de gaz, je dois ajouter que ces résultats ont été niés par le docteur Fife, dont l'autorité ne saurait être méconnue dans les questions de gaz. Le docteur Fife assure qu'il n'y a pas d'augmentation dans la somme de lumière obtenue d'un poids donné de houille ; il y a, au contraire, perte qui s'élève à 46 0/0. D'après ses expériences, une tonne de boghead distillée seule a donné une lumière égale à celle de 3,253 livres de spermaceti ; et, en adoptant l'eau, malgré l'augmentation de volume, cette somme n'a donné que 1,773 livres de spermaceti. Il n'y a donc pas économie à faire usage d'eau et de houille, au lieu de houille seule. Au reste, M. Samuel Cleeg *jeune,* qui s'est montré un des plus chauds partisans de ce système, s'exprime ainsi dans une lettre publiée dans un journal anglais le 23 mai 1853 :

« Un gaz éclairant parfait est celui qui consiste en hydrocar-
« bures légers, mélangés d'hydrogène pur. Le procédé « de l'hy-
« drocarbone » approche le plus près de ce point en *théorie* : et,
« en pratique, la somme de lumière produite par un poids donné
« de houille excède grandement celle obtenue par la distillation
« ordinairement pratiquée dans les usines, pourvu que l'opération

« soit conduite scrupuleusement et avec précision; *mais, sans
« cela, les résultats sont sujets à de grandes variations : le gaz
« est quelquefois très-riche, et quelquefois d'une pauvreté telle
« qu'il n'a aucun pouvoir éclairant. La difficulté semble venir
« du mode de produire le gaz à l'eau, et de l'incertitude sur la
« quantité de gaz de houille mélangée.*

« Jusqu'à ce que ce procédé soit devenu plus parfait, aucune
« usine à gaz ne doit, selon moi, l'adopter. Je ne crois pas qu'on
« soit longtemps à ajouter quelque disposition à l'appareil qui en
« régularise la marche. De bonnes expériences se feront sans
« doute aux usines de la *South-Metropolitan*, de l'*Edimburg et
« Leith*, et j'espère sincèrement qu'elles réussiront. (Voir le jour-
« nal de l'*Éclairage au gaz*, 2ᵉ année 1853, page 247.) »

Gaz Le Prince. — Voici les expériences qui ont été publiées, en
1859, par le docteur B. Verver sur la richesse du gaz Le Prince,
comparée à celle du gaz obtenu par la distillation du combustible
par la méthode ordinaire.

« C'est pendant mon séjour à Verviers que j'ai pu faire cette
« comparaison instructive. La ville de Verviers est éclairée par
« du gaz obtenu de la manière ordinaire, par la distillation de la
« houille. La fabrique de M. Simonis, à Verviers, emploie le gaz
« Le Prince, et toutes deux font usage de la même espèce de
« houille, celle de Marihaye. Les mêmes appareils ont servi pour
« la détermination du pouvoir éclairant de l'un et de l'autre gaz :
« même photomètre, même compteur, même bec et même che-
« minée. Voici le résultat moyen de cinq déterminations faites
« sur le gaz de houille obtenu par le procédé ordinaire :   .

PRESSION 0ᵐ,014.

Consommation. .... 240 litres par heure.
Pouvoir éclairant.................... 9 bougies 1/2.
Soit pour 100 litres................ 3,96 bougies.

« Le même soir, le gaz Le Prince de la fabrique de M. Simo-
« nis fournit les résultats suivants :

PRESSION 0^m,104.

Consommation............................ 240 litres.
Pouvoir éclairant....................... 12 bougies.
Soit pour 100 litres.................... 5 bougies.

« Sur 100 litres de gaz brûlés, le pouvoir éclairant du gaz Le « Prince est de 1,04 bougies plus grand que celui du gaz ordi- « naire de houille obtenu de la même espèce de charbon : soit « de 26,2 0/0. »

M. le docteur Verver ajoute que M. Le Prince assurait avoir constaté un pouvoir supérieur et qu'il attribuait l'infériorité de ces résultats à la qualité inférieure des charbons. Des expériences, en effet, avaient été faites à l'usine de la Vieille-Montagne, qui se sert également des mêmes charbons distillés par le procédé de M. Le Prince. Ces charbons sont de meilleure qualité, et M. le docteur Verver aurait constaté un pouvoir éclairant de 7,35 bougies par 100 litres, au lieu de 5.

Je dois ajouter que dans les essais faits à l'usine de la Vieille-Montagne, où l'on appliquait le procédé de M. Le Prince, les cornues étaient chargées de 75 kilogrammes de houille ; la distillation était terminée en trois heures. La production moyenne du gaz montait à 17^{mc}, 85 par cornue, soit 237,3 litres par kilogramme de charbon.

GAZ HYDROGÈNE DIT GAZ A L'EAU. — Le gaz se produit dans des cornues en fonte remplies de charbon de bois incandescent sur lequel on fait arriver de la vapeur d'eau.

Dans le principe on coulait simplement l'eau sur le charbon ; mais le gaz recueilli contenait jusqu'à 20 0/0 d'oxyde de carbone, gaz délétère qui, dans de telles proportions, rendait inacceptable ce procédé de fabrication. On a paré à ce grave inconvénient par la vapeur d'eau, comme nous le montrerons tout à l'heure.

La cornue (fig. 23, Pl. III) a une longeur de 1^m,90 ; elle présente une section ayant la forme d'un D ; la largeur est de 0^m,33 et la hauteur, au milieu, de 0^m,37. Elle porte dans son intérieur des saillies destinées à supporter des traverses, sur lesquelles reposent les tubes injecteurs de la vapeur d'eau.

La tête de la cornue est la même que celle des cornues ordinaires ; la tubulure d'échappement du gaz est au-dessus, et la vapeur, sous une pression de 5 à 6 atmosphères, pénètre en dessous, à travers une pièce en forme de T placée dans l'intérieur de la tête. Un robinet règle l'émission de la vapeur.

Aux deux extrémités de la branche horizontale du tube en T sont fixés, au moyen de vis, deux tubes en fer placés horizontalement dans le sens de la cornue sur les traverses dont nous venons de parler. Ces tubes en fer ont une longueur de $1^m,80$ et un diamètre de $0^m,025$; ils sont fermés aux extrémités situées au fond de la cornue.

Ces tubes sont percés, en dessous, suivant trois génératrices de 70 à 90 ouvertures par où arrivent les jets de vapeur sur le charbon placé au fond de la cornue.

Comme ces trous pratiqués d'abord dans le métal se bouchaient promptement, par suite de l'oxydation, on y a remédié en donnant à ces trous un diamètre plus grand qui permet d'y encastrer des capsules de terre réfractaire, percées d'un canal de $0^m,0016$ de diamètre. L'injection de la vapeur reste ainsi régulière.

La vapeur d'eau est fournie par une chaudière latérale ; le gaz produit par sa réaction sur le charbon se rend aux épurateurs qui retiennent l'acide carbonique.

La quantité de chaux exigée pour la purification est considérable. En effet, pour 2 mètres cubes d'hydrogène, on a 1 mètre cube d'oxygène, qui devra former 1 mètre cube d'acide carbonique.

Or, deux volumes d'acide carbonique forment un équivalent atomique dont le poids est 275 ; cet équivalent se combine avec un équivalent de chaux dont le poids est 350 (l'équivalent de l'oxygène étant représenté par 100). Le poids d'un mètre cube d'oxygène étant $1^k,43$, cela revient à dire que le poids des 2 mètres cubes d'acide carbonique est $\frac{275 \times 1^{k},43}{100}$, qui exigent $\frac{350 \times 1^{k},43}{100} = 5^{k},00$ de chaux pour former un carbonate. Ainsi, par mètre cube d'hydrogène produisant un demi-mètre cube d'acide carbonique, il faudra donc dépenser dans les épurateurs $1^{k},25$ de chaux vive.

Cette proportion est précisément celle qui est suivie dans la pratique. S'il n'a pas été nécessaire de l'augmenter c'est, comme le fait observer M. le docteur Verver, que, d'une part, une partie d'oxygène s'échappait à l'état d'oxyde de carbone, et que, de l'autre, la température moyenne étant supérieure à 0°, le volume d'hydrogène recueilli dans le gazomètre, qui est celui d'après lequel on calcule le poids de la chaux, était plus grand que celui ramené à 0°, sous la pression $0^{m},76$, d'après lequel nous avons établi nos calculs.

TRANSFORMATION DE L'OXYDE DE CARBONE EN ACIDE CARBONIQUE. — La suppression presque complète de l'oxyde de carbone dans la fabrication du gaz à l'eau, au moyen de la vapeur surchauffée est un fait expérimental qui a donné lieu à diverses interprétations sur lesquelles nous appuierons d'une manière spéciale ; parce que les conséquences qu'on en peut retirer ont une importance incontestable dans l'industrie que nous étudions. M. Fayes, qui gérait l'usine de Narbonne, a publié, en 1859, dans *le Génie industriel,* la description et les plans de l'usine à gaz à l'eau de cette ville.

Après avoir dit que la vapeur est projetée à la surface du charbon incandescent, où sa décomposition a lieu immédiatement, cet ingénieur ajoute : « Le résultat de cette décomposition est un « mélange de vapeur non décomposée, d'hydrogène et d'acide « carbonique, qu'il faut chasser au plus tôt de la cornue, si l'on « veut éviter la production de l'oxyde de carbone ; on sait, en « effet, que lorsque l'acide carbonique reste en contact avec le « charbon, il absorbe la vapeur du carbone avec d'autant plus de « facilité que la durée du contact est plus prolongée, et qu'il se « change en oxyde de carbone. Le moyen à employer, pour em-

« pêcher cette transformation, est évidemment celui qui force le
« gaz à sortir le plus promptement possible de la cornue. »

M. le docteur B. Verver, s'appuyant sur l'opinion de M. Bunsen,
prétend que la production de l'oxyde de carbone a pu très-bien précéder celle de l'acide carbonique; que la plupart des corps simples donnent naissance, dans leur combustion directe, aux degrés
inférieurs d'oxydation, qui se transforment plus tard dans les
degrés supérieurs lorsqu'ils en sont susceptibles. Puis, trouvant
avec raison que la possibilité de la transformation de l'oxyde de
carbone en acide carbonique, par la vapeur, constituait un fait
important à constater, il a fait et publié les expériences suivantes.

Il a rempli un gazomètre d'oxyde de carbone provenant de la
décomposition de l'acide oxalique par l'acide sulfurique. Il s'est
assuré que ce gaz ne contenait aucune trace d'acide carbonique,
après l'en avoir débarrassé par la chaux et la potasse.

Le gazomètre fut mis en communication, par un tube de
verre, avec un tube en porcelaine de 3 centimètres de diamètre;
dans la même ouverture du tube en porcelaine débouchait un
second tube en verre, dont l'autre extrémité s'adaptait à une cornue servant à produire la vapeur d'eau. Cette cornue était chauffée à l'aide d'une lampe de Berzélius, afin de pouvoir régler
convenablement l'émission de la vapeur.

Le tube en porcelaine était disposé dans un fourneau à tube
chauffé au charbon de bois; la chaleur développée n'était pas
suffisante pour amener l'argent à la fusion.

Le gaz était recueilli à sa sortie sous le mercure; on ne com-
mença à le recueillir, que lorsque le courant d'oxyde de carbone
eut traversé l'appareil pendant assez longtemps pour que l'on fût
assuré qu'il ne restait plus d'air. Ces expériences ont été faites
en variant l'écoulement de la vapeur d'eau, celui de l'oxyde de
carbone restant constant. Voici l'analyse des gaz recueillis suivant
les différentes vitesses.

| | | LE COURANT DE LA VAPEUR D'EAU ÉTANT | | |
		ABONDANT.	TRÈS-FAIBLE.	UN PEU plus abondant que dans le n° 3.
	No **1**.	No **2**.	No **3**.	No **4**.
Acide carbonique.......	46,09	19,69	28,09	40,60
Oxyde de carbone.......	7,46	60,67	43,75	18,70
Hydrogène.	45,88	19,26	28,15	40,68
Azote................	0,57	»	»	»

Dans ces expériences, on voit que les volumes d'acide carbonique et d'hydrogène se maintiennent sensiblement égaux; ils proviennent de la décomposition de la vapeur d'eau par l'oxyde de carbone. Le n° 1 indique l'expérience où la plus grande quantité d'oxyde de carbone a été décomposée ou mieux transformée en acide carbonique.

Dans l'expérience n° 2, le courant étant très-rapide entraînait hors le tube de porcelaine la plus grande partie de l'oxyde de carbone, sans avoir le temps de pouvoir le transformer en acide carbonique.

Nous voyons dans l'expérience n° 3, au contraire, le courant de vapeur d'eau être trop faible. L'oxyde de carbone sort du tube de porcelaine sans avoir trouvé assez de vapeur d'eau pour sa transformation en acide carbonique, et l'on reconnaît en effet, par l'expérience n° 4, qu'en augmentant un peu la force du courant il reste moins d'oxyde de carbone.

Il y a donc une certaine proportion qu'il faut observer pour arriver à transformer le plus possible d'oxyde de carbone en acide carbonique; et, comme le fait observer M. B. Verver, la compagnie du gaz de Narbonne y était arrivée fortuitement.

Cependant, d'après les expériences que nous venons de citer, M. Verver fait observer que, par une disposition convenable, cette proportion unique est moins indispensable, et que l'on peut, en envoyant de la vapeur en excès, arriver à la transformation complète en acide carbonique. « Il suffit pour cela de prolonger « le contact des deux corps, ce qui peut s'effectuer facilement « en établissant, comme dans le système Le Prince, des com- « partiments longitudinaux près de la base et du dôme de la « cornue et en forçant le mélange gazeux de parcourir ce cir- « cuit.

« La production de l'oxyde de carbone et sa transformation en « acide carbonique se font actuellement dans la même cornue. « On sait qu'en faisant passer de la vapeur d'eau sur du char- « bon, la formation de l'oxyde de carbone a lieu à une tempéra- « ture relativement basse, tandis que sa combustion ultérieure « par la vapeur exige une très-forte chaleur. Aussi, a-t-on « observé dans l'usine de Narbonne, que la proportion d'oxyde « de carbone dans le gaz à l'eau augmente, dès que la tempéra- « ture des cornues s'abaisse au-dessous du rouge-orange. »

Cette transformation de l'oxyde de carbone en acide carboni- que présente un autre avantage : c'est qu'avec la même quantité de charbon de bois, on peut produire le double d'hydrogène. Car on a d'abord 2 volumes d'hydrogène contre 2 volumes d'oxyde de carbone ; ces deux volumes d'oxyde de carbone absor- beront pour se transformer en acide carbonique 1 volume d'oxy- gène, et laisseront libres 2 nouveaux volumes d'hydrogène ; de telle sorte que l'on aura 4 volumes au lieu de 2 volumes avec la même quantité de charbon de bois.

CONCLUSIONS. PRIX DE REVIENT. — La lumière du gaz hydrogène se recommande par une fixité et une blancheur remarquables ; elle ne fatigue nullement la vue. — Elle a, sous ce rapport, des avantages incontestables. Malheureusement le prix de revient de ce gaz ne lui permet pas encore d'entrer en comparaison avec les autres gaz.

Voici ce prix de revient établi d'après le contrôle fait par M. Verver à Narbonne (du fait des matières premières).

Pour une production de 400 mètres cubes de gaz, le générateur a consommé 180^kil de houille :

	fr.	c.
Soit pour 100 mèt. cubes, 45 kil. à 50 fr.........	2	25
Chauffage des cornues, 103 kil. 60 d'après expériences..................................	5	18
Charbon de bois, 38 kil. à 10^c.................	3	80
125 kil. de chaux à 01^c......................	1	25
	12	48

soit 12^c,48 par mètre cube pour un gaz ayant un titre de 4, plus 1^c,90 pour la chaux. Le prix de revient du gaz de houille, du fait des matières premières, avec du charbon à 50 francs est le même (12^c,48); mais ce gaz brûlant dans des becs de 175 litres donne, généralement, un titre supérieur.

Il est vrai : 1° que la production de vapeur du générateur pourrait se faire, du moins en grande partie, par la flamme perdue des fourneaux.

2° Que le chauffage des cornues serait plus économique avec un foyer à flamme renversée, qu'avec celui qui est en usage à l'usine de Narbonne.

3° Que la dépense pour l'épuration pourrait être réduite sensiblement, en adoptant l'idée de M. Prax, qui consiste à remplacer une partie de la chaux par du sel de soude : le sel de soude est transformé en bicarbonate de soude, lequel peut être ramené facilement à l'état de carbonate par une partie de la chaleur perdue des fours.

De ses propres expériences M. le docteur Verver conclut, avec raison, « que plus la vapeur aura une température élevée, plus « elle sera sèche, et plus la décomposition sera activée. La vapeur « surchauffée est donc préférable, et l'on commet une grave « faute à Narbonne en ne l'employant pas dans cet état. »

Lorsque la chaleur de la cornue baisse, on remarque, effectivement, que la production de l'oxyde de carbone augmente ; il en est de même lorsque le charbon de bois que l'on met dans la cornue est humide.

L'humidité de la houille donne lieu, sans doute, dans la distillation ordinaire, aux mêmes phénomènes. — Il y a production d'oxyde de carbone, que les moyens habituels d'épuration ne peuvent enlever ; sans même parler des inconvénients de la présence de ce gaz au point de vue de l'hygiène, il devient forcément une cause d'affaiblissement du pouvoir éclairant.

Four Pauwels. — Les principes élémentaires reconnus par la théorie, parfaitement développés par *M. Dumas* et adoptés par la pratique pour distiller les combustibles minéraux dans les conditions les plus avantageuses, conduisent à prendre de préférence les cornues dans lesquelles la hauteur de la couche de combustible et la section transversale sont les plus faibles.

On obtient alors, d'un poids donné de combustible, la plus grande somme de lumière, comme nous le voyons dans les cornues Cleeg, Allard, Jeanneney.

Cependant quelques usines ont adopté des cornues ayant de larges sections qui, pour les fours connus sous le nom de fours Pauwels, arrivent à des dimensions de 2 mètres de largeur sur 1 mètre de hauteur et 7^m, 20 de longueur.

Il y a évidemment contradiction entre ce système et les principes fondamentaux.

D'après M. Payen, « en suivant ce procédé, on obtient un peu « moins de gaz dans le rapport de 23 à 19 mètres cubes, *la* « *quantité lumineuse est à peu près la même*, mais on réalise « les avantages d'un écoulement facile du coke au fur et à me- « sure de sa production, et à un prix plus élevé de moitié environ « de celui du coke des fours. »

Chaque cornue est chargée de 5000 kilog., et la distillation dure 72 heures. Je n'entre pas ici dans les détails de la manutention, qui se trouvent développés amplement dans le précis de *Chimie industrielle* de M. A. Payen, 4ᵉ édition, année 1859.

C'est effectivement dans le but d'avoir du coke propre aux locomotives et aux fonderies que ces fours ont été construits. — Sous ce rapport, ils ont une supériorité incontestable sur les autres cornues, qui s'explique facilement. Mais il est regrettable que, dans les expériences nombreuses qui ont été faites sur ce système, tant à Rouen qu'à Paris, on ne se soit jamais attaché qu'à deux éléments : le volume de gaz obtenu et la valeur du coke. — La valeur du gaz n'a paru que secondaire, ou du moins on s'est toujours dispensé de donner un chiffre. Ainsi, comme M. Payen, on dit que la quantité lumineuse est à peu près la même; d'autres fois on dit que le gaz a un pouvoir éclairant convenable. Or ces appréciations prises à la simple inspection du bec sont bien trompeuses. J'ai pu vérifier souvent que du gaz provenant de tourbes extraites dans les environs de Paris, c'est-à-dire du gaz, dont la valeur du titre ne dépassait pas 2, donnait encore, à la vue, brûlé dans un *bec rond, un pouvoir éclairant convenable.* S'il en était ainsi du gaz extrait par ces procédés, il faudrait diminuer au moins de moitié le volume du gaz produit pour avoir sa vraie valeur et dire que les quantités obtenues sont dans un rapport moindre, non pas de 23 à 19, mais de 23 à 9 1/2.

Je ne dois pas oublier cependant que ce système a été mis en pratique par M. Pauwels, auquel l'industrie du gaz doit de nombreuses et utiles inventions et dont le mérite, comme industriel, est incontesté. — J'ajoute que des personnes compétentes, comme le sont M. Girardin à Rouen et M. Barlow en Angleterre, l'ont patroné et défendu. Faute d'expériences que j'aie pu consulter, ou faire par moi-même, je ne puis que m'abstenir; et je le regrette d'autant plus que, si l'on devait obtenir un gaz dont *la quantité lumineuse fût à peu près la même,* il faudrait rejeter tous les autres systèmes de distillation; toute la théorie serait à refaire, et rien n'importerait mieux, pour le sujet que je traite, que d'être édifié sur cette question.

Fours Grafton. — La première idée d'améliorer la qualité du coke, en produisant du gaz, est due à M. Grafton qui, le premier, adopta des cornues en brique réfractaire ayant les dimensions de 1^m,20 sur 1^m,40 et 2 mètres de profondeur. Les joints sont faits avec un mastic particulier composé de plâtre et de limaille de fonte. — Dans le système de M. Grafton, de même que dans celui de M. Pauwels, on se sert d'un extracteur dont nous parlerons plus loin. M. Grafton attribue à cet extracteur le mérite particulier de débarrasser la cornue des graphites qui s'y forment en grande abondance, au point d'obstruer ces cornues et de réduire sensiblement leurs capacités.

CORNUES EN FONTE DE FER. — Pendant longtemps on ne s'est servi, et on ne se sert encore, dans quelques usines, pour la distillation des matières organiques, que de cornues en fonte de fer. — On choisit de préférence la fonte grise, dont le point de fusion est de 1100°, d'après M. Pouillet ; tandis que la fonte blanche fond à 1050°. On donne assez généralement à ces cornues une épaisseur de 3 centimètres.

Lorsque l'on distille des combustibles minéraux, il est rare que la durée des cornues en fonte de fer dépasse 12 mois. Si la nature du combustible exige plus de chaleur, comme cela arrive assez généralement avec les combustibles minéraux très-riches en gaz, les cornues sont hors de service au bout de 7 à 8 mois, et même avant, lorsque l'on coule des huiles ou des matières grasses sur du coke ou sur de la houille.

Il est bien entendu que l'on suppose que les cornues sont convenablement protégées par des pièces en terre réfractaire ; que les courants de flammes sont dirigés de manière à ne pas laisser craindre de coups de feu ; que le foyer est bien surveillé ; et enfin que l'on a l'attention d'enlever les dépôts de graphite à mesure qu'ils se forment dans les cornues : car ces dépôts de graphite sont une des causes de destruction les plus promptes. Les charges de combustibles dont on remplit les cornues à des heures fixes, modèrent leur température en les refroidissant chaque fois. Si la charge diminue dans une des cornues, ce qui arrive forcément lorsqu'il y a dépôt de graphite, la température de cette cornue augmente. L'on peut s'assurer, en effet, que si dans un four en marche on négligeait pendant quelques jours de charger une des cornues, elle ne tarderait pas à être hors de service. C'est donc avec raison que, dans les usines, on a le soin d'augmenter la charge des cornues qui chauffent le plus. On les ménage et l'on fait plus de gaz.

CORNUE EN TERRE RÉFRACTAIRE. — Depuis quelques années, on remplace les cornues en fonte de fer par des cornues en brique réfractaire et mieux en terre réfractaire d'une seule pièce. La première idée de ce perfectionnement paraît revenir à M. Grafton, qui adopta de grandes cornues en briques reliées par un ciment particulier composé de plâtre et de limaille de fonte. Ces cornues ne pouvaient supporter la pression qui se développe au moment de la distillation, des fuites nombreuses se déclaraient aussitôt. Aussi un extracteur devint-il ici indispensable, comme il le fut également pour les premières cornues en terre d'une seule pièce que l'on fabriqua. Aujourd'hui, grâce aux progrès qu'a faits cette industrie, même sans extracteur, les fuites se déclarent à peine dans les premiers jours et elles sont promptement bouchées par le graphite. Aussi remarque-t-on, effectivement, qu'après avoir brûlé des dépôts de graphite par un courant d'air, quelques fuites reparaissent quelquefois aux premières charges, puis elles sont de nouveau bouchées par une autre formation de graphite.

Les cornues en terre réfractaire ont une épaisseur au moins double de celle des cornues en fonte de fer, elle est de 6 à 7 centimètres et même plus. Sans parler de la faible conductibilité pour la chaleur de la terre réfractaire comparée à la fonte de fer, on reproche à cette plus grande épaisseur la cause d'une augmentation dans le prix du chauffage ; aussi quelques fabricants en proposent-ils dont l'épaisseur est réduite à 3 centimètres, épaisseur de la fonte de fer.

La pratique n'indique pas, cependant, dans les dépenses de chauffage faites soit avec des cornues en fonte de fer soit avec des cornues en terre réfractaire, des différences aussi grandes que celles que l'on conclurait de la plus forte épaisseur des cornues et de cette faible conductibilité pour la chaleur observée dans la brique.

Pour conserver les cornues en fonte de fer il faut des voûtes qui les protégent et de larges briques sur les côtés. Le dessus seul est rarement garanti. La chaleur n'arrive donc au combustible placé dans l'intérieur de la cornue, qu'après avoir traversé une épaisseur de briques au moins égale à celle des cornues en terre et, en plus, l'épaisseur de la fonte. Les cornues en terre réfractaire ne sont que soutenues par les voûtes ; la flamme ou l'air chaud pénètre entre la voûte et la cornue qui, d'ailleurs, n'est jamais protégée sur les côtés par d'autres pièces réfractaires.

Par ces dispositions obligatoires avec les cornues en fonte de fer, on reconnaît qu'elles perdent, au moins en grande partie, les avantages qu'elles pourraient avoir sur les cornues en terre réfractaire, sous le rapport de leur faible épaisseur et de leur grande conductibilié pour la chaleur.

.Bien plus, malgré ces précautions, on doit veiller à ne pas produire dans le foyer d'élévation même accidentelle de température. Aussi, malgré les avantages que les usines trouvaient à brûler leur goudron, beaucoup y ont renoncé devant une destruction trop prompte des cornues. Rien de semblable n'est plus à redouter avec les cornues en terre réfractaire; il en résulte une économie du combustible, que nous allons expliquer.

De quelque manière qu'un poids donné de combustible — 100 kilogrammes par exemple — soit brûlé dans un foyer, la quantité de chaleur, ou mieux le nombre de calories développées reste le même, quelle que soit la température de combustion. C'est là un principe expérimental admis. Dans un four à gaz, la plus grande partie des calories développées au foyer est enlevée par la chaleur que conservent les gaz en sortant du fourneau. Les autres calories, à part celles absorbées par le rayonnement du fourneau et par la déperdition par le sol, sont recueillies par les cornues ; elles représentent l'effet utile. Ce nombre de calories enlevées par les gaz sera d'autant plus grand : 1° qu'il aura fallu plus d'air pour brûler ces 100 kilogrammes ; 2° que la température du four sera plus élevée. La température d'un four contenant des cornues en terre réfractaire étant plus grande, la perte due aux calories enlevées par les gaz brûlés sera, sous ce rapport, toutes choses égales d'ailleurs, plus considérable. Ainsi, la température augmentant d'un dixième la perte provenant de ce fait, aura également augmenté d'un dixième. Mais, d'un autre côté, le degré de température produit dans le foyer sera d'autant plus élevé que l'air sera plus complétement brûlé ; c'est-à-dire qu'il faudra moins d'air atmosphérique pour la combustion. Le volume d'air pour le même poids de combustible étant alors moindre, on comprend que la perte de calories sera réduite de ce côté, et cette réduction peut égaler et dépasser même l'augmentation qui provient de l'élévation du degré de température.

Avec des cornues en fonte il faut surveiller le feu, ce qui veut dire que, pour empêcher une élévation de température, il faut un excès d'air. La chose est moins possible avec le goudron ; ce qui explique le danger qu'il présente avec les cornues en fonte.

Nous dirons, à l'appui de ce fait, que les fours à réchauffer le fer chauffent plus que les fours à puddler ; et qu'effectivement M. Ébelmen, dans des expériences faites en 1844, a constaté que l'air y était mieux brûlé que dans les fours à puddler, c'est-à-dire qu'il s'en échappait un volume de gaz moins grand par 100 kilogrammes de houille brûlée.

Nous verrons plus loin, lorsque nous traiterons la construction des fourneaux, comment M. Crool, en Angleterre, en combinant dans un même four des cornues en terre et en fonte de fer, est parvenu à réduire les frais de chauffage. Les cornues en terre sont les plus exposées au feu ; la flamme en sortant du foyer n'arrive aux cornues en fonte qu'après avoir circulé autour des cornues en terre.

M. Crool annonce qu'avec son système on ne dépense, pour le chauffage, que 12 à 15 0/0 de la quantité de houille à distiller. Voilà un résultat que l'on n'obtient pas avec les fours ayant toutes leurs cornues en fonte de fer, et qu'on n'expliquerait, d'après notre observation, que par l'économie à attendre d'une forte température développée dans le foyer, c'est-à-dire d'une combustion complète de l'air introduit.

La faible conductibilité pour la chaleur des cornues en terre, dont on a exagéré les inconvénients, comme nous venons de le dire, est avantageuse sous le rapport de la distillation, ainsi que le fait observer M. Clift. En effet, la terre réfractaire perdant moins vite sa chaleur, lorsqu'on l'expose à l'air au moment du chargement, la grande masse de la cornue, ne s'étant pas autant refroidie, agit comme réservoir de calorique sur la charge de houille froide que l'on y introduit; c'est ce qui est rendu évident, en observant la petite quantité de gaz fabriqué dans une cornue en fonte de fer pendant la première heure après le chargement, comparativement à celle que fournit une cornue en terre.

Le tableau suivant, publié par M. Clift, donne les moyennes d'un grand nombre d'expériences; il présente les quantités de gaz fournies par des cornues en fonte et des cornues en terre, pendant chaque demi-heure, à partir du chargement, avec les mêmes quantités et qualités de charbon.

CORNUES EN FER.

1re demi-heure	250 pieds cubes anglais.	

1re demi-heure............... 250 pieds cubes anglais.
2me   —   630   —
3me   —   1,340   —
4me   —   2,300   —
5me   —   2,600   —
6me   —   2,640   —
7me   —   2,600   —
8me   —   2,600   —
9me   —   1,700   —
10me   —   1,630   —
11me   —   1,690   —
12me   —   700   —

Total............... 20,780

CORNUES EN BRIQUES.

1re demi-heure.............	480	pieds cubes anglais.
2me —	1,800	—
3me —	2,000	—
4me —	2,000	—
5me —	2,300	—
6me —	2,300	—
7me —	2,460	—
8me —	2,400	—
9me —	2,000	—
10me —	1,680	—
11me —	860	—
12me —	550	—
Total............	20,780	

Ce tableau montre qu'effectivement le combustible est plus promptement saisi par la chaleur dans les cornues en terre que dans les cornues en fonte de fer, et c'est là une circonstance favorable à la qualité du gaz.

Les cornues en terre réfractaire sont beaucoup plus économiques que les cornues en fonte de fer, ce qui expliquerait déjà la préférence qu'on leur a donnée dès le début : ainsi, une cornue en terre réfractaire coûte de 80 à 120 francs, et elle remplace une cornue en fonte de fer de 1,000 kilogrammes qui, au prix moyen de 30 fr. les 100 kilogrammes, reviendrait à 300 francs. Sa longue durée rend cette différence encore plus sensible. M. Clift prétend avoir établi, en 1842, 12 couples de ses cornues qu'il a fait travailler constamment, à l'exception de courts intervalles, jusqu'en 1852, où il les a démolies pour des modifications apportées dans l'usine. Toutes les cornues étaient en bon état, et auraient pu servir encore plusieurs années avec de légères réparations.

M. Clift préfère les cornues en briques réfractaires. Chacune de ses briques porte des languettes dont le but est de s'opposer aux fuites de gaz par les joints, et de relier entre elles les parties de la voûte de la cornue. Ce grand nombre de pièces, d'après M. Clift, explique la durée de ses cornues : car, lorsque leur température est modifiée par la négligence des ouvriers, ou qu'on les laisse refroidir pour cesser le travail, le jeu des joints empêche qu'il ne se forme des fissures.

Quand un fourneau est mis en travail pour la première fois que les cornues soient neuves ou en chômage pour une cause quelconque, elles perdent souvent du gaz par les joints pendant environ 24 heures, perte qui va sans cesse en diminuant. Au bout de ce temps, si la chaleur a été bien soutenue et convenable, le graphique qui se forme bouche les fuites, et les cornues deviennent parfaitement étanches, même sous une pression de 25 à 30 centimètres d'eau.

M. Clift ajoute qu'avec les cornues en briques rien n'est plus facile que de faire une réparation sans arrêter le travail. On peut visiter les cornues, dans toute leur étendue, par les ouvreaux du fourneau et découvrir tout point défectueux accusé par l'apparition d'une flamme de gaz. On enlève alors une brique au point désigné, et on la retire du fourneau, avec des outils destinés à ce service, par les ouvreaux qui sont d'une dimension calculée dans cette prévision ; puis on la remplace par une autre, sans qu'il soit nécessaire d'abaisser la température de la cornue.

Nous devons ajouter que de semblables réparations, et par les mêmes moyens, sont également possibles avec des cornues d'une seule pièce.

Notre conclusion est que les cornues en terre réfractaire ont une supériorité marquée sur les cornues en fonte de fer : elles sont plus économiques ; elles distillent plus régulièrement le combustible ; elles durent plus longtemps, ce qui augmente d'autant l'avantage d'économie qu'elles procurent. M. Clift donne aux cornues construites d'après son système une durée de 10 années au moins. D'une lettre écrite au *Journal of Gas lighting* et insérée dans ses numéros des 14 et 28 avril 1859, il résulte, d'après la comparaison qu'il établit entre les dépenses d'entretien provenant d'un four, soit avec cornues en fonte soit avec cornues en terre réfractaire, que la durée des cornues en terre est de 10 ans au moins.

M. Leroux conteste une telle durée et admet celle de 3 ans, qu'il garantit comme étant le résultat de ses expériences personnelles. Il pose ainsi les chiffres comparatifs :

FOUR A 7 CORNUES, EN TERRE RÉFRACTAIRE.

7 cornues, à 120 fr. l'une........................	840 fr.
Mise en place des 7 cornues.....................	80
Réparation du foyer pendant l'exercice des cornues..	200
Il a reconnu que l'emploi des cornues en terre donnait lieu à une dépense de coke plus élevée, qu'il fixe à un hectolitre de coke par jour, ce qui fait pour les trois années, à 1 fr. l'hectolitre, une dépense supplémentaire de.....................	1,095
Total........................	2,215 fr.

Ce four pouvant distiller cinq charges de 7 hectolitres, du poids de 80 kilog., en 24 heures, soit 2,800 kilogrammes, et, pour les 3 années de service, 3,066,000 kilog., qui produiront en moyenne, à raison de 240 mètres cubes de gaz par tonne, 735,840 mètres cubes de gaz, la dépense d'entretien par mètre cube, sera de $0^r,00301$.

FOUR A 7 CORNUES EN FONTE DE FER.

En admettant à chaque cornue une durée moyenne d'un an, il faudra, pour les 3 années, 21 cornues, pesant 1,000 kil. chacune, soit 21,000 kil. à 30 fr..	6,300 fr.
Réparations aux fourneaux et fournitures diverses...	1,000
Total.....................	7,300
A défalquer, la valeur des vieilles cornues, soit 21,000 kil. à 4 fr............................	840
Reste........................	6,460 fr.

La dépense d'entretien, par mètre cube, est donc de $0^r,00876$.

Les frais d'entretien, dans l'un et dans l'autre système, sont donc dans le rapport de 2,215 à 6,460 ou de 301 à 876.

M. Payen, dans son *Précis de chimie industrielle* (vol. II, p. 611, 1859), dit à ce sujet : « On confectionne depuis quelques « années des cornues plus épaisses en terre réfractaire ou à creu- « set, auxquelles on applique toujours une tête en fonte. Les « cornues de terre coûtent environ 33 0/0 de moins que celles de « fonte, durent environ 18 mois et ne sont pas attaquées à l'exté- « rieur par l'air et les produits de la combustion, qui oxydent le « métal ; mais elles résistent moins aux changements de tempé- « rature : on est obligé de les faire fonctionner sans interruption « et de conserver un certain nombre de fourneaux à cornues de « fonte, qui peuvent supporter des chômages accidentels ; les « cornues de terre s'incrustent à l'intérieur par le goudron qui les « pénètre, y dépose du carbone, accroît l'épaisseur de leurs pa- « rois et rétrécit graduellement leur section. »

Au sujet de cette destruction par des chômages accidentels, M. Payen ajoute : « A l'aide du procédé de fabrication que nous « indiquerons plus loin, les cornues en terre résistent mieux au « refroidissement accidentel dans un fourneau. »

Nous avons effectivement vu des fours avec cornues en terre que l'on avait éteints et rallumés plusieurs fois, et qui ne présen- taient aucune fissure. Mais il faut apporter des soins spéciaux et éviter tout changement brusque de température.

La durée est souvent réduite par des convenances particulières, comme cela arrive lorsque l'on traite une matière organique de- mandant plus de chaleur pour sa distillation. En définitive, cette durée, dans les mêmes circonstances, est toujours trois ou quatre fois plus grande qu'avec des cornues en fonte de fer. Dans tous les cas, la cornue en terre réfractaire ne se déforme pas ; si l'on a le soin d'en enlever le graphite, on peut toujours y placer, à chaque charge, le même poids de combustible. Les cornues en fonte, au contraire, se déforment promptement ; leur section diminue, et il y a forcément réduction dans le rendement, les charges devenant moins fortes.

Graphite des cornues. — M. Grafton annonce que la formation

du graphite dans les cornues n'est due qu'à l'excès de pression qui s'y forme pendant le temps de la distillation; il cite, à ce sujet, ses propres expériences, d'où il résulte que ce graphite disparaît complétement lorsque l'on fait usage d'un extracteur.

L'excès de pression, dans les cornues ordinaires, est de $0^m,15$ à $0^m,30$. Or, la pression de l'atmosphère étant de 10 mètres, en nombre rond, on devrait admettre, d'après M. Grafton, que le gaz renfermé dans les cornues à une pression absolue de $10^m,15$ à $10^m,30$ dépose une grande quantité de graphite; et qu'à une pression de 10 mètres seulement il n'en dépose plus; c'est-à-dire que, lorsque la pression augmente de 2 à 3 0/0, des effets aussi marqués se produisent aussitôt, au point de présenter des inconvénients qui sont un juste sujet de plaintes dans toutes les usines.

Il nous semble plus naturel d'admettre une introduction d'air dans les cornues, à travers les joints, par suite d'une aspiration un peu trop grande de l'extracteur. En effet, les cornues de M. Grafton sont en briques; les joints sont nombreux et n'ont pas présenté à l'auteur lui-même une sécurité suffisante, puisqu'il a senti le besoin de faire usage d'un extracteur.

De plus, les rendements énormes que M. Grafton promet de l'emploi de ses cornues semblent confirmer cette supposition d'une introduction d'air. M. Grafton parle d'un rendement, en plus, de 28 mètres cubes de gaz par tonne de houille, ce qui est d'autant moins admissible que la couche du combustible est, ici, très-épaisse et que toutes les expériences constatent, dans ces circonstances, une réduction dans l'importance du rendement.

L'air est effectivement le meilleur moyen d'enlever le graphite qui se forme dans les cornues; aussi, les partisans des longues cornues ouvertes par les deux bouts, font-ils valoir en leur faveur la possibilité d'établir facilement un courant d'air pour enlever le graphite. Il suffit de boucher l'une des entrées par un couvercle sur lequel est adapté un bout de tuyau vertical destiné à provoquer un appel d'air; l'air s'introduit par l'autre extrémité, et il traverse toute la cornue. Pour les cornues ordinaires qui n'ont qu'une entrée, il est plus difficile, en effet, d'y établir un courant d'air. Si l'on se borne à enlever le tampon, cette réduction du graphite est tellement lente, qu'il faut renoncer à ce moyen. On a proposé d'injecter un jet d'air obtenu par un ventilateur. Ce travail demande certaines précautions : si le jet est trop rapide, il refroidit les parties sur lesquelles on le projette ; le graphite noircit et la combustion n'est plus possible ; il faut, de plus, un moteur. C'est une complication devant laquelle reculent les usines.

On pourrait encore produire cet appel d'air au moyen de la colonne montante que l'on déboucherait par le haut ; elle ferait alors fonction de cheminée. La tête serait lutée, et le couvercle serait percé d'une ouverture à travers laquelle on introduirait, dans l'intérieur de la cornue, un tube en fer ou mieux en terre réfractaire. Ce moyen forcerait à boucher et à déboucher, chaque fois, la colonne montante ; de plus, le tirage serait faible.

Brevet de M. Gire pour enlever le graphite. — C'est ici le lieu de citer le brevet pris par M. Gire, chef des travaux à l'usine du gaz portatif de la rue Charonne. M. Gire détermine l'appel qu'il est nécessaire de produire au moyen de la grande cheminée.

A cet effet, il établit horizontalement contre les colonnes montantes, au-dessus des têtes de cornue, un tuyau en tôle de $0^m,12$ à $0^m,14$ de diamètre intérieur. Ce tuyau communique directement au conduit du four, qui mène les gaz brûlés à la grande cheminée. Ce raccordement varie suivant la disposition de ce four.

Le tuyau en tôle porte un nombre de tubulures suffisant pour que l'on puisse facilement, au moyen de coudes et de bouts de tube, raccorder le couvercle de chaque cornue à l'une d'elles ; toutes les autres tubulures sont bouchées avec un tampon garni de terre à four.

Pour enlever le graphite d'une cornue, on la bouche avec un couvercle en tôle portant une tubulure que l'on raccorde, comme il vient d'être dit, à une des tubulures de la colonne horizontale. Le couvercle en tôle porte en outre une ou deux ouvertures par lesquelles on introduit un tube en fer, ou mieux en terre réfractaire, que l'on dirige sur les points que l'on veut nettoyer, ayant le soin de luter autour du tube sur le couvercle, afin que l'air ne puisse s'introduire par les fissures. Le courant d'air s'établit alors, comme il a été dit précédemment (*fig.* 25, *pl.* III).

Avec un four à sept cornues, il faut compter tous les jours une cornue en nettoyage. Toutes fonctionnent pendant la nuit. On obtient aussi des cornues constamment propres, et l'on augmente par suite leur durée; la quantité de combustible que l'on peut distiller reste constante, et elle n'est plus diminuée par ces dépôts considérables de graphite. Ce procédé de M. Gire fonctionne très-heureusement, donnant en même temps sûreté dans le service et économie considérable de chauffage, comme il est facile de le comprendre.

TÊTES DE CORNUE. — La tête de cornue est un cylindre en fonte ouvert des deux bouts, d'une longueur de $0^m,25$ à $0^m,40$. Elle porte, à l'une de ses extrémités, une bride semblable à celle de la cornue; c'est par cette extrémité qu'elles se raccordent ensemble au moyen de boulons; à l'autre extrémité, il n'y a pas de bride; la section est nette, et c'est sur cette section que vient s'adapter le couvercle en fonte de fer, ou mieux en tôle forte.

La tête de cornue a généralement la même section que la cornue, ce qui donne plus de facilité pour le service; d'autres fois, dans l'idée de mieux maintenir la chaleur en dedans, la section de la cornue diminue dans la partie qui avoisine la bride, et elle vient se raccorder avec une tête de cornue d'une section plus faible que celle de la cornue elle-même. La tête de cornue a une épaisseur de $0^m,015$ à $0^m,020$.

La cornue est la seule partie qui se détériore dans l'intérieur du four et qu'il faille renouveler. La tête de cornue, ne s'usant pas, n'a pas à être remplacée; elle est reliée à la cornue au moyen de brides que l'on rapproche en les serrant fortement avec des boulons, après avoir rempli l'intervalle d'un mastic particulier composé de fleur de soufre, de sel ammoniac et de limaille de fonte passée au gros tamis et non oxydée .

On adopte assez généralement la composition suivante, connue sous le nom de *mastic d'Aquin*.

> 98 parties de limaille de fonte.
> 1 partie de fleur de soufre.
> 1 — sel ammoniac.

La quantité d'eau doit être calculée de manière à ce que le mélange de limaille et de fleur de soufre prenne la consistance d'un mortier ordinaire.

Ce mastic dégage une grande quantité de calorique et d'ammoniaque ; on doit l'employer tout de suite. On l'introduit dans les joints en l'enfonçant avec des bourroirs en fer, et on frappe avec des massettes en bois.

En Angleterre, ce ciment se compose de 1 partie de sel ammoniac, de 1 partie de fleur de soufre et de 33 parties de limaille de fer. Pour s'en servir, il suffit d'y ajouter l'eau qui doit l'amener à une consistance pâteuse.

Pour les cornues en terre réfractaire, on les termine par un renflement dans lequel sont ménagés, extérieurement, les logements pour les boulons qui doivent relier la cornue à la tête. — Ces boulons sont à tête carrée ; chaque tête trouve une cavité dans laquelle elle se place.

L'extrémité de la cornue, qui doit recevoir la tête, est hachée et martelée de manière à former rainures, comme une meule de moulin, afin de fixer plus fortement le ciment. Le ciment en usage ne contient pas de soufre ; il contient, en parties égales, la limaille de fonte et la terre glaise..

La compagnie du gaz continental à Londres, prépare son mastic en mêlant 20 de plâtre avec 10 de limaille de fonte saturée d'une forte solution de sel ammoniac. D'autres fois, on forme le joint en frottant la tête de la cornue en fonte contre la face antérieure de la cornue en terre, de manière à laisser entre elles le plus petit intervalle possible, que l'on garnit avec de l'argile ou de la chaux délayée.

COUVERCLE. — BARRIÈRE. — Le couvercle ou tampon qui ferme la cornue est en fonte de fer ou en tôle forte ; il est pressé par une vis, et la fermeture hermétique est assurée au moyen d'un lut fait simplement avec la terre à four délayée dans de l'eau, et dont le couvercle est garni tout autour. Si, malgré cela, il se manifeste une fuite, l'ouvrier en est facilement averti par le jet de gaz qui a lieu, et il la bouche en y jetant avec la main une nouvelle quantité de terre.

Dans les tampons en fonte, il existe, à leur surface intérieure, une saillie qui s'emboîte dans la tête de la cornue; c'est contre cette saillie sur le bord du tampon que l'on applique le lut.

L'autre face du tampon est renforcée, au point où s'applique la vis, par un petit cylindre d'où partent des nervures. Ce tampon porte de chaque côté deux petites oreilles qui viennent s'appuyer sur deux bras reliés à la tête de la cornue, dont nous parlerons tout à l'heure ; il se trouve ainsi soutenu.

Pour manœuvrer ce tampon, il est plus commode d'y river deux poignées en fer rond.

Nous avons dit que le couvercle est pressé contre l'entrée de la tête de cornue au moyen d'une vis. Cette vis traverse une barre de fer, qui lui sert d'écrou que l'on nomme *barrière*.

On adopte les dispositions suivantes pour assujettir cette barrière à la tête de cornue.

La tête de cornue porte, de chaque côté, deux oreilles en fonte percées d'une ouverture rectangulaire ; on engage, dans chacune des ouvertures, un petit bras en fer de $0^m,20$ à $0^m,30$ de longueur. Chacun de ces bras porte une fente horizontale qui permet de loger la traverse en fer, au milieu de laquelle se trouve la vis qui doit presser le tampon contre l'entrée de la cornue. Les deux oreilles du tampon viennent s'appuyer sur ces bras, et le soutiennent ainsi, pendant que l'ouvrier fait la manœuvre de la vis pour luter la cornue. Pour faciliter cette manœuvre, cette vis porte à son extrémité deux poignées qui la terminent à angle droit, ce qui donne à la vis la forme d'un T (*fig.* 15, *pl.* II).

Au lieu d'engager la traverse dans les fentes horizontales pratiquées dans chaque bras, on adopte souvent la disposition suivante : l'une des extrémités de la traverse est fixée à l'un des bras, au moyen d'une charnière qui est manœuvrée suivant que l'on doit luter ou déluter le tampon. Lorsqu'on veut fermer la cornue, l'autre extrémité de la traverse s'engage dans l'autre bras, et s'y trouve fixée au moyen d'une cheville ou clavette ; l'on serre après la vis (*fig.* 24, *pl.* II).

Voici une autre disposition dans laquelle on supprime les deux bras fixés de chaque côté de la tête de cornue. — La traverse est courbée, prenant la forme d'un C. Les deux extrémités sont parallèles, conservant entre elles la distance qui mesure la largeur de la tête de cornue. Les bouts de ces extrémités se recourbent de manière à former un crochet, dont nous allons expliquer le but. De chaque côté de la tête de cornue, se trouvent deux tetons en fonte disposés de telle sorte que, lorsque l'on place la barrière, le premier teton placé en dessous, le plus rapproché de l'ouverture, soutienne cette barrière, et que l'autre, placé au contraire en dessus, maintienne cette barrière dans la position qu'elle doit avoir lorsqu'on serre la vis. Les crochets forment arrêt (*fig.* 21, *pl.* II).

Les vis dont on fait forcément usage dans les dispositions que nous venons d'indiquer s'usent assez rapidement, ce sont des frais d'entretien que l'on évite par la disposition suivante. Les deux bras en fer placés de chaque côté de la tête de cornue, portent chacun un crochet. Ces crochets soutiennent une pièce cylindrique transversale que l'on y place après avoir posé le tampon. Cette pièce cylindrique est traversée, en son milieu, par une autre barre. Cette barre se termine, d'un côté par une partie recourbée qui vient faire pression contre le tampon, et de l'autre, à une distance plus éloignée de la pièce transversale, par une boule dont le poids vient aider la pression contre le tampon, et assuré ainsi d'autant mieux sa fermeture, que la boule est plus lourde et qu'elle est plus éloignée de la pièce transversale (*fig.* 22, *pl.* II).

COLONNE MONTANTE, BARILLET. — Au-dessus ou sur les côtés de la tête de cornue, est une tubulure de $0^m,12$ à $0^m,15$ de diamètre, soit avec brides soit avec emboîtement, qui se raccorde avec un tuyau dit *colonne montante*, c'est par cette ouverture que les gaz formés trouvent une issue, et se rendent au barillet.

On cherche à donner à cette colonne montante, et généralement à toute la partie de conduite qui mène le gaz de la cornue au barillet, la plus faible section possible ; afin de réduire d'autant l'influence de l'introduction de l'air, pendant le temps de la charge des cornues ; mais il faut, d'un autre côté, que cette section soit assez grande, surtout la partie qui avoisine la tête, pour que le nettoyage en soit facile, et pour parer ainsi aux obstructions provenant du goudron soumis à une forte chaleur. On peut réduire cette section jusqu'à adopter un diamètre de $0^m,10$.

Le barillet est un cylindre en fonte ou en tôle, dont le diamètre varie de $0^m,40$ à $0^m,60$; on lui donne quelquefois la forme d'un D renversé, dont la partie droite est en dessus ou en dessous suivant les dispositions adoptées ; sa capacité est, d'abord, remplie à moitié d'eau ; le goudron remplace, ensuite, l'eau. Le niveau est assuré, soit au moyen d'un tuyau débouchant à la hauteur assignée et conduisant les goudrons dans une fosse spéciale, soit au moyen du tuyau même qui conduit les gaz du barillet aux condensateurs.

La conduite qui mène les gaz formés dans la cornue au barillet, se recourbe généralement de manière à traverser la partie supérieure du barillet et à plonger dans l'eau ou dans le goudron de 2 à 5 centimètres ; ce n'est qu'après avoir surmonté cette pression que le gaz peut pénétrer dans le barillet. On obtient ainsi l'effet d'un flacon de Wolff, et l'on peut isoler complétement le travail de chaque cornue ; de telle sorte que le gaz déjà formé, et qui a surmonté la pression de 2 à 5 centimètres, ne peut revenir de nouveau à la cornue pendant qu'on la délute et qu'on la charge. Dans ce cas, c'est au contraire le gaz qui est dans le barillet qui exerce sa pression, pouvant aller à $0^m,30$ et $0^m,40$, sur le goudron ; le goudron remonte alors à cette hauteur dans le tube d'arrivée du gaz. Il faut, quelle que soit la disposition que l'on prenne : 1° que ce tube s'élève au-dessus du niveau, à une hauteur que, par prudence, on porte à $0^m,60$ et même à $0^m,80$; afin que, dans aucun cas, le goudron des barillets ne puisse revenir dans la cornue ; 2° que le barillet soit assez grand pour que le liquide qui pénètre dans ces tubes n'amène pas une dépression telle que leurs extrémités cessent de plonger ; auquel cas le gaz reviendrait à la cornue.

On place les barillets de différentes manières : quelquefois sur le massif même du four, ce qui évite les piliers, mais présente un inconvénient en cas de démolition de la voûte du four ; le plus souvent on les place un peu en avant des têtes de cornue ; ils sont alors supportés par des colonnes en fonte, et assez élevés pour être, dans tous les cas, à l'abri des flammes sortant des cornues.

Les figures 26, 27, 28, 29, 30 et 31, *pl.* III, représentent les différentes dispositions en usage pour conduire le gaz de la colonne montante au barillet. La disposition 26 est la première qui ait été adoptée par Winsor ; c'est celle que l'on emploie le plus généralement encore aujourd'hui. La branche en C, qui relie les deux tuyaux verticaux, ne peut pas être visitée facilement. Les dispositions 27, 28, 29, parent à cet inconvénient. La disposition 29 aurait peut-être l'inconvénient de laisser couler le goudron condensé dans sa colonne montante, ce qui constituerait une perte d'une part, et, de l'autre, augmenterait les chances d'obstruction. La pente dans l'autre sens serait, sous ce double rapport, préférable.

Toutes ces dispositions supposent des conduites en fonte ayant des dimensions arrêtées et par suite présentent des difficultés de pose assez grandes, surtout avec des joints à brides. Beaucoup d'usines préfèrent la disposition de la figure 30 dans laquelle on fait usage d'un tube de plomb *ab*, dont la flexibilité et la facilité de le rallonger ou de le raccourcir à volonté sont des qualités précieuses pour le montage ; on fait usage de rondelles en fer.

Lorsqu'on ne se sert pas de plomb et que l'on emploie les dispositions des figures 26, 27, 28, 29, 31, on adopte, de préférence à un joint à brides, une tubulure à emboîtement sur la tête de cornue, que l'on garnit avec du mastic de fer. On profite ainsi d'un petit jeu qui rend le travail plus facile ; on fait même souvent, dans le même but, d'autres joints d'une manière semblable ; mais, lorsqu'on démonte le four, il arrive quelquefois que l'on ne peut détacher ce joint qu'en cassant le tuyau ; le joint à brides est donc préférable sous ce rapport ; il peut être adopté sans inconvénient avec l'emploi des tuyaux de plomb.

Il reste à faire connaître la disposition figure 31 dans laquelle la colonne montante pénètre dans le barillet en dessous, et le traverse ; elle est recouverte d'un autre tuyau plus large plongeant dans l'eau du barillet de $0^m,02$ à $0^m,05$; ce tuyau est fermé dans le haut. Le gaz arrive par la colonne montante, descend par la partie annulaire et arrive au barillet après avoir triomphé de la pression. Il est nécessaire, comme on le voit, que la section de la partie annulaire soit au moins égale à celle du tuyau de la colonne montante.

Quand on adopte cette disposition, il faut élever davantage le barillet afin de le soustraire à l'influence de la chaleur.

Les extrémités des tuyaux qui sont indiquées dans ces figures servent, en cas d'engorgement, à y engager des tringles ou barres de fer, pour enlever les dépôts qui pourraient les obstruer ; elles sont bouchées par des rondelles fixées au moyen de boulons, ou mieux par la disposition figure 30 qui rappelle la manière de fermer les tampons de cornue ; il est plus facile, alors, d'enlever et de remettre ce tampon ou cette rondelle lorsque le cas l'exige.

Il serait imprudent de fermer toutes ces ouvertures d'une manière fixe : dans le cas d'un engorgement des tuyaux à l'entrée du barillet ou dans le barillet même, le gaz, ne trouvant plus d'issue, arriverait dans la cornue à des pressions telles que de graves accidents seraient à redouter. On se contente alors de boucher les ouvertures qui sont horizontales par un simple tampon en fonte, dont le poids seul suffit, dans le cas de pression ordinaire, pour assurer la fermeture, et qui serait soulevé dans le cas d'une forte pression accidentelle ; l'herméticité du joint est assurée au moyen d'un lut obtenu avec de la terre à four, ou un mélange de glaise et de chaux.

CHAPITRE V

DÉVELOPPEMENTS THÉORIQUES SUR LES PHÉNOMÈNES DE LA CHALEUR

On sait que l'on appelle *unité calorique,* ou simplement *calorie,* la quantité de chaleur qui est nécessaire pour élever, d'un degré centigrade, la température d'un kilogramme d'eau. Cette unité sert à comparer toutes les quantités de chaleur entre elles.

On appelle *chaleur spécifique* ou capacité calorifique d'un corps, la quantité de chaleur ou mieux le nombre de calories qui est nécessaire à l'unité de poids, pour l'élever d'un degré centigrade.

Cette capacité calorifique varie avec la température, elle augmente avec elle ; ainsi, d'après les expériences de M. Pouillet, la capacité moyenne calorifique du platine porté à 100° est de 0,0335 ; elle s'élève à 0,0382, lorsque l'on chauffe le platine à 1200°. Dulong et Petit avaient déjà constaté la même augmentation dans la valeur de la capacité moyenne, suivant la température, dans le mercure, le platine, le fer, le cuivre, l'argent, etc...

On appelle *puissance calorifique* d'un combustible, la quantité de chaleur ou mieux le nombre de calories que sa combustion peut développer.

Welter avait admis que tous les combustibles dégagent la même quantité de chaleur, lorsqu'ils se combinent avec la même quantité d'oxygène ; ou, en d'autres termes, que la chaleur dégagée est proportionnelle à la quantité d'oxygène entré en combinaison. Les expériences de Dulong ne sont pas venues confirmer cette loi ; en voici les résultats pour quelques subtances :

TABLEAU DES QUANTITÉS DE CHALEUR DÉGAGÉES PAR LA COMBUSTION D'APRÈS DULONG.

SUBSTANCES.	CHALEUR PRODUITE PAR			
	1 litre.	1 gr. de combust.	1 lit. d'oxygène.	1 gr. d'oxygène.
Hydrogène............	3,106	34,601	6.212	4 325
Gaz des marais........	9,587	13,350	4,793	3,337
Oxyde de carbone.....	3,130	2,490	6,260	4.358
Gaz oléfiant..........	15,338	12,203	5,113	3,360
Alcool absolu........	14,375	6,962	4,792	3,336
Charbon.............	3,929	7,295	3,929	2,735

Ces résultats présentent de notables différences avec ceux précédemment obtenus par Lavoisier et Laplace et par M. Despretz. Pour lever les doutes à ce sujet, elles furent reprises par MM. Fabre et Silbermann. Voici les résultats auxquels ils sont parvenus :

NOMS DES SUBSTANCES.	FORMULES.	QUANTITÉ de chaleur donnée par 1 gr. de combust.
Hydrogène à 15°................	»	34,462,0
Charbon de...................	C à CO^2	8,030,4
Charbon des cornues à gaz.......	»	8,047,3
Graphite des hauts-fourneaux....	»	7,785,3
Diamant.....................	»	7,770,0
Oxyde de carbone à...........	CO^2	2.402,7
Gaz des marais...............	C^2H^4	13,063,0
Gaz oléfiant.................	C^4H^4	11,857,8
Alcool.	$HO^2 + C^4H^4$	7,181,0

« Si la loi de Welter n'est pas exacte, dit Ebelmen, pour les
« combustibles qui diffèrent entre eux par leur état physique,
« comme le carbone et l'hydrogène, on peut la considérer comme
« s'approchant sensiblement de la vérité, lorsque l'on veut com-

« parer le pouvoir calorifique de combustibles qui se trouvent à
« peu près dans le même état physique, comme le bois, la tourbe,
« la houille. En se fondant sur la loi de Welter, M. Berthier a fait
« connaître une méthode très-simple qui permet d'apprécier
« la valeur calorifique d'un combustible, sans connaître sa com-
« position élémentaire. On mêle intimement 1 gramme de com-
« bustible à essayer avec 30 ou 40 grammes de litharge. On place
« le creuset dans un fourneau et on le porte progressivement au
« rouge ; on donne ensuite un coup de feu pour faire fondre la
« masse qui se trouve dans le creuset. On trouve dans le creuset
« une fois refroidi un culot de plomb recouvert d'une scorie
« formée par l'oxyde de plomb non réduit, les cendres du com-
« bustible et une certaine quantité de silice du creuset. On sépare
« très-facilement le culot de plomb de la scorie et l'on en déter-
« mine le poids. Dans cette opération, la partie combustible du
« corps soumis à l'essai se transforme complétement en eau et en
« acide carbonique, sous l'influence de l'oxygène de l'oxyde de
« plomb. D'après la loi de Welter, le poids du plomb obtenu est
« donc exactement proportionnel à la quantité d'oxygène que le
« combustible a prise pour brûler, et, par suite, à son pouvoir ca-
« lorifique. Or, on sait que le carbone peut réduire 34 fois son
« poids de plomb à l'état métallique. Si P représente le poids du
« culot de plomb, le pouvoir calorifique du combustible engagé
« sera $\frac{P}{34} \times 7224 = 212, 5 \times P$.

« Plus un combustible contient de carbone et d'hydrogène,
« plus sa valeur calorifique est considérable.

« Lorsqu'un combustible renferme l'oxygène et l'hydrogène
« dans les mêmes rapports que l'eau, son pouvoir calorique peut
« être déterminé par la proportion de carbone qu'il contient; si
« l'hydrogène est en excès, on transforme une partie de l'hydro-
« gène en eau au moyen de tout l'oxygène, et l'on ajoute l'hydro-
« gène en excès au carbone pour avoir le pouvoir calorifique. On
« voit donc que la composition élémentaire d'un combustible
« peut donner son pouvoir calorique. »

On pourrait s'attendre à voir les quantités de chaleur données par les composés toujours moindres que celles données par leurs éléments ; car s'il se dégage de la chaleur lorsque le carbone se combine avec l'hydrogène ou avec l'azote, il devrait y avoir de la chaleur absorbée lorsque ces éléments se séparent pour se porter sur l'oxygène. C'est le contraire que l'on observe presque toujours. Voici en effet les résultats d'expériences.

	Chaleur que donneraient leurs éléments.	Chaleur donnée par expér.	Différence.
Gaz des marais, CH^2......	10,210	9,587	— 650
Gaz oléfiant, C^2H^2........	14,070	15,338	+ 1,268
Alcool, $C^2H^2 + H^2O$.......	14,070	14,375	+ 375
Cyanogène, C^2Az.........	7,858	12,270	+ 4,412

VOLUME D'AIR NÉCESSAIRE POUR LA COMBUSTION. — La quantité d'oxygène nécessaire à la combustion d'un kilogramme de combustible est donnée, soit par le procédé proposé par M. Berthier, la litharge, soit par l'analyse.

On sait que la combustion de 1 kilogramme d'hydrogène exige 8 kilogrammes d'oxygène, on obtient 9 kilogrammes d'eau ; et que $0^k,75$ de carbone demandent, pour former de l'acide carbonique, $2^k,00$ d'oxygène.

Ainsi, supposons une houille dont l'analyse ait donné la composition indiquée par le tableau suivant, le poids d'oxygène indispensable s'en déduit.

Composition chimique.	Poids d'oxyg. nécess. à sa combust.	Poids des gaz obtenus.
Carbone.... 87,45	$87,45 \times \dfrac{200}{75} = 233^k,20$	320,65 acide carboniq.
Hydrogène.. 5,14	$5,14 \times 8 = 41^k,12$	46,26 vapeur d'eau.
Oxyg. et azot. 5,63		1,75 azote.
Cendres.... 1,78		
——	——	
100	$274^k,32$	

Les expériences de M. Regnault ayant montré que la quantité d'azote contenue dans les combustibles minéraux, dits houilles grasses, varie de 1,50 à 2 0/0, l'analyse donnant pour oxygène et azote réunis 5,63, nous avons admis qu'il y avait 1,75 d'azote et 3,88 d'oxygène. La combustion des 100 kilogrammes de ce combustible n'exigerait donc que $274^k,32 — 3^k,88 = 270^k,44$ d'oxygène. D'après la loi de Welter, puisque $2^k,666$ d'oxygène se combinant avec 1 kil. de carbone produisent 7,224 calories — 7,224 est le chiffre adopté par Ebelmen — les $2^k,7044$ d'oxygène nécessaires pour la combustion d'un kilogramme du combustible donneront $7,224 \times 2,7044 : 2,666 = 7,329$ calories.

Un mètre cube d'air est composé, en nombres ronds, de 210 litres d'oxygène pesant 300 grammes et de 790 litres d'azote pesant 1,000 grammes ou 1 kilogramme.

Les $270^k,44$ d'oxygène à fournir, pour la combustion de 100 kilogrammes de combustible, exigeront donc un volume de 900 mètres d'air atmosphérique, soit 9 mètres cubes par kilogramme de houille. Si la combustion ne donnait que de l'oxyde de carbone, les $87^k,45$ de carbone demanderaient seulement moitié de $233^k,20 = 116^k,60$ d'oxygène : par conséquent le poids total d'oxygène, pour la combustion de la houille, serait de $270^k,44 — 116^k,60 = 153,84$. Ce qui correspond à un volume de 513 mètres cubes d'air atmosphérique, soit $5^{me},13$ pour un kilogramme de combustible au lieu de 9 mètres cubes.

DÉTERMINATION DE LA CHALEUR DE COMBUSTION. — 1 kilogramme d'un combustible, tel que celui que je viens de prendre pour échantillon, exige, pour sa transformation en acide carbonique et en eau, 9 mètres cubes d'air atmosphérique.

Ces 9 mètres cubes d'air renferment $2^k,70$ d'oxygène produisant la combustion ; il reste 9 kilogrammes d'azote. On peut, former le tableau suivant.

GAZ PRODUITS.	Poids.	Capacités calorifiques.	Produits de la capacité par le poids, donnant la quantité de chaleur que prend le gaz en s'échauffant de 1 degré.
Acide carbonique....	$3^k,2065$	0,22	0,7054
Vapeur d'eau.......	$0^k,4626$	0,85	0,3930
Azote du charbon....	$0^k,0175$	0,28	0,0049
Azote de l'air.......	$9^k,0000$	0,28	2,5200
TOTAUX........	$12^k,6866$		3,6234

Ainsi, la combustion de 1 kilogramme de charbon correspond à un volume de gaz pesant $12^k,69$, dont la température s'élève de 1° au moyen de $3^{cal},6234$. Si l'on admet la loi de Welter, le pouvoir calorifique du combustible étant de 7,329, ce qui veut dire que la combustion d'un kilogramme développe 7,329 unités de chaleur, la température des produits sera

$$\frac{7329}{3,623} = 2023°.$$

Tous ces calculs supposent que la chaleur spécifique des gaz reste constante à mesure que leur température s'élève, ce qui n'est pas. On n'est donc autorisé à regarder ces résultats que comme des approximations.

Ils supposent aussi que la température initiale de l'air atmosphérique est 0°.

Les 9 mètres cubes d'air atmosphérique pèsent $11^k,70$; la capacité calorifique de l'air étant 0,27, la quantité de chaleur pour élever ces $11^k,70$ de 1°, sera de $11,7 \times 0,27 = 3^{cal},16$. Par conséquent, si la température atmosphérique est de 10°, il faut ajouter 31,6 de chaleur aux 7,329 produits par la combustion, et la température qui en résultera sera

$$\frac{7329 + 31,6}{3,623} = 2032°.$$

Si l'air est chauffé à 100° et 300°, les températures correspondantes seront

$$\frac{7329 + 316}{3,623} = 2110° \quad \text{et} \quad \frac{7329 + 948}{3,623} = 2285°.$$

Ces résultats montrent l'avantage que l'on retire, en chauffant préalablement l'air avant son introduction dans le foyer.

Si l'on introduit dans le foyer un excès d'air, échappant à la combustion, la quantité de chaleur produite devra élever, également, cet air en excès à la température du mélange. La température baissera, et elle sera donnée par la formule suivante

$$\frac{7329 + 3.16 \times t(1 + m)}{3,623 + 3,16 \times m}.$$

t indique la température de l'air comburant; m est le nombre qui représente la portion d'air atmosphérique échappant à la combustion, le volume d'air nécessaire à la combustion d'un kilogramme de combustible, étant représenté par 1.

Si $m=1$, c'est qu'il arrive au foyer un volume d'air double de celui qui est nécessaire à la combustion, la température produite diminue de près de moitié.

Si la combustion ne donnait que de l'oxyde de carbone, au lieu d'acide carbonique, le maximum de température à espérer serait très-réduit, comme on peut le calculer en suivant la même marche. Pour trouver la quantité de chaleur produite, on calculerait séparément celle donnée par le carbone se transformant en oxyde de carbone, et celle donnée par l'hydrogène se transformant en eau ; cette somme représente la puissance calorifique d'un kilogramme de combustible, dans le cas où la totalité du carbone se transformerait en oxyde de carbone.

Nécessité de connaître la composition des gaz brulés. — De quelque manière qu'un combustible soit brûlé, tant que le carbone se convertit en acide carbonique, et l'hydrogène en eau, la quantité de chaleur produite reste la même. Si une partie ou la totalité du carbone se convertit en oxyde de carbone, il y a diminution dans la production de chaleur ; de telle sorte que la présence de l'oxyde de carbone dans les gaz brûlés, qui s'échappent d'un fourneau, accuse une combustion incomplète et par suite une perte.

D'un autre côté, les gaz brûlés qui quittent un fourneau à une température élevée, emportent, ainsi , une quantité de chaleur non utilisée. Pour que cette perte soit réduite autant que possible, il faut qu'il n'entre dans le foyer que la quantité d'air nécessaire : car toute autre, en excès, enlève, en pure perte, la chaleur qui doit l'élever à la température du foyer. La présence de cet air est constatée par celle de l'oxygène dans les gaz, d'où l'on déduit son volume.

En résumé, pour atteindre le maximum d'effet, la combustion ne doit laisser échapper ni oxyde de carbone, ni oxygène en liberté. L'analyse des gaz produits est donc un très-bon moyen d'apprécier le mérite d'une combustion, et d'évaluer, connaissant leur température, la quantité de chaleur réellement utilisée dans le fourneau.

EXPÉRIENCES ET ANALYSES DONNÉES PAR EBELMEN.— M. Ebelmen a publié (*Annales des mines*, tome V, page 66, 4ᵉ série) des expériences sur la composition des gaz sortant de deux cheminées ; l'une servant à un four à pudler, l'autre, à un four à réchauffer. Les résultats de ces expériences sont d'autant plus utiles à consigner, que les conséquences en sont directement applicables aux foyers des usines à gaz.

La grille du four à distiller a $0^m,80$ de longueur, sur une largeur de $0^m,97$: c'est une surface de $0^{mq},77$. Il y a 11 barreaux de $0^m,055$ de largeur, sur $0^m,025$ d'épaisseur. Les 12 espaces vides, entre deux barreaux voisins, ont $0,0304$ l'un, quand les barreaux sont neufs.

La grille du four à réchauffer a $0^m,90$ de longueur sur $1^m,02$ de largeur. Les barreaux ont la même forme, les mêmes dimensions que ceux du four à pudler, et sont espacés de la même manière.

L'épaisseur de la houille sur la grille du four à pudler est de $0^m,20$; et elle est de $0^m,25$ sur la grille du four à réchauffer.

Voici les résultats d'expériences faites sur des gaz aspirés de dix minutes en dix minutes environ, après la charge.

ÉPAISSEUR DE LA HOUILLE, 0^m,20.

FOUR A PUDLER.	(1)	(2)	(3)	(4)	(5)
Acide carbonique......	13,09	16,23	15,45	16,13	15,14
Oxyde de carbone......	0,18	1,49	0,48	0,28	1,25
Hydrogène............	»	0,36	0,08	0,10	0,10
Oxygène.............	4,81	0.96	2,47	2,50	1,44
Azote...............	81,92	80,96	81,50	80,90	82,07
	100,00	100,00	100,00	100,00	100,00

ÉPAISSEUR DE LA HOUILLE, 0^m,25.

FOUR A RÉCHAUFFER.	(6)	(7)	(8)	(9)	(10)
Acide carbonique......	12,44	15,55	16,72	15,47	17,35
Oxyde de carbone......	7,52	4,25	0,57	0,36	0,69
Hydrogène............	3,04	0,86	»	»	0,08
Oxygène.............	0,20	0,81	2.13	2,14	0,85
Azote...............	79,80	78,53	80,58	82,00	81,03
	100,00	100,00	100,00	100,00	100,00

En comparant, dans ces expériences, le volume de l'oxygène
pur à celui de l'azote, on en déduit le rapport du volume d'air qui
échappe à la combustion, au volume d'air brûlé, et l'on obtient
alors les résultats suivants.

FOUR A PUDLER.

	(1)	(2)	(3)	(4)	(5)
Vol. d'air qui échap. à la combust. sur 100	22,00	4,50	11,05	12,20	6,70
Gaz combustibles sur 100.............	0,18	0,49	0,56	0,38	1,35

FOUR A RÉCHAUFFER.

	(6)	(7)	(8)	(9)	(10)
Vol. d'air qui échap. à la combust. sur 100	1,00	3,90	10,00	9,90	3,90
Gaz combustibles sur 100.............	10,56	5,11	0,57	0,36	0,77

Ces résultats montrent, malgré les légères variations que présentent ces analyses et qui s'expliquent par l'irrégularité forcée
de la couche de houille, que la proportion d'air qui échappe à la
combustion est, généralement, une faible portion du volume total ; et que la proportion de gaz combustible augmente notablement dans le mélange gazeux, aussitôt que la quantité d'oxygène
libre diminue. Cette proportion devient très-faible quand l'air

non brûlé s'élève à 10 ou 12 0/0 de la quantité qui traverse la grille.

On conçoit aussi pourquoi l'air des cheminées des fours à réchauffer est sensiblement moins chargé d'oxygène libre que celui des fours à pudler. L'épaisseur de la houille, sur la grille du four à souder, est de $0^m,05$ plus considérable que dans le four à pudler.

CONSÉQUENCES PRATIQUES APPLICABLES A LA CONSTRUCTION DES FOYERS. — « Quand l'air des cheminées, dit M. Ébelmen, con-
« tient 7 à 8 0/0 d'air non désoxygéné, il ne renferme pas no-
« tablement de gaz combustibles; mais ceux-ci reparaissent en
« proportion bien plus grande quand l'air non brûlé n'est plus
« que les 2 ou 3 0/0 du volume de l'air aspiré. L'emploi le plus
« avantageux du combustible correspondrait évidemment à une
« transformation réciproque et complète de l'oxygène de l'air
« et du combustible en eau et en acide carbonique. L'excès d'air
« abaisse inutilement la température du courant; mais la for-
« mation de l'oxyde de carbone est encore plus nuisible, puis-
« qu'elle produit une absorption de chaleur latente. Dans les
« fours sur lesquels j'ai opéré, on n'est pas loin ordinairement
« du maximum d'effet théorique; puisque l'excès d'air n'est
« en moyenne que de $0^m,7$ ou $0^m,8$ de l'air aspiré. Ce petit
« excès d'oxygène paraît nécessaire pour que les gaz combus-
« tibles ne se montrent pas dans le mélange en proportion
« notable. »

L'acide carbonique est le seul produit de la combustion, tant que l'air est en excès; dans ces conditions, il ne se forme pas d'oxyde de carbone, du moins en quantité appréciable. Les expériences que l'on vient de citer le démontrent.

Quand la transformation de tout l'oxygène de l'air en acide carbonique est devenue complète, les gaz pénétrant dans tous les pores du charbon et, se trouvant alors en présence d'un excès de carbone, tendent à se changer en oxyde de carbone. Cette action sera d'autant plus prompte que la température sera plus élevée, et que la surface du charbon en contact avec les gaz sera plus considérable.

Ebelmen cite à ce sujet que, d'après M. Mitscherlich, le diamètre moyen des cellules de charbon de bois est de $\frac{1}{2400}$ de pouce. En comparant le poids du charbon sec au poids du même charbon imbibé d'eau, et au diamètre des cellules, M. Mitscherlich a calculé que la surface totale des cellules, dans un morceau de charbon de bois pesant $0^{gr},9565$, était d'environ 73 pieds carrés. Le coke est loin de présenter une pareille porosité.

« Si le charbon de bois une fois allumé, dit Ebelmen, continue « à brûler à l'air libre, c'est que la perte de chaleur qu'il éprouve « par le rayonnement, dans un temps donné, est plus faible que « la quantité de chaleur dégagée par la combustion. La perte de « chaleur par le rayonnement ne dépend que de la surface exté- « rieure du charbon ; tandis que la chaleur dégagée par la com- « bustion dépend de la surface exposée au contact de l'air, qui « comprend à la fois la surface extérieure et une partie de la sur- « face des pores du charbon. Si le coke, une fois allumé, s'éteint « très-facilement à l'air libre, on doit l'attribuer au peu de poro- « sité de ce combustible. »

A cause de cette grande porosité du charbon de bois, la transformation du gaz carbonique en oxyde de carbone doit être plus prompte. L'expérience démontre, effectivement, que, dans les cubilots à refondre la fonte de fer, qui ont une hauteur de 3 mètres environ, la composition des gaz varie suivant que l'on emploie pour combustible du charbon de bois ou du coke.

Avec le charbon de bois, la presque totalité de l'oxygène de l'air est transformée en oxyde de carbone; avec le coke, l'acide carbonique et l'oxyde de carbone entrent à peu près en égale proportion ; aussi la quantité de chaleur produite est-elle alors beaucoup plus considérable. L'on refond 1,000 kilogrammes de fonte avec 180 à 200 kilogrammes de coke ; tandis que, pour le même travail, l'on consomme de 600 à 800 kilogrammes de charbon de bois.

En résumé, pour arriver à l'effet maximum, c'est-à-dire à ne produire que de l'acide carbonique sans oxyde de carbone, avec le plus petit excès d'air possible, il faut tenir compte de la nature du combustible, de l'épaisseur de la couche et de la force du courant d'air ou du tirage.

Dans les fours à pudler ou à réchauffer, dans lesquels on brûle 120 kilogrammes de houille par mètre carré et par heure, l'épaisseur la plus convenable à donner à la couche serait, d'après les expériences de M. Ebelmen, de $0^m,20$ à $0^m,25$. J'ai fait observer que les fours à gaz sont généralement dans les mêmes conditions.

Si l'on change la nature du combustible, ou si l'on brûle sur la grille plus ou moins de charbon par mètre carré, c'est-à-dire si l'on active ou si l'on ralentit le tirage, il faut modifier l'épaisseur de la couche. Ce que l'on sait, *a priori*, c'est que plus cette couche sera épaisse, toutes choses égales d'ailleurs, plus il devra se former d'oxyde de carbone. Mais les conditions peuvent changer complétement, du moment que l'on modifie l'appel de l'air comburant.

Influence de la vitesse d'air. — Les expériences suivantes d'Ebelmen montrent l'influence de la vitesse d'air sur la composition des gaz.

Voici les données d'une analyse des gaz recueillis dans la conduite d'un générateur marchant avec du coke, et alimenté par de l'air projeté par une tuyère de $0^m,03$ de diamètre, sous une pression de $0^m,025$ à $0^m,030$ de mercure.

Acide carbonique	0,73
Oxyde de carbone	33,54
Hydrogène	1,47
Hydrogène sulfuré	0,16
Azote	64,10
	100,00

Voici d'autres analyses faites sur les gaz qui sortent d'un four à coke ; ici l'appel d'air ne pouvait être que très-faible.

	Après 2 heures.	Après 7 heur. 1/2.	Après 14 heur.	Moyenne en volumes.
Acide carbonique.....	10,13	9,60	13,06	10,93
Hydrogène proto......	1,44	1,66	0,40	1,17 .
Hydrogène..........	6,28	3,67	1,10	3,68
Oxyde de carbone......	4,17	3,91	2,19	3,42
Azote.	77,98	80,61	80,80	80,80
	100,00	100,00	100,00	100,00

Ainsi, avec le courant d'air forcé, la totalité de l'oxygène s'est transformée en oxyde de carbone. Il a donc été produit la plus petite quantité de chaleur possible par la combustion du charbon. Dans le four à coke, au contraire, la quantité d'oxyde de carbone obtenue n'est que le quart environ de celle de l'acide carbonique. La combustion dans un four à coke se fait donc, relativement, dans de bien meilleures conditions pour produire de la chaleur.

Dans des meules de charbon de bois, au contraire, les gaz recueillis ne contiennent pas d'acide carbonique. La transformation en oxyde de carbone est complète.

Pour transformer soit le bois en charbon, soit la houille en coke, il faut de la chaleur ; ce qui représente une perte de combustible, qui est évidemment d'autant plus faible qu'il se formera moins d'oxyde de carbone. Les fours à coke, sous ce rapport, sont plus avantageux que les meules au charbon de bois.

M. Grafton, le premier, a proposé de chauffer les cornues avec de petits fours à coke. Ces fours sont moins élevés que ceux qui ont servi aux expériences d'Ebelmen. Cette circonstance tend à diminuer encore la proportion de l'oxyde de carbone. Il doit donc y avoir plus de chaleur à recueillir, et ce chauffage devient économique là où le coke de four est recherché et où l'on peut se procurer des charbons menus à bon marché.

L'influence de la vitesse de l'air comburant est manifeste d'après ces dernières expériences. Lorsque ce courant est forcé et que l'épaisseur de la couche de combustible est trop grande, il y a formation d'une grande quantité d'oxyde de carbone. Cet inconvénient est beaucoup moins à redouter avec un faible appel d'air. L'expérience journalière apprend, en effet, que, dans bien des circonstances, on augmente la chaleur d'un four en modérant l'ouverture du registre de la cheminée ; tandis qu'au contraire on voit la température baisser, et la consommation du combustible augmenter, lorsque l'on ouvre le registre dans le but d'activer la combustion et de relever la chaleur du four. Le combustible étant donné, c'est à l'expérience à assigner l'épaisseur de la couche et l'appel d'air le plus convenable, d'après les circonstances où l'on se trouve.

DIMENSIONS A DONNER AUX GRILLES. — Pour brûler une quantité donnée de combustible, de quelque manière que l'on opère, il faut le même volume d'air.

Si donc on doit brûler ce combustible en une heure, la vitesse d'arrivée de l'air dans le foyer est en raison inverse de la grandeur de la grille.

M. Croll, ingénieur anglais, se sert des grilles qui n'ont que deux barreaux ; ces foyers sont très-étroits, et l'air y arrive, nécessairement, avec une plus grande vitesse que dans d'autres foyers où, conservant la même longueur, on donne une largeur qui varie depuis $0^m,80$ à $1^m,00$. Ces deux systèmes sont tous les deux rationnels, du moment qu'ils satisfont à la condition de ne donner que de l'acide carbonique, avec un excès d'air très-minime.

On a rappelé ce principe fondamental de physique, savoir que, de quelque manière qu'on brûle un poids donné de combustible en le transformant en eau et en acide carbonique, la quantité de chaleur produite reste la même. Ainsi, 100 kilogrammes brûlés soit dans un foyer large, soit dans un foyer étroit, donnent la même quantité de chaleur. Cette quantité de chaleur se répartit de deux manières bien distinctes. 1° Une partie s'échappe par le rayonnement du combustible ; elle est d'autant plus grande, toutes choses égales d'ailleurs, que la surface elle-même de la couche est plus étendue ; cette partie va frapper la voûte, et pénètre de là aux cornues. 2° L'autre partie est emportée par les gaz brûlés qui s'échappent du foyer ; ces gaz circulent, en les échauffant, autour des cornues qui sont plus éloignées du foyer.

Comme la somme de ces deux quantités de chaleur transmise reste constante pour un même poids de combustible, quand l'une augmente, l'autre doit diminuer nécessairement ; de telle sorte que, lorsqu'on veut transporter la chaleur loin du foyer, il faut des grilles étroites, et par suite de forts courants d'air. Avec de grandes grilles, au contraire, la quantité de chaleur rayonnée par le foyer est plus grande et les gaz brûlés s'échappent à une plus faible température.

Voici, en effet, comment s'exprime à ce sujet M. Hugues, auteur anglais d'un ouvrage sur le gaz : « Dans quelques-uns des « fourneaux de M. Croll, un simple barreau rond a été adopté « pour la grille du foyer, à la place de deux barreaux carrés, l'on « prétend que le barreau rond présente l'avantage d'être plus « facilement nettoyé que celui de forme carrée. La cuvette au- « dessous de la grille du foyer est remplie d'eau, dont l'évapo- « ration tient le barreau froid. Ce fourneau n'est nullement fermé « en dessus, mais la chaleur circule autour des cornues en terre « et descend, ensuite, dans le four le plus bas, autour des cor- « nues en fonte, puis, finalement, s'échappe par un conduit pas- « sant en dessous de ces derniers. Dans les usines de Winchester, « les cornues en terre et en fonte de fer sont placées dans le « même four, la chaleur agit en premier et avec sa plus grande « intensité sur les cornues en terre. La largeur des murs du « fourneau, leur grande épaisseur et la masse de charbon con- « centrée dans un état incandescent, sont considérées comme de- « vant donner une grande supériorité à cette disposition. La « quantité de charbon distillée par un modèle de double grandeur « n'est probablement pas moindre de 8 tonnes 1/2 en 24 heures : « savoir 5 tonnes dans les cornues en terre et 3 tonnes 1/2 dans « celles en fonte de fer. La grande distillation est effectuée dans « deux grilles de fourneau de 252 pouces carrés ou 504 pouces « carrés en tout. L'économie de chauffage dans ce fourneau est « aussi, dit-on, très-remarquable : car la plupart des usines de

« la capitale exigent presque le tiers de tout le coke fait, l'on
« dit que 12 0/0 seulement sont usés dans la commune de Bow. »

Avec un four ayant des cornues disposées de façon à recevoir
la plus grande partie du rayonnement, un grand foyer et une
faible vitesse d'arrivée de l'air sont préférables; on peut aller
jusqu'à donner une surface de 1 mètre carré par 20 et 25 kilogrammes de houille à brûler par heure, avec une épaisseur de
$0^m,25$ à $0^m,30$; mais il faut alors des registres à chaque four,
qu'on doit manœuvrer de manière à ne pas dépasser cette consommation.

On voit donc que, lorsqu'on se borne à recueillir principalement
la chaleur rayonnée, on peut, regardant la grandeur du foyer
comme proportionnelle à la dépense du charbon, adopter la
proportion de 1 mètre carré par 20 à 25 kilogrammes à brûler
par heure.

Mais, lorsqu'au contraire il faut transporter la chaleur en des
points éloignés du foyer et soustraits à son rayonnement, il devient alors avantageux de rétrécir les dimensions de la grille.
M. Croll, d'après les données indiquées plus haut et publiées par
M. Hugues, va jusqu'à brûler de 100 à 120 kilogrammes par
mètre carré et par heure. C'est la proportion adoptée dans les
fours à pudler et à réchauffer. — Je ne pense pas que l'on puisse
avec avantage dépasser cette limite.

Dans les positions intermédiaires, c'est-à-dire avec un four de
moyenne grandeur, ou dont les cornues sont peu éloignées du
foyer, on doit arrêter la dimension de la grille entre les deux
limites que l'on vient de donner.

QUANTITÉ DE CHALEUR RAYONNANTE. — On doit à Dulong et
Petit un travail remarquable et souvent cité en physique sur l'évaluation de la chaleur rayonnée. Les conclusions sont que, dans
le vide, quand la température de l'enceinte croît en progression
arithmétique dont la raison est 20°, la vitesse de refroidissement
croît en progression géométrique dont la raison est r, la valeur
de r étant 1,165.

Ces expériences n'ont été faites que pour des températures variant de 0° à 400°. Si les conséquences cessent d'être applicables pour des températures plus élevées, on ne saurait douter cependant que les quantités de chaleur émises par une surface donnée, pour une même différence de température, ne croissent dans un rapport très-grand avec la température de l'enceinte. Quoi qu'il en soit, je vais donner une idée de l'importance qu'acquièrent ces quantités de chaleur rayonnée dans l'hypothèse où nous admettrions que les formules données par Dulong et Petit sont également applicables au cas où la température de l'enceinte est de 1000° par exemple.

La formule de refroidissement de Dulong et Petit est

$$m.\ 1{,}0077^{\,\theta}\ (1{,}0077^{t} - 1).$$

m désigne une constante qui ne dépend que de la nature de la surface rayonnante; θ, la température de l'enceinte; et t, l'excès de température constant.

Cette formule exprime le nombre de degrés dont le thermomètre doit descendre en 1 minute, en admettant que la vitesse de refroidissement soit la même que celle qui a lieu dans le premier instant.

A ce terme, il y aurait à ajouter la perte qui provient du contact de l'air, qui est donnée par l'expression

$$np^{c}t^{b}.$$

$b = 1{,}233$; p désigne la pression; c, un coefficient qui dépend de la nature du gaz et qui, pour l'air, est égal à 0,45; n dépend de la nature de la surface du corps soumis au refroidissement; pour l'air $n = 0{,}0092$.

Or, dans le cas particulier qui nous occupe, la pression ne change pas sensiblement; la nature du gaz environnant reste la même; l'expression qui indique le refroidissement peut donc se mettre sous la forme

$$m.\ 1{,}0077^{\,\theta}\ (1{,}0077^{t} - 1) + n't^{1{,}233}.$$

On remarque, en étudiant cette formule, qu'à mesure que θ augmente, l'expression du refroidissement total tend à se réduire au premier terme, qui est l'expression du refroidissement dans le vide.

Or, quant $\theta = 1°$, la quantité de calories émises, par minute, est proportionnelle à

$$m\,(1,0077^t - 1) \times 1,0077 = k \times 1,0077,$$

en faisant $m\,(1,0077^t - 1) = k$.

Si l'enceinte arrive à $1000°$ (t restant constant), la quantité de calories émises est $k \times 1,0077^{1000} = k \times 2053$, au lieu de $k \times 1,0077$, c'est-à-dire $2,000$ plus considérable.

BARREAUX ET PORTE DE FOURNEAU. — On donne ordinairement aux barreaux les dimensions de $0^m,06$ à $0^m,10$ de hauteur, sur $0^m,03$ à $0^m,08$ de largeur. Les extrémités portent des parties carrées telles que, lorsqu'elles sont juxtaposées, l'espace libre, entre deux barreaux, soit compris entre $0^m,015$ et $0^m,030$, suivant la nature du combustible. Ces barreaux sont le plus généralement en fonte; ils reposent par leurs extrémités sur deux barres de fer carrées, qui sont scellées dans le massif du foyer. Il faut avoir l'attention, en posant ces barreaux, de tenir compte de la dilatation et de laisser, à cet effet, un peu de jeu.

Lorsque les joues ou côtés du foyer, qui sont en briques ou en pièces très-réfractaires, sont verticales ou légèrement inclinées, le mâchefer se fixe facilement dans les angles, et il est difficile de l'enlever avec une pince. En faisant le foyer plus large que la grille, de manière à laisser entre la grille et les joues une largeur de 15 à 20 centimètres, (comme le représente la planche VII), nous avons obtenu de très-bons résultats : le mâchefer s'enlève facilement.

La porte du foyer est garnie intérieurement de briques réfractaires. Un grand châssis en fonte offre l'avantage de bien maintenir la maçonnerie et, sous ce rapport, on doit l'adopter de préférence.

Il est utile de mettre également une porte à l'entrée du cendrier ; on règle, ainsi, à volonté, l'arrivée de l'air dans le foyer. Quelquefois, cette porte n'est ouverte que pour enlever les scories et les cendres qui tombent dans la cuvette ; l'air arrive alors par des conduits ménagés dans les massifs du fourneau, où il s'échauffe avant d'arriver sous le cendrier. Cette disposition est avantageuse sous le rapport de l'économie du combustible. On recueille en plus, dans le foyer, toute la chaleur qui élève cet air comburant à la température qu'il peut, ainsi, acquérir.

On place souvent, au-dessous du foyer, une cuvette en fonte que l'on remplit d'eau. L'évaporation de cette eau, qui est rendue facile par le rayonnement du foyer et par les scories et petits charbons enflammés qui tombent, donne une vapeur qui vient frapper contre les grilles qu'elle refroidit, et par sa température propre, et par l'absorption de chaleur due à sa décomposition. Cette décomposition donne naissance à des gaz dont la combustion, au-dessus du foyer, augmente l'intensité de la chaleur produite.

Nous avons à peine besoin de faire remarquer que la présence de cette eau ne donne pas, en définitive, une somme plus grande de chaleur ; seulement elle la répartit plus heureusement : la chaleur rayonnée au-dessous du foyer est en grande partie perdue pour l'effet utile, l'effet de la vapeur d'eau est de l'absorber en dessous pour la transporter au-dessus.

CHAPITRE VI

DU MOUVEMENT DE L'AIR DANS LES CHEMINÉES; DU TIRAGE;
DIMENSIONS A DONNER AUX CHEMINÉES; VITESSE THÉORIQUE DE
SORTIE DES GAZ BRULÉS DANS UNE CHEMINÉE

Supposons un tuyau cylindrique vertical, ouvert par les deux
bouts, d'une longueur indéfinie à partir du sol, rempli d'air chaud
dont nous représenterons la densité par d'; celle de l'air, à la
température de l'atmosphère, étant d. Supposons de plus que la
quantité d'air chaud, qui entre dans le tuyau soit assez considérable pour faire équilibre à la pression atmosphérique.

Recherchons quelle est la pression qu'un point quelconque du
tuyau, situé à une hauteur H, éprouve de la part de l'atmosphère
et du fluide intérieur.

Si P désigne la pression atmosphérique, exprimée en kilogrammes, qui se fait sentir au bas du tuyau sur un mètre carré,
la pression extérieure, à la hauteur H, sera $P - H\,d$, en négligeant l'influence de la dilatation sur la densité de l'air pris au
bas du tuyau, et à la hauteur H.

La colonne d'air chaud faisant équilibre, au bas du tuyau, à la
pression atmosphérique exercera, en ce point, une pression P; et
à la hauteur H, une pression $P - H\,d'$.

Par conséquent, un manomètre à eau placé à la hauteur H
indiquera une différence de niveau égale à $\dfrac{H\,(d - d')}{1000}$ exprimée
en mètres; et, si l'on pratique une ouverture en ce point, c'est

en vertu de cette pression que l'air chaud tendra à sortir, avec une vitesse théorique donnée par la formule

$$V = \sqrt{2g H \frac{d - d'}{d'}}.$$

On voit que cette vitesse augmente avec H, c'est-à-dire à mesure que le point où l'on pratique l'ouverture est plus élevé.

Si, au lieu de regarder le tuyau comme ayant une hauteur indéfinie, on le suppose entièrement fermé à une hauteur H, les mêmes phénomènes se représenteront, et la vitesse théorique de sortie, en un point quelconque, sera toujours donnée par la même formule. Cette vitesse est indépendante de la grandeur de l'orifice, et elle reste la même lorsque l'on suppose la cheminée entièrement ouverte par le haut.

Les choses se passent absolument de la même manière que si l'on avait un fluide, d'une densité d', soumis à une pression manométrique $\frac{H (d - d')}{1000}$. Les mêmes phénomènes de mouvement doivent se reproduire.

PRESSION MANOMÉTRIQUE EN UN POINT QUELCONQUE DE LA CHEMINÉE. — On a donné le moyen de calculer la pression manométrique qui s'exerce en un point quelconque de la cheminée, lorsque l'air chaud ne trouve pas d'issue. Nous allons, maintenant, montrer comment ces pressions manométriques se modifient, lorsque le courant est établi.

Si le fluide est en repos, la pression manométrique en un point situé à la hauteur x est égale à $\frac{x (d - d')}{1000}.$

Si V représente la vitesse du fluide en mouvement, la pression manométrique exercée contre les parois de la cheminée est diminuée, d'après le principe de Bernouilli, précisément de la hauteur y que doit avoir le manomètre, pour que le fluide, dont la densité est d', prenne la vitesse V.

On a, pour déterminer y, la relation

$$V^2 = 2g \frac{y \times 1000}{d'};$$

d'où

$$y = \frac{1}{2g}\,\frac{V^2 d'}{1000} = \frac{0,051\,V^2 d'}{1000}\,.$$

La pression manométrique cherchée, au point situé à une hauteur x, est donc

$$\frac{x\,(d - d') - 0,051\,V^2 d'}{1000},$$

quantité qui sera positive ou négative, suivant que $x\,(d - d')$ — $0,051\,V^2\,d'$ sera, lui-même, plus grand ou plus petit que zéro, ou V^2 plus petit ou plus grand que

$$\frac{1}{0,051}\,\frac{x\,(d - d')}{d'} = 2g\,x\,\left(\frac{d - d'}{d'}\right);$$

or, cette dernière expression est précisément le carré de la vitesse théorique qui aurait lieu, si la cheminée avait la hauteur x.

Comme, à partir du bas de la cheminée, la vitesse théorique est d'abord très-petite, et que la vitesse que le courant d'air brûlé prend en ce point, lui est toujours supérieure, le manomètre y indiquera une pression négative; la pression du dehors est supérieure à celle du dedans. Par conséquent, si l'on pratique une ouverture dans le bas de la cheminée, l'air atmosphérique y pénètrera, venant entièrement modifier les conditions du tirage, en l'altérant. On reconnaît ainsi combien l'obligation qui, dans l'origine, était imposée aux usines à gaz, d'établir au-dessus de chaque four, une hotte devant conduire les gaz dans la cheminée, au moment du défournement, est contraire à toute idée pratique.

Mouvement de l'air chaud dans les cheminées. — Les dimensions à donner à une cheminée varient, toutes choses égales d'ailleurs, avec le poids de combustible à brûler par heure. La formule assignant ces dimensions se déduit de l'équation du mouvement de l'air chaud dans la cheminée.

Supposons que

H représente la hauteur de la cheminée ;

L, la longueur du carneau depuis le foyer jusqu'à la cheminée ;

S, la section que l'on suppose uniforme dans la cheminée et dans le carneau ;

A, le périmètre de cette section ;

d, la densité de l'air atmosphérique ;

d', la densité moyenne des gaz brûlés dans la cheminée ;

P, la pression atmosphérique au bas de la cheminée.

Pour établir l'équation du mouvement de l'air chaud dans la cheminée, ce que nous ferons d'après le principe des forces vives, nous adopterons l'hypothèse du parallélisme des tranches de Bernouilli.

Nous calculons d'abord les quantités de travail des forces agissant comme puissances.

1° La quantité de travail développée par la pression atmosphérique, pour faire pénétrer le petit volume élémentaire v dans le carneau, avant le foyer ; cette quantité de travail est représentée par l'expression Pv.

2° Ce petit volume v, après avoir traversé le foyer, change de température et par suite de densité. On conclut le changement de volume de celui de la densité, en ne tenant pas compte de cette circonstance qu'il y a, ici, action chimique, et qu'un volume de 9 mètres cubes d'air, pesant $(9 \times 1,299)$ ᵏ., se combine avec un kilogramme de combustible, et pèse, après son passage à travers le foyer, $(9 \times 1,299 + 1)$ ᵏ. Du changement de volume, on déduit le travail produit par la détente due à la chaleur. Ce travail se calcule plus facilement que pour les machines à vapeur, car ici la pression reste constante : ce travail est donné par l'expression $P (v' - v)$; v' exprimant ce que devient le petit volume v, quand il passe de la densité d à la densité d'. Comme $\dfrac{v'}{v} = \dfrac{d}{d'}$, l'expression du travail peut se mettre sous la forme $\dfrac{(d - d')}{d'} P v.$

Ces deux quantités de travail, provenant de forces actives, sont positives. Les quantités de travail provenant des résistances et par conséquent négatives, sont :

1° La quantité de travail qui représente l'action de la pesanteur sur le petit volume v introduit, et élevé à hauteur H de la cheminée. Cette quantité de travail est d Hv.

2° La quantité de travail qu'il faut attribuer à la résistance que l'atmosphère oppose à la sortie des gaz chauds, au haut de la cheminée. Le travail de cette résistance se calcule d'après le volume v', et il est exprimé par $(P - H d) v' = (P - H d) \frac{d}{d'} v$.

3° La quantité de travail due au frottement de l'air chaud dans le carneau et dans la cheminée, qui est représentée par l'expression $b \, A \, (L + H) \frac{d}{g} V^2 c$, dans laquelle V exprime la vitesse cherchée de l'air chaud dans la cheminée, et c, la hauteur qui correspond au petit volume v', ayant la section S. On a $c \times S = v'$; d'où $c = \frac{v'}{S} = \frac{d}{d'} \frac{v}{S}$; substituant, le travail provenant du frottement devient $b \, \frac{A (L + H)}{S} \frac{d}{g} V^2 c$.

b est un coefficient dont la valeur, d'après les expériences de d'Aubusson, est de 0,0032 et, d'après les dernières expériences de M. Poncelet, de 0,0030.

4° La perte de travail absorbée par le passage de l'air à travers le combustible, perte que l'on compare à celle qui aurait lieu, si l'on faisait passer cet air à travers un petit orifice s percé dans un diaphragme, et que l'on calcule, de même, d'après la théorie de Borda, dont le savant monsieur Poncelet a constaté l'exactitude. La perte de force vive est donnée par l'expression $\frac{d' v'}{g} \left(\frac{S}{ms} - 1 \right)^2 V^2$. m désigne le coefficient de contraction applicable à l'orifice s. La quantité de travail absorbée par cette résistance est représentée par la moitié de cette expression.

Nous avons toutes les qualités de travail produites par les forces actives et passives pour une augmentation de force vive égale à $\frac{d' v'}{g} V^2$. On en déduit l'équation des forces vives, et par suite, toutes réductions faites, la relation suivante

$$V = \sqrt{\dfrac{2g\mathrm{H}\left(\dfrac{d}{d'} - 1\right)}{1 + \dfrac{2b\mathrm{A}(\mathrm{L}+\mathrm{H})}{\mathrm{S}} + \left(\dfrac{\mathrm{S}}{ms} - 1\right)^2}}.$$

Température moyenne des gaz brûlés donnant le maximum de tirage. — La vitesse donnée par l'expression ci-dessus est celle des gaz brûlés sortant de la cheminée; pour en déduire le volume d'air entrant dans la cheminée, par seconde, il faut multiplier cette vitesse par la section S, ce qui donne le volume cherché à la température moyenne des gaz brûlés; et en multipliant par $\dfrac{d'}{d}$, on aura ce volume ramené à la température atmosphérique.

Ainsi, N représentant le dénominateur de la fraction sous le radical qui donne la valeur de V, le volume cherché sera

$$\mathrm{S} \times \frac{d'}{d} \sqrt{\frac{2g\mathrm{H}\left(\dfrac{d}{d'} - 1\right)}{\mathrm{N}}} = \mathrm{S}\sqrt{\frac{2g\mathrm{H}\left(1 - \dfrac{d'}{d}\right)\dfrac{d'}{d}}{\mathrm{N}}}\,;$$

or le produit $\left(1 - \dfrac{d'}{d}\right)\dfrac{d'}{d}$ se compose de 2 facteurs, dont la somme est constante et toujours égale à l'unité. La condition de maximum sera remplie en posant

$$1 - \frac{d'}{d} = \frac{d'}{d}, \text{ d'où } 2d' = d\,;$$

c'est-à-dire qu'il faut que la densité moyenne des gaz brûlés soit moitié de celle de l'air ambiant. a représentant le coefficient de dilatation de l'air dont la valeur connue est $0{,}00375$; t, la température de l'atmosphère; et t', la température moyenne de la cheminée, on aura, en négligeant l'influence que l'altération de l'air brûlé introduit dans la densité,

$$\frac{d'}{d} = \frac{1 + at}{1 + at'} = \frac{1}{2}, \text{ d'où } t' = \frac{1}{a} + 2t = 266°{,}65 + 2t.$$

D'où l'on conclut que, toutes choses égales d'ailleurs, le tirage est le plus grand possible, lorsque le degré de température moyenne des gaz brûlés est égal à 266°,65 augmenté du double de la température de l'atmosphère.

D'après des expériences de la société industrielle de Mulhouse, il paraîtrait que, dans les bons foyers, la température au bas de la cheminée est de 550 à 600°, pour des cheminées de 30 mètres de hauteur ; et que, quand elle n'est que de 300 à 350°, le tirage ne se fait pas bien. Une température de 550 à 600° au bas de la cheminée correspond, évidemment, à une température moyenne beaucoup moindre.

Vitesse moyenne de l'air chaud. — Tirage. — Formule donnant la section de la cheminée. — Nous admettrons que la densité moyenne des gaz brûlés soit effectivement moitié de celle de l'air atmosphérique, ce qui ne peut d'ailleurs entraîner une erreur grave, et simplifie la valeur de V.

Le terme $\frac{2b\text{A}(\text{L}+\text{H})}{\text{S}}$ peut se simplifier en se servant de la considération du diamètre moyen que l'on appellera D ; — D étant déterminé par la relation $\text{A}\times\frac{\text{D}}{4}=\text{S}$, d'où $\frac{\text{A}}{\text{S}}=\frac{4}{\text{D}}$ — ; le terme ci-dessus devient $\frac{8b(\text{L}+\text{H})}{\text{D}}$. Or $8b = 8 \times 0{,}0032 = 0{,}0256$; et, comme L + H est rarement supérieur à 50 mètres, et D, inférieur à 0,50, la plus grande valeur de l'expression $\frac{8b\,(\text{L}+\text{H})}{\text{D}}$ est 2,56.

Reste l'expression $\left(\frac{\text{S}}{ms}-1\right)^2$ qui représente la résistance du foyer, et que l'expérience seule peut déterminer. Il faudrait donner à cette résistance une valeur égale à 15,05, pour que l'expression $\dfrac{2q}{1+2{,}56+\left(\frac{\text{S}}{ms}-1\right)^2}$ devienne égale à l'unité ; or Péclet n'assigne à cette résistance qu'une valeur égale à 12. L'on en déduit que la valeur de V est généralement un peu supérieure à $\sqrt{\text{H}}$; et c'est là, effectivement, ce que l'on conclurait de la formule connue de Tredgold. Ce savant constructeur détermine la section, en décimètres carrés, à donner à une cheminée par la formule suivante :

$$\frac{4 \text{ fois la force de la machine exprimée en chevaux}}{\sqrt{} \text{ de la hauteur.}}$$

Comme Tredgold admet une machine dépensant 5 kilogrammes par force de cheval et par heure, cette formule devient

$$\frac{4}{5} \times \frac{K}{\sqrt{H}};$$

K représentant le poids de combustible, exprimé en kilogrammes, à brûler par heure.

Or, pour calculer la section d'après la valeur de V, on remarque qu'il entre dans la cheminée, pour la combustion de K kilogrammes de combustible, un volume $(9 \times K)^{mc}$ d'air atmosphérique, qui double par l'élévation de température et qui devient $18 \times K$. Nous avons fait voir qu'il faut un excès d'air qui est d'un dixième pour les foyers à température élevée ; pour les chaudières à vapeur, il faut un volume d'air double de celui nécessaire à la combustion, et par suite $18 \, K^{mc}$ qui, dans la cheminée, devient $36 \, K^{me}$. S représentant la section de la cheminée, exprimée en mètres carrés, le volume d'air brûlé qui sort de la cheminée, *par seconde*, est SV ; et, par heure, $3600 \times SV$. Ce volume doit être égal pour les chaudières à vapeur à $36 \, K$; d'où $100 \times SV = K$ et $S = \frac{1}{100} \frac{K}{V}$. Exprimant la valeur de S en décimètres carrés, et remplaçant V par $\sqrt{H}$ on arrive à

$$S = \frac{K}{\sqrt{H}}.$$

Cette formule, déduite de l'égalité $V = \sqrt{H}$, se rapproche effectivement beaucoup de celle de Tredgold $\frac{4}{5} \times \frac{K}{\sqrt{H}}$. Elle n'assigne une dimension plus grande, que parce que l'on a donné au terme $\left(\frac{S}{ms} - 1\right)^2$ une valeur trop forte ; la vitesse moyenne des gaz brûlés dans la cheminée est donc plus grande que $\sqrt{H}$.

On peut en conséquence adopter avec confiance la formule pratique de Tredgold $S = \frac{4}{5}\frac{K}{\sqrt{H}}$, pour déterminer la section de la cheminée, surtout pour les usines à gaz. Elle donne une section presque double de celle qui est nécessaire; mais c'est un excès de précaution que l'on peut prendre, dans l'idée de parer à des augmentations probables ou imprévues de l'usine.

Nécessité de raccorder les sections d'inégal diamètre. — Lorsqu'une veine fluide débouche, par un orifice à mince paroi, dans une conduite plus grande que cet orifice, il se produit divers effets. Par suite de la rencontre de deux masses fluides animées de vitesses différentes, l'uniformité de mouvement ne peut être instantanée ; il y a nécessairement perturbation dans la masse : une partie de la force vive absorbée par le frottement des parois et des deux masses fluides animées de vitesses différentes, vient se disséminer dans une infinité de petits tourbillons qui accompagnent la masse totale.

« La production de ces tourbillons, dit M. Poncelet (*Introduc-* « *tion de mécanique*, p. 529), est l'un des moyens dont la nature « se sert pour éteindre, ou plutôt, dissimuler la force vive dans les « changements brusques de mouvement des fluides, comme les « mouvements vibratoires eux-mêmes sont une autre cause de « sa dissipation, de sa dissémination dans les solides. »

Ces tourbillons sont comme autant de corps étrangers qui, tout en participant au mouvement de translation générale, tournent cependant sur eux-mêmes avec une vitesse indépendante de celle du courant ; incapables d'augmenter la quantité d'action sur les corps étrangers, ils ne peuvent contribuer en rien à l'effet utile, et l'on doit en tenir compte parmi les résistances.

En partant de ces considérations, nous nous rendons compte des avantages que l'on retire en raccordant les sections inégales au moyen de troncs de cône, comme le cas se présente généralement au bas des cheminées ; on dit, alors, qu'il n'y a pas changement brusque de vitesse : nous dirons plutôt que les mouvements de rotation, dont nous venons de parler, se forment plus difficilement; car il n'y a jamais, dans aucun cas, changement brusque de vitesse, rigoureusement parlant.

INFLUENCE DES COUDES. — Cette manière d'envisager la question montre clairement combien il importe d'éviter tout changement brusque de direction et, par suite, la formation de ces tourbillons qui ne peuvent se produire qu'au détriment de la force vive totale. D'Aubuisson, dans des expériences qu'il fit aux mines de Rancié, ayant voulu apprécier la résistance occasionnée par les coudes, reconnut qu'elle n'augmentait pas avec le nombre des angles, et qu'au delà d'un certain nombre, elle diminuait même. Voici les résultats de ses expériences :

La conduite avait un diamètre de..............			$0^m,05$
Avec une base de............	$0^m,03$	$0^m,02$	$0^m,01$
Quantité d'air fournie par la conduite droite...........	100	100	100
Avec 7 angles de 45°.........	75	82	99
Avec 11 angles —	75	86	»
Avec 15 angles —	75	88	»
Conduite de.............			$0^m,025$
Avec 7 angles de 45°.........	»	75	83
Avec 11 angles —	»	83	90
Avec 15 angles —	»	80	80

La production de ces tourbillons, à chaque changement brusque de direction, explique les anomalies des résultats fournis par ces expériences. En effet, ces tourbillons accompagnant la masse d'air dans son mouvement de translation, on conçoit que, non-seulement, ils puissent s'opposer, en partie, à la formation de nouveaux tourbillons et, par suite, déterminer une absorption moindre de force vive, mais encore, en certain cas, favoriser la restitution d'une partie de la force vive absorbée.

CONSTRUCTION DES CHEMINÉES. — Nous avons toujours admis que la section de la cheminée était uniforme, ce qui n'a, cependant, lieu que pour celles qui sont en tôle ou en fonte. Les cheminées en briques que l'on construit le plus généralement présentent, dans leur intérieur, l'aspect de troncs de pyramide

quadragulaire ou conique superposés (v. pl. VI, *fig.* 9). On préfère cette disposition à celle d'une pente régulière ; elle permet
d'employer des briques entières sans les briser et donne, par cela
même, plus de garantie de solidité.

Par ce moyen, et en donnant à l'ouverture du haut la grandeur
assignée par la formule, il est certain que le travail de la résistance due au frottement des parois est moindre que celui que
nous avons calculé ; on peut donc, avec d'autant plus de sécurité,
se servir de la formule adoptée plus haut.

Les cheminées présentent, extérieurement, l'aspect d'une pyramide quadrangulaire tronquée ou d'un tronc de cône. La pente
extérieure où l'inclinaison varie, par mètre, de $0^m,024$ à $0^m,030$;
et la pente intérieure, quoique non continue, est en moyenne de
$0^m,015$ à $0^m,018$.

L'épaisseur de la maçonnerie, au sommet, étant donnée et
représentée par e, connaissant le diamètre intérieur au haut de
la cheminée ainsi que sa hauteur, il est facile de calculer les
dimensions de la base.

Ainsi, soit D le diamètre intérieur de la cheminée, $D + 2 \times e$
représente le diamètre extérieur. Si l'on adopte pour inclinaison extérieure $0^m,025$, par mètre, et que H soit la hauteur, la
dimension extérieure de la cheminée dans le bas sera

$$D + 2 \times e + 2 \times 0,025. H.$$

En prenant $0^m,015$ pour inclinaison, par mètre, dans l'intérieur, le diamètre intérieur de la cheminée dans le bas sera

$$D + 2 \times 0,015 \times H,$$

et l'épaisseur de la maçonnerie sera, en ce point,

$$e + (0,025 - 0,015) H = e + 0,04 H.$$

Ces calculs sont également applicables aux cheminées quadran-
gulaires et coniques.

On préfère, avons-nous dit, pour la commodité du travail et la garantie de solidité, construire des cheminées dont l'intérieur soit composé de parties pyramidales ou coniques superposées, et dont l'épaisseur varie par sauts brusques. Dès que l'épaisseur de la base est arrêtée, épaisseur qui est toujours égale à un multiple de 0,11, largeur d'une brique, augmenté des écartements qu'il faut ajouter pour les joints, on élève la cheminée en conservant au mur une épaisseur constante, et en donnant au mur extérieur l'inclinaison convenue d'avance. Lorsque l'on s'est, ainsi, élevé de 6 à 8 mètres environ, l'on réduit l'épaisseur de maçonnerie de la largeur d'une brique; l'on gagne cette différence en se retirant, dans l'intérieur, de la même quantité, de manière à former un gradin. L'on élève encore la cheminée de la même hauteur, en donnant au mur l'épaisseur réduite; l'on forme, après, un nouveau gradin dans l'intérieur, et ainsi de suite jusqu'à la dernière partie de la cheminée qui, pour les petites cheminées, pourra n'avoir qu'une épaisseur de $0^m,11$.

CHAPITRE VII

FOURNEAUX A GAZ

PRINCIPES GÉNÉRAUX. — Nous avons exposé, plus haut, d'après quelles considérations on devait fixer les dimensions des grilles de foyer. Quelque soit le système que l'on adopte, afin que la combustion se fasse dans de meilleures conditions, il importe de donner à la voûte du foyer une hauteur de 60 centimètres, au moins, au-dessus de la grille. Lorsque l'on chauffe avec du goudron, il faudrait encore augmenter cette hauteur, l'on diminuerait, ainsi, la production de fumée.

Les gaz combustibles, qui se forment au-dessus de la grille, entraînés avec l'air atmosphérique, vont plus loin opérer leur combustion. Pour faciliter et activer cette action, en évitant surtout qu'elle ait lieu dans les conduits de la cheminée, après que les gaz ont quitté la chambre du fourneau, ce qui serait en pure perte pour l'effet utile, il faut arriver à les mélanger le plus possible dans l'intérieur du fourneau, et pour cela, faire varier subitement, et la section du carneau, et la direction du mouvement. C'est à ce titre que l'on doit approuver les dispositions des fours, pl. IV et V.

Les gaz combustibles, au sortir du foyer, pénètrent dans de grandes chambres, par de petits carneaux percés de chaque côté dans les pieds-droits de la voûte du foyer : ils en sortent par d'autres petits carneaux verticaux pour arriver à la grande chambre des cornues. On active ainsi, par ces changements brusques de section, la combustion dans ces chambres, où les gaz se mélangent mieux. Dans le même but, on pourrait y placer des débris de brique réfractaire.

On doit, enfin, tourmenter le plus possible le courant des gaz dans l'intérieur des fours, pour déterminer une combustion complète par un mélange plus intime des gaz brûlés et de l'air comburant. Cela nécessite, évidemment, une cheminée ayant un tirage plus énergique, pour compenser l'accroissement de résistance qui en résulte. Mais, dès que les gaz sont sortis du fourneau, il faut, au contraire, éviter tout changement brusque dans la section et dans la direction des conduits ; et dans ce but, donner à cette section et à celle de la cheminée une grandeur suffisante, autant que possible uniforme.

On fait sortir les gaz produits de la combustion, soit en dessus par le haut de la voûte, soit en dessous par les côtés ou par le fond du fourneau ; c'est ce qu'on appelle à flamme renversée. Cette dernière disposition a l'avantage de laisser la voûte intacte ; celle-ci se conserve plus longtemps ; on obtient, en outre, des résultats plus avantageux sous le rapport de l'économie du chauffage. Faut-il attribuer cette économie à un plus long séjour des gaz dans l'intérieur du fourneau, ce qui permet à la combustion de mieux s'y opérer ? Faut-il admettre que ces gaz brûlés se rendant dans des voûtes pratiquées sous le sol, sur lesquelles repose le massif du fourneau, le soustraient ainsi, au moyen de l'excès de chaleur qu'ils y apportent, à une cause de refroidissement plus considérable que celle qui a lieu par le rayonnement du dessus ? L'expérience a décidé en faveur des fours à flamme renversée, et ils sont, aujourd'hui, les plus généralement adoptés. Au reste, on juge du mérite d'un fourneau d'après la température des gaz brûlés dans les conduits, au sortir de la chambre des cornues. Toutes choses égales d'ailleurs, plus cette température est faible et plus la combustion est faite économiquement, de manière à utiliser le mieux possible la quantité de chaleur produite par un poids donné de combustible.

De quelque manière que l'on fasse sortir les gaz brûlés du fourneau, on ne saurait trop recommander de disposer les carneaux de manière à attirer le plus possible la flamme sur le devant, afin d'y transporter la chaleur. Le fond des cornues est toujours suffisamment chaud.

La grandeur des carneaux est déterminée d'après la quantité de combustible qui se brûle dans le fourneau, à raison de 1 décimètre carré par 5 kilogrammes de charbon à brûler par heure, au minimum.

PERTES DUES AU RAYONNEMENT DU FOURNEAU. — Pour parer aux pertes de chaleur dues au rayonnement de la masse du fourneau, il faut adopter de fortes épaisseurs de maçonnerie.

La quantité de chaleur qui passe, par mètre carré et par heure, à travers une épaisseur e de briques, est donné par la formule

$$\frac{0{,}68\,(t-t')}{e}\,;$$

t et t' étant les températures des deux faces opposées.

Cette perte est évidemment égale à celle due au rayonnement. Comme la quantité de chaleur rayonnée par la surface extérieure d'un mètre carré de briques, ayant un excès de 1° sur la température extérieure, est égale à 9 calories; lorsque cette température est t', en admettant la température extérieure égale à 0°, la quantité de chaleur émise sera $9\,t'$.

Il doit y avoir égalité entre la quantité de chaleur rayonnée et celle qui traverse l'épaisseur de briques e, par conséquent on a

$$\frac{0{,}68\,(t-t')}{e}\ 9t',\ \text{d'où}\ t'=\frac{0{,}68\,t}{9e+0{,}68}\,;$$

ce qui permet d'avoir la quantité de chaleur rayonnée en fonction de t, température de l'intérieur du fourneau, et de e, épaisseur de la maçonnerie, qui devient

$$9\,t'=\frac{9\times0{,}68\,t}{9e+0{,}68}=\frac{6{,}12\,.\,t}{9e+0{,}68}\,.$$

En faisant $t = 100°$, nous aurons les quantités de chaleur perdue, en une heure, par le rayonnement et par mètre carré, pour
un excès de température de 100°, correspondantes à différentes
épaisseurs, savoir :

	Mètres.	Calories.
Pour une épaisseur de.........	0,11	366,4
—	0,22	221,7
—	0,33	167,6
—	0,44	129,1
—	0,55	108,6
—	0,66	92,3
—	0,77	80,0
—	0,88	71,0
—	0,99	63,0

Ce tableau met en évidence l'influence des fortes épaisseurs
de maçonnerie dans le but de diminuer les pertes occasionnées
par le rayonnement du fourneau.

Ce tableau admet un excès de température de 100° de l'intérieur du fourneau sur l'air ambiant ; il serait facile d'en
déduire les quantités de chaleur perdue pour un autre excès
de température, du moment que l'on admettrait la loi de
Newton, c'est-à-dire la proportion entre les quantités de chaleur perdue et l'excès de température. Comme la température
moyenne dans l'intérieur des fourneaux à gaz varie de 900 à 1000°,
on en conclurait que les pertes occasionnées par le rayonnement
seraient de 9 à 10 fois plus considérables que celles indiquées ci-
dessus, ce qui correspond à une consommation importante de
combustible. Dans ces circonstances, la loi de Newton devient
inadmissible, et l'on n'a plus les éléments d'un calcul acceptable ; nous nous bornerons à constater l'importance de cette perte,
et à en conclure que l'on doit apporter les plus grands soins à tout
ce qui doit l'atténuer. C'est sous ce rapport, que les fourneaux
adossés sont généralement préférés.

Expériences de l'ancienne compagnie française a Paris. —
Voici des expériences faites à l'ancienne compagnie française, à
Paris ; elles démontrent l'importance des pertes par le rayonne-

ment. On s'est servi de fourneaux à 1, à 2 et à 5 cornues. La surface intérieure de ces fourneaux augmente dans un rapport bien moindre que celui du volume intérieur des cornues ; de telle sorte que les pertes par rayonnement sont, par rapport à la quantité de houillle distillée, d'autant plus fortes que le fourneau contient moins de cornues.

DÉPENSE EN COKE POUR LA DISTILLATION D'UN HECTOLITRE DE HOUILLE (80 KILOGRAMMES).

	Hectolitres.	Kilogram.
Four à 5 cornues, non adossé	0,54	22,75
— adossé	0,45	18,90
Four à 2 cornues, adossé (conduit de la cheminée en haut)	0,60	25,20
Four à 2 cornues (conduit de la cheminée dans le massif des fours)	0,55	23,10
Four à 1 cornue	0,75	31,51

Dans la même usine et dans les circonstances les plus heureuses, on est arrivé à distiller, dans un four à 5 cornues, un hectolitre de houille avec $0^k,36$ de coke, en poids $15^k,12$, soit $18^k,98$ par 100 kilogrammes de houille.

DIMINUTION DES PERTES DUES AU RAYONNEMENT AU MOYEN DE COUCHES D'AIR. — On diminue les pertes de chaleur qui ont lieu par le rayonnement, en interposant des couches d'air dans les massifs de maçonnerie. Nous empruntons à l'ouvrage de M. Peclet les données suivantes.

La perte, à travers un mur en briques d'une épaisseur donnée, étant représentée par	1,00
La perte, à travers la même épaisseur de briques, lorsqu'on y interpose une couche d'air, sera de	0,91
La perte, à travers la même épaisseur de briques, lorsqu'on y interpose 2 couches d'air, sera de	0,84
La perte, à travers la même épaisseur de briques, lorsqu'on y interpose 3 couches d'air, sera de	0,78
La perte, à travers la même épaisseur de briques, lorsqu'on y interpose 4 couches d'air, sera de	0,74
La perte, à travers la même épaisseur de briques, lorsqu'on y interpose 9 couches d'air, sera de	0,55

Ces résultats, obtenus par le calcul, montrent qu'avec une

couche d'air on a réduit la perte d'un dixième, et qu'il en aurait fallu plus de 9 pour que cette perte fût réduite à moitié. M. Peclet en conclut, avec raison, qu'il est avantageux de se servir de ce moyen d'atténuer les pertes par le rayonnement, mais que l'on gagnerait peu à multiplier le nombre des couches d'air.

PERTE DE CHALEUR DUE AU CONTACT DU SOL. — On doit attacher une grande importance à ne pas faire reposer le massif d'un fourneau sur le sol, sans avoir l'attention de le préserver de l'humidité au moyen d'une voûte. La perte de chaleur que l'on aurait à redouter, si l'on négligeait cette attention, est importante. Dans beaucoup d'usines, le massif des fours est construit sur une suite de grandes voûtes qui l'isolent, et le soustraient entièrement à l'influence de l'humidité du sol. D'autrefois, ce sont de simples galeries que l'on établit en tous sens dans le massif des fondations; lorsqu'on se sert de fourneaux à flamme renversée dans lesquels le conduit de la cheminée est en dessous, une de ces galeries est disposée de manière à servir de conduit. Il en résulte que la chaleur des gaz brûlés, qui est perdue pour l'effet utile du moment que ces gaz sont sortis du fourneau, contribuant à augmenter la chaleur du massif, le préserve ainsi des causes de déperdition que nous venons de signaler. — (Voir *pl*. VII, VIII, IX.)

ÉVALUATION DE LA TEMPÉRATURE DES FOURNEAUX. — La température de l'intérieur des fourneaux peut être évaluée en consultant la teinte du foyer. Voici les résultats des expériences de M. Pouillet :

COULEURS DU PLATINE.	Température.
Rouge naissant...................	525°
Rouge sombre....................	700
Cerise naissant..................	800
Cerise.........................	900
Cerise clair.....................	1000
Orangé foncé....................	1100
Orangé clair....................	1200
Blanc..........................	1300
Blanc soudant...................	1400
Blanc éblouissant.	1500

« Ces indications, fait observer M. Pouillet, ne sont pas aussi
« vagues qu'elles pourraient le paraître au premier abord. Lors-
« que l'on est parvenu à étudier la marche comparative des nuan-
« ces de la couleur et des degrés de chaleur marqués par le pyro-
« mètre à air, il est facile de se convaincre qu'avec un peu d'habi-
« tude, on ne se trompe pas de 50° sur la véritable température
« d'un corps, dont on peut observer la nuance sans reflets étran-
« gers. »

FOURS A UNE ET A DEUX CORNUES. — FLAMME S'ÉCHAPPANT EN
DESSUS. — Nous donnons (*pl.* IV) le plan de ces fours. La
flamme, au sortir de la chambre du foyer, pénètre à travers des
ouvertures pratiquées sur les côtés, dans des chambres où les gaz
non brûlés, mélangés à l'air atmosphérique, ont plus de facilité
pour y opérer leur combustion, par suite de ces changements
brusques de section et de vitesse. Les gaz remontent ensuite de
chaque côté, arrivent à la chambre des cornues, et s'échappent
par des ouvertures pratiquées dans le milieu de la voûte. On remarquera que ces ouvertures sont ramenées sur le devant du
fourneau, afin d'y porter la chaleur. On établit quelquefois un registre au haut du massif ; mais il a l'inconvénient de ne pas être
à la portée des hommes, ce qui limite les avantages que l'on
pourrait en retirer, sous le rapport de l'économie du chauffage.

FOURS A CINQ CORNUES. — FLAMME S'ÉCHAPPANT EN DESSUS (*pl.* V).
— Ce four est construit d'après le même principe. Le plan en
a été donné dans la 1re édition de l'ouvrage sur l'éclairage au
gaz de Clegg.

Quelques usines suppriment les chambres. Les carneaux pratiqués de chaque côté du foyer sont prolongés de manière à communiquer directement aux conduits verticaux, conduisant la flamme
dans la chambre des cornues. Il existe alors une plus forte épaisseur de maçonnerie entre la flamme et les cornues de dessous.

On se sert également de fours à 2 foyers. La commission de
Saint-Cloud a fait ses expériences avec un semblable four ; mais
la flamme s'échappait en dessous.

Cornue Graffton. — On doit à M. Graffton l'emploi de la terre réfractaire pour la fabrication des cornues.

La première cornue qu'il ait construite, d'après ce principe, était formée de briques, d'une forme particulière, moulées de manière à pouvoir s'entrelacer. Les joints étaient reliés par un mastic composé de plâtre et de terre réfractaire. Ce mastic ne présentait pas à l'auteur une sécurité suffisante; car il prescrivait, pour l'emploi de semblables cornues, un extracteur qui enlève tout excès de pression dans la cornue; de façon à ce que la pression y fût peu différente de celle de l'atmosphère.

La cornue, telle qu'elle est représentée dans le dessin (*pl.* VI, *fig.* 4), est soutenue par des arceaux en briques réfractaires, et elle est directement exposée au rayonnement du foyer.

Four a coke. — Nous avons représenté figures 1, 2 et 3, planche VI, une cornue en fonte de fer chauffée par un petit four à coke, dans le but de trouver un avantage sous le rapport de l'économie, à cause du prix élevé du coke de four, comparativement à celui de la houille. Si l'on n'a égard qu'à la valeur calorifique des combustibles l'avantage est contestable; car il pourra se dégager une plus grande quantité d'oxyde de carbone avec les fours à coke, et par suite, pour le même effet, on consommera plus de matières combustibles que l'on en consommerait en brûlant la houille par les procédés ordinaires. Tout dépend donc de la valeur relative des combustibles.

Dans un four où l'on distille en quatre heures 3 hectolitres par charge, on emploie pour le chauffage, pendant vingt-quatre heures, 12 hectolitres de houille et l'on retire 12 hectolitres de coke, que l'on vend comme coke de four.

Ces fours à coke ont deux larges portes : l'une sur le devant de la cornue; l'autre sur le derrière. On charge toutes les six heures et alternativement; de telle sorte que chaque porte n'est ouverte que toutes les douze heures.

A chaque charge, le four n'est rempli que jusqu'à la moitié; l'autre moitié est occupée par la houille provenant de la charge faite six heures auparavant. C'est un moyen de régulariser l'action de la chaleur. Chaque charge reste donc douze heures dans le four, et le coke formé n'est retiré qu'au bout de ce temps, pour être remplacé par une nouvelle quantité de charbon, et ainsi de suite.

En *cc* sont de petits carneaux qui traversent toute la longueur du four, et qui servent à faire pénétrer l'air dans la masse de combustible au moyen des petites ouvertures *oo*.

Les carneaux *cc* peuvent être fermés en partie ou en totalité, de manière à régler l'introduction de l'air atmosphérique.

Quant aux autres dispositions du fourneau, elles se rapprochent beaucoup de celles en usage dans les fours ordinaires. Le foyer n'a pas de voûte et les cornues reposent sur un dallage formé de plaques en terre réfractaire et soutenu par des arceaux en briques.

Les gaz brûlés s'échappent par des ouvertures ménagées dans la voûte.

FOURS A CINQ CORNUES. — FLAMME EN DESSOUS OU RENVERSÉE. — Nous donnons (*pl.* VII), le dessin d'un four à cinq cornues en fonte en fer ou en terre réfractaire. Les cornues ne sont pas disposées comme elles le sont dans le four tracé (*pl.* V), que l'on vient de décrire : la chambre des cornues, pour la même quantité de houille à distiller, est évidemment plus petite ; les pertes de chaleur provenant du rayonnement y sont, par conséquent, moins sensibles ; il doit en résulter une économie dans le chauffage.

La disposition de la figure 1 (*pl.* VII) s'applique à des cornues en fonte ; elle est due à M. Barlow, et se trouve tracée dans le *Manuel de l'éclairage au gaz* de M. Magnier. La flamme, au sortir de la chambre du foyer, circule entre deux murs verticaux *mm'* de l'épaisseur d'une brique (0ᵐ,11) ; elle arrive ainsi à la cornue supérieure qui est protégée, en dessous, par des plaques en terre réfractaire ; elle circule ensuite, de chaque côté, par des ouvertures pratiquées dans le haut de ces murs verticaux ; et elle redescend, en chauffant les cornues, pour s'échapper par les carneaux sur lesquels reposent les deux cornues du bas, ainsi que le représente la partie droite de la *fig.* 1. La flamme entre dans chacun de ces carneaux par une ouverture ménagée sur le devant du fourneau, et elle les quitte, par le fond, pour se rendre de là au grand conduit central placé au-dessous du massif des fours, dans les fondations.

Les cornues se trouvent de cette manière très-bien protégées contre les coups de feu, par les deux murs verticaux *mm'* et les plaques *a* ; la flamme n'arrive à frapper directement les cornues qu'après que la combustion des gaz combustibles est presque achevée.

La *fig.* 1 de la planche VII représente, à droite, une section transversale faite dans le four, lorsqu'on se sert de foyers ordinaires. La figure 3 représente une coupe longitudinale faite suivant la ligne *abc*.

Pour mieux juger la disposition du carneau sur lequel repose chaque cornue du fond, et par où la flamme quitte le foyer, on peut consulter la figure 5 de la planche VIII.

Nous préférons, d'après les principes que nous avons développés, un large foyer de $0^m,60$ à $0^m,80$ de largeur, avec une grille de $0^m,35$ à $0^m,40$ de largeur seulement, tel que nous le représentons, *fig.* 1, planche VII, à gauche. Au-dessus du foyer, sont des arceaux de $0^m,22$ de largeur, sur lesquels on pose des plaques en terre réfractaire qui servent à préserver les cornues du bas. La flamme, après avoir monté entre les deux murs verticaux, après avoir pénétré dans les ouvertures *oo*, redescend, ensuite, par des carneaux placés sur le côté dans un conduit horizontal. Ce conduit communique au grand conduit central pratiqué dans le massif des fondations par une ouverture de $0^m,20$ carré. Cette ouverture est fermée par un régistre *r* en terre réfractaire que l'on peut manœuvrer, sur le devant du four, au moyen d'un anneau en fer qui s'y trouve fixé. — Ce registre traverse le mur *b*, ainsi que l'indique la figure.

Nous avons assez insisté sur l'importance du tirage, relativement à l'économie du chauffage, pour mettre à même d'apprécier les services que de pareils registres peuvent rendre. Ils sont à la portée des chauffeurs, et ils peuvent se manœuvrer, au moyen d'un crochet, avec une extrême facilité. Il arrive souvent que la plus grande partie de la flamme se porte d'un même côté du fourneau ; un côté chauffe plus que l'autre ; avec ces registres, on rétablit facilement l'équilibre. S'il survient un moment d'arrêt dans la fabrication, on peut ralentir impunément la combustion, tout en maintenant la température voulue, et réaliser une économie sur le chauffage. La planche VIII montre le même système appliqué à un four à 7 cornues.

La *fig.* 2 de la planche VII montre la disposition d'un four à 5 cornues en terre réfractaire. Ici, il n'est plus besoin des deux murs verticaux qui servent à préserver les cornues des coups de feu. La flamme, en sortant de la chambre du foyer, quel que soit le système que l'on adopte, arrive directement sur les 5 cornues soutenues par des murs en briques ou par des pièces en terre réfractaire, ainsi que l'indiquent les coupes des figures 2 et 5.

Cette disposition peut être adoptée pour des fours à 2 et à 3 cornues, soit en fonte, soit en terre réfractaire. On pourrait également l'appliquer à des fourneaux à 7 et à 9 cornues. Pour charger les cornues du haut, les ouvriers monteraient sur des plates-formes roulant sur des rails. Cette disposition de fourneaux à 7 et à 9 cornues est très-avantageuse, lorsque l'on est limité par l'emplacement.

Four de M. Lowe. — Adoptant une composition mixte des deux dispositions de fourneau que nous venons de décrire, M. Lowe a placé, dans un même four, des cornues en fonte et en terre réfractaire. Son four est à cinq cornues disposées comme celles du four de la planche VII. Les trois cornues du haut sont en terre réfractaire, les deux du bas sont en fonte de fer.

Les deux murs verticaux ne s'élèvent que jusqu'au-dessous

des deux cornues en terre du bas, de manière à leur fournir un point d'appui. Les 3 cornues en terre sont maintenues comme les 3 supérieures de la planche VII (*fig.* 2).

Four a 7 cornues, flamme en-dessous ou renversée. — Les fours à 7 cornues sont presque exclusivement employés dans toutes les grandes usines; la coupe *fig.* 1 de la planche VIII représente la disposition la plus généralement suivie; elle suffit pour s'en rendre un compte exact. Quelques ingénieurs placent de chaque côté du foyer, deux petits carneaux *cc* longitudinaux ; ces deux carneaux communiquent au fond du foyer; l'air entre par le carneau du bas, s'y échauffe et se rend après dans le carneau du haut où il trouve des ouvertures *ee*, par lesquelles il pénètre au-dessus du combustible pour obvier à l'inconvénient d'avoir de l'oxyde de carbone en excès; et, afin que cet air ne pénètre pas en trop grande quantité, un registre est placé à l'entrée du carneau du bas : en le fermant plus ou moins, on modère à volonté l'introduction de l'air. Le carneau du haut *c* est entièrement fermé sur le devant, et si l'on y place un registre, dans le but de l'inspecter et de nettoyer s'il y a lieu, il faut que ce registre reste fermé. La *fig.* 2 donne la coupe transversale d'un four avec large foyer, et la *fig.* 6, la coupe longitudinale.

Four de M. Crool. — Nous avons donné la description d'un four dû à M. Lowe , qui emploie dans le même four des cornues en terre réfractaire et en fonte de fer. M. Crool s'est servi de l'idée de M. Lowe ; mais il place les deux espèces de cornues dans des fours séparés. Le four avec cornues en terre réfractaire contient, seul, un foyer ; les gaz brûlés quittent ce four pour se rendre dans un autre situé immédiatement au-dessous; celui-ci est garni de cornues en fonte de fer. D'après M. Crool, on arrive, avec cette disposition, à une grande économie de combustible, puisque l'on ne brûlerait pour le chauffage que 15 p. 100 du coke produit. — Ainsi, en admettant un rendement fort en coke de 75 kilogrammes pour 100 kilogrammes de houille distillée, la distillation de ces 100 kilogrammes n'exigerait que 15 p. 100

de 75, soit $11^k,25$. C'est beaucoup moins que l'on ne dépense dans les meilleurs fours à 7 cornues montées d'après le système ordinaire.

Four pour gaz a l'huile. — Le dessin de la planche IX représente un four à 4 cornues ; sur chacune sont fixées 3 tubulures par où l'on coule les huiles ou matières liquides que l'on est dans l'intention de distiller, c'est-à-dire de convertir en gaz.

Le système de foyer suivi est celui décrit plus haut, ce foyer est recouvert d'une grande voûte sur laquelle reposent les 4 cornues. Ces cornues sont posées sur des supports en terre réfractaire. La flamme s'échappe par des ouvertures pratiquées sur le milieu de la voûte, et elle circule, entre la grande voûte et les cornues, dans les écartements laissés par les supports, de manière à arriver à des carneaux verticaux placés sur le côté du fourneau, qui la conduisent dans le conduit c ; d'où elle atteint le conduit principal pratiqué dans les fondations, comme il a été dit plus haut.

Les supports qui soutiennent les cornues sont disposés entre eux, et par rapport aux ouvertures pratiquées dans la voûte, de manière à ce que la flamme soit contrariée le plus possible dans son parcours, entre la voûte et les cornues.

Les cornues sont en fonte, et elles sont protégées contre les coups de feu, par des pièces en terre réfractaire d'une forme spéciale.

Au-dessus des tubulures sont fixés des tuyaux en fonte, dont les longueurs sont calculées de manière à ce que les extrémités arasent le dessus du fourneau. C'est sur ces extrémités que l'on place les siphons. On se contente de les poser, en assurant l'herméticité au moyen de terre à four.

CHAPITRE VIII

PRIX DE REVIENT DU GAZ. — COMMISSION DE SAINT-CLOUD. —
COMPTES RENDUS. — EXAMEN CRITIQUE. — CONCLUSIONS.

PRIX DE REVIENT DU GAZ DU FAIT DES MATIÈRES PREMIÈRES. —
EXPÉRIENCES DE SÈVRES. — Une commission composée de quatre
membres de l'Académie des sciences (MM. Regnault, Chevreul,
Morin et Peligot) fut chargée, en 1854, de faire sur une large
échelle, une série d'expériences dans le but de déterminer le prix
auquel on peut livrer le gaz, et de faire un rapport sur cette question.

La commission borna son travail à établir ce prix de revient,
en ne tenant compte que de la valeur des matières premières et
de celle des sous-produits.

Ces savants firent leurs expériences sur un fourneau contenant
cinq cornues en fonte placées sur deux rangs, deux en haut, trois
au-dessous. Les cornues sont chauffées par deux foyers contigus,
disposés de manière à ce que les gaz chauds produits pendant
la combustion, enveloppent successivement chaque cornue, et
s'échappent ensuite par une large cheminée. Le fourneau est disposé de façon à économiser la chaleur autant que possible ; l'accès
de l'air est limité à la quantité strictement nécessaire à une
combustion parfaite et il est préalablement chauffé par les gaz
chauds qui s'échappent par la cheminée ; il est régularisé, en
outre, par le moyen d'un registre hydraulique. L'air extérieur n'a
pas constamment accès dans le cendrier, dans lequel on conserve

une certaine quantité d'eau. Cette eau, échauffée par la chaleur du foyer, produit une quantité de vapeur qui excite la combustion du coke, et le fait brûler avec une flamme brillante. Cette disposition, suivant le rapport, a le double effet d'économiser le combustible et d'éviter l'oxydation des cornues. La charge de chaque cornue est de 100 kilogrammes de houille, dont la distillation dure de 4 heures à 4 heures 1/2.

D'après un plan du fourneau que nous avons entre les mains, les cornues, si le plan est exact, ont une longueur de 3 mètres, longueur énorme qui procure effectivement une grande économie de chauffage, mais aux dépens du titre.

On voit que les précautions les plus minutieuses ont été prises. Le compteur qui sert à mesurer la quantité de gaz produite, a été poinçonné à la préfecture de police et placé sous le scellé pour éviter toute fraude dans les indications. Son exactitude est contrôlée par une échelle verticale, qui indique les quantités de gaz qui se rendent sous le gazomètre. En comparant les résultats de ces deux indications, on a trouvé que le compteur marque deux ou trois pour cent de gaz de plus que le gazomètre; on a attribué cette différence à la température du gaz, qui est encore chaud en traversant le compteur, et qui se refroidit en se rendant dans le gazomètre. Néanmoins, la commission a adopté *les indications du compteur pour mesurer le gaz produit*, par la raison que la température de l'atmosphère, au moment des expériences, était bien au-dessous de la température moyenne de l'année.

En outre, toutes les expériences furent faites sous l'inspection de M. Regnault, président de la commission et de M. Decos, ingénieur des mines de Troyes.

« Pour rendre toute fraude impossible, dit M. le rapporteur, « pendant les rares instants où nous étions obligés d'être ab- « sents, des sentinelles, prises dans les chasseurs de la garde « impériale, en garnison à Saint-Cloud, et relevées de qua- « tre heures en quatre heures, exerçaient une surveillance

« rigoureuse d'après la consigne que nous leur donnions, etc. »

La commission a opéré sur des charbons d'Anzin, de Mons et d'Hornu. Voici les résultats de la commission :

Prix de 100 k. de houille.........................		2ᶠ400
PRODUITS :		
55 kil. de coke à 3 fr. les 100 kil...............	1ᶠ650	
6ᵏ,73 de goudron à 5 fr......................	0,336	
7ᵏ,31 d'eau ammoniacale à 0ᶠ,50ᶜ les 100ᵐ......	0,036	2,022
Prix des 22ᵐᶜ,94 de gaz......................		0ᶠ378
Soit, par mètre cube........................	0ᶠ016	

Puisque le charbon coûte 2ᶠ,40 les 100 kilogrammes, et que le coke a pu se vendre 3 fr., il eût été avantageux de brûler du charbon pour le chauffage et de vendre la totalité du coke. C'est, au reste, l'économie que réalisent toutes les usines quand, fortuitement, elles peuvent vendre leur coke à un prix aussi élevé. Ainsi, pour les 20 kilogrammes employés au chauffage, on eût réalisé une vente de 0ᶠ,60 contre une dépense de $0ᶠ,024 \times 20 =$ 0ᶠ,48, soit une économie de 0ᶠ,12. Les 22ᵐᶜ,94 n'eussent donc coûté que 0ᶠ,378 moins 0ᶠ,12, soit 0ᶠ,258 : c'est-à-dire 0ᶠ,0112 par mètre cube, au lieu de 0ᶠ,016 ; c'eût été 30 p. 100 d'économie.

Monsieur le rapporteur conclut ainsi :

« Le prix du mètre cube de gaz, livré au bec n'excédera donc « pas deux centimes et demi, en admettant même la perte de « 25 p. 100 dans les tuyaux de conduite, perte avancée par les « compagnies et sur laquelle on a souvent discuté. D'après les « recherches que nous avons faites dans les usines du pays, la « perte dans les conduites n'est que d'environ 7 p. 100. »

Ce rapport fait par des savants auxquels on est bien en droit, surtout après ce travail, de contester les connaissances pratiques suffisantes, mais dont on ne saurait nier, par suite du grand nom qu'ils ont justement acquis dans les sciences, l'immense influence, a porté un rude coup aux capitaux considérables engagés dans l'industrie du gaz. Toutes les municipalités de France sont ou du moins paraissent persuadées que le gaz ne coûte rien, et que c'est par une concession toute gratuite que l'on a admis le prix de deux centimes et demi par mètre cube rendu au compteur. Cette conclusion semble, en effet, ressortir du rapport de la commission. On oublie même que ce rapport ne mentionne que les dépenses provenant des matières premières, laissant de côté toutes les autres dépenses de main-d'œuvre, d'entretien de toutes sortes, d'administration, d'intérêt et d'amortissement du capital.

D'après la commission, le prix du charbon devient une question secondaire pour le rendement industriel; aussi les villes placées dans les conditions les plus fâcheuses pour l'arrivage des houilles, se croient d'autant plus en droit de maintenir leurs prétentions, qu'elles ont vu les capitaux être séduits eux-mêmes par les prospectus pompeux, où l'on fait ressortir les procédés si économiques mis en pratique par les quatre membres de l'Académie des sciences.

Il ne nous convient pas de faire l'histoire des déceptions qui s'ensuivirent; mais, comme l'effet de ce rapport si désastreux pour notre industrie, subsiste encore, à ce titre seul, vu son importance, nous l'attaquons. Nous allons mettre en regard les preuves irrécusables qui nous en donnent le droit; en le faisant, nous servirons autant les intérêts des municipalités elles-mêmes, que ceux des personnes qui, comme nous, sont voués à l'industrie que nous défendons.

EXAMEN CRITIQUE DE CES EXPÉRIENCES. — Quand parut le rapport de la commission de Sèvres, des protestations s'élevèrent de toutes parts, de la France et de l'Angleterre. M. Barlow, directeur du *Journal of Gas lighting* trouva une raison suffisante de protester dans la défense des énormes capitaux anglais engagés dans les éclairages de Marseille, Bordeaux, Toulouse, Lille, Rouen, le Havre, etc... Il constata, d'abord, qu'en adoptant, pour la densité du gaz purifié, le nombre 0,420 donné par la commission, et en ajoutant le poids du gaz au poids trouvé pour le coke, le goudron, les eaux ammoniacales, l'acide carbonique et l'acide sulfhydrique, on obtenait un poids supérieur à celui du charbon mis dans la cornue.

Ainsi, il fut fait 6 expériences sur diverses qualités de charbon ; pour 100 mis dans la cornue, le poids total des matières recueillies, dans chacune des expériences, a été de 102,04, 107,04, 100,85, 102,16, 106,86, 104,63.

MOYENNE DES EXPÉRIENCES.

Coke	75,46
Goudron	6,73
Eau ammoniacale	7,31
$22^{mc},94$ de gaz d'une densité de 0,420 (purifié)	12,51
Acide carbonique et sulfhydrique	1,87
	103,88
Excédant	3,88 p. 100.

« Les sceptiques penseront sans doute, ajoute M. Barlow, qu'il « faut attribuer cet excès de poids à l'absorption de l'eau ; mais, « pour cela, il faudrait admettre que les académiciens en ont « fait une consommation exagérée dans le but d'éteindre leur « coke. »

Cette absorption de l'eau a été effectivement la seule raison que la commission, quand elle a eu connaissance de l'article de M. Barlow, ait mise en avant pour justifier ces excédants de poids.

La commission, après avoir augmenté le rendement du coke de 5 à 7 p. 100 de plus que les expériences de *laboratoire*, les mieux conduites, aient prouvé qu'il était possible d'obtenir, n'a encore tenu aucun compte du déchet de 10 à 12 p. 100 que les usines ont à supporter : une partie du coke se convertit en fraisil. Voici à ce propos ce que dit M. le rapporteur :

« La braise se vendait promptement à un prix qui n'était pas « inférieur à celui du gros coke, parce qu'elle présentait au con- « sommateur l'avantage d'un plus grand poids à l'hectolitre, et

« qu'elle trouvait fort bien son emploi dans certaines fabriques. »

Il ajoute encore :

« Quand nous leur vendons du coke criblé, ils ne veulent pas le
« payer plus cher; ils déclarent qu'ils préfèrent acheter notre
« coke tel qu'il sort de la cornue, au même prix, sauf à le cribler
« eux-mêmes. Cela peut facilement se comprendre, *car les petits*
« *morceaux viennent en même temps que les gros et n'occupent*
« *pas plus d'espace dans l'hectolitre.* »

M. Barlow fait observer avec raison, à ce sujet, que par de tels
moyens on peut bien passer toute la braise aux consommateurs,
mais le montant du produit n'en est pas augmenté pour cela.

Du moment que la commission des quatre membres de l'Institut
a cru devoir remplir le but de sa mission par une expérience directe, il est évident qu'elle a dû, naturellement, y apporter les soins
les plus grands et les plus minutieux ; adopter le meilleur système
de fourneaux ; veiller à ce que les cornues soient en bon état, à ce
que la qualité des charbons employés soit convenable, à ce que le
chauffage soit bien réglé, etc... Mais, de ces attentions obligatoires
pour une expérience, et sur lesquelles on ne peut plus compter du
moment que l'on opère en grand, d'une foule de détails que l'on
ne peut évaluer dans une expérience, et qui tiennent soit à une dépréciation, soit à un déchet dans la valeur des sous-produits, soit
à mille causes accidentelles, il résulte, comme conséquence, que
l'on doit s'attendre à de graves mécomptes, en basant les résultats
d'une exploitation en grand d'après ces données.

Ainsi, pour la houille, les rendements varient suivant qu'elle
est fraîchement extraite de la mine ou qu'elle a été conservée
pendant plusieurs mois à ciel ouvert. Les expériences récentes de
M. de Marsilly ne laissent aucun doute à ce sujet, au moins pour
la valeur du coke, malgré l'opinion contraire de la commission.

L'influence de l'humidité est encore plus nuisible, d'après les
expériences de M. Penot, par rapport à la quantité et à la nature
du gaz produit. Or comment, dans une expérience spéciale faite
sur un four, pourrait-on tenir compte de toutes ces causes de

dépréciation ? et comment une usine marchant en grand pourrait-elle espérer s'y soustraire ?

La valeur du coke est très-variable, suivant les saisons ; elle l'est même d'une année à l'autre ; et de la nécessité de faire des approvisionnements résulte un déficit par ce seul fait, qu'une plus grande partie du coke se convertit en poussier.

Les détériorations qui surviennent dans les fourneaux, des cornues ne fonctionnant qu'imparfaitement, et quelques-unes souvent pas du tout, réduisent la quantité de combustible à pouvoir distiller par vingt-quatre heures ; la consommation du foyer reste sensiblement la même, ce qui augmente, évidemment, les frais proportionnels de chauffage par mètre cube.

Enfin, une expérience en petit ne peut tenir compte des irrégularités de l'éclairage : dans un temps sombre on allume plus tôt, et l'usine doit être en mesure de satisfaire à une plus grande consommation de gaz dans la soirée ; les dimanches et fêtes, au contraire, les besoins sont généralement moins grands. Il faut donc, de toute nécessité, que l'usine ait des fourneaux en réserve devant parer à ces éventualités ; mais lorsque ces fourneaux ne fonctionnent qu'accidentellement, ce sont des dépenses de combustible et des frais de main-d'œuvre dont il faut tenir compte.

La commission de Sèvres a conclu de ses expériences qu'il faut 20 kilogrammes de coke pour distiller 100 kilogrammes de houille dans un four contenant 5 cornues *en fonte de fer de la longueur de 3 mètres*, si nous nous rapportons au plan que l'on nous a communiqué. Ce résultat avait été obtenu auparavant, et dans les mêmes conditions, par la compagnie française ; il eût été certainement plus avantageux avec des fourneaux à 7 cornues.

M. Crool, avec ses fours à 13 et 14 cornues composés de 6 à 7 cornues en terre, et de 7 cornues en fonte de fer, prétend être arrivé à ne brûler que 15 p. 100 du coke produit, soit 10 à 12 kilogrammes, environ, par 100 kilogrammes de houille.

Comment ces données si avantageuses se modifient-elles dans la pratique, lorsqu'il y a lieu de tenir compte de toutes les causes accidentelles que nous venons d'énumérer? Le meilleur moyen, et le *seul* pour résoudre la question, est de consulter les comptes rendus annuels que publient certaines usines. Parmi ceux-là, les plus importants, pour la question que nous traitons, sont, sans contredit, ceux de la grande compagnie parisienne. Le rapport de la commission de Sèvres n'a eu lieu qu'en vue de la formation de cette compagnie; et il devient intéressant de mettre en regard les données affirmées par les quatre académiciens, et les résultats pratiques obtenus.

COMPAGNIE PARISIENNE.

(Année 1859.) Dépenses de premier établissement.   74,127,080 fr. 24 c.
—   Gaz fabriqué.....................   63,015,000ᵐᶜ,00

Dépenses :

2,971,493 hect. de houille dist. ont coûté.   6,665,150 fr. 45 c.

Produits :

Les produits en coke de toute nature, dé-
   falcat. faite des consommat. de chauff.
   des fours, sont....   2,723,488 fr. 00 c.
Les produits en gou-
   dron.............   290,464   37
Les bénéfices sur les
   produits chimiq...   125,663   49

			Prix de rev par m. c.
Total...... 3,139,615 86	3,139,615	86	
Prix de revient du fait des matières prem.	3,525,534	59	5ᶜ590
Personnel des usines......................	1,206,514	21	2,033
Personnel de l'administration centrale...	642,983	10	
Entretien du matériel.....................	984,303	07	1,562
Frais généraux...........................	332,444	49	0,527
Charges municipales......................	1,264,170	51	2,145
Impositions..............................	90,523	06	

Prix de revient du gaz rendu au gazomètre.................   12ᶜ737
Perte dans les conduites 17,6 p. 100.......................   2,224

Prix de revient du mètre cube de gaz rendu au bec, sans comprendre ni l'intérêt ni l'amortissement du capital...........   14ᶜ981

En ne calculant l'intérêt du capital qu'à 5 p. 100, il faudrait ajouter au prix de revient, par mètre cube.... 5°881

Plus, pour les 17,6 p. 100 de perte................. 1,035

TOTAL..................... 6,916   6,916

Prix de revient du mètre cube de gaz rendu au bec, l'intérêt du capital à 5 p. 100, sans amortissement................. 21,897

(ANNÉE 1860.) Dépenses de premier établissement. 82,910,641 fr. 45 c.
—   Gaz fabriqué..................... 70,348,000^{mc},00

Dépenses :

283,795 tonnes de houille................. 7,115,745 fr. 93 c.
11,819 houille brûlée................. 295,483   65

7,411,229   58

Produits :

Les produits en coke, défalcation faite des consommations de chauffage des fours.......... 3,505,028 fr. 70 c.

Les prod. en goudron.......... 298,979   72

Les bénéfic. sur les prod. chimiq... 76,707   19

3,880,715   64   Prix de rev. par m. c.

Prix de revient du fait des mat. premières.	3,530,513	97	5°,020
Personnel des usines.....................	942,203	43	
Personnel de l'administration............	688,912	21	2,319
Entretien du matériel....................	1,104,999	25	
Frais accessoires de distillation, etc........	460,464	55	2,225
Frais généraux..........................	297,770	83	0,267
Charges municipales.....................	1,344,447	00	
Impositions.............................	102,647	65	2,057

Prix du revient du gaz rendu au gazomètre............. 11,888

Pertes dans les conduites 17,6 p. 100................. 2,092

Prix de revient du mètre cube de gaz rendu au bec, non compris l'intérêt et l'amortissement du capital............. 13,970

En ne calculant l'intérêt du capital qu'à 5 p. 100, il faudrait ajouter................................. 5°892

Plus, 17,6 p. 100 pour la perte dans les conduites..... 1,037

6,929   6,929

Prix de revient du mètre cube de gaz rendu au bec, l'intérêt du capital à 5 p. 100, sans amortissement................. 20,899

(Année 1861.) Dépenses de premier établissement.. 84,202,487 fr. 00 c.
 —   Gaz fabriqué.................... 79,630,000^{mc},00

Dépenses :

Charbon distillé pour la prod. du gaz... 7,902,712 fr. 25 c.
Coke, charbon, chauffage des fours.... 1,629,914   00

           Total............. 9,532,626   25

Produits :

					Prix de rev. par m. c.
Coke des cornues..	4,781,270 fr. 17 c.				
Coke des fours....	886,852	31			
Goudron........	688,453	29	6,400,830	77	
Prod. chimiques..	44,255	00			
Prix de revient du gaz du fait des matières premières...............			3,131,795	48	3^{c}933
Personnel des usines...........	1,090,985 fr. 53 c				
Personnel d'administration......	445,573	02	1,928,129	34	2,421
Ingén. et agents..	391,570	79			
Entret. des usines, fours........	928,786	64			
Frais accessoires de distillation.....	631,685	62	1,886,204	25	2,368
Entretien des conduites........	325,431	99			
Contentieux......	65,946	95			
Frais de bureau...	109,808	48			
Loyers et assuranc.	76,679	84	431,574	47	0,546
Études et brevets..	182,139	20			
Charges municip.	1,846,856	75			
Charges envers l'État..........	148,401	22	1,995,257	95	2,505
Totaux.............			9,375,961	49	11,773
Perte dans les conduites 17,6 p. 100................					2,071

Prix de revient du mètre cube rendu au bec, sans comprendre
ni l'intérêt ni l'amortissement du capital............... 13,844
En calculant l'intérêt du capital à 5 p. 100, il faudrait ajouter
5^c,28, plus 17,6 p. 100 pour tenir compte des pertes, soit... 6,209

Prix de revient du mètre cube rendu au bec, y compris intérêt du capital à 5 p. 100 sans amortissement............ 20^{c}053

Pour calculer la perte dans les conduites de la Compagnie parisienne, voici la marche que j'ai suivie :

La Compagnie a fabriqué (en 1860)............ 70,348,000^{mc}
Sa recette en gaz a été de.. 16,961,865 fr. 71 c.
Sur cette somme, l'éclairage municip. entre pour 982,383 fr. 01 c. : si cet éclairage, au lieu d'être payé à raison de 0^f,15 le mètre cube, l'eût été à raison de 0^f,30, la Compagnie eût touché en plus 982,383 01

TOTAL.......... 17,944,248 fr. 72

Cette somme représente ce qu'aurait touché la Compagnie, si la totalité du gaz livré au compteur lui avait été payée à raison de 0^f,30 le mètre cube. Elle n'a donc livré que :

17,944,248 fr. 72 c. : 0^f,30, soit........ 59,814,162 ^{mc} 40

Perte dans les conduites..................... 10,533,837 ^{mc} 60

Ainsi, pour livrer 59,814,162^{mc},40 de gaz, la Compagnie a dû en fabriquer 70,348,000^{mc} ; par conséquent, pour avoir le prix de revient du gaz livré au compteur, il faut diviser la dépense totale par 59,814,162^m,40 et non par 70,348,000^{mc} : en d'autres termes, il faut multiplier le prix de revient du gaz, au gazomètre, par 70,348,000 : 59,814,162^m, soit par 1,176 ; c'est-à-dire augmenter le prix de 17,6 p. 100.

Cette perte ne saurait être attribuée en totalité aux fuites et aux condensations qui ont lieu dans les conduites ; elle peut provenir d'un excès de consommation dans l'éclairage municipal, de vices dans la marche des compteurs, etc.; l'effet pour la Compagnie n'en est pas moins le même, et il faut en tenir compte.

La Compagnie parisienne a opéré dans de meilleures conditions que ne l'a fait la commission de l'Institut, en effet :

1° La Compagnie parisienne se sert de fours à 7 cornues : ces fours sont plus économiques, pour le chauffage, que le fourneau à 5 cornues de l'usine de Sèvres.

2° La Compagnie parisienne exploite un système de fours à coke de l'invention de MM. Pauwels et Dubochet, donnant en même temps du gaz d'éclairage.

« En suivant ce procédé, dit M. Payen, on obtient un peu moins « de gaz dans le rapport de 23 à 19 mètres cubes, la qualité lumi- « neuse est à peu près la même, mais on réalise les avantages « d'un écoulement facile du coke au fur et à mesure de sa produc- « tion et à *un prix plus élevé de moitié environ que celui du* « *coke des cornues.* »

D'après M. Servier, ingénieur attaché à la Compagnie pari- sienne et traducteur du traité pratique d'éclairage au gaz par Samuel Clegg, une tonne de gailleterie dans les fours de MM. Pau- wels et Dubochet produit :

630 kilogrammes gros coke, dont la valeur varie de 33 à 38 francs la tonne, selon la qualité, qui dépend de la qualité du charbon et de sa préparation ;

37 kilogrammes petit coke, dont la valeur est d'environ 25 francs la tonne ;

0^{hect}, 80 poussier à 0^f,40 l'hectolitre et 50 kilogrammes de goudron.

Le rendement en gaz est inférieur de 12 p. 100 au rendement dans les cornues.

Le coût net du mètre cube est inférieur de 3 centimes, en- viron, à celui du gaz produit dans les cornues.

3° La production du gaz a été plus grande que dans la moyenne des expériences de Sèvres. La Compagnie parisienne a obtenu 24^{mc},79 par 100 kilogrammes de combustible, et la commis- sion, 22^{mc},94.

4° La Compagnie parisienne ne s'est pas contentée de vendre ses eaux ammoniacales, elle a monté une usine spéciale ; elle doit compter sur un rapport plus grand, et comme fournissant la ma- tière première, et comme fabriquant les produits ammoniacaux.

D'après toutes ces raisons, si le chiffre de la commission — 0^f,016 — avait été exact, la Compagnie parisienne, opérant comme elle l'a fait, était en droit de compter sur un chiffre plus réduit encore.

Il est juste de faire observer, cependant, que la Compagnie parisienne a payé la houille à raison de 26^r, 25^r,10 et 24^r,60 la tonne, tandis que la commission de Sèvres a calculé d'après le prix de 24 francs. De plus, la Compagnie parisienne a employé du boghead qui, bien que produisant plus de goudron, lui a donné un coke sans valeur. Le prix de revient du mètre cube a dû, par suite, augmenter par ces deux raisons.

CONSÉQUENCES PRATIQUES. — La commission de Saint-Cloud ne semble avoir fait ses expériences que dans le but d'obtenir le mètre cube de gaz au meilleur marché possible. Elle répondait à un rapport présenté par les anciennes compagnies, qui éclairaient les différents périmètres de Paris; et dans ce rapport, en effet, il n'est question que du prix de revient du mètre cube de gaz; la valeur industrielle de son titre est complétement mise de côté; ce qui explique comment la commission de Saint-Cloud a dû également écarter cette question. Elle s'est bornée à constater que la lumière fournie par le gaz d'expérience, valait celle que l'on obtenait de la Compagnie qui alimentait la commune de Sèvres. Comme le titre du gaz de la Compagnie de Sèvres n'est pas un type connu, cette indication ne peut, malheureusement, être d'aucune utilité.

Ce que l'on peut affirmer, néanmoins, *à priori*, c'est qu'une houille qui, pour 100 kilogrammes, donne 75 kilogrammes de coke, 14^k,04 de sous-produits, et 22^{mc},94 de gaz, ne peut fournir qu'un gaz d'une qualité inférieure. Cette question a déjà été traitée : le carbone ne peut rester, à la fois, et dans le coke et dans le gaz pour l'enrichir.

Nous avons eu occasion, avant la formation de la grande Compagnie parisienne, de faire quelques expériences photométriques dans différents périmètres. Nous en avons fait à la Monnaie ; le gaz avait à peine un titre de 3 à une pression de 0^m,02 environ. Le gaz de la Compagnie Lacarrière était notablement supérieur ; mais celui de la Compagnie Payn, que nous avons pu journellement expérimenter, avait, même à la pression de $0^m,02$, et pour des consommations de 120 à 130 litres, des titres de 7, 8 et 9.

La valeur du titre du gaz était déterminée par la ville de Paris suivant la force des becs ; l'influence de la masse de gaz sur la valeur du titre était parfaitement connue. Le bec de ville le plus petit, celui de 100 litres, devait satisfaire aux prescriptions suivantes : Un bec fendu, consommant 100 litres de gaz à l'heure, devait donner 0,77 de l'éclat d'une lampe-Carcel brûlant 42 grammes à l'heure : c'est-à-dire $0,77 \times 7 = 5$ bougies, 39 ; puisque la lumière d'une carcel est de 7 bougies.

L'on n'attachait pas, alors, à la pression l'importance que l'on y attache aujourd'hui, et avec raison, pour la valeur du titre. La fente des becs fendus était étroite, et ces becs brûlaient sous une pression, le plus souvent, supérieure à $0^m,02$.

Ainsi, avant la formation de la grande Compagnie parisienne, les Compagnies de gaz de Paris devaient donner, avec un bec brûlant 100 litres de gaz par heure, sous une pression de 2 centimètres environ, une lumière de 5 bougies, 39. Le contrôle se faisait rarement, peut-être même pas du tout ; des Compagnies pouvaient s'éloigner plus ou moins de ces obligations ; mais il est un fait certain, c'est que la Compagnie Payn (Belleville) dépassait souvent ces prescriptions.

Nous nous sommes étendus longuement sur les conditions à remplir pour obtenir un gaz de bonne qualité, nous les résumons :

1° Le choix de la mine est de la plus haute importance ; il faut que le charbon fournisse, à la distillation, un coke convenable ; mais il faut renoncer à obtenir à la fois, et beaucoup de coke, et beaucoup de gaz de bonne qualité.

De la nécessité de choisir la mine résulte le plus souvent un excès de dépense et, la quantité du coke étant moindre, une diminution dans la recette.

2° Pour la fabrication du gaz, « dit M. de Marsilly, la supériorité « de la gailleterie sur le tout-venant est encore incontestée ; il n'est

« pas de praticien qui ne soit convaincu de cette vérité, » mais le prix de la gailleterie est de 0ᶠ,60 environ par 100 kilogrammes, supérieur à celui du tout-venant, ce qui augmente le prix du gaz, de ce seul fait, de 2 centimes, 50 à 2 centimes, 75 par mètre cube, car la valeur du coke n'en est pas augmentée.

3° Il faut adopter les petites cornues et en réduire la longueur, la porter à 2ᵐ et 2ᵐ,20, au lieu de 3ᵐ, comme les cornues expérimentées par la commission de Sèvres ; mais alors, évidemment, on distillera, presque avec le même chauffage, moins de charbon par four, et on en retirera moins de gaz par 100 kilogrammes.

En résumé, si l'on suit ces prescriptions, le titre du gaz sera incontestablement augmenté ; mais le prix de revient du mètre cube augmentera de 5, 6, 7 centimes et peut-être davantage.

Quand la commission de Sèvres a publié ses expériences, elle a, par ce seul fait, indiqué à la Compagnie concessionnaire comment elle devait faire son gaz : houille tout-venant donnant beaucoup de coke, et cornues d'une longueur de 3 mètres.

Comme conséquence forcée, le gaz devait être de qualité médiocre. Aussi, logiquement, lorsque plus tard la ville, voulant arrêter avec la Compagnie parisienne un mode de contrôle pour vérifier la puissance éclairante du gaz, chargea deux académiciens, MM. Dumas et Regnault, de rédiger une instruction à cet égard, ces savants durent, suivant toute équité, réduire les exigences que nous venons de rappeler.

Ils prirent, pour bec type, le bec rond Bengel, en porcelaine, *à trente trous*, avec panier *et sans cône*. Le diamètre des trous est de 0ᵐ,0006.

Le diamètre du courant d'air intérieur est très-petit, il est de 9 millimètres. Enfin, pour diminuer encore la trop grande affluence de l'air sur le bec, le cône est supprimé : cette suppression seule augmente le titre du gaz, suivant la hauteur du jet, mais jamais moins de 5 à 6 p. 100.

La hauteur du verre est réduite à 0ᵐ,200, et le panier est

percé de 109 trous de 0ᵐ,003 de diamètre, circonstances qui, modérant l'arrivée de l'air, sont favorables à l'élévation du titre.

Ce bec doit brûler à une très-faible pression. La pression prescrite est celle de 0ᵐ,002 à 0ᵐ,003.

Si l'on se reporte à ce que nous avons dit plus haut sur le bec rond, on reconnaît que toutes les précautions ont été prises pour que le gaz puisse fournir la plus haute expression de son titre ; on obtient ainsi plus de lumière que ne donnerait un bec Manchester consommant 105 litres de gaz *à la pression de* 0ᵐ,002. Les expériences de M. Jeanneney ne laissent aucun doute à ce sujet ; car, pendant qu'avec un bec Manchester brûlant 109 litres, à la pression de 2 millimètres, il avait un titre de 8,85, il obtenait avec un bec Dumas, petit modèle, *avec cône*, brûlant 117 litres de gaz à la pression de 0ᵐ,0029, un titre de 9,50.

En résumé, on demandait aux anciennes Compagnies de donner une intensité de 5 bougies, 39 avec un bec fendu, dépensant 100 litres, à la pression de 0ᵐ,020 environ. Si toutes les Compagnies ne satisfaisaient pas toujours à ces prescriptions, il est hors de doute que la Compagnie Payn y satisfaisait souvent et au delà.

La ville demande, aujourd'hui, à la Compagnie parisienne de donner une intensité de 7 bougies, avec un bec brûlant 105 litres de gaz à la pression de 0ᵐ,002 ; c'est un titre de 6,66.

Si, à première vue, les exigences semblent plus grandes aujourd'hui, c'est qu'on oublie d'avoir égard à la considération des pressions.

D'après les expériences de M. Jeanneney citées page 79, lorsque l'on obtient un titre de 8,60 avec une dépense de 98 litres à la pression de 0ᵐ,002, l'on n'a, avec une dépense de 99 litres, 50, à la pression de 0ᵐ,018, qu'un titre de 3,60.

Par déduction, on conclut qu'avec un gaz donnant, à la pression de 0ᵐ,002, avec une dépense de 105 litres, un titre de 6,66 (c'est le titre exigé actuellement de la Compagnie parisienne), on obtiendrait, à la pression de 18 millimètres, un titre de $6,66 \times \frac{3,60}{8,60} = 2,79$, ce que l'expérience confirme.

Le bec fendu ou Manchester, à la pression de $0^m,018$ à $0^m,020$, est le vrai bec industriel, celui qui donne toute sa lumière, qui n'est altérée, à chaque instant, ni par la mollesse, ni par les oscillations de la flamme. Avec ce bec, les abonnés payent à la Compagnie parisienne $0^r,03$ pour une lumière de 2 bougies, 79 ; tandis que les anciens abonnés, et je cite principalement ceux de la Compagnie de Belleville, payaient $0^r,04$ une lumière de 5 bougies, 39 (à raison de $0^r,40$ le mètre cube). Les abonnés de la Compagnie parisienne payent donc, actuellement, avec le bec Manchester, la lumière de la bougie $\frac{0,03}{2,79} = 0^r,01075$; les anciens abonnés à la Compagnie de Belleville ne la payaient que $\frac{0,04}{5,39} = 0^r,00742$.

Pour conclure le titre du gaz à $0^m,18$ de pression, de celui imposé, à la pression de $0^m,002$ à $0^m,003$, par la ville de Paris (6,66), nous avons admis qu'il devait y avoir, entre ces deux titres, le même rapport qu'entre celui de 8,60 à 3,60 constaté par M. Jeanneney aux pressions de $0^m,002$ et de $0^m,018$. Mais comme ce rapport est d'autant plus grand que le gaz est moins riche, il s'ensuit que le titre du gaz de Paris, qui est moindre que celui expérimenté par M. Jeanneney, doit être, à la pression de $0^m,018$ à $0^m,020$, plus petit que celui que nous avons déduit de la proportion $8,60 : 3,60 :: 6,66 : x = 2,79$.

Mais, d'un autre côté, on peut dire aussi que, si l'on avait fait la comparaison des deux gaz, en brûlant à la pression de $0^m,002$ à $0^m,003$, elle eût été moins désavantageuse pour le gaz actuel ; car le gaz qui, à la pression de $0^m,018$, a un titre de 5,39 (ancien gaz), doit moins gagner à la pression de $0^m,002$ à $0^m,003$ que celui expérimenté par M. Jeanneney qui, à la pression de $0^m,018$, n'avait qu'un titre de 3,60. — Ce titre est donc moindre que celui déduit de la proportion $3,60 : 8,60 :: 5,39 : x$. Cette observation a son importance et nous ne saurions l'omettre, tout en insistant cependant sur ce fait pratique, que le bec papillon ou Manchester est le seul bec acceptable par les grands établissements.

Si la Compagnie parisienne changeait son système de fabrication, qui est celui expérimenté par la commission de Sèvres, et adoptait, par exemple, celui suivi par l'ancienne Compagnie Payn :

1° La fabrication serait plus dispendieuse, comme il a été dit ; les charbons coûteraient plus cher ; le coke aurait moins de valeur ; les frais de main-d'œuvre et d'entretien seraient augmentés ; et enfin tout le matériel de fabrication serait à modifier.

2° Le gaz éclairant deux fois plus, on en dépenserait, pour le même éclairage, deux fois moins ; et les recettes, de 0,30 à 0,40, n'augmenteraient que de 33 0/0. Il en résulterait une baisse dans le montant des recettes, par suite les frais généraux pèseraient davantage sur le prix du revient du mètre cube de gaz.

Suivant toute équité, il faudrait accorder l'ancien prix de $0^{r},40$; mais les abonnés auraient pour $0^{c}742$ ce qu'ils payent, aujourd'hui, $1^{c}075$; c'est $0^{c},333$ en plus sur une somme de $0^{c}742$: ce serait pour eux une économie de 44, 64 0/0.

Les considérations dans lesquelles nous venons d'entrer ne touchent en aucune manière la Compagnie parisienne, qui est parfaitement et logiquement dans son droit. — D'ailleurs, cette Compagnie est aujourd'hui des plus florissantes.

En entrant dans cette discussion, nous avons eu en vue les usines de province, où accourent, au terme de leur concession, des industriels, fâcheusement aventureux, armés du rapport de la commission de Saint-Cloud ; la pression qu'ils exercent par ces moyens, force les anciennes compagnies, dans la crainte de perdre tout leur matériel, à accepter le prix de $0^{r},30$. — Ces Compagnies ne doivent que le gaz dont le titre a été fixé par MM. Dumas et Regnault eux-mêmes ; ils n'en peuvent livrer de qualité supérieure qu'à la condition d'une rémunération. — C'est là une question d'équité. — Avec cette modification, l'abonné gagnera plus encore que ce qui ressort des chiffres que nous avons posés.

En effet, nous avons parlé de l'influence de la masse du gaz et de celle de la pression sur la valeur du titre : plus le gaz est riche, plus cette influence est faible ; ainsi, elle est presque nulle pour le gaz Boghead, dont le titre monte à 30, tandis que pour des gaz pauvres, le titre baisse dans des proportions effrayantes pour des petites consommations. — Avec le gaz ayant le titre satisfaisant aux prescriptions de MM. Dumas et Regnault, le bec bougie ne donne que peu de lumière. — Si le titre s'élève dans la proportion que nous venons d'indiquer, les conditions sont tout autres, et le titre du bec bougie, quoique moindre, est comparable à celui du bec de 100 litres ; la division de la lumière est moins désavantageuse.

Gaz de Genève. — Nous allons donner les comptes rendus publiés par d'autres Compagnies ; nous choisissons de préférence ceux de l'usine à gaz de Genève, et d'autant plus volontiers qu'il nous serait difficile de citer une autre usine conduite avec plus de sagesse et d'intelligence. — Le nom connu de M. Colladon, ingénieur de cette Compagnie, expliquerait seul les heureux résultats que nous avons à constater.

USINE A GAZ DE GENÈVE.

(Année 1859.) Dépenses de premier établissement. 1,435,184 fr. 55 c.
—   Gaz fabriqué..................... 1,457,000^{mc},00

			Prix de rev. par m. c.
6,379 tonn. de houille à 35 fr. 30 c.	225,317 fr. 55 c.		
Recettes du coke...... 87,256 15			
Recettes du goudron... 18,243 35			
105,499 50	105,499	50	
Prix de revient du fait des matières prem.	119,818	05	8^c222
Épuration....................................	6,228	90	0,428
Personnel...................................	63,837	50	4,382
Entretien de l'usine.......................	23,127	45	
Dépenses générales........................	2,784	10	
Loyers et assurances......................	1,114	40	1,860
Dépréciation du mobilier................	65	85	
Redevance annuelle à la ville de Genève..	30,000	00	2,059
Prix de revient du mètre cube de gaz rendu au gazomètre....			16,951

                                        Report........   16,951
Intérêt du capital à 5 p. 100.............................   4,925

Prix de revient du mètre cube de gaz rendu au gazomètre,
    l'intérêt du capital à 5 p. 100, sans amortissement........   21,876

(Année 1860.) Dépenses de premier établissement.
    —   Gaz fabriqué.....................   1,666,000^{mc}
7,244,7 ton. de houil. à   33 fr. 40 c.   241,682 fr. 55 c.
Résine..............   1,736   20
                                  ——————————
                                  243,418   75

Recettes du coke........   79,364 fr. 65
Recettes du goudron......   9,720   55
                  ——————————
                  89,085   20   89,085   20   Prix de rev.
                                                  par m. c.
Prix de revient du fait des matières prem.   154,333   55   9°260
Épuration............................   7,848   05   0,449
Personnel............................   63,700   05   3,823
Entretien.............................   8,666   20 ⎫
Dépenses générales....................   4,123   25 ⎭   0,768
Redevance annuelle à la ville...........   30,000   00 ⎫
Loyers et assurances..................   95   30 ⎭   1,806

Prix de revient du mètre cube de gaz rendu au gazomètre...   16,106

(Année 1861.) Dépenses de premier établissement.
    —   Gaz fabriqué......................   1,627,000^{mc}

                  Dépenses :
6925,28 tonnes de houilles à 31 fr. 40 c.   217,336 fr. 55 c.
Résine.................................   452   75
                                  ——————————
                                  217,789   30
                  Produits :

Recettes du coke.... 77,396 fr. 55 c.
Recettes du goudron.   7,813   90   85,210   45   Prix de rev.
                                                        par m. c.
Prix de rev. du gaz du fait des mat. prem.   132,578   85   8°148
Épuration............................   6,423   85   0,395
Personnel............................   66,963   05   4,115
Entretien de l'usine...................   16,562   45   1,017
Dépenses générales....................   5,293   70   0,325
Redevance annuelle à
    la ville de Genève..   30,000 fr. 00 c. ⎫ 30,227   55   1,857
Loyers et assurances..   227   55   ⎭

Prix de revient du gaz rendu au gazo-
    mètre.................................   258.049   45   15,857

Le Conseil d'administration dit dans son dernier rapport :

« Le rendement en gaz, qui précédemment n'avait pas pu être
« constaté d'une manière régulière, a été d'environ 23 1/2 mè-
« tres cubes par 100 kilogrammes de houille distillée. *Ce ren-
« dement est supérieur à celui de l'année dernière :* car, malgré
« une consommation moindre de 320 tonnes de houille, la recette
« brute provenant de la vente du gaz a donné un résultat de
« 3 1/2 p. 100 supérieur à celui de l'exercice de 1860. »

Ce résultat était prévu : dans son rapport de l'année précédente, M. Colladon annonçait la construction de nouveaux
fours munis de cornues plus longues que les anciennes. La quantité de gaz, par tonne, a dû nécessairement augmenter, et le titre
diminuer.

COMPAGNIE DE L'UNION DES GAZ.

(Année 1861.) Dépenses de premier établissement..... 13,500,000 fr.

—   Gaz fabriqué........................ 9,310,687^{mc}.

34,800 tonnes de houille à 43 fr. 16 c.... 1,502,231 fr. 77 c.

Les produits en coke, goudron et sous-
produits, défalcation faite des consommations de chauffage............... 699,928   10

                                     Prix de rev. du m. c.

Prix de revient du mètre cube de gaz du
fait des matières premières.......... 802,303   67   8^{c},612

Épuration...................... 41,161   61   0,441

Main-d'œuvre.................. 373,733   24   4,011

Entretien...................... 192,227   02   2,063

Frais généraux................. 82,396   63   0,884

Prix de revient du mètre cube de gaz rendu au gazomètre.... 16,011

Pour 9,310,687^{mc} produit, 7,478,231 vendu. Perte 20 p. 100.. 3,202

Prix de revient du mètre cube de gaz rendu au bec, non compris l'intérêt et l'amortissement du capital............... 19,213

En ne calculant l'intérêt du capital qu'à 5 p. 100, il
faut ajouter................................ 7^{c}246

Plus 20 p. 100 pour la perte dans les conduites....... 1,449

                                    8,695   8,695

Prix de revient du mètre cube de gaz rendu au bec, l'intérêt du
capital à 5 p. 100 sans amortissement................... 27,908

Pour distiller 100 kilogrammes de houille, la Compagnie de l'Union a brûlé en coke, charbon et goudron 28^k,80.

La production en gaz rendu au bec a été, par 100 kilogrammes, de 21^{mc},50.

L'année précédente (1859-1860), pour distiller 100 kilogrammes de houille, on a brûlé en coke et goudron 30 kilogrammes. La production en gaz rendu au bec a été, par 100 kilogrammes, de 21^{mc},96.

Aucune usine n'a approché du chiffre 0^r,0160, par mètre cube, posé par la commission de Sèvres. La Compagnie parisienne, *seule*, a obtenu son gaz à 0^r,03933 par mètre cube, du fait des matières premières, dans sa dernière année d'exercice (1861) seulement ; mais cela tient aux procédés de fabrication de MM. Pauwels et Dubochet qui, incontestablement, sont plus économiques, et à une année exceptionnelle qui a permis à cette société de se défaire de son coke à de meilleures conditions, car, dans les années précédentes, le prix de revient était de 0^r,0559 et 0^r,0502. Par les procédés de MM. Pauwels et Dubochet, le coke a une valeur de 50 p. 100 en plus de celui des cornues ordinaires : ce coke est vendu aux chemins de fer.

Si la Compagnie parisienne se fût bornée aux procédés de fabrication expérimentés par la commission de Sèvres, non-seulement une grande partie de son coke, celui provenant des grands fours, eût perdu 50 p. 100 de sa valeur, mais, venant s'ajouter à celui vendu sur la place de Paris, il eût contribué à en abaisser le prix et eût augmenté d'autant le prix de revient du gaz.

Dépense en combustible pour la distillation de la houille. — L'examen critique auquel nous venons de nous livrer, nous a conduit à citer des résultats pratiques qui sont précieux, car, seuls, ils mettent à même de résoudre d'une manière certaine la question que s'est posée la commission de Sèvres. Sans nier l'importance d'une expérience directe, comme on ne peut tenir compte de cette foule d'incidents que la pratique met en évidence, les conclusions laisseront toujours à désirer ; on en trouve la preuve dans le rapport de la commission de Sèvres. C'est donc seulement en consultant les comptes rendus publiés par les grandes Compagnies de gaz, que l'on peut établir une base certaine pour un devis ou pour un projet ; c'est ce que nous venons de faire, et c'est d'après cette marche que nous allons résumer ce travail, en cherchant d'abord à déterminer la quantité de combustible nécessaire pour la distillation de la houille.

La quantité de chaleur rigoureusement nécessaire pour la distillation d'un poids donné de combustible n'est qu'une faible partie de celle en réalité développée dans le foyer d'un four à gaz : la plus grande partie est enlevée par la température que conservent les gaz brûlés et par le rayonnement du fourneau.

La chaleur enlevée par les gaz brûlés est une nécessité : ces gaz doivent s'échapper évidemment à la température qu'il est utile de produire dans le fourneau ; et tant que l'air qui doit être en excès ne dépasse pas la limite d'un dixième environ, et que les gaz ne quittent pas le foyer conservant un trop grand excès de température, il n'y a pas d'économie à espérer de ce côté ; à moins de faire servir une partie de cette chaleur à échauffer l'air qui alimente le foyer.

Quant à la chaleur perdue par le rayonnement, elle augmente, toutes choses égales d'ailleurs, avec la surface intérieure du four ; or, la quantité de houille que l'on peut distiller dans un fourneau augmente dans un rapport plus grand que cette surface. Par cette seule considération, nous avons déjà constaté qu'il y a une économie incontestable, sous le rapport du chauffage, à ne se servir que de grands fourneaux. La section et la longueur de chaque cornue étant déterminées par d'autres considérations développées plus haut, il est donc avantageux d'adopter, lorsque la consommation le permet, des fourneaux renfermant un grand nombre de cornues.

D'un autre côté, en augmentant la longueur des cornues, on augmente par suite dans le même rapport la quantité de houille que l'on peut distiller dans le fourneau et même davantage; car, dans la partie allongée de chaque cornue, la température moyenne est de beaucoup supérieure à celle qui existait avant, et qui existe encore dans l'autre partie de la cornue; on pourra donc y distiller, pour la même surface, plus de houille; on recueillera même, proportionnellement, plus de gaz, quoique de moins bonne qualité.

La surface intérieure du fourneau, dans ce cas, n'augmente pas dans le même rapport que le volume intérieur des cornues; et, comme cette surface mesure la perte par le rayonnement, on réalise une économie importante sous le rapport du chauffage. Il faudrait cependant, opérant ainsi, tenir compte de la dépréciation dans la valeur du titre du gaz.

La quantité de combustible à dépenser dans le foyer d'un fourneau à gaz, par 100 kilogrammes de houille à distiller, varie donc suivant la grandeur du fourneau, et le système de construction adoptée.

La valeur du coke se déduit toujours de celle du charbon. Généralement, pour le même poids, elle lui est un peu inférieure; car les établissements qui sont dans l'obligation de se servir du coke, sont en nombre limité, et les usines à gaz, pour écouler le surplus de leur fabrication, doivent le plus souvent l'offrir à un prix un peu moindre que celui de la houille. Cependant le coke est, en grande partie, employé pour le chauffage domestique des appartements, où il entre en concurrence avec la gailleterie ou le gros, les seuls charbons que l'on brûle pour cet usage; or ces charbons sont plus chers que ceux qu'emploient généralement les usines à gaz qui sont les tout-venants.

Malgré cela, on peut reconnaître que, dans les derniers comptes rendus publiés par l'usine de Genève pour l'exercice 1857, la houille ayant coûté 6^f,34 les 100 kilogrammes, le coke n'a pu se vendre que 6 francs les 100 kilogrammes. En 1858, la houille ne vaut plus que 4^f,50 les 100 kilogrammes, et l'usine s'est défaite de son coke au prix de 4^f,75, prix plus élevé, il est vrai, que celui de la houille; mais en 1859, 1860 et 1861, bien que le prix de la houille soit descendu à 3',53, 3',34 et à 3'14, le coke n'a pu se vendre qu'à un prix encore inférieur. Cette dépendance des deux prix est un fait logique, comme nous venons de l'expliquer; on l'observe dans toutes les usines à gaz : ce n'est que fortuitement, ou dans certaines localités, qu'elles vendent leur coke à un prix supérieur à celui du charbon, comme cela peut arriver dans un hiver rigoureux; mais l'équilibre ne tarde pas à s'établir; aussi ce serait à tort que, dans un projet, on baserait un devis d'après d'autres données.

Avec les houilles spéciales que l'on distille dans les usines à gaz, et industriellement parlant, on ne doit pas songer à en employer d'autres, on obtient par 100 kilogrammes :

1° 66 à 70 kilogrammes de coke;

2° 22 à 25 mètres cubes de gaz;

(Il est évident que les houilles qui donnent le plus de gaz donnent le moins de coke, et que, par conséquent, on ne doit pas admettre, à la fois, beaucoup de gaz et beaucoup de coke.)

3° 5 à 6 kilogrammes de goudron. 100 kilogrammes de goudron chauffent environ comme 200 kilogrammes de coke. On pourrait donc donner au goudron une valeur double de celle du coke, si les fourneaux chauffés avec ce sous-produit n'étaient pas plus promptement usés. C'est alors une dépense en plus d'entretien qui diminue sa valeur réelle, et devant laquelle beaucoup d'usines reculent; ainsi l'usine de Genève y a renoncé. Comme, à part son emploi pour le chauffage, le placement du goudron est incertain et difficile; nous ne pensons pas qu'*à priori*, on doive lui donner une valeur supérieure à celle du coke. Cela ressort, au reste, des inventaires de la Compagnie parisienne et de ceux de l'usine de Genève.

Quant aux eaux ammoniacales, peu d'usines trouvent à s'en défaire. Il n'existe pas d'établissements qui soient, sous ce rapport, placés dans d'aussi bonnes conditions que la Compagnie parisienne : elle fabrique elle-même les produits ammoniacaux et les bénéfices réalisés dans sa dernière année d'exercice, ont été de 44,255^r,00 pour une production de 79,630,000 mètres cubes, c'est à peine 0^r,00055 par mètre cube, en dehors, il est vrai, des frais d'épuration qu'elle a évités.

La commission de Sèvres avait admis pour la vente seule des eaux ammoniacales un bénéfice de 0^r,00145 par mètre cube. Ce résultat minime décourage la plupart des usines et les éloigne d'une manutention spéciale.

D'après le rapport du Conseil d'administration qui accompagne les comptes rendus du gaz de Genève, le rendement en coke est de 66 p. 100 environ du poids de la houille distillée; et l'on a consommé pour le chauffage le tiers du coke produit, soit 22 kilogrammes de combustible pour 100 kilogrammes de houille distillée. Cette donnée s'éloigne peu de celle publiée par la commission de Sèvres qui a dépensé 20 kilogrammes de combustible pour le chauffage de 100 kilogrammes de houille. Cependant cette différence s'accroît si l'on a égard à cette circonstance, que le gaz de Genève fonctionne avec des fours à 7 cornues, et que le four d'expérimentation de Sèvres n'en contenait que 5. Mais la commission de Sèvres a expérimenté un four bien chauffé et en bonne allure; toutes les cornues étaient en bon état; elle recueillait la plus grande quantité de gaz que ce four puisse fournir sans subir, comme le font forcément les usines, aucun chômage. Si elle avait expérimenté un four à 7 cornues, ses résultats eussent été sans aucun doute plus satisfaisants, sans que pourtant dans la pratique, et encore pour une grande usine seulement comme celle de Genève, on puisse sagement compter sur de plus beaux résultats que ceux que cette société a publiés. Les grandes usines surveillées avec soin peuvent seules l'espérer.

La compagnie de l'Union qui a produit plus de 9,000,000 mètres cubes par an, a dépensé pour son chauffage 28^k,80 et 30 kilogrammes par 100 kilogrammes à distiller. Elle serait arrivée à la même économie que le gaz de Genève, si elle avait pu déverser son gaz dans la même localité; mais elle éclaire un grand nombre de villes, et cette division est contre elle.

Les conditions sont tout autres pour une petite usine : ainsi il faudrait compter 50 % au lieu de 22 %, pour un établissement qui n'aurait que 500 becs à éclairer.

Nous insistons sur ce point, que si l'on diminue la longueur et la section des cornues, dans le but d'obtenir un gaz plus riche, le combustible à brûler, pour la même quantité de houille à distiller, doit augmenter. Ainsi, il est évident que si l'on réduit d'un tiers la partie de la cornue exposée au feu, l'on réduit, par ce fait, dans la même proportion, la quantité de combustible à distiller par vingt-quatre heures ; et comme la dépense de chauffage reste sensiblement la même, on reconnaît que, si primitivement on dépensait 22 pour 100 kilogrammes, après la réduction on dépensera, pour 66 kilogr., un peu moins de 22, il est vrai, mettons 20 approximativement. En définitive, il faudra compter sur une dépense moyenne de 30 %, au lieu de 22 ; et, en outre, la quantité de gaz obtenu sera proportionnellement moindre.

Nous avons de plus à tenir compte des houilles plus ou moins dures à distiller : les dépenses de chauffage se modifient encore suivant les qualités choisies.

En résumé, on peut admettre comme résultat moyen, et dans l'hypothèse où l'on distillerait dans les mêmes conditions que l'usine d'expérience de Sèvres, qu'en ajoutant le poids du goudron à celui du coke, 100 kilogrammes de houille donnent de 22 à 25 mètres cubes de gaz, et une valeur moyenne de 70 à 77 kilogrammes de coke et goudron.

C'est se placer dans de très-bonnes conditions que d'admettre, par 100 kilogrammes, une production de 25 mètres cubes de gaz et un rendement de 72 kilogrammes, coke et goudron. Si l'on atteint l'économie obtenue par l'usine de Genève sur le chauffage, qui est de 22 kilogrammes environ, pour la distillation de 100 kilogrammes de houille, il restera un poids de 50 kilogrammes.

Supposons que ces 50 kilogrammes soient vendus à un prix tel, qu'après avoir fait la compensation de la perte résultant du déchet du coke, après avoir payé les frais de terre à four, il reste encore comme produit précisément la valeur de 50 kilogrammes de houille ; c'est vendre, évidemment, le coke à un prix supérieur à celui de la houille.

Dans cette hypothèse, la plus avantageuse que l'on réalise en général dans la pratique, les 25 mètres cubes de gaz produits par la distillation de 100 kilogrammes de houille, coûteraient, du fait des matières premières, la moitié du prix de ces 100 kilogrammes ; en d'autres termes, le prix du mètre cube serait le double du prix du kilogramme de houille. C'est là une limite extrême que la Compagnie parisienne, elle-même, n'a pu atteindre qu'en 1861 : elle a payé la houille 24,^f50 la tonne et le prix de revient du mètre cube de gaz, du fait des matières premières, a été de 0^f,03933. Mais cette Compagnie se trouve dans des conditions exceptionnellement avantageuses, et on ne pourrait rien en conclure pour les autres usines : nous savons qu'elle emploie, les grands fours à coke de MM. Pauwels et Dubochet, qui procurent une grande économie, surtout du fait des matières premières ; c'est une fabrication que nous ne discutons pas ; de plus, elle a vendu, grâce à l'hiver rigoureux de 1861, son coke dans Paris, pour le chauffage domestique, de 30 à 32 francs la tonne, défalcation faite des droits d'octroi et des frais de transport aux lieux de débit ; tandis que la houille ne lui coûtait que 24^f,50 la tonne.

Le plus généralement, même dans les grandes villes, le coke se vend à un prix inférieur à celui de la houille. — C'est ce qui arrive à la ville de Genève.

Il faut, cependant, tenir compte des déchets, d'une production moins forte et en gaz et en coke ; ce qui élève forcément le prix de revient du mètre cube de gaz, du fait des matières premières, et le porte à deux fois et demi et à trois fois le prix du kilogramme de houille, au lieu de deux.

Voici les résultats des cinq dernières années d'exercice de l'usine de Genève :

ANNÉES.	PRIX des 100 kilog. de houille.	PRIX DE REVIENT du mètre cube de gaz du fait des mat. premières.	PRIX du mètre cube de gaz par rapport au prix du kilogr. de houille.
1857	6^{f}34	0^{f}1916	3,017
1858	4,50	0,1290	2,866
1859	3,53	0,0822	2,329
1860	3,34	0,0926	2,874
1861	3,14	0,0815	2,590

Si, dans le but d'obtenir de meilleur gaz, on emploie de la gailleterie au lieu du tout-venant, la valeur du coke n'en sera pas augmentée, et il faudra dépenser 0^f,60 en plus, par 100 kilogrammes de houille : par conséquent, ajouter au prix de revient ci-dessus, 0^f,026 à 0^f,0275 par mètre cube.

Il y aurait, sans doute, économie à se servir, d'après le conseil de M. Marsilly, de houille lavée ; mais les résultats restent à être constatés par expérience.

Prix de revient du gaz rendu au gazomètre. — Le prix de revient du gaz, du fait de matières premières, n'est qu'une partie du prix de revient total du gaz rendu au gazomètre. Les frais à ajouter comprennent l'épuration, l'entretien du matériel et la main-d'œuvre : ce sont les frais proportionnels, les seuls que nous songions à étudier. — Les autres dépenses sont relatives aux frais généraux, aux redevances fixes dues aux villes. Quelques-unes de ces redevances, cependant, sont proportionnelles comme celle de 0^f,02 par mètre cube, payée à la ville de Paris par la Compagnie parisienne.

Les frais d'épuration ont été, sensiblement, les mêmes pour la Compagnie de l'Union et pour le gaz de Genève ; ils figurent pour la somme de 0^f,004 à 0^f,005. Pour la Compagnie parisienne, l'épuration a été, au contraire, une source de bénéfices qui a contribué à diminuer le prix de revient du gaz du fait des matières premières. Malgré les tentatives de la Compagnie de Genève, l'épuration est restée une charge pour elle.

Dans un projet, et pour une grande usine, les frais d'épuration doivent être portés pour une somme de $0^f,004$ à $0^f,0045$ par mètre cube.

Les frais de personnel sont faibles pour la Compagnie parisienne, ils montent, à peine, à $0^f,025$ par mètre cube. Pour le gaz de Genève et la Compagnie de l'Union, ils sont de 3 centimes et demi à 4 centimes. — La Compagnie parisienne ne saurait servir de guide pour cette question, elle est dans une position exceptionnelle qu'aucune usine ne peut espérer. — Nous pouvons donc, pour une grande usine, fixer le prix de revient du gaz du fait de la main-d'œuvre à 3 centimes et demi et 4 centimes le mètre cube.

Les frais d'entretien, d'après les comptes rendus, paraissent être sensiblement les mêmes pour toutes les usines, à l'exception de l'usine de Genève, où ces frais sont très-réduits. Le prix de 1 centime et demi à 2 centimes par mètre cube doit être accepté avec confiance.

Les frais proportionnels relatifs au gaz, qui comprennent l'épuration, la main-d'œuvre et l'entretien du matériel, s'établissent donc ainsi qu'il suit, par mètre cube, en admettant que le gaz soit fabriqué dans les mêmes conditions que l'usine de Sèvres.

Épuration....................	$0^f,0040$ à	$0^f,0045$
Main-d'œuvre................	$0^f,0350$ à	$0^f,0400$
Entretien...................	$0^f,0150$ à	$0^f,0200$
Total................	$0^f,0540$ à	$0^f,0645$

Ainsi la totalité de ces frais, pour les usines importantes, varie de $0^f,0540$ à $0^f,0645$.

Pour avoir la dépense totale donnant le prix de revient du gaz rendu au gazomètre, on ajoute à ces frais ceux qui proviennent du fait des matières premières. c représentant le prix du kilogramme de combustible employé, ces frais varient depuis 2ᶜ jusqu'à 2,75ᶜ, suivant les localités, d'après le prix auquel les usines trouvent à se défaire de leurs sous-produits.

Le prix de revient du gaz rendu au gazomètre, *pour les grandes usines* seulement, nous y insistons, oscille entre les deux valeurs suivantes exprimées en francs :

$$0,0540 + 2^c.$$
$$\text{et} \quad 0,0645 + 2,75^c.$$
$$\text{Dont la moyenne est} \quad 0^f,06 + 2,4^c.$$

Si nous recherchons les véritables valeurs à donner aux coefficients de cette formule, pour qu'elle représente les résultats de l'usine de Genève, nous trouvons la formule $0^f,060 + 2,6^c$, qui est supérieure à la valeur moyenne calculée ci-dessus ; et cependant cette usine a réalisé une économie importante sur l'entretien de son matériel. Voici les résultats obtenus comparés à ceux déduits de la formule.

USINE DE GENÈVE.

	1859	1860	1861
Années			
Prix du kilog. de houille	$0^f,0353$	$0^f,0334$	$0^f,0314$
Prix de revient du gaz rendu au gazomètre, défalcation faite de la redevance à la ville	$0^f,1490$	$0^f,1428$	$0^f,1400$
Prix de revient déduit de la formule	$0^f,1518$	$0^f,1468$	$0^f,1416$

Il est juste de faire observer que dans le prix de revient donné par les comptes rendus, la main-d'œuvre comprend celle qui se rattache aux frais généraux, tandis que la formule ne donne que celle des ouvriers employés à sa fabrication.

La formule qui convient à la Compagnie de l'Union est $0,065 + 2^c$. Cette Compagnie s'est débarrassée de ses sous-produits à un prix exceptionnellement avantageux ; car, bien qu'elle ait dépensé pour son chauffage 28 et 30 kilogrammes par 100 kilogrammes de houille distillée, elle a vendu son coke à un prix relativement plus avantageux que la Compagnie parisienne , puisque le prix du gaz du fait des matières premières est, en moyenne, le même pour la Compagnie parisienne (2^c). Cependant celle-ci vend, en partie, du coke de four, et elle a consommé beaucoup moins pour son chauffage. La formule qui donne le prix de revient de son gaz rendu au gazomètre est, pour la Compagnie parisienne, 0^r,045 $+$ 2^c.

Le terme constant (0^r,045) de cette formule est plus petit que la limite extrême calculée plus haut (0,054). Cela tient à la position exceptionnelle de cette Compagnie. Quant au terme 2^c, c'est une limite, et l'on doit s'étonner que la Compagnie de l'Union l'ait atteinte, malgré sa dépense plus grande en chauffage. On ne peut raisonnablement compter sur une réduction sensible sur ce chiffre, à moins d'admettre que les abonnés ne continuent d'accorder au chauffage par le coke une préférence qui ne s'expliquerait pas.

On ne doit pas perdre de vue que cette formule, ainsi que nous l'avons déjà dit, ne tient aucun compte des frais généraux, des impositions et des charges municipales.

Pour avoir le prix de revient du gaz rendu au compteur, il faut augmenter ces chiffres de 15 à 20 °/$_0$ afin de tenir compte des fuites dans les conduites.

Le prix moyen du mètre cube de gaz rendu au compteur, pour une grande usine payant la houille de 25 à 30 francs, dans les conditions ordinaires de vente des sous-produits, monte ainsi à 15 centimes environ, sans comprendre ni les frais généraux ni les charges.

Augmentation du prix de revient pour relever le titre. — Si l'on voulait élever le titre du gaz au point qu'il satisfît aux anciennes prescriptions imposées par la ville de Paris, il faudrait distiller de la gailleterie au lieu du tout-venant. De ce fait seul, ce serait une augmentation de dépense de 2 centimes et demi au minimum.

Il serait peut-être nécessaire de recourir à d'autres mines

plus riches en gaz, mais plus éloignées et par suite d'un prix plus élevé.

Il y aurait, de plus, nécessité à raccourcir la longueur des cornues, d'où résulterait une augmentation de chauffage, de main-d'œuvre et d'entretien, pour un rendement en gaz proportionnellement moindre. L'augmentation de chauffage ne saurait être évaluée à moins de 1 centime à 1 centime et demi par mètre cube, d'autant plus qu'avec du charbon à gaz, la production de coke est moins grande et que celle du gaz se trouve réduite par suite du raccourcissement de la cornue.

Il faudrait plus de fours, 50 % en plus environ, les frais de main-d'œuvre et d'entretien augmenteraient évidemment ; cette augmentation serait au moins de 2 centimes.

Toutes ces modifications à apporter à la fabrication pour produire du gaz plus riche, entraînent donc à une dépense en plus de 5 à 6 centimes au moins par mètre cube. — Cette dépense doit être augmentée de 15 à 20 % pour tenir compte des fuites ; elle est, en définitive, 6 à 7,20. — Par conséquent, dans ce cas, le prix de revient du mètre cube de gaz rendu au compteur, devient 15 centimes, plus 6 à 7 centimes : c'est une somme totale de 21 à 23 centimes, sans comprendre les frais généraux, ni les charges d'impositions de l'État, ni celles d'octroi, ni les concessions réclamées par toutes les municipalités.

CHARGE DU CAPITAL SUR LE PRIX DE REVIENT DU GAZ. — Les prix de revient que nous venons de discuter séparément ne sont pas les plus lourds que les usines à gaz aient à supporter. Il existe peu d'industries qui, pour un chiffre donné d'affaires, exigent un capital aussi considérable. Aussi faut-il forcément tenir compte, dans le prix total de revient du gaz, de l'intérêt et de l'amortissement du capital engagé.

En donnant les comptes rendus de chaque usine, nous avons mis en regard le chiffre des déboursés, et celui du nombre de mètres cubes de gaz livrés dans l'année. Voici ces chiffres :

	DÉPENSES.		MÉTRES CUBES de gaz livr. au gazomèt.
Compagnie parisienne (1859)..	74,127,080 f.	24	63,015,000^{mc}
— (1860)..	82,910,641	45	70,348,000
— (1861)..	84,202,487	00	99,630,000
Compagnie de Genève (1859)..	1,435,184	55	1,457,000
— (1860)..	»	»	1,666,000
Compagnie de l'Union (1860)..	13,500,000	00	9,310,687

L'examen de ce tableau montre que les usines placées dans les meilleures conditions, et encore, après bien des années d'exploitation, arrivent à dépenser, pour l'organisation complète de leur société, un capital que l'on peut évaluer à raison de 1 franc, 1^r,25 et 1^r,50 par mètre cube de gaz à livrer, par an, au gazomètre. Il existe des usines où ces frais d'établissement montent à 2 fr., et plus. Or, les concessions sont données pour une durée limitée qui, souvent, ne dépasse pas vingt années. Lorsqu'il s'agit d'une usine à créer, la première année et même la seconde sont sans résultat ; il faut nécessairement que les autres années de la concession compensent des pertes forcées à supporter au début ; en outre, l'amortissement se répartit sur un petit nombre d'années. En ne tenant compte de l'intérêt du capital engagé qu'au taux minime de 5 p. 100, il est difficile d'admettre moins de 10 p. 100 pour satisfaire à toutes ces obligations, lorsqu'il s'agit surtout d'une concession de 20 années : d'autant plus que le chiffre des déboursés, calculé à raison de 1 franc, 1,25, 1^r,50, par mètre cube, n'est encore obtenu que dans les dernières années. On conclut forcément que chaque mètre cube de gaz livré au gazomètre, est grevé par ces obligations du capital d'une somme de 0^r,10, 0^r,125, 0^r,150.

Pour ramener ces prix de revient à ceux du gaz livré au compteur, il faut les augmenter de 15 à 20 p. 100 ; ce qui porte, en moyenne, pour ces usines ayant de faibles durées de concession, à 0^r,15 en moyenne la charge du capital par mètre cube. Cette somme, ajoutée aux 0^r,15 calculés plus haut, élève à 0^r,30 le prix de revient du mètre cube de gaz livré au bec en calculant l'amortissement et l'intérêt du capital à 5 p. 100, dans l'hypothèse, il est vrai, d'une concession de courte durée, et c'est le cas de la plupart des usines. Pour fournir du gaz satisfaisant aux anciennes prescriptions de la ville de Paris, il faudrait augmenter ce prix de 6 à 7 centimes et le porter, par conséquent, à 36 et 37 centimes. L'usine a en outre à supporter toutes les chances industrielles de cette industrie ; elle a à payer toutes les indemnités et toutes les amendes ; à satisfaire à toutes les charges de ses frais généraux ; il faut qu'elle fasse une concession importante de prix sur l'éclairage public et il est de toute nécessité que le prix du mètre cube de gaz pour les particuliers soit augmenté de manière à compenser cette perte.

Comment maintenant accepter ce prix de $0^f,30$ imposé par presque toutes les municipalités, même celles des petites villes, où la houille vaut souvent, non pas 25 à 30 francs la tonne, mais 40 et 45 francs ?

La Compagnie parisienne a une concession de 90 années, l'amortissement du capital est pour elle de peu d'importance ; elle s'est formée avec des usines en pleine exploitation et donnant des bénéfices ; elle n'a pas eu à supporter ces non-valeurs et ces écoles des premières années.

En l'absence d'un projet défini dont on possède toutes les données, il serait difficile d'atteindre, dans les conclusions que nous posons, un plus haut degré d'exactitude. Dans des circonstances qui paraissent identiques, et avec les mêmes données, les résultats pratiques varient, eux-mêmes, d'une année à l'autre. Nous croyons donc que, traitant la question d'une manière générale, le travail que nous donnons suffit pour prévoir et juger d'avance l'avenir d'une usine à gaz.

Nous avons appuyé d'une manière plus spéciale sur la charge du capital ; c'est souvent la plus lourde que le prix de revient du gaz ait à supporter. Si, dans le choix des combustibles, on n'a égard qu'au titre du gaz, le prix d'achat pourra être plus considérable et dans tous les cas, les sous-produits auront moins de valeur. Laissant de côté l'influence du capital, on doit naturellement s'attendre à voir le prix de revient du gaz augmenter en même temps qué son titre. S'il lui est proportionnel et que le gaz soit vendu suivant la lumière qu'il donne et non suivant le volume, la position industrielle reste la même, puisque l'on vend à un prix double une marchandise qui coûte effectivement le double.

Ainsi, une usine étant construite pour débiter un nombre donné de mètres cubes ; en doublant le titre du gaz, on double la quantité de lumière produite ; et si cette lumière trouvait son débit, on doublerait le montant de ses recettes, tout en conservant le même capital. Ce prix de revient étant calculé non plus d'après le mètre cube, mais d'après l'unité de lumière, n'est-il pas évident que ce prix de revient pourra rester le même pendant que la charge du capital diminuera de moitié? Nous tenons à appuyer sur cette considération.

Il est vrai qu'en doublant la richesse du gaz et par suite son prix de vente on ne doublerait pas pour cela le montant des recettes ; car les besoins de lumière d'une ville sont limités et il arriverait, dans ce cas, que la dépense en mètres cubes serait réduite de moitié, ce qui maintiendrait au même niveau le chiffre des recettes ; mais il y aurait une économie importante et incontestable à faire sur les dépenses d'établissement de l'usine.

L'élévation du titre, en admettant que le prix de vente suive la même proportion, est donc une chose avantageuse ; tant que le prix de revient, du fait de la fabrication, suit la proportion de la valeur du titre. Nous avons démontré que cette élévation du titre était dans les mêmes circonstances profitable au consommateur.

CHAPITRE IX

PURIFICATION DU GAZ. — CONDENSATEURS. — COLONNES A COKE. — SCRUBBER. — LAVEURS. — ÉPURATEURS. — VALVES. — EXTRACTEURS.

La distillation des matières organiques, faite dans le but d'en extraire le gaz d'éclairage, donne naissance à des vapeurs condensables, dont on cherche, avant tout, à se débarrasser, d'autant plus que l'on simplifie ainsi les opérations qui ont pour but d'éliminer les matières nuisibles qui accompagnent le gaz.

Ces vapeurs condensables sont composées d'eau, de carbures d'hydrogène, de parafine, de naptaline et de sels ammoniacaux; elles s'échappent tenant en suspension des molécules de carbone; la plus grande partie se dépose dans le barillet, où elle est recueillie par un trop plein qui maintient le liquide à un niveau constant. L'autre partie, contenant des vapeurs plus essentielles, accompagne le gaz d'éclairage; on en opère la séparation, en la condensant dans de longs tuyaux réfrigérants, placés horizontalement ou verticalement, qui sont refroidis par le rayonnement dans l'espace et par les courants d'air atmosphérique, ou bien par immersion dans une eau sans cesse renouvelée.

Ces tuyaux ne peuvent enlever que la quantité de chaleur perdue par leur surface extérieure, soit que cette surface rayonne dans l'espace, soit qu'elle se refroidisse par le contact de l'eau.

Dans le cas où les tuyaux réfrigérants rayonnent librement dans l'espace, t désignant l'excès de température, la quantité de chaleur émise en une heure, et par mètre carré, exprimée en calories, en admettant que cet excès de température demeure constant, est donnée par la formule

$$K(1 + 0{,}0066\,t)t.$$

K est un coefficient qui varie suivant la nature de la surface. Pour la fonte, Péclet a trouvé $K = 7{,}70$; mais, comme pour le noir de fumée $K = 9$, et que, dans la pratique, l'état de la surface des tuyaux se rapproche beaucoup de celle du noir de fumée, nous prendrons pour K une valeur plus grande que celle de 7,70, et nous adopterons la valeur 8; ce qui ramène la formule précédente à

$$8(1 + 0{,}0066\,t)t.$$

Les quantités de chaleur perdue par mètre carré et par heure, dans le cas où les tuyaux sont entièrement immergés dans l'eau, et dans la supposition où cette eau n'éprouverait pas d'autres mouvements que ceux qui résultent de son échauffement, sont indépendantes de la nature des vases; elles sont suffisamment évaluées, d'après Péclet, par la formule

$$43(1 + 0{,}105\,t)\,t,$$

qui s'est trouvée exacte, tant que la température t, qui indique l'excès de température du tuyau sur le liquide, est restée inférieure à 40°.

Nous concluons de ces deux formules les quantités de chaleur qui, dans les deux cas, sont perdues en une heure par une surface d'un mètre carré, en supposant successivement les excès de température de 10,20 et 40°. Elles sont données dans le tableau suivant.

Tableau:

EXCÈS DE TEMPÉRATURE.	QUANTITÉ DE CHALEUR PERDUE par mèt. carré de surf. extérieure de tuyau.	
	Rayonn. dans l'atmosph.	Plongé dans l'eau.
Pour un excès de tempér. de 10°	85,28	881,50
Id.................... 20°	181,12	2,661,00
Id.................... 30°	287,52	53,535,00
Id.................... 40°	404,48	89,444,00
Id.................... 50°	532,00	134,375,00

Bien que ces chiffres soient calculés d'après des formules dont l'exactitude n'a été constatée que pour des excès de température inférieurs à 40°, nous n'avons pas craint cependant de donner ceux qui correspondent à un excès de température de 50°.

Ce tableau indique, pour un même excès de température, des différences très-grandes entre les quantités de chaleur perdue par mètre carré de surface extérieure du tuyau, suivant que ce tuyau rayonne dans l'espace, ou qu'il reste plongé dans l'eau. Il en résulte que l'on doit faire varier la longueur du tuyau, suivant le système adopté. Comme la perte de pression occasionnée par le frottement du gaz, pour une même quantité de gaz à écouler, est proportionnelle à la longueur des conduites, on comprend les avantages que présentent, sous ce rapport, les condensateurs immergés dans l'eau. Mais, dans ce système, l'eau dans laquelle plongent les tuyaux, acquiert bientôt une température de plus en plus élevée; la différence entre la température des tuyaux et celle de l'eau diminue de plus en plus; si bien qu'à la longue on risquerait de perdre la plus grande partie de ces avantages, si l'on ne renouvelait l'eau. Malgré cela, il arrive, généralement, que la température moyenne de l'eau est plus élevée que celle de l'atmosphère. Les avantages de l'immersion n'en sont pas moins incontestables, comme le démontre le tableau précédent : ainsi, la quantité de chaleur perdue par une surface plongée dans l'eau, pour un excès de température de 20°, est presque dix fois plus considérable que si cette surface rayonne dans l'atmosphère, même avec un excès de température de 30°.

Lorsque les tuyaux sont plongés dans une eau que l'on renouvelle continuellement, on peut se borner à leur donner le dixième de la longueur qui est calculée nécessaire, quand le refroidissement a lieu par le rayonnement dans l'espace. Cela ressort des chiffres précédents.

DIMENSIONS DES CONDENSATEURS. — Les dimensions à donner aux condensateurs sont fixées d'après le volume de gaz à débiter, tout en évitant cependant un excès : car, comme le fait observer M. Payen, les tubes pourraient s'engorger par des dépôts de sels ammoniacaux qui, plus volatils que l'eau, n'en trouveraient plus une quantité suffisante pour se dissoudre, et se déposeraient à l'état solide. De plus, une condensation trop parfaite diminuerait le pouvoir éclairant du gaz, en lui retirant une trop grande quantité de carbures volatils.

L'effet du condensateur varie suivant les saisons. En hiver, l'air suffit pour abaisser la température du réfrigérant ; en été, la quantité de gaz fabriqué est généralement beaucoup moindre ; la surface réfrigérante devient plus grande par rapport au volume de gaz à refroidir, ce qui peut, en partie, compenser l'influence d'une température atmosphérique plus élevée. Malgré cela, il est parfois utile de faire intervenir l'action d'un filet d'eau qu'on laisse couler sur les colonnes réfrigérantes.

Les constructeurs fixent la surface extérieure des condensateurs, à raison de un mètre carré par mètre cube de gaz à refroidir en une heure.

M. Kirkham a imaginé un condensateur particulier à ventilation : le gaz passe dans l'intervalle annulaire compris entre deux tuyaux. Ce condensateur est refroidi extérieurement, comme les condensateurs ordinaires, par le rayonnement ; et il s'établit dans le tuyau central, un courant d'air qui augmente l'action réfrigérante. On évite ainsi, d'après M. Kirkham, l'inconvénient des condensateurs ordinaires, où la partie centrale se refroidit plus difficilement; et, avec son système, une surface de 48 mètres carrés, par 100 mètres cubes de gaz à refroidir par heure, suffit lorsque la couche de gaz n'a pas plus de $0^m,0375$ d'épaisseur, et cela, sans arroser les tuyaux.

On comprend, au reste, que toutes les circonstances qui augmentent l'action réfrigérante aient pour résultat de permettre de donner aux condensateurs moins de développement. Aussi doit-on veiller à ce que ces condensateurs soient exposés au nord, à l'abri des rayons du soleil.

Le diamètre d'un tuyau réfrigérant se détermine d'après 'le volume de gaz qui doit le traverser. Ce diamètre étant fixé, sa longueur est calculée d'après la règle posée ci-dessus. D étant le diamètre du tuyau ; V, la vitesse du gaz, par seconde ; il s'écoulera, par heure, un volume de gaz $3600 \times \pi \frac{D^2}{4} \times V$. Ce volume doit être égal à la surface réfrigérante du tuyau $\pi D \times L$, en représentant par L sa longueur ; d'où

$$L = 900 \times V \times D.$$

Ainsi, d'après la règle prescrite, la longueur d'un tube réfrigérant doit être égale à 900 fois le produit de la vitesse par le diamètre.

Le choix de la vitesse n'est pas indifférent : plus cette vitesse sera grande, plus le frottement du gaz dans la conduite augmentera la pression dans les cornues, sans qu'il en résulte d'économie dans l'établissement du condensateur.

Pour déterminer la relation qui existe entre la vitesse et la perte de charge correspondante, on remarquera que, lorsqu'il y a un écoulement régulier et uniforme dans une conduite, il y a, pour une tranche quelconque et à chaque instant, équilibre entre les quantités de travail qui sollicitent cette tranche. Si donc on prend la tranche de gaz qui est dans le condensateur, et si l'on admet que les deux sections, à l'entrée et à la sortie, soient à la même hauteur, on n'a plus à s'occuper de l'action de la pesanteur ; il ne reste que les deux pressions exercées, en sens contraire, sur ces deux tranches extrêmes, et la résistance provenant du frottement. Il y a équilibre entre les quantités de travail fournies par ces forces; et comme les chemins sont les mêmes, il y a équilibre entre les forces elles-mêmes.

Ainsi, conservant les notations ci-dessus, et désignant par P la pression exprimée en kilogrammes, par mètre carré, exercée sur la section d'entrée du gaz dans le condensateur; par p cette pression exercée en sens contraire à la sortie; et enfin par k le poids du mètre cube de gaz; g représentant toujours l'accélération qui, à Paris, est 9, 81, on a

$$\pi \frac{D^2}{4} (P - p) = 0{,}003 \cdot \frac{k}{g} \pi \, DL \times V^2.$$

Comme d'autre part L = 900 DV, on conclut

$$P - p = 1{,}1 \times d \times V^3.$$

La valeur de $P - p$ est donnée par la différence des hauteurs, exprimées en millimètres, des manomètres différentiels à eau placés à l'entrée et à la sortie du réfrigérant. La densité k, pour le gaz de houille, oscillant généralement entre 0,40 et 0,50, on peut poser

$$P - p = 0^m{,}0005 \, V^3.$$

Si l'on fait V = 1, la perte de charge est égale à un demi-millimètre.

Pour V = 2, 3, 4... la perte de charge croît dans une proportion énorme, et elle devient

$$0^m{,}004, \; 0^m{,}0135, \; 0^m{,}032.$$

La valeur de V, calculée d'après la production, n'exprime ici que la valeur moyenne de la vitesse; la vitesse réelle est susceptible de grandes variations, suivant le travail des fours; en certains moments, elle peut devenir double, triple, etc., de la valeur moyenne; et alors la perte de charge pourrait croître dans des proportions notables, augmentant d'une manière sensible la pression dans les cornues, si l'on adoptait une vitesse moyenne trop grande. Ces craintes ne sont plus à redouter en prenant l'unité pour vitesse moyenne; en conséquence, et dans le même but, on arrête le diamètre de toutes les conduites de l'usine, d'après cette donnée.

La vitesse moyenne étant fixée à un mètre, la quantité de gaz qui s'écoule par heure, est $3600 \cdot \pi \cdot \dfrac{D^2}{4}$; et, le volume de gaz produit par une tonne de houille distillée en 24 heures, étant de 10 mètres cubes environ par heure, la valeur de D, par tonne de houille à distiller par jour, est donnée par l'égalité

$$3600 \; \pi \; \frac{D^2}{4} = 10, \text{ d'où } D = \sqrt{\frac{4 \times 10}{3600 \times \pi}} = 0^m,05951.$$

La valeur de D est donc, à 0,0005 près, de $0^m,06$ pour une tonne, et de $0^m,06 \sqrt{T}$ pour T tonnes à distiller par 24 heures. Ainsi, pour 25 tonnes, le diamètre des conduites de l'usine doit être de $0^m,30$.

Au lieu de faire passer le gaz dans un seul tuyau réfrigérant dont le diamètre calculé comme il vient d'être dit est souvent considérable, on peut, sans augmenter la perte de charge, le faire passer à la fois par plusieurs tuyaux. La dépense est plutôt diminuée.

Imaginons, en effet, que le gaz, sortant des barillets, se rende dans une conduite unique, dont le diamètre soit calculé, de manière à satisfaire aux plus grands besoins de l'usine. Cette conduite porterait un certain nombre de tubulures de $0^m,06$ de diamètre, donnant issue au gaz; et l'on placerait autant de tuyaux réfrigérants de $0^m,06$ de diamètre, que l'usine aurait de tonnes à distiller en 24 heures. On peut, on le voit, disposant d'un nombre de tubulures suffisant, augmenter, à mesure du développement de l'usine, le nombre des tubes réfrigérants. Les dépenses deviennent ainsi progressives, ce qui est une considération importante pour une usine à gaz.

Avec des conduites d'un diamètre de $0^m,06$, la longueur

à donner à chaque tuyau, d'après ce qui vient d'être dit, serait $900 \times 0^m,06 = 54^{mc}$; mais, si ces tuyaux doivent être dans une caisse remplie d'eau constamment renouvelée, une longueur de 5 à 6 mètres suffirait.

Le nombre des tubes étant calculé de façon à ce que, l'écoulement du gaz se répartissant également dans tous, la vitesse moyenne soit égale à 1 mètre, ce qui arrivera s'il y a autant de tubes réfrigérants de $0^m,06$ de diamètre que l'usine doit distiller de tonnes en 24 heures, la perte de charge dans chacun d'eux est de $0^m,0005$; absolument comme si l'on avait construit un seul tuyau réfrigérant dont le diamètre fût $0^m,06 \sqrt{T}$ et la longueur, $900 \times D = 900 \times 0^m,06 \sqrt{T}$. Ainsi cette division des tubes n'augmente nullement la perte de charge; elle est économique, car une même surface réfrigérante coûte moins avec des tuyaux d'un faible diamètre.

Nous avons pris pour la section des petits tuyaux réfrigérants, un diamètre de $0^m,06$, parce que c'est précisément celui qui correspond à une distillation d'une tonne de houille en 24 heures. On peut, dans la crainte d'obstructions de sels ammoniacaux se formant plus facilement dans ces tuyaux, adopter des diamètres plus grands : ainsi celui de $0^m,08$ à $0^m,09$ serait suffisant pour la distillation de 2 tonnes, et celui de $0^m,10$ à $0^m,11$ pour la distillation de 3 ; mais il faudrait augmenter les longueurs de ces tuyaux d'après la formule $L = 900\ D$, puisque $V = 1$.

A ce sujet, nous ferons remarquer qu'il y a peu d'usines qui suivent exactement la règle de donner à la surface extérieure des condensateurs rayonnant dans l'espace, autant de mètres carrés qu'il doit s'y écouler de mètres cubes de gaz, par heure ; beaucoup s'en écartent sensiblement, et ne donnent à cette surface qu'une grandeur qui en diffère souvent de plus de moitié. La température extérieure a nécessairement une grande influence sur l'opération; lorsque cette température est élevée, et que la surface rayonnante des condensateurs est insuffisante, on peut craindre que le gaz n'arrive aux épurateurs entraînant des vapeurs de goudron qui viennent masquer les premières parties de la matière épurante et annuler son action.

Quand on emploie la méthode de refroidissement par immersion, la longueur des tuyaux est réduite à un dixième : elle est donnée par la formule $L = 90\,D$. C'est une économie détruite en partie, il est vrai, par la construction de la caisse à eau. Quant à la dépense d'eau que nécessite cet appareil, l'usine n'est entraînée à aucuns nouveaux frais : car les besoins d'eau pour l'extinction du coke et pour les foyers sont considérables. Par une disposition facile, cette eau passe d'abord dans les caisses, qu'elle remplit au fur et à mesure des épuisements nécessités par le service de l'usine.

En faisant passer le gaz par plusieurs tuyaux à la fois, si l'écoulement se faisait plus rapidement dans quelques-uns, les conditions de refroidissement se trouveraient, par suite, entièrement modifiées. Pour arriver à égaliser l'écoulement, on pourrait munir chaque tuyau d'une valve ou d'un robinet, que l'on manœuvrerait de manière à gêner le passage là où le gaz arriverait en trop grande abondance. On serait guidé, dans cette recherche, par la température des tuyaux. Il est évident que ces tuyaux seront d'autant plus chauds qu'il y passera plus de gaz. On manœuvrerait les valves de manière à égaliser la température.

Dans tous les cas, on dispose l'installation de manière à ce que le gaz trouve la même facilité à traverser tous les tuyaux. Nous en indiquerons les moyens.

CONDENSATEURS A COLONNES PAR RAYONNEMENT. — Les condensateurs se refroidissant par rayonnement dans l'atmosphère, sont ceux que l'on rencontre le plus généralement dans les usines à gaz. Les tuyaux sont posés verticalement ; ils ont une hauteur de 8 à 10 mètres ; ils sont raccordés dans le haut par une disposition qui rappelle celle des colonnes montantes placées sur les têtes de cornue ; ils sont bouchés soit par un tampon, soit par une plaque que l'on enlève à volonté, et qui permet, en cas d'obstruction, d'y engager une tige de fer pour les nettoyer.

Ces tuyaux sont quelquefois reliés, dans le bas, par des arcs de cercle portant, à leur partie la plus basse, des tubes verticaux pour l'écoulement des goudrons ; chacun de ces tubes plonge dans un seau rempli d'eau à une hauteur de $0^m,30$ à $0^m,40$, afin d'assurer l'herméticité. Le trop-plein du seau est conduit au moyen d'une rigole dans la cuve à goudron. Le gaz parcourt, successivement, toutes ces colonnes dont le diamètre et la longueur totale sont réglés d'après ce qui a été dit plus haut.

Au lieu de relier les colonnes, dans le bas, par des arcs de cercle, on préfère les raccorder par une des dispositions suivantes.

Les deux colonnes qu'il s'agit de relier dans le bas, sont fixées sur le couvercle d'une caisse rectangulaire fermée de toute part. (Pl. X, *fig.* 1.) Le gaz arrivant de l'une des colonnes pénètre dans cette caisse et ressort par l'autre colonne. La caisse est percée sur le côté, au tiers de la hauteur environ, d'une ouverture sur laquelle est ajusté un tube par où s'écoule le goudron, à mesure qu'il se dépose. Ce tube, afin d'assurer l'herméticité, plonge dans un seau, ou bien est courbé en forme de syphon, de manière à opposer à la sortie du gaz une colonne de liquide de $0^m,20$ au minimum.

Cette caisse porte également sur le côté une plaque boulonnée que l'on enlève, lorsqu'il devient nécessaire de nettoyer l'intérieur. Le plus souvent il suffit d'un simple trou par lequel on introduit, au besoin, une tige pour remuer le goudron et le rendre plus fluide, afin qu'il s'écoule plus facilement. On se contente de boucher ce trou avec un bouchon en bois.

On adopte souvent la disposition suivante. (Pl. X, *fig.* 2.) La caisse sur laquelle posent les deux colonnes montantes est entièrement ouverte par le bas ; elle plonge dans une seconde caisse remplie à moitié de goudron ; l'herméticité est ainsi assurée. La grande caisse porte dans le haut une rigole par où s'écoule le goudron en excès. Le nettoyage est une opération facile en cas d'obstruction ; il suffit de descendre la caisse.

Voici une autre disposition très-simple (pl. X, *fig.* 3) : les deux colonnes se relient au moyen d'un bout de tuyau ayant un plus grand diamètre, et portant deux tubulures sur lesquelles reposent les deux colonnes. Ce tuyau porte à chaque extrémité deux tampons ou deux couvercles que l'on enlève pour le nettoyage ; il est, de plus, percé d'une ouverture en dessous pour l'écoulement du goudron.

Toutes ces dispositions sont applicables au cas où l'on ferait passer le gaz par plusieurs conduites à la fois. Les caisses ou les tuyaux relieraient aussi bien 10 colonnes de gaz à 10 autres ; mais, dans ce cas, il est important que le gaz trouve la même facilité pour pénétrer dans chaque colonne : pour cela, si l'on adopte, par exemple, la dernière disposition, il faut que le gaz pénètre par une des extrémités du premier tuyau horizontal, et s'échappe par l'autre extrémité du second tuyau ; ou bien, si le gaz arrive par le haut, il faut relier toutes les premières colonnes montantes par une conduite horizontale, et faire arriver le gaz, non par le milieu, mais par une extrémité, le laissant toujours échapper du dernier tuyau horizontal, par l'autre extrémité.

Lorsque le gaz traverse une seule conduite pour se refroidir, il arrive souvent que toutes les colonnes reposent sur le couvercle d'une seule grande caisse en fonte, divisée intérieurement en compartiments diversement disposés, mais de manière, cependant, à ce que le gaz puisse passer, successivement, dans toutes les colonnes. Ces compartiments intérieurs descendent jusqu'à $0^m,02$ ou $0^m,03$ du fond de la caisse remplie à moitié de goudron ; de telle sorte que chaque compartiment demeure entièrement isolé. Le niveau du goudron est assuré au moyen d'un tuyau par où il s'écoule, lorsqu'il est en excès. La disposition d'une semblable caisse est facile à comprendre, sans qu'il soit nécessaire de s'y arrêter.

CONDENSATION PAR IMMERSION. — Ce système fut le premier mis en pratique par Winsor ; il faisait circuler le gaz dans un grand serpentin entourant le gazomètre, et plongeant dans l'eau de la cuve. Aujourd'hui le système de condensation par immersion le plus généralement employé est celui de la figure 4, planche X. Il est dû à Pauwels. Cette disposition présente une autre particularité, c'est que le gaz traverse par plusieurs conduites à la fois. Nous avons insisté sur les avantages qui résultent de cette division et donné les règles pour arrêter les dimensions. Le plan que nous donnons, d'après celui de Pauwels, indique l'entrée et la sortie du gaz dans le haut, par le milieu des conduites horizontales qui relient les colonnes. Le gaz trouve alors plus de facilité pour traverser les tuyaux du milieu ; la répartition se fait inégalement. Nous eussions préféré le gaz entrant par une extrémité et sortant de la dernière conduite horizontale par l'extrémité opposée.

La condensation par immersion exige une source d'eau qui élève l'eau à la hauteur des colonnes, ou une force motrice d'autant plus grande que cette hauteur est, elle-même, plus considérable ; à moins de construire une cuve en contre-bas pour loger les condensateurs. Lorsque la hauteur à laquelle on obtient l'eau est limitée, ou bien lorsque l'on veut réduire l'importance de la force motrice, on diminue la hauteur des colonnes et par suite celle du manchon, au risque de multiplier le nombre des caisses afin d'avoir la même surface immergée. On pourrait, alors, adopter la disposition suivante. (Pl. X, *fig.* 5.)

A et B sont des conduites horizontales de gaz, placées soit en haut, soit en bas ; le gaz entre par une extrémité dans une de ces conduites, et sort dans l'autre, par l'extrémité opposée.

Ces conduites portent, en regard, autant de tubulures que l'on est dans l'intention d'établir de colonnes réfrigérantes.

Chaque tubulure a $0^m,082$ de diamètre, ce qui correspond à une distillation de deux tonnes en 24 heures.

Chaque conduite réfrigérante, de 0,082 de diamètre, branchée sur une tubulure du tuyau d'arrivée du gaz A, et sur la tubulure correspondante du tuyau de sortie B, traverse une caisse remplie d'eau. La longueur de chaque conduite est donnée par la formule $0,082 \times 90 = 7^m,38$.

La caisse remplie d'eau, que traverse la conduite réfrigérante, est un cylindre en tôle ou en fonte, de $0^m,60$ de diamètre intérieur, et de $1^m,80$ de hauteur ; elle renferme quatre colonnes réfrigérantes reliées entre elles de manière à ce que le gaz les parcoure successivement. Ainsi le gaz, en sortant de la conduite A, arrive en dessous à la première colonne a placée dans la caisse. La colonne a est reliée, au-dessus, à la colonne b par un double coude dont nous donnons le dessin. Le gaz redescend par cette colonne b, qui est en communication en dessous de la caisse avec la colonne c. Les colonnes b et c sont prolongées en dessous, et plongent dans un seau de goudron ; c'est dans ce seau que se recueille le goudron condensé dans ces deux colonnes.

Le gaz remonte par la colonne c, et, au moyen d'un double coude qui relie en dessus la colonne c à la colonne d, il rejoint la colonne d, dans laquelle il descend pour se rendre dans le grand tuyau de sortie B.

Les deux doubles coudes du haut sont percés, dans la direction du centre de chaque colonne, d'une ouverture fermée par un simple tampon de bois. S'il devient nécessaire de dégorger les conduites, on enlève le tampon de bois, et l'on introduit une tringle par l'ouverture.

Une caisse, avec les dimensions que nous avons données, suffit à la distillation de deux tonnes en 24 heures. On construira, d'après cette règle, un nombre de caisses réfrigérantes en rapport avec le chiffre de la production, que l'on augmentera, s'il y a lieu, d'après l'importance de l'éclairage.

Colonne a coke. — Le gaz, au sortir des réfrigérants, contient encore des vapeurs goudronneuses et ammoniacales qui peuvent être arrêtées en les mettant en contact avec des corps solides offrant de très-grandes surfaces. Dans ce but, on lui fait traverser un grand cylindre en fonte contenant des fragments de coke ; beaucoup d'usines préfèrent des meulières ou des débris de cornue : on reproche au coke de s'empâter rapidement et d'obstruer le passage du gaz. Le gaz s'infiltre entre les nombreux interstices que présentent ces fragments, déposant sur leur surface les particules globuleuses qui l'accompagnent. Le grand cylindre en fonte qui contient ces fragments est connu sous le nom de *colonne à coke;* pour une usine alimentant 8,000 becs, il a 2 mètres de diamètre sur 6 mètres de hauteur; il est séparé en deux cases par un diaphragme vertical qui descend à $0^m,80$ environ du fond. Au-dessus de chacune des cases, se trouve un large trou d'homme, que l'on débouche pour remplir le cylindre de coke, de fragments de meulière, ou de débris de cornue.

Le gaz s'introduit par le haut dans une des cases; il descend et filtre dans les fragments; repasse au fond, par-dessous le diaphragme, dans l'autre case, où il remonte, continuant son épuration physique, à travers les fragments de coke ou de débris de cornue; pour ressortir, dans le haut, par une tubulure de côté, de la même manière qu'il est entré dans la colonne.

D'après M. Payen, auquel nous empruntons la description de cet appareil, une colonne à coke, contenant environ 15 mètres cubes de coke, peut fonctionner pendant 3 mois en été, et 30 à 45 jours en hiver, et suffit pour l'épuration du gaz destiné aux 8,000 becs. Cette épuration facilite beaucoup les réactions chimiques subséquentes, et prévient l'engorgement des appareils. Le coke employé n'est pas perdu : on l'immerge dans l'eau pour en extraire les sels à base d'ammoniaque; puis on le fait sécher, et il peut alors servir comme combustible dans les fourneaux de l'usine.

Avec des fragments de meulières et des débris de cornue, les colonnes n'ont plus besoin des vidées; s'il survient des engorgements de naphtaline, on fait passer un courant de vapeur.

Lorsque l'on charge la colonne de coke, à cause de la friabilité de la matière, il se produit, dans la partie du fond surtout, qui soutient le poids de toute la colonne, un écrasement et par suite un engorgement au moins partiel. Pour parer à cet inconvénient, quelques constructeurs séparent les cases par des grilles en fonte, et les disposent comme les grilles des épurateurs, en maintenant entre elles un écartement de $0^m,50$ à $1^m,00$, qui est suffisant pour éviter ou pour atténuer au moins l'inconvénient que nous signalons.

Nous donnons (pl. X, *fig*. 6) le dessin d'une colonne à coke pour une usine de 2,000 becs. La colonne a 1 mètre sur 4 de hauteur ; elle n'a pas de diaphragme qui la sépare ; le gaz entre par le bas et ressort par le haut ; elle porte cinq grilles ; à la hauteur de chaque grille se trouve une porte de même grandeur que celle des cornues, par où on enlève le vieux coke. Ce travail répugnant se fait plus commodément qu'en entrant dans l'intérieur de la colonne. Cette colonne est disposée de manière à recevoir un courant d'eau divisée, réalisant ainsi l'appareil de M. Lowe, qu'il nomme *scrubber*.

Scrubber. — M. Lowe a imaginé son appareil, non dans le but d'enlever les vapeurs goudronneuses qui accompagnent le gaz au sortir des condensateurs, mais dans celui de séparer l'ammoniaque. Pour cela, il se sert d'eau froide très-divisée qu'il fait couler, en forme d'arrosoir, dans un appareil qui est analogue à la cascade chimique de M. Clément Desormes. Ce procédé très-simple est souvent employé lorsqu'on ne tient pas à recueillir l'ammoniaque : car il faut une grande masse d'eau pour obtenir un effet certain. On estime qu'un mètre cube de coke mouillé suffit pour une production de 1,000 mètres cubes de gaz par jour.

Le scrubber s'applique avant ou après l'élimination des autres impuretés, mais avec la différence suivante : si, en sortant du condensateur, le gaz passe d'abord dans l'épurateur, puis dans le scrubber, l'eau n'absorbera que l'ammoniaque ; mais si c'est le scrubber qui est le premier appliqué, avec chaque atome d'ammoniaque séparé de la masse du gaz, se trouvera un atome d'acide carbonique ou d'hydrogène sulfuré, ce qui produira une économie de chaux : car l'ammoniaque, quoiqu'elle soit une impureté, devient agent d'épuration ; ce qui fait que le liquide du scrubber consiste en une solution, non d'ammoniaque, mais de carbonate et d'hydrosulfate d'ammoniaque. Cependant il est très-difficile de séparer toute l'ammoniaque, soit libre, soit combinée avec l'acide carbonique, au moyen du scrubber de Lowe, sans l'application d'une grande masse d'eau ; et l'on a émis l'idée qu'une ablution excessive diminuait le pouvoir éclairant du gaz de houille. Cette opinion a fait abandonner le *scrubber* par beaucoup d'usines.

On a proposé d'aciduler l'eau que l'on verse dans le scrubber, afin d'agir plus énergiquement sur l'ammoniaque ; mais de cette action résulterait que l'on mettrait à nu les acides carbonique et sulfhydrique, et il y aurait augmentation de dépense dans l'épuration.

M. Palmer mêle le gaz avec la vapeur, et soumet le mélange à une température qui produise sa condensation ; de manière que l'eau se trouve extrêmement divisée en gouttes, comme de la pluie ou de la rosée, et présente une surface considérable à l'action chimique. Ce moyen a un effet précisément semblable au scrubber de M. Lowe ; il est plus dispendieux ; il demande, pour être efficace, d'être conduit avec les plus grands soins ; et il y a encore plus de danger de nuire à la qualité du gaz par la vapeur condensée, que par un poids égal d'eau froide.

Lorsque l'on tient à laver le gaz, le scrubber est le moyen le plus parfait. Le gaz, à mesure qu'il arrive par le fond de la colonne, se trouve immédiatement en contact avec de l'eau qui, pendant sa descente à travers les fragments de coke, a réagi sur les vapeurs ammoniacales ; à mesure que le gaz s'élève, il trouve de l'eau de moins en moins saturée jusqu'en haut, où il est en présence d'eau pure. Les conditions restent identiques pour chaque portion de gaz qui pénètre dans le scrubber. Si donc le rapport du volume du gaz à celui de l'eau est combiné convenablement, de manière à arriver à une action complète, on est certain d'un résultat constant. Il n'en est pas de même pour le laveur que nous allons décrire, parce qu'il est employé dans quelques usines, et qu'il est dû à Clegg.

Laveur de Clegg. — Ce laveur est composé d'une grande caisse rectangulaire allongée, en fonte, et fermée de toute part. (Pl. XI, *fig*. 3.) Cette caisse renferme dans son intérieur, ainsi que le représente la figure, une caisse semblable A, mais sans fond. Cette seconde caisse, dans laquelle le gaz est d'abord introduit en *e*, est supportée au moyen de petits montants *b, b*, et se trouve percée de fentes longitudinales *m, m,*... qui doivent toutes se trouver de niveau; c'est par ces fentes que le gaz pénètre au travers de la colonne d'eau qu'il doit surmonter. Pour mieux assurer la division du gaz et son mélange avec l'eau, un peu au-dessus des fentes longitudinales et extérieurement à la caisse A, règne un rebord incliné *c* qui ne laisse, entre lui et les parois de la grande caisse, qu'un étroit passage, où le gaz ne peut manquer de se diviser encore. Le gaz arrive par la conduite en *e*, presse contre la masse d'eau qu'il soulève extérieurement, traverse les fentes longitudinales *m, m, m,* et atteint l'espace B, après avoir traversé la colonne d'eau; de là, il se rend au gazomètre. La pression que le gaz doit vaincre est, en moyenne, de 0ᵐ,10; mais lorsque l'usine n'emploie ni extracteur ni vis d'Archimède, on peut descendre jusqu'à 0ᵐ,05, en ayant le soin de renouveler l'eau plus souvent.

Épuration a la chaux. — Le gaz, en sortant des condensateurs, est débarrassé des vapeurs condensables; mais il contient d'autres impuretés que l'on cherche à lui enlever. Les plus importantes, et les seules dont on se préoccupe, sont l'acide sulfhydrique, l'acide carbonique, l'ammoniaque et les produits qui en dérivent.

Le gaz contient aussi une quantité appréciable d'oxyde de carbone, gaz éminemment délétère; mais arrivant au bec, il se transforme, par la combustion, en acide carbonique. Il n'est à redouter que dans les fuites. On ne songe pas à l'éliminer, faute de moyens pratiques; il serait cependant désirable qu'on pût le faire; on augmenterait ainsi le titre du gaz.

Nous parlerons encore, pour mémoire, du sulfure de carbone, que le gaz contient en minime quantité, qui augmente, toutes choses égales d'ailleurs, à mesure que la température de distillation est plus élevée. On a proposé le soufre; mais ce moyen est resté théorique, il n'est pas appliqué.

Les seuls produits nuisibles que l'on cherche à éliminer sont donc, l'acide sulfhydrique, l'acide carbonique, l'ammoniaque et les produits qui en dérivent.

L'agent le plus usité et le plus anciennement connu pour absorber toutes ces impuretés, est l'hydrate de chaux : c'est celui qui fut adopté, dès le début, par Winsor, qui proposa également une solution de potasse caustique. Le mérite de l'invention paraît en revenir à un ouvrier anglais, nommé Francis Heard, d'après une patente que l'on a retrouvée, et qui lui avait été accordée le 2 juin 1806. La spécification de l'invention comprend également l'emploi des oxydes métalliques pour absorber l'hydrogène sulfuré, et l'oxyde de fer est particulièrement désigné. (*Journal de l'éclairage au gaz,* 5 février 1860.)

On utilise la chaux, soit par la voie sèche, soit par la voie humide. Par la voie sèche, on éteint la chaux et on en recouvre, sous une épaisseur de $0^m,06$ environ, les claies d'un épurateur préalablement garni de mousse et de foin.

Par la voie humide, on fait arriver le gaz dans une dissolution de chaux, que l'on est obligé d'agiter avec une machine, afin de maintenir la chaux constamment en suspension dans l'eau, vu sa faible solubilité. Ce moyen est moins énergique que le premier.

L'acide carbonique s'unit à la chaux en formant du carbonate de chaux, l'acide sulfhydrique donne du sulfure de calcium ; et l'ammoniaque reste, en partie, mécaniquement retenue dans les pores de la chaux ; l'autre partie accompagne le gaz.

En admettant que le gaz ait une composition connue, il est facile d'en déduire la quantité de chaux théoriquement indispensable pour une épuration complète.

Les équivalents de l'acide sulfhydrique et de l'acide carbonique sont représentés, chacun, par deux volumes, par conséquent par 2 mètres cubes, si nous partons de l'équivalent de l'oxygène égal à un mètre cube. Or, un mètre cube d'oxygène pèsant $1^k,43$, l'équivalent correspondant de la chaux pèsera $\frac{350}{100} \times 1,43 = 5^k,005$. On en déduit que les 2 mètres cubes, soit d'acide sulfhydrique, soit d'acide carbonique, absorberont, pour former du sulfure de calcium ou du carbonate de chaux, $5^k,005$ de chaux. Donc un mètre cube de l'un ou l'autre de ces deux gaz exigera, théoriquement, $2^k,50$ de chaux pure.

D'après une analyse donnée par M. Lewis Thompson sur la composition du gaz fourni par la distillation de la houille de New-castle ordinaire, par 1,000 volumes de gaz, il y a 1 volume 50 d'ammoniaque, 8 volumes d'acide sulfhydrique et 25 volumes d'acide carbonique. L'acide carbonique et l'acide sulfhydrique entrent donc, dans le gaz provenant de la distillation de la houille de Newcastle, dans la proportion de $25 + 8 = 33$ pour 1,000 c'est-à-dire de 3,3 pour 100.

L'analyse de la vieille chaux fait voir que les sels existent à peu près dans la proportion de l'estimation des impuretés du gaz qui vient d'être indiquée. La moitié de la masse consiste en carbonate de chaux ; presqu'un quart, en sulfhydrate de chaux ; environ un cinquième, en hydrate de chaux non combiné plus ; un résidu de cyanogène, de sels, de silice et d'autres impuretés, etc.

Le volume des gaz délétères — acide carbonique et acide sulfhydrique — contenu dans le gaz de houille varie, en général, entre 2 et 5 pour 100. Le poids de chaux pure, théoriquement nécessaire pour enlever ces gaz, varie, par suite, entre $2 \times 2,50 = 5$ kilog. et $5 \times 2,50 = 12^k,50$ pour 100 mètres cubes de gaz.

Comme la chaux du commerce n'est pas pure, et que l'expérience apprend qu'un cinquième au moins reste intact dans les épurateurs, n'ayant subi aucune altération chimique, on compte en pratique sur $3^k,50$ de chaux, au lieu de $2^k,50$, pour enlever un mètre cube d'acide carbonique ou d'acide sulfhydrique.

En conséquence, en évaluant de 230 à 260 le nombre de mètres cubes de gaz que fournit la distillation d'une tonne de houille, il faut compter de 16 à 50 kilogrammes, la quantité de chaux nécessaire pour l'épuration d'une tonne de houille, suivant la nature du combustible employé, et suivant aussi les soins apportés à la marche de l'opération qui, bien conduite, permet de réduire le poids de la chaux.

Lorsque la vieille chaux, sortie des épurateurs, est exposée à l'air, le sulfure de calcium en présence de l'ammoniaque, a une tendance à absorber l'acide carbonique de l'air pour former du carbonate de chaux, avec production de sulfhydrate d'ammoniaque qui se mêle à l'air par simple diffusion.

Ainsi perte d'ammoniaque et mauvaise odeur, tels sont les inconvénients à éviter. Lorsque les usines sont situées, comme cela arrive le plus souvent, au milieu de grands centres de population, il y a nécessité à les faire disparaître ; d'autant plus que, dans ces conditions, on se débarrasse difficilement des résidus.

La présence de l'ammoniaque est la cause des mauvaises odeurs qui se dégagent : car le sulfure de calcium, seul, exposé à l'air, a plutôt une tendance à absorber l'oxygène pour former l'hyposulfite de chaux, qu'à dégager le gaz sulfhydrique. On est donc amené à chercher les moyens d'absorber l'ammoniaque avant de faire passer le gaz dans les épurateurs, et, pour les grandes usines où cette opération devient, alors, profitable, à préférer les manutentions qui mettent à même de recueillir les sels ammoniacaux.

Cependant, d'après quelques ingénieurs, il faudrait proscrire tout système d'épuration qui enlèverait la totalité de l'ammoniaque, il y aurait perte de matières illuminantes. « La présence de « l'ammoniaque dans le gaz de houille, dit M. Lewis Thompson, « tend à retenir en suspension la naphtaline, ou, en termes du « métier, à empêcher le dépôt dans les appareils. C'est là un fait « actuellement acquis à la pratique ; effectivement on a remarqué

« que le gaz de houille d'où on a complétement extrait l'ammo-
« niaque, a une grande tendance à déposer de la naphtaline dans
« les tuyaux et les appareils qu'il parcourt..... Quoi qu'il en soit,
« pour le gaz de houille ordinaire, on ne doit pas extraire la tota-
« lité de l'ammoniaque qu'il contient. » (*Journal de l'éclairage
au gaz,* n° du 15 février 1853.)

VENTILATION DE LA VIEILLE CHAUX. — M. Palmer est le premier
qui prit une *patent* pour la ventilation de la vieille chaux, en
d'autres termes, pour introduire de l'air, et le forcer à traverser
les résidus de l'épurateur, de manière à oxyder le sulfure de
calcium et à désinfecter la masse.

Voici, d'après M. Lewis Thompson, comment cette idée fut
mise en pratique par M. Évans à l'usine de Westminster, avant
qu'il eût connaissance de la *patent* de M. Palmer.

« Comme ce procédé méritera d'être considéré quand nous
« viendrons à parler de l'épuration au moyen de l'oxyde de fer,
« nous allons brièvement le décrire, tel que nous l'avons vu sui-
« vre, il y a environ quatre ans, à l'usine de Westminster. Le
« courant de gaz impur ayant été interrompu et l'épurateur ne
« correspondant plus au gazomètre, on ouvrit une valve établis-
« sant une communication tubulaire entre l'épurateur et la che-
« minée de l'usine, pendant que l'air s'introduisait par l'ouver-
« ture qui donnait précédemment passage au gaz impur. On se
« fait aisément idée du résultat. Ce qu'il y avait d'ammoniaque se
« trouvait entraîné en hydrosulfate d'ammoniaque ; le sulfure
« de calcium devenait hyposulfite de chaux, pendant que le car-
« bonate et l'hydrate de chaux étaient intacts, de manière que la
« masse, en restant dans l'épurateur, pouvait servir de nouveau,
« jusqu'à saturation complète de toute la chaux.

« L'économie ainsi trouvée était telle qu'un bushel (environ
« 36 litres) épurait 15,000 pieds cubes de gaz provenant de la
« houille ordinaire de Newcastle et la vidange de la chaux ven-
« tilée n'occasionnait aucun inconvénient : deux avantages très-
« importants. Vraiment nous croyons que ce procédé n'a pas

« été assez apprécié et qu'on ne lui a pas donné l'attention qu'il
« mérite. Après une seconde ventilation, la vieille chaux doit
« contenir une quantité notable d'hyposulfite de chaux, sel très-
« convenable à l'absorption de l'ammoniaque du gaz impur, si
« l'on en fait l'application entre le condensateur et l'épurateur,
« et qui produirait alors du carbonate de chaux et de l'hypo-
« sulfite d'ammoniaque, ce qui formerait un excellent engrais à
« très-bon marché. Du reste, l'hyposulfite de chaux peut s'ex-
« traire aisément de la vieille chaux qui a été soumise à la ven-
« tilation par l'action de l'eau chaude, et si l'on précipitait avec
« soin cette solution par une addition de sulfate ou de carbonate
« de soude, on obtiendrait de l'hyposulfite de soude du fluide
« clair en faisant évaporer. Cette substance, comme on sait, est
« maintenant fort recherchée par les fabricants de papier sous
« le nom d'*antichlore.* »

Voilà donc un moyen avantageux d'éviter les inconvénients,
que nous avons signalés, de l'évaporation de la vieille chaux. Ce
moyen consiste, en définitive, à faire évaporer dans la cheminée
les gaz infects que dégage la vieille chaux; on doit noter, cependant, cet avantage précieux, que le résidu contient un sel
de chaux très-convenable à l'absorption de l'ammoniaque, et
qu'il acquiert, ainsi, une propriété que n'avait pas la chaux
neuve.

Épuration par les sels neutres. — M. Darcet, le premier,
proposa de débarrasser le gaz de l'ammoniaque, accompagnée
des acides sulfhydrique et carbonique, ou combinés avec eux,
en la faisant agir, par double décomposition, sur un sel neutre; il proposa le sulfate de chaux. Le sulfhydrate d'ammoniaque,
seul, est sans action sur ce sel; mais, du moment qu'il est ac-
compagné d'un excès d'acide carbonique, il se forme du sulfate
d'ammoniaque, du carbonate de chaux, et l'acide sulfhydrique
est mis à nu.

Comme la quantité d'ammoniaque contenue dans le gaz n'est
pas suffisante pour saturer l'acide sulfhydrique ni l'acide carbo-

nique qui s'y trouvent, le passage du gaz à travers le sulfate de chaux le débarrassera complétement de la totalité de l'ammoniaque qu'il contient, et de la quantité d'acide carbonique correspondante.

Ainsi le sulfate de chaux remplace l'effet du laveur ou du scrubber, mais d'une manière plus certaine, en permet ant de recueillir avec profit les sels ammoniacaux. Il faut encore, après, l'hydrate de chaux pour débarrasser le gaz du restant de l'acide carbonique et de la totalité de l'acide sulfhydrique qu'il contient. L'action devient plus directe, et, en l'absence de l'ammoniaque, les résidus n'exhalent plus l'odeur insupportable dont on se plaint, lorsque l'on emploie l'hydrate de chaux seul.

M. Laming a proposé depuis, dans une addition, en date du 7 décembre 1846, à son brevet du 7 novembre 1846, l'emploi du muriate de chaux, obtenu par la combinaison directe de l'acide muriatique avec l'hydrate de chaux : l'action est plus énergique.

Patent de M. Crool. — Les procédés d'épuration où l'on emploie les sels neutres pour arriver à absorber par double décomposition la totalité de l'ammoniaque contenue dans le gaz d'éclairage, d'après les conseils de Darcet, sont les plus énergiques de ceux qui sont adoptés, dans ce but, par les usines à gaz. Les premières applications en grand en furent faites presque en même temps, en Angleterre et en France, par MM. Crool et Mallet. Ces deux chimistes firent choix de sels métalliques.

La *patent* de M. Crool lui fut accordée le 29 juillet 1840.

Son invention consiste, d'après lui :

1° Dans la méthode d'épurer le gaz de houille de l'ammoniaque, par l'application de certains sels, acides et oxydes.

Le sel qu'il indique le plus particulièrement est le muriate de manganèse. Il fait barboter le gaz dans une solution formée de 45 kilogrammes de sel et de 180 litres d'eau. Le gaz, en passant dans la solution, se débarrasse de la totalité de son ammoniaque et d'une partie de l'acide sulfhydrique. L'épuration est complétée par l'hydrate de chaux. On doit enlever la solution aussitôt qu'elle est saturée d'ammoniaque; cette saturation se constate au moyen d'un papier de tournesol rougi par un acide.

Il réclame également le privilége pour le sulfate de manganèse et le muriate de fer.

2° La seconde partie de l'invention de M. Crool consiste dans une méthode particulière de révivifier ou de fabriquer les sels. Après avoir, pour obtenir les sels ammoniacaux, soutiré la liqueur claire qui contient l'ammoniaque, et laissé déposer la matière insoluble, il mélange cette matière dans une proportion déterminée avec le sel commun, qu'il expose, dans un lieu convenable, « à une chaleur à peine visible dans l'obscurité » l'effet de la chaleur ayant rendu le mélange spongieux, on le dissout dans l'eau, et ce mélange forme la solution à placer de nouveau dans l'épurateur.

BREVET DE M. MALLET. — Le brevet d'invention de M. Mallet porte la date du 14 août 1840.

« J'ai, dit M. Mallet, pour remédier à l'inconvénient du pro-
« cédé actuel, imaginé de faire passer le gaz, après la condensa-
« tion ordinaire du goudron et des eaux ammoniacales, dans une
« dissolution d'un sel s'emparant à la fois des acides et de la base
« des sels ammoniacaux, au moyen de ce que l'on appelle, en
« chimie, une double décomposition.

« Cette dissolution, je l'obtiens au moyen d'un sel (soluble,
« bien entendu) des troisième, quatrième et cinquième sections
« métalliques.

« Ces dissolutions sont précipitées, en effet, par le sulfhydrate,
« le carbonate, l'hydrocyanate d'ammoniaque.

« Si, par hasard, le gaz renfermait, *chose que je ne pense pas*
« *devoir exister*, de l'acide sulfhydrique libre, plusieurs des sels
« des trois sections énoncées agiraient aussi pour le précipiter à
« l'état de sulfure, tel que ceux du zinc.

« Parmi les sels solubles des trois sections indiquées, j'ai dû

« nécessairement m'attacher à ceux qui sont abondants et d'un
« bas prix, tels que le sulfate de protoxyde de fer (couperose
« verte), sulfate de zinc (couperose blanche), et aussi les chlo-
« rures de fer et de zinc.

« Je dois ajouter, pour certaines localités, le sulfate et le chlo-
« rure de manganèse, résidu de la préparation du chlore.

« Les sels, dont les dissolutions sont acides, présenteraient l'in-
« convénient, au commencement de l'action, de faire dégager les
« acides des sels ammoniacaux, tels que les sulfates de fer et de
« manganèse; mais cet inconvénient disparaît complétement en
« neutralisant, ou à peu près, l'excès d'acide, au moyen d'un
« alcali quelconque.

« Les résidus de l'épuration peuvent très-bien être utilisés;
« ainsi le sulfate et l'hydrochlorate d'ammoniaque, suivant qu'on
« aura employé la dissolution d'un sulfate ou d'un chlorure : ce
« sulfate ou cet hydrochlorate reste évidemment à l'état de disso-
« lution. »

Voici maintenant comment M. Payen rend compte des procédés mis en pratique par M. Mallet.

« M. Mallet emploie de préférence le chlorure de manganèse,
« résidu de la fabrication du chlore ou du chlorure de chaux, et
« qui jusqu'alors était presque entièrement perdu. Quand on ne
« peut se procurer ce sel, on le remplace par le sulfate de fer,
« dont le prix est en général peu élevé.

« L'épuration par les solutions métalliques doit précéder le
« passage sur la chaux. Les sels ammoniacaux sont alors décom-
« posés; le carbonate et le sulfhydrate d'ammoniaque forment
« un carbonate et un sulfure métallique, en donnant en même
« temps un sel ammoniacal fixe aux températures ordinaires, et
« il reste du gaz acide sulfhydrique libre, qui peut être facile-
« ment absorbé par la chaux; alors celle-ci, ne retenant plus de
« gaz infects non combinés, n'incommode plus les habitants du
« voisinage; condition importante surtout pour les usines établies
« dans l'enceinte des villes. »

L'épurateur aux solutions métalliques se compose de trois caisses cylindriques en fonte étagées. La solution de chlorure de manganèse marquant 10 à 12°, et dont l'excès d'acide a été saturé par les eaux ammoniacales de l'usine, est amenée au moyen d'une pompe dans le bas de la caisse du haut; un tube trop-plein déverse les eaux dans le bas de la seconde caisse, qui les déverse également par un tube trop-plein dans le bas de la troisième caisse portant, comme les deux autres, un tube trop-plein qui conduit les eaux dans un grand récipient. Le gaz à épurer suit une direction précisément inverse : il arrive par un tube plongeant dans la caisse du bas ; il traverse, en barbotant, la solution pour se rendre par un autre tube dans la seconde caisse, où il barbote également; de même pour la troisième. Il sort de la caisse du haut pour se rendre aux épurateurs à la chaux.

Des agitateurs continuellement animés d'un mouvement lent de rotation renouvellent les surfaces en contact, et empêchent les composés insolubles formés de se déposer.

Pour l'épuration du gaz provenant de 1,000 kilogrammes de houille, on emploie 80 kilogrammes de solution de chlorure à 28°, que l'on étend à 10°, dont on sature l'excès d'acide avec un peu d'eau ammoniacale.

Les liquides d'épuration qui aboutissent dans le grand récipient sont soutirés au clair, et une pompe porte cette solution de chlorhydrate d'ammoniaque dans des chaudières évaporatoires, où elle cristallise par refroidissement. Le chlorhydrate d'ammoniaque obtenu, mis à égoutter, est séché et livré au commerce.

L'épuration, ainsi dirigée, permet de retirer 6 kilogrammes au moins de chlorhydrate d'ammoniaque par 1,000 kilogrammes de houille distillée.

Une commission de l'Académie des sciences, dont M. Payen était rapporteur, dans la séance du 16 décembre 1850, considérant que M. Mallet a réalisé une application utile pour la salubrité et l'industrie, lui accorda une récompense de 500 francs sur la fondation Monthyon.

Brevet Cavaillon. — Dans la même séance, cette commission jugea également que les procédés de M. Cavaillon, à l'aide desquels il a réalisé l'application économique du sulfate de chaux conseillée par M. Darcet, à l'épuration du gaz d'éclairage, étaient dignes de fixer l'attention de l'Académie. En conséquence la même récompense de 500 francs lui fut accordée. Voici en quels termes M. Payen rend compte, dans sa *Chimie industrielle*, des procédés d'épuration de M. Cavaillon.

« On savait depuis longtemps que le sulfate de chaux peut fixer
« le carbonate d'ammoniaque en le décomposant, formant du
« sulfate d'ammoniaque non volatil aux températures atmosphé-
« riques et du carbonate de chaux insoluble ; on avait appliqué
« cette réaction à la fabrication du sulfate d'ammoniaque en fil-
« trant sur le plâtre en poudre les produits liquides distillés dans
« la calcination des matières animales ; on avait même exposé du
« sulfate de chaux au contact du gaz d'éclairage dans la vue d'é-
« purer le gaz. M. de Cavaillon a régulièrement appliqué le plâ-
« tre à l'épuration du gaz dans les conditions déterminées et
« également économiques que nous allons décrire.

« Les matières que l'on emploie ne coûtent guère que les
« frais de transport, ce sont les plâtras provenant des vieux en-
« duits abattus dans les démolitions ou les réparations des murs
« extérieurs ; ces plâtras sont réduits en poudre grenue dans une
« sorte de grand moulin formé principalement d'un boisseau en
« entonnoir, à cannelures aiguës et d'une noix conique également
« cannelée, l'un et l'autre en fonte dure.

« La poudre grossière obtenue est passée au crible, puis hu-
« mectée au point où elle prend de la consistance lorsqu'on
« la presse fortement dans la main. On rend cette poudre plus
« perméable au gaz qui doit la traverser, en la mélangeant
« avec $\frac{1}{10}$ de son volume de menu coke.

« Ainsi préparée, la poudre de plâtre humide est étendue sur
« des claies en fer ou en osier dans les épurateurs.

« C'est au sortir de la colonne à coke, que le gaz, mécanique-

« ment dépouillé du goudron, passe dans les caisses chargées
« de 4 à 5 claies superposées, couvertes chacune d'une couche
« de plâtre, préparé comme nous venons de le dire, épaisse de
« $0^m,15$ à $0^m,20$.

« Le gaz pénètre au milieu et au bas de la caisse, il s'étend
« sous la première claie qu'il traverse, ainsi que les claies super-
« posées. Après cette filtration ascendante, il rencontre au haut
« de la caisse et dans les quatre encoignures, quatre tubes dépas-
« sant la dernière claie ; le gaz redescend par ces quatre tubes
« verticaux dans des tubes disposés horizontalement et qui le di-
« rigent vers les épurateurs à la chaux.

« On comprend que la filtration du gaz au travers des couches
« de plâtre peut s'effectuer dans plusieurs caisses successive-
« ment comme cela a lieu pour la chaux.

« Dans cette épuration on s'assure, à l'aide d'un petit robinet
« fixé sur le couvercle de l'épurateur, que le gaz est assez épuré
« pour qu'un papier teint en curcuma ne soit pas rougi par le con-
« tact du petit courant de gaz, et lorsqu'un épurateur laisse passer
« assez de carbonate d'ammoniaque pour que le curcuma soit
« rougi, on doit changer le plâtre, c'est-à-dire le remplacer par
« du plâtre préparé comme nous l'avons dit.

« Le gaz qui a traversé les filtres de sulfate de chaux retient
« de l'acide sulfhydrique ou plutôt du sulfhydrate d'ammo-
« niaque ; on achève son épuration en le faisant passer dans les
« épurateurs méthodiques chargés de chaux hydratée.

« Le sulfate de chaux extrait des caisses après que son action
« est presque épuisée, se trouve en grande partie transformé,
« par l'action du carbonate d'ammoniaque contenu dans le gaz
« à épurer, en carbonate de chaux et sulfate d'ammoniaque ;
« on le soumet à un lessivage méthodique et l'on obtient des solu-
« tions de sulfate d'ammoniaque, qui marquent jusqu'à 25° à
« l'aréomètre de Baumé ; elles retiennent un peu de sulfhydrate
« et de carbonate d'ammoniaque que l'on sature par l'acide sul-
« furique ; afin d'éviter le dégagement de l'acide sulfhydrique à

« l'intérieur des ateliers, on doit opérer dans un bassin couvert
« communiquant d'un bout avec la cheminée par un large tube,
« pour que le tirage appelant l'air extérieur le fasse passer au-
« dessus du liquide et qu'ainsi le gaz insalubre se trouve entraîné
« hors de l'usine.

« Voici les quantités de plâtre et de chaux employées et les pro-
« duits en sulfate d'ammoniaque de cette épuration du gaz : pour
« 1,000 kilogrammes de houille distillée, on emploie 70 kilog. de
« plâtras et 30 kilog. de chaux ; on obtient environ 6 kilog. de
« sulfate d'ammoniaque par le traitement 1° des eaux ammonia-
« cales du réfrigérant à air ; 2° des eaux de lavage du coke de
« l'épurateur à colonne, et 3° du lessivage du plâtre. »

Opinion de m. Lewis Thompson. — Nous nous sommes étendus
sur ces procédés d'épuration par le sulfate de chaux, et nous
avons été heureux de pouvoir donner la description qui en a été
faite par notre savant chimiste praticien M. Payen. Ces procédés
ont été avantageusement appréciés, en Angleterre, par une personne très-compétente en ces matières, M. Lewis Thompson. —
Voici ce qu'en dit cet habile chimiste.

« Il y a quelque chose à voir relativement aux propriétés par-
« ticulières de la chaux, même pour l'élimination des composés
« alcalins. Il semblerait que ni le carbonate de chaux, ni l'hydro-
« sulfate de chaux ne possèdent d'affinité pour ces naphtes ou
« hydrocarbures d'où dépend la clarté du gaz. Aussi, quand
« la chaux est saturée ou sale, elle ne contient rien des principes
« éclairants, car ceux-ci la traversent comme s'ils ne la touchaient
« pas. Le résultat est bien différent avec les oxydes, les carbona-
« tes et les sulfures convenables de métaux, comme nous aurons
« occasion de le montrer.

« Pour en revenir aux composés alcalins du gaz, il est clair
« que, si la chaux absorbe moins de matière éclairante, les sels
« de chaux doivent nécessairement être les meilleurs pour l'ex-
« traction des impuretés alcalines ou ammoniacales du gaz de
« houille. Nous croyons que c'est là une vérité incontestable, et

« que, quand on expose un des sels de chaux, comme le sulfate,
« le nitrate, ou le muriate, à un courant de gaz brut, et qu'on lui
« fait ensuite traverser les compartiments d'un épurateur à chaux
« sèche, on obtient la plus belle épuration que l'on connaisse.
« Parmi ces sels, le sulfate de chaux est le seul qui ne se trouve
« compris dans aucune *patent* de ce pays, quoiqu'il soit la base
« d'un brevet important, estimé en France, car le procédé a pour
« résultat, dans des circonstances favorables, un excellent engrais.

« D'une activité supérieure au sulfate de chaux, le muriate
« de cette base réclame ensuite notre attention ; et la manière
« d'employer cette substance, pour laquelle M. Laming a pris
« une *patent,* semble réunir le plus d'avantages. Mais quel que
« soit le procédé dans l'application de ce sel de chaux, la théorie
« et la pratique en sont également satisfaisantes.

... « Supposons, maintenant, qu'on emploie le muriate de
« manganèse ou le muriate de fer pour extraire l'ammoniaque.
« Il se fera une décomposition totalement différente, accompagnée
« de la production de composés ayant une très-grande affinité
« pour les hydro-carbures, ou les naphtes, et, par conséquent,
« appauvrissant beaucoup le gaz. Ce fait remarquable n'a pas
« échappé aux sagaces perceptions de l'illustre Berzelius, quoi-
« qu'il n'ait pas appliqué sa science à l'épuration du gaz... »

Plus loin M. Lewis Thompson ajoute :

« Le véritable moyen d'épurer consiste à adopter un procédé
« où l'on sépare l'ammoniaque par double décomposition. Nous
« avons vu que les sels terreux convenables jouissent, sous ce
« rapport, d'une grande supériorité sur les sels métalliques ; de
« plus il y a entre eux cette différence importante, que l'impureté
« extraite en même temps que l'ammoniaque par les sels terreux
« est l'acide carbonique et que celle extraite par les sels métalli-
« ques est l'hydrogène sulfuré. L'affinité de la chaux est plus
« grande pour l'acide carbonique que pour l'hydrogène sulfuré;
« tandis que c'est le contraire avec les oxydes métalliques. »

Utilité des oxydes métalliques. — Mais le gaz le plus redoutable, celui qui occasionne les plaintes les plus motivées, est précisément le gaz sulfhydrique (hydrogène sulfuré). Cela seul explique le succès qu'obtiennent, dans beaucoup d'usines, les oxydes et les sels métalliques pour l'épuration du gaz, malgré les inconvénients que nous venons de signaler, qui sont, il est vrai, et nous croyons à tort, contestés par quelques ingénieurs. Comme l'ammoniaque n'est pas en assez grande quantité pour saturer l'acide sulfhydrique contenu dans le gaz, si l'on emploie un sel métallique non susceptible de décomposition par l'hydrogène sulfuré seul, on ne pourra extraire la totalité de l'acide sulfhydrique. Les sels métalliques nons usceptibles de décomposition par l'acide sulfhydrique seul sont les sulfates, hydrochlorates de manganèse, de fer de zinc et de nickel. — Ceux qui, au contraire, sont décomposés par l'acide sulfhydrique seul sont les sels de plomb, de bismuth, de cuivre, d'étain, d'antimoine, ce sont les plus chers. Aussi s'est-on plus particulièrement attaché aux métaux qui sont à meilleur marché, et, après avoir obtenu l'absorption de l'ammoniaque par un sel terreux ou métallique, a-t-on employé les oxydes métalliques et en particulier l'oxyde ou mieux le peroxyde de fer, celui de tous les oxydes métalliques qui s'obtient le plus facilement et au meilleur marché, afin d'obtenir une action plus énergique sur le gaz sulfhydrique.

BREVET DE M. LAMING, SELS MÉTALLIQUES RÉVIVIFIÉS PAR L'AIR ATMOSPHÉRIQUE. — C'est ici le lieu de parler d'un brevet de M. Laming qui a donné à l'épuration par les oxydes métalliques une grande importance, en permettant de se servir plusieurs fois de la même matière ; levant ainsi la grave objection que l'on faisait aux sels métalliques, à cause de la cherté de la matière première. Le brevet de M. Laming est du 22 février 1849 ; dans un certificat d'addition en date du 18 décembre 1849, il s'exprime ainsi :

« La sixième partie de cette invention consiste à renouveler
« le peroxyde hydraté de fer lorsqu'il se trouve converti en hy-
« drosulfate par son emploi dans l'épuration du gaz d'éclairage ;

« à cet effet, je l'expose à l'action de l'air atmosphérique. »

Puis vient la description suivante.

« Le perfectionnement pour lequel je demande un certificat
« d'addition, ajoute M. Laming, consiste dans l'emploi du fer à
« l'état de protoxyde hydraté, autant que possible, ou même du
« carbonate de protoxyde; et en renouvelant l'oxyde lorsqu'il se
« trouve converti en hydrosulfate par suite de son emploi dans
« l'épuration du gaz d'éclairage, sans le sortir des vases où il se
« trouve.

« A cet effet, je pratique dans les vases épurateurs deux ouver-
« tures : une dans la partie inférieure et une dans la partie supé-
« rieure, fermées par des joints hydrauliques.

« Lorsque je désire convertir en oxyde l'hydrosulfate de fer
« contenu dans ces vases, je ferme le passage du gaz d'éclairage
« et j'ouvre les deux ouvertures que je viens d'indiquer. Par ces
« deux ouvertures, je fais passer un courant d'air atmosphérique
« au moyen d'un ventilateur, d'une cheminée d'appel ou de tout
« autre moyen efficace. L'air atmosphérique, entrant dans la
« partie inférieure et sortant dans la partie supérieure, et *vice
« versâ*, traverse toute la masse d'hydrosulfate de fer et opère
« rapidement sa conversion en peroxyde hydraté, propre à servir
« encore à l'épuration du gaz d'éclairage.

« Je n'entends nullement astreindre ce perfectionnement aux
« détails d'appareil décrits plus haut, mais je réclame comme ma
« propriété le procédé qui consiste à renouveler l'hydrate de fer
« en l'exposant à un courant d'air atmosphérique dans l'intérieur
« même des vases qui le renferment, de quelque manière que cette
« opération soit effectuée.

« Ce même procédé peut servir à revivifier l'hydrate de chaux
« et le sulfate de fer mélangés avec la chaux humectée et des
« matières absorbantes, telles que la sciure de bois ou de petits
« morceaux de coke, pour les rendre propres à servir plusieurs
« fois à l'épuration du gaz d'éclairage. »

Le brevet de M. Laming, qui rappelle, en définitive, la *patent* de M. Palmer pour la révivification de la vieille chaux, repose sur une propriété du sulfure de fer hydraté : exposé à l'air, il se transforme en peroxyde de fer et en soufre, dont une petite portion absorbe aussi l'oxygène et produit de l'acide sulfurique, particulièrement s'il se trouve de l'ammoniaque, ou une autre substance alcaline quelconque dans la matière.

Le peroxyde de fer agit sur l'hydrogène sulfuré sous forme anhydre ou d'hydrate, mais plus puissamment et avec dégagement de plus de chaleur sous forme anhydre ; or, comme il n'y a pas d'eau combinée avec le sulfure de fer formé dans le travail de l'épuration, il semble évident que l'oxyde de fer qui en résulte doit être anhydre, quelle que soit la forme d'oxyde qu'on ait commencé par employer. Ceci s'accorde très-bien avec un autre fait inexplicable autrement, c'est que, quand on commence par se servir du sesquioxyde hydraté, il n'épure environ que la moitié du gaz de la seconde et de la troisième fois, quand il est en grande partie anhydre.

M. Lewis Thompson cite, à l'appui de ces observations, les faits suivants qu'il emprunte à un article du *Mining Journal :*

« Ayant préparé un mélange de chaux et de sulfate de fer, de « manière à produire du sesquioxyde de fer hydraté, on le mit « dans un épurateur à sec, et dans la première expérience on « trouva que 1,500 pieds cubes seulement furent épurés ; après « avoir été exposé à l'air, il épura 2,400 pieds cubes ; après une « seconde exposition à l'air, il épura 3,050 pieds cubes ; et « puis ensuite, après une nouvelle exposition à l'air, il atteignit « jusqu'à 4,200 pieds cubes, ou presque le triple de la première « fois ; résultats qui s'accordent exactement avec l'expérience « journalière des ingénieurs de gaz sur ce sujet. Nous pouvons « donc conclure que d'hydraté, l'oxyde de fer devient anhydre « par révivification, et aussi que la forme anhydre est la condition « la plus active des deux, quoiqu'il soit bien certain que l'acti- « vité ne dépende réellement ni de l'*hydratation* ni de la *dés- « hydratation,* mais se rapporte à un arrangement moléculaire

« particulier, plutôt mécanique que chimique dans sa nature. »

On peut employer à nouveau la même matière jusqu'à ce que le soufre déposé en trop grande quantité ait masqué l'oxyde de fer. Le nombre de fois que le même oxyde peut servir varie de soixante à cent vingt, suivant la nature de la houille. La durée de l'exposition à l'air pour la revivification est très-variable; il faut souvent plusieurs jours avant que la matière ait repris la couleur rouge.

Un des grands inconvénients de l'oxyde de fer, comme agent épurant, est la disposition manifestée par le sulfure de fer à s'enflammer et à passer à la chaleur rouge. Quand cela arrive et qu'on ne l'arrête pas dès le commencement, des conséquences sérieuses en résultent : le feu se répand dans la masse entière; des volumes d'acide sulfurique se produisent; l'air devient impropre à la respiration jusqu'à de grandes distances à l'entour; et l'oxyde de fer lui-même est en grande partie perdu ou rendu inerte par la haute température dégagée. D'après M. Lewis Thompson, il est probable qu'un mélange de terre ordinaire et d'oxyde de fer aurait moins de tendance à l'ignition.

On importe en Angleterre du peroxyde de fer natif de Danemark; c'est l'agent le moins cher pour la purification du gaz. Voici l'analyse de ce minerai comparée à celle des minerais de la province de Gueldre en Hollande, qui ont la même apparence, par le professeur Bleekrode de Delft :

	Danois.	Gueldre.
Peroxyde de fer............	66,04	61,30 à 65,32
Argile et silice............	11,04	28,92 à 15,18
Eau et substances humides.	19,55	16,84 à 19,50
Alumine...................	1,80	2,82 »
Oxyde de manganèse.....	0,85	» »
Chaux.	traces	» »

Le peroxyde danois est remarquable par le pouvoir qu'il possède de décomposer le gaz sulfhydrique, à la température ordinaire, lorsque cet oxyde natif est mêlé en poudre grossière avec une forte solution de ce gaz ; dans l'eau le dégagement de toute odeur cesse immédiatement, et la solution ne donne lieu à aucune réaction au contact du sous-acétate de plomb (*Journal de l'éclairage au gaz*, numéro du 5 juin 1860).

MM. Love et Evans proposent, dans un brevet pris en France et en Angleterre, de donner à l'oxyde de fer des propriétés plus absorbantes, en le faisant chauffer avec de la potasse caustique. Quand on lave cette substance dans l'eau, on obtient un précipité de peroxyde de fer propre à l'épuration.

On semble admettre que la présence d'un alcali favorise la revivification de l'oxyde de fer et en augmente l'activité épurante.

Lorsque l'on épure avec l'oxyde de fer, on le mêle généralement à la sciure de bois ou à de la tannée, afin d'augmenter la surface d'action, et on place ce mélange sur des claies. On ne se débarrasse ainsi que de l'acide sulfhydrique ; il faut un autre agent, — un sel soit alcalin soit métallique, — pour retenir l'ammoniaque ; et la chaux pour enlever l'acide carbonique.

Le poids atomique du fer est 350, et celui du protoxyde, 450 ; par conséquent, théoriquement, $4{,}50 \times 1{,}43 = 6^k{,}435$ de protoxyde de fer absorberont 2 mètres cubes d'acide sulfhydrique, ($1^k{,}43$ représentant le poids d'un mètre cube d'oxygène). Si l'on admet la proportion donnée par M. Lewis Thompson, de 8 d'hydrogène sulfuré pour 1,000 de gaz d'éclairage, il faudra, pour absorber ces 8 mètres cubes, $6{,}435 \times \dfrac{8}{2} = 25^k{,}740$ de protoxyde de fer. — C'est environ 6 kilogrammes de protoxyde pour 1,000 kilogrammes de houille à distiller.

En pratique, on compte sur un poids 3 à 4 fois plus fort, et on admet par conséquent de 20 à 25 kilog. par tonne de houille : car il faut tenir compte de l'impureté du produit, des différences que l'on constate dans ses facultés absorbantes ; nous avons dit, en effet, qu'elles augmentent par la revivification à l'air atmosphérique.

On mélange l'oxyde avec de la sciure de bois ou de la tannée,

on en charge les claies d'un épurateur et on attend, pour renouveler la matière, que son action absorbante ait disparu, ce
que l'on constate en présentant une bande de papier trempée dans
une dissolution de plomb, à un jet de gaz obtenu en ouvrant
un petit robinet placé sur le couvercle de l'épurateur. Un pareil
épurateur peut rester plusieurs mois avant d'être renouvelé.

Lorsque les usines à gaz se servent d'oxydes métalliques
dans le but d'enlever plus énergiquement l'acide sulfhydrique,
qui est l'impureté donnant lieu aux plaintes les plus justifiées,
cela ne les dispense pas, comme nous l'avons fait observer, de
faire auparavant agir le gaz sur un sel alcalin ou métallique, afin
d'enlever l'ammoniaque et une partie correspondante d'acide
carbonique ou d'acide sulfhydrique ; — il faut encore la chaux
pour enlever l'acide carbonique.

En résumé, pour une épuration complète telle que nous venons
de la décrire, il faut trois épurateurs ou au moins trois matières
différentes à placer séparément sur les claies : 1° un se   tre
et préférablement un sel alcalin ; 2° un oxyde métallique ;
drate de chaux.

Brevet Laming ; Mélange d'oxyde de fer et d'un sel ai
— Dans un certificat d'addition, en date du 24 janvier 18
son brevet d'invention, en date du 7 novembre 1846, M. La
s'exprime ainsi :

« Il s'agit de l'épuration du gaz au moyen de l'hydrochlo
« de chaux et de l'oxyde de manganèse natif ou factice.

« Chacun de ces réactifs peut être employé seul ; mais je pr
« fère les réunir dans la proportion d'un équivalent chimique
« d'hydrochlorate de chaux pour deux équivalents d'oxyde de
« manganèse. On ajoute à ce mélange solide une quantité suffisante
« de sciure de bois ou de toute autre matière capable d'ouvrir un
« passage libre au gaz, et on arrose le tout avec un peu d'eau, ou
« bien on fait dissoudre l'hydrochlorate de chaux, on le fait absor-
« ber par de la sciure de bois et on y mêle l'oxyde de manganèse.

« L'oxyde de manganèse peut être remplacé, dans ce qui

« vient d'être dit, par un oxyde de fer, tel que le minerai de fer,
« ou un oxyde de zinc. »

Dans la patent du 4 novembre 1847 que M. Laming prit en
Angleterre, il est plus explicite.

« Je ne prétends pas, dit-il, à l'usage exclusif d'aucun oxyde
« métallique quelconque pour l'épuration du gaz ; mais ce que je
« revendique est la combinaison, à cet usage, de l'oxyde de fer
« avec les autres matières épurantes susindiquées, au moyen des-
« quelles le gaz peut s'épurer parfaitement de l'ammoniaque et de
« l'acide hydrosulfurique, sans qu'il soit besoin d'une succes-
« sion de vases épurants. »

Voilà une grande simplification : on peut faire deux opérations
distinctes dans le même épurateur, et deux vases épurants deviennent seulement nécessaires, au lieu de trois.

Dans une addition du 22 février 1848 à son brevet du 15 décembre 1847, M. Mallet a proposé de placer sur les tamis ou
claies d'épurateur un mélange intime de sulfate de chaux et d'un
oxyde métallique quelconque à l'état d'hydrate, et spécialement
ceux de fer, de manganèse, de zinc.

Il indique un moyen de préparer les oxydes métalliques en se
procurant en même temps le sulfate de chaux : c'est de mélanger
intimement le sulfate métallique hydraté, avec la quantité de
chaux éteinte nécessaire pour la décomposition complète; au
bout de quelques instants, la réaction s'opère et s'achève bientôt.

Enfin dans le certificat d'addition du 20 février 1850 au brevet
important du 22 février 1849, qui pose le principe de la revivification à l'air atmosphérique, M. Laming explique ainsi les
réactions qui ont eu lieu, lorsque le gaz passe sur un mélange de
sulfate de chaux et de peroxyde de fer hydraté.

« Pour commencer, l'eau hygrométrique de la matière épu-
« rante absorbe une partie de chacune des trois impuretés ; dès
« lors l'acide carbonique absorbe la totalité de l'ammoniaque,
« mettant en liberté la totalité de l'acide hydrosulfurique.

« Par l'union de l'acide carbonique et de l'ammoniaque, il se

« forme du carbonate d'ammoniaque qui réagit alors sur le sul-
« fate de chaux pour former du sulfate d'ammoniaque et du car-
« bonate de chaux. Pendant que ces réactions ont lieu, le sesqui-
« oxyde de fer est exposé à l'action de l'acide hydrosulfurique, et
« ces deux corps, par une mutuelle décomposition, forment un
« sesquisulfure de fer et de l'eau hygrométrique.

« Lorsque ces réactions cessent, faute de réactifs, le procédé
« d'épuration est fini, et l'on fait traverser la matière épurante
« par un courant d'air atmosphérique pendant que le gaz passe
« dans d'autres épurateurs.

« Le premier effet de l'oxygène de l'atmostphère est de con-
« vertir deux tiers du soufre du sesquisulfure de fer en acide sul-
« furique, et de changer ainsi le fer en protoxyde.

« Ces deux tiers se combinent ensemble et forment du proto-
« sulfate de fer.

« Le tiers restant du soufre du sesquisulfure se dépose à l'état
« de soufre dans la masse de la matière.

« Aussitôt la formation du protosulfate de fer, le carbonate de
« chaux, qui est en contact avec lui, se combine avec lui, et, par
« une décomposition mutuelle, forme du sulfate de chaux et du
« carbonate de fer. Mais le carbonate de fer artificiel est décom -
« posé rapidement par la présence de l'oxygène en sesquioxyde de
« fer et en gaz acide carbonique. Ainsi, l'oxygène de l'atmosphère,
« pendant mon procédé de revivification, chasse de la matière
« épurante épuisée l'acide carbonique qu'elle a enlevé du gaz d'é-
« clairage, et reproduit à la fois le sel de chaux et le sesquioxyde
« de fer nécessaires pour recommencer de nouveau l'épuration
« du gaz.

« Si je commence l'opération avec de l'hydrochlorate de chaux,
« au lieu de sulfate, j'obtiens de l'hydrochlorate d'ammoniaque,
« jusqu'à ce que tout l'acide hydrochlorique du sel de chaux
« se soit combiné avec l'ammoniaque du gaz, après quoi il se
« produit du sulfate d'ammoniaque par la réaction décrite plus
« haut.

« On comprendra maintenant que mon procédé perfectionné
« d'épuration du gaz d'éclairage diffère de tous les autres procé-
« dés employés jusqu'ici, en ce qu'il convertit une des grandes
« impuretés du gaz en acide sulfurique, qu'il combine ensuite cet
« acide avec une autre des grandes impuretés, enfin, en ce qu'il
« présente ces deux impuretés non-seulement désinfectées, mais
« encore converties, sans dépense de matières ou de main-d'œu-
« vre, en un produit utile, savoir en sulfate d'ammoniaque, et
« sous une forme qui n'exige que le lessivage et la cristallisation
« pour rendre ce sel vendable. »

« .... Si j'emploie le sulfate de chaux et le peroxyde hydraté
« de fer, je fabrique ces deux réactifs en broyant ensemble du
« sulfate de fer avec un équivalent de craie, avec presque un
« équivalent de chaux hydratée, et je laisse la masse exposée à
« l'air pour plusieurs jours ; ou encore je précipite l'oxyde de fer
« d'une dissolution de sulfate de fer mêlée ou non avec de l'hydro-
« chlorate de chaux, par la chaux hydratée ; je mélange le préci-
« pité avec de la sciure de bois ou toute autre matière absor-
« bante et propre à être semée à la pelle, et je l'expose à l'action
« de l'air atmosphérique. Quel que soit le procédé employé, il est
« très-important que la température de l'oxyde de fer hydraté
« ne s'élève jamais au-dessus d'une chaleur d'été, parce que,
« lorsqu'il est chaud, il est apte à perdre, même dans l'eau,
« l'eau qui l'hydrate, et il devient, en conséquence, presque
« inerte.

« C'est pourquoi la chaux hydratée est plus utile pour décom-
« poser les sels de fer que la chaux vive.

« Si la température de l'atmosphère est assez basse pour con-
« geler l'eau, on doit alors, pour revivifier la matière purifiante
« épuisée, élever artificiellement sa température jusqu'à une cha-
« leur d'été. »

D'après M. Laming, en exposant ce mélange, lorsqu'il est
épuisé, à l'action de l'air atmosphérique, on revivifierait non-
seulement le sel de fer qui se transforme de nouveau en per-

oxyde, mais encore le carbonate de chaux qui redeviendrait sulfate. L'économie que l'on retirerait de la revivification à l'air atmosphérique aurait lieu, et pour la matière destinée principalement à retenir l'ammoniaque, et pour l'oxyde de fer ; de plus, non-seulement l'ammoniaque deviendrait la cause d'un produit avantageux, mais même le soufre du gaz sulfhydrique.

Voici un mélange qui est adopté par quelques usines :

> 3 hectolitres de sulfate de fer (couperose).
> 2   Id.   de chaux.
> 25   Id.   de tannée.

Ce mélange enlève la totalité de l'acide sulfhydrique contenu dans le gaz d'éclairage, la totalité de l'ammoniaque et la partie d'acide carbonique correspondante.

Le reste doit être enlevé par la chaux, et ce serait à tort que l'on supprimerait cette dernière opération : car l'acide carbonique est l'impureté qui nuit le plus au titre du gaz, bien qu'il ne soit accusé par aucun caractère fâcheux, et que les administrations municipales ne songent pas à en constater la présence. C'est une double dépense pour les usines, en chaux et en main-d'œuvre ; c'est en outre une diminution sur le volume du gaz. Comme compensation, le gaz est plus éclairant.

Quelques usines font une pâte en délayant avec de l'eau les 3 hectolitres de couperose et les deux hectolitres de chaux. On réduit ensuite cette pâte en poudre, et on l'étale sur les claies des épurateurs comme on le fait avec l'hydrate de chaux , en se servant de mousse ou de foin.

Résumé. — Les méthodes d'épuration, dont nous venons de donner la théorie, ont une telle importance, que nous croyons devoir résumer ce travail.

Après avoir débarassé le gaz, au sortir du barillet, des vapeurs condensables qui l'accompagnent au moyen des condensateurs, et des matières goudronneuses et ammoniacales qui sont entraînées mécaniquement avec lui, au moyen de la colonne à coke, il reste d'autres impuretés, que l'on cherche à lui enlever par l'épuration. Les plus importantes, et les seules dont on se préoccupe, sont l'acide carbonique, l'acide sulfhydrique, l'ammoniaque et les produits qui en dérivent.

Nous avons constaté que l'hydrate de chaux donne des résultats satisfaisants. Du moment que l'on tient à simplifier le travail en employant un seul agent épurant, c'est, sans contredit, le système d'épuration le plus parfait. On peut ajouter qu'il n'y a pas d'épuration complète sans la chaux.

Il faut compter sur 3 k. 50 de chaux anhydre pour enlever un mètre cube d'acide carbonique, ou d'hydrogène sulfuré.

Mais l'hydrate de chaux, employé seul, ne retient l'ammoniaque que d'une manière incomplète, et la portion qu'il absorbe est précisément la cause de la mauvaise odeur qu'exhalent les résidus, ce qui donne lieu à des plaintes justifiées.

Avant de faire passer le gaz au travers de la chaux, on a naturellement cherché à lui enlever les sels ammoniacaux et, dans ce but, on a proposé l'eau pure, puis l'eau acidulée.

L'eau pure n'agit efficacement que par grandes masses. Il y a souvent difficulté à se procurer cette eau et, après son action sur le gaz, elle se trouve trop peu chargée de sels ammoniacaux pour être traitée; elle reste alors un embarras pour les usines qui ne peuvent l'écouler. Il paraît aussi que ces grandes masses d'eau dissolvent, en partie, les hydro-carbures gazeux, et diminuent par suite le pouvoir éclairant du gaz.

Quant à l'eau que l'on acidule, afin d'agir plus énergiquement sur les carbonates et sulfhydrates d'ammoniaque, on a fait observer que ces sels sont accompagnés, relativement, d'une quantité considérable d'acide carbonique qui, d'après la théorie de Bertholet, agissant par sa masse, neutralise, au moins partiellement, l'action de l'acide. De plus, l'acide mis dans l'eau, agissant sur les sels ammoniacaux, absorbe l'ammoniaque et laisse en liberté l'acide sulfhydrique et l'acide carbonique ; de telle sorte qu'il faudrait plus de matières épurantes que lorsqu'on se sert de l'eau pure : car l'eau, dissolvant les sels, en même temps qu'elle enlève au gaz un atome d'ammoniaque, enlève également un atome d'acide carbonique ou d'acide sulfhydrique.

Le moyen le plus parfait que l'on ait proposé pour se soustraire à la mauvaise odeur des résidus quand on ne tient pas à recueillir l'ammoniaque, est celui de MM. Evans et Palmer. Lorsque la chaux d'un épurateur est saturée, on interrompt la communication avec le gaz, et on établit un courant d'air, en mettant, au moyen d'une valve, l'épurateur en communication avec la cheminée, pendant que l'air s'introduit, en levant une autre valve, par l'ouverture qui donnait passage au gaz. Les gaz ammoniacaux sont entraînés dans la cheminée; le sulfure calcaire devient hyposulfite de chaux; le carbonate et l'hydrate restent intacts, et la matière reste dans l'épurateur pour servir de nouveau, jusqu'à saturation complète de la chaux.

Cette méthode, qui consiste à employer la ventilation de l'air pour purifier la vieille chaux, et qui permet de l'utiliser encore, a acquis une grande importance depuis l'application qu'en a faite M. Laming pour la revivification économique des sels et des oxydes de fer; ce qui a rendu possible, pratiquement, l'épuration par les sels et oxydes métalliques.

On doit à Darcet une méthode pour enlever les sels ammoniacaux, qui permet en même temps de les recueillir; elle consiste à agir sur les sels ammoniacaux du gaz par double décomposition, au moyen d'un sel neutre. Darcet proposa le sulfate de chaux, comme étant la matière la plus facile à se procurer et la plus économique. M. Cavaillon a suivi cette voie, et nous avons indiqué, d'après M. Payen, la marche et les résultats de l'exploitation qu'il avait entreprise à l'ancienne compagnie française.

Mais les premiers industriels qui suivirent le conseil de Darcet, de faire agir le gaz sur un sel neutre, prirent de préférence les sels métalliques : ce furent M. Crool en Angleterre, et M. Mallet en France.

Nous avons montré que, par suite de l'action sur le gaz des sels neutres proposés, la totalité de l'ammoniaque se trouve absorbée et combinée avec l'acide du sel, pendant que la base, si elle est alcaline, prend la place correspondante de l'acide carbonique, et, si elle est métallique, la part correspondante de l'acide sulfhydrique. Par cette méthode, en même temps que l'on absorbe l'ammoniaque, on enlève un volume correspondant d'impureté ; si le sel est alcalin, il restera dans le gaz plus d'acide sulfhydrique et moins d'acide carbonique ; c'est le cas contraire, si le sel est métallique.

La chaux enlève ces deux impuretés : en faisant passer le gaz sur un sel neutre et ensuite sur la chaux, on obtient une épuration parfaite.

Ainsi, avec le système d'épuration de M. Cavaillon, il faut, par tonne de houille, 70 kilogrammes de plâtras (sulfate de chaux) et 30 kilogrammes de chaux ; avec celui de M. Mallet, qui fait usage d'un sel neutre métallique, — le résidu de la fabrication du chlore (chlorure de manganèse), — il faut, par tonne de houille, 80 kilogrammes de solution de chlorure à 28°, et nécessairement la même quantité de chaux (30 kilogrammes).

Nous avons dit que l'on reprochait aux sels et aux oxydes métalliques d'affaiblir le pouvoir éclairant du gaz ; nous avons cité à l'appui l'opinion de M. Lewis Thompson et un fait expérimental de Berzelius.

Malgré cela, la nécessité d'enlever le plus énergiquement possible l'acide sulfhydrique, qui est l'impureté donnant lieu aux plaintes les plus motivées, a maintenu dans beaucoup d'usines l'emploi des oxydes métalliques, surtout depuis que le système économique de revivification au moyen de l'air atmosphérique de MM. Evans et Palmer, appliqué par M. Laming aux sels et aux oxydes métalliques, a levé l'objection sérieuse que l'on faisait à cause de la cherté de la matière première.

Le gaz ne traverse les oxydes qu'après son passage sur un sel neutre ; si le sel neutre est alcalin, l'oxyde s'empare de la totalité de l'acide sulfhydrique. — On compte sur un poids de

25 kilogrammes d'oxyde, par tonne de houille ; le gaz passe, en dernier lieu, sur la chaux. Il faut donc trois matières épurantes différentes et, par conséquent, trois épurateurs ou au moins trois claies à garnir de ces matières que le gaz doit parcourir successivement. De ces trois matières, une seule — l'oxyde métallique — est révivifiée à l'air atmosphérique, et sert de nouveau jusqu'à 60 fois.

M. Laming, à la date du 24 janvier 1848, prit une addition à son brevet du 7 novembre 1846, dans laquelle il revendique le droit de se servir, pour l'épuration, d'un mélange de muriate de fer avec la chaux humectée. Il ne réclame rien pour les procédés propres à obtenir les mélanges ; mais il revendique l'application de ces mélanges à l'épuration du gaz de houille.

M. Mallet, dans une addition du 22 février 1848 à son brevet principal du 15 décembre 1847, propose un mélange de sulfate de chaux et d'un oxyde métallique quelconque, que l'on peut obtenir en mélangeant intimement le sulfate métallique hydraté, avec la quantité de chaux éteinte nécessaire pour la décomposition complète.

Dans le certificat d'addition en date du 18 décembre 1849, où M. Laming établit ses droits au principe de la revivification des sels métalliques par l'air atmosphérique, il fait observer que le même procédé peut servir également à revivifier le sulfate de fer avec la chaux.

Enfin, dans un autre certificat d'addition, en date du 20 février 1850, M. Laming explique les réactions qui ont lieu. — Le mélange de sulfate de fer et de chaux hydratée exposé à l'air donne lieu à la formation de sulfate de chaux et de sesquioxyde de fer. Après l'épuration, le résidu contient du sulfate d'ammoniaque, du carbonate de chaux et du sesquisulfure de fer. — Exposé à l'air, le tiers du soufre du sesquisulfure se dépose, les deux autres tiers absorbent l'oxygène de l'air, et donnent naissance à l'acide sulfurique : il y a formation de sulfate de chaux et de carbonate de fer ; celui-ci est décomposé par la présence de l'oxygène de l'air en sesquioxyde de fer, et l'acide carbonique se dégage.

Ainsi, une des impuretés du gaz — le soufre de l'acide sulfhy-drique — sert à reconstituer, au moyen de la revivification à l'air atmosphérique, une des matières épurantes — le sel neutre. — Deux des matières épurantes — le sel neutre et l'oxyde métal-lique — peuvent donc servir plusieurs fois, et le travail simplifié se réduit à placer sur les claies deux matières épurantes au lieu de trois, dont une, — le mélange du sel neutre et de l'oxyde mé-tallique, — est traitée, aprèsé puisement dans les épurateurs, pour en retirer les sels ammoniacaux.

Tel est le dernier degré de perfectionnement qu'ont atteint, aujourd'hui, les procédés les plus pratiques d'épuration du gaz : — mélange de sulfate de fer (couperose) avec la chaux hydratée dans la proportion de 3 hectolitres de sulfate de fer et 2 hectolitres de chaux ; — on complète l'épuration par l'hydrate de chaux pour enlever l'acide carbonique.

Renseignements pratiques. — Disposition générale des épu-rateurs. — Les épurateurs sont des grandes caisses rondes ou rectangulaires, en fonte de fer et le plus souvent en tôle, dans lesquelles on place, en les superposant, trois ou quatre claies que l'on garnit de foin ou de mousse, et que l'on saupoudre, le plus également possible, de la matière épurante, afin que le gaz, trouvant partout une égale résistance, ne s'écoule pas plus rapi-dement en certains points.

D'autrefois, on mêle la matière épurante avec de la tannée ou de la sciure de bois, et l'on étend ce mélange sur les claies.

Quand on renouvelle la chaux d'un épurateur, on perd forcé-ment un volume de gaz égal à la capacité libre, et l'on introduit dans le gazomètre le même volume d'air. On a donc tout intérêt à réduire le plus possible cette capacité, pour la même quantité de matière épurante ; aussi rapproche-t-on, autant que faire se peut, les claies, de manière à diminuer la hauteur de l'épurateur. Cette hauteur est généralement de 1 mètre, on l'à même réduite à 0^m,60. Cette réduction facilite, en outre, le travail des ouvriers.

La largeur des épurateurs ne dépasse pas, ordinairement, 1^m,60 à 1^m,80, afin que les hommes placés sur les bords puissent avec facilité atteindre au milieu des claies, y étaler la mousse ou le foin, et y verser la chaux.

Quant à la longueur, elle n'a pas de limite, elle peut aller à 4 mètres.

Ces épurateurs sont fermés au moyen d'un couvercle mobile en tôle, avec rebords de 25 à 30 centimètres, plongeant dans une rigole extérieure qui règne tout autour de l'épurateur, et qui se trouve remplie d'eau, de manière à avoir une fermeture hydraulique. Pour de grands régulateurs, le dessus du couvercle a besoin d'être maintenu par une armature.

Les claies sur lesquelles on étale la chaux, sont en fer ou en bois. Quand elles sont en fer, ce sont des feuilles de tôle de 3 à 4 millimètres d'épaisseur, percées de trous assez rapprochés de 10 à 15 millimètres de diamètre. Ou bien on construit une grille composée de fers ronds maintenus à une distance d'un centimètre sur un cadre en fer. Toutes ces claies sont promptement oxydées.

On se sert aussi de la fonte de fer qui résiste mieux. Mais beaucoup d'usines préfèrent les claies en bois ou en osier montées sur cadres en bois : elles sont à bon marché ; elles se réparent et se renouvellent à peu de frais. On les établit de deux manières. Ainsi on fixe sur le cadre en bois des lattes d'osier en croix, laissant entre elles un intervalle de 2 à 3 centimètres ; on étend dessus le foin ou la mousse, que l'on saupoudre de la matière épurante. L'autre disposition est préférable : elle consiste à garnir les claies d'un tissu serré en osier ; la chaux se place directement sur la claie ; le foin n'est nécessaire qu'à l'entour pour boucher les vides ; le gaz traverse les interstices que laissent entre elles les tiges d'osier, et il se divise beaucoup mieux avant d'arriver à la couche de chaux, qu'il est plus facile de rendre régulière.

Les cadres en bois de ces grilles portent quatre pieds placés aux quatre angles, dont la hauteur, de 5 à 6 centimètres, est fixée par l'écartement que l'on veut conserver entre chaque couche de chaux et le dessous de la claie immédiatement au-dessus ; de telle sorte que, lorsqu'on les superpose, on ait ainsi l'écartement voulu, sans qu'il soit nécessaire de placer dans l'intérieur de l'épurateur des supports pour les maintenir.

Dans les grands épurateurs on établit plusieurs claies pour un même lit de chaux ou de matière épurante.

Le gaz doit, autant que possible, traverser les claies de dessous en dessus, et n'arriver à la matière épurante, qu'après avoir pénétré en se divisant à travers la mousse ou le foin. De plus, comme le gaz arrivant dans l'épurateur, entraîne avec lui des matières goudronneuses qui se fixent sur les premières claies qu'elles rencontrent, il est préférable que ces claies soient au fond de l'épurateur.

Il importe de laisser entre le fond de l'épurateur et la claie du bas le moins d'espace possible, ainsi que nous l'avons expliqué ; pour cette raison, il est préférable de faire arriver le gaz par le fond : car lorsqu'il débouche par un des côtés, il faut que l'espace libre au fond, ait au moins pour hauteur le diamètre de l'orifice d'entrée. Lorsque la conduite d'arrivée pénètre par le fond de l'épurateur, elle dépasse de quelques centimètres, afin que ni les débris de foin ou de mousse ni le goudron ne puissent s'y introduire. On recouvre cet orifice, à 6 ou 8 centimètres au-dessus du bord du tuyau, d'une plaque de tôle d'un diamètre double ou triple de celui de la conduite ; cette plaque est maintenue à la distance voulue au moyen de supports en fer ; elle empêche l'introduction d'aucune ordure dans la conduite d'entrée, et force le gaz à se répartir également sous les claies, s'opposant ainsi à une action trop directe sur la matière épurante placée immédiatement au-dessus du point d'arrivée.

Le gaz, après avoir traversé les claies de l'épurateur, arrive dans le hut, où il trouve une issue par un ou plusieurs conduits verticaux ménagés dans les angles ou sur le milieu des côtés ; ces conduits amènent le gaz à des ouvertures pratiquées au fond de la caisse, et communiquant au tuyau de sortie.

Lorsqu'il n'y a qu'un seul tuyau d'échappement pour un grand épurateur, la masse du gaz s'y transporte naturellement ; les claies sont inégalement trayersées, d'où résulte ou une épuration incomplète ou un excès de chaux. C'est pour cette raison que l'on construit souvent plusieurs conduits d'échappement dans le but d'égaliser l'écoulement du gaz.

On fait quelquefois échapper le gaz par une ouverture pratiquée sur le couvercle. Cette ouverture reçoit extérieurement deux parties cylindriques concentriques, de 20 à 30 centimètres de hauteur, interceptant une partie annulaire que l'on remplit d'eau, et dans laquelle s'engage, par une extrémité, un tuyau en forme de coude en C, généralement construit en tôle ; l'autre extrémité plonge dans une autre partie annulaire semblable, et fixée sur la conduite de sortie. Ce tuyau en C établit de cette manière la communication du gaz entre l'épurateur et le gazomètre ; on l'enlève à volonté pour le service des épurateurs.

Voici une autre disposition d'épurateur fréquemment employée, surtout pour les petites usines. La caisse est rectangulaire ; elle a généralement 1 mètre sur 2. Il existe, au milieu, une séparation qui part du bas, et se termine à 10 ou 15 centimètres du bord supérieur. Le gaz arrive dans un des compartiments, par le fond ; il traverse les grilles, passe dans le haut audessus de la séparation, et redescend au travers des grilles dans l'autre compartiment, pour ressortir dans le bas par une ouverture placée comme celle d'entrée.

Cette disposition est commode pour les petites usines qui veulent se servir, pour l'épuration du gaz, de deux matières épurantes. On met, dans le premier compartiment traversé par le gaz, un mélange de sulfate de fer et de chaux, et dans le second, l'hydrate de chaux ; l'épuration complète se fait ainsi dans un seul épurateur.

Dimensions des épurateurs avec hydrate de chaux. — Nous

avons dit que le volume des gaz, — acide carbonique et acide sulfhydrique, — contenu dans le gaz d'éclairage varie de 2 à 5 pour 100.

Pour enlever ces gaz, en ne se servant que de la chaux, il faut théoriquement un poids de $2^k,50$ par mètre cube de gaz délétères et, en pratique, de $3^k,50$. Ainsi, pour l'épuration de 100 mètres cubes de gaz, on dépense de 7 kilog. à $17^k,50$ de chaux. On doit compter, en moyenne, sur 10 à 12 kilog.

Si le gaz, avant d'arriver à l'épurateur à la chaux, a déjà traversé un mélange d'un sel alcalin neutre avec un oxyde métallique, la quantité nécessaire de chaux devient moindre, puisqu'il ne lui reste plus à retenir que l'excédant d'acide carbonique non absorbé dans la première opération.

Un hectolitre de chaux vive a un poids variable qui va de 75 à 90 kilog.; cette chaux étant éteinte avec de l'eau, double de volume et couvre, dans les épurateurs, une surface de grille de 6 mètres carrés. C'est donc de 12 à 15 kilog. de chaux vive que l'on peut étaler sur les claies, par mètre carré, ou de 20 à 25 kilog. de chaux éteinte.

Dans les circonstances ordinaires, avec de la houille donnant un gaz dans lequel on constate de 3 à 3,5 pour 100 de gaz délétères, — acide carbonique et acide sulfhydrique, — il faut calculer la surface totale des grilles à raison de 1 mètre carré par 100 mètres cubes de gaz à épurer en 24 heures, en admettant que les épurateurs ne soient faits qu'une fois par jour.

Si la houille fournit un gaz qui ne contienne que 2 à 2,50 pour 100 de gaz délétères, on calcule la surface totale des grilles à raison de $0^{m\,c},60$ par 100 mètres cubes de gaz.

Pour fixer sûrement la grandeur des épurateurs, il faudrait préalablement connaître la nature du gaz à épurer.

Les épurateurs ont ordinairement 3 ou 4 claies ; chaque épurateur peut, *moyennement*, épurer en 24 heures autant de fois 100 mètres cubes de gaz, que la surface totale des 3 ou 4 grilles contient de fois 1 mètre carré.

Au lieu de faire parcourir au gaz un seul épurateur, on en place quelquefois à la suite un second, un troisième et même un quatrième, que le gaz traverse successivement avant de se rendre au gazomètre, ayant ainsi à s'infiltrer au travers, non de trois ou quatre grilles, mais du double, du triple et du quadruple de ce nombre.

Du moment que la quantité de chaux augmente, le volume de gaz augmente dans la même proportion. Or, lancer par mètre carré un volume de gaz qui soit double, triple, quadruple, c'est augmenter la vitesse dans le même rapport.

Quel que soit le nombre de grilles que le gaz traverse, il sera donc toujours, *pendant le même temps*, en contact avec la chaux : car il mettra autant de temps à traverser un seul épurateur, qu'à en traverser deux, trois ou quatre avec une vitesse double, triple ou quadruple.

On voit, en outre, qu'en suivant cette marche, il faut précisément la même section totale pour tous les épurateurs, que si l'on se contentait de faire passer le gaz par un seul.

Lorsque l'on fait passer le gaz successivement par plusieurs épurateurs, on suit ordinairement une marche que l'on nomme marche méthodique. Elle nécessite une surface totale d'épuration plus considérable; mais elle permet d'employer la chaux d'une manière plus rationnelle et plus économique.

Cette marche méthodique, que nous allons d'abord expliquer pour deux épurateurs, consiste à renouveler la chaux tous les jours dans un *seul* épurateur, alternativement, et à manœuvrer chaque fois les valves disposées à cet effet, de manière à ce que le gaz commence d'abord à passer dans l'épurateur renouvelé la veille, avant d'arriver à celui qui contient la nouvelle chaux, qui a naturellement plus d'action sur lui.

Cette marche est applicable, on le comprend, à un plus grand nombre d'épurateurs. Pour deux épurations, la vitesse du gaz est peu supérieure à celle qu'il aurait s'il était épuré par un seul : car il ne peut en passer qu'un volume en rapport avec la quantité de chaux restée intacte. Le gaz traverse d'abord la chaux en partie épuisée, et il se trouve dans les meilleures conditions pour la saturer ; de telle sorte que la chaux, que l'on retire chaque jour de l'épurateur à renouveler, se trouve bien plus salie et a produit plus d'effet que lorsque le gaz ne traverse qu'un seul épurateur.

Pour suivre la marche méthodique, il faut disposer d'une surface totale d'épuration très-considérable. Or, il y a peu d'usines qui le puissent, surtout à l'époque des grandes veillées ; il y a alors nécessité à renouveler la totalité des épurateurs tous les jours.

Perte de charge due aux épurateurs. — Lorsque le gaz traverse les grilles d'un épurateur, il résulte de l'obstacle que celles-ci lui opposent une perte de pression qui augmente avec leur nombre et avec la vitesse du gaz.

Comme les grilles traversées par le gaz ont généralement les mêmes dimensions, la perte de charge est proportionnelle au poids total de chaux étalée ; ou bien, si l'on prend le poids de chaux étalée par mètre carré sur chaque grille, la perte de charge est proportionnelle à la somme de tous ces poids, que l'on représente par C.

La vitesse moyenne du gaz dans les épurateurs étant très-petite, on ne saurait, pour l'expression fonction de la vitesse qui entre comme facteur dans le produit exprimant la résistance des parois, supprimer le terme contenant la première puissance.

Cette fonction de la vitesse V est pour l'eau, d'après Prony, $0,00017 V + 0,0034 V^2 = 0,00017 (V + 20 V^2)$.

Comme le coefficient de V^2 (0,0034) diffère peu de celui adopté pour le gaz ; que d'ailleurs, même pour l'eau, lorsque la vitesse est supérieure à 2 mètres, on supprime, comme on le fait pour les gaz, le terme contenant la première puissance de V, on est conduit à essayer avec les gaz, pour de faibles vitesses, la même fonction $0,00017 (V + 20 V^2)$.

Mais la vitesse moyenne du gaz, au travers de la matière spongieuse de la chaux, est plus grande que celle que l'on calculerait d'après la section de la grille. Pour décider dans quel rapport a lieu cette augmentation, nous avons entrepris quelques expériences dont nous allons donner les résultats, et d'après lesquelles on obtient un accord satisfaisant entre les résultats de la pratique et les données de la formule, en remplaçant V par 1.8V. — La fonction de la vitesse à adopter devient alors

$$1.8 \times 0,00017 \ (V + 36V^2).$$

Si Q est le volume de gaz à épurer par heure, qui s'écoule par l'unité de section de l'une des grilles, $3600V = Q$; d'où $V = \frac{Q}{3600}$; substituant, et puisque la perte de charge est proportionnelle au poids du mètre cube de gaz K, et au poids de chaux traversée C, elle sera donnée par la formule :

$$H = \text{coefficient} \times KC \ (Q + 0,01 \ Q^2).$$

La valeur du coefficient, d'après nos expériencess, a été trouvée égale à 0,0033. La formule devient donc :

$$H = 0,0033 \ KC \ (Q + 0,01Q^2); \qquad (A)$$

la perte de charge H étant exprimée en millimètres.

Pour faire nos expériences, nous avons chargé une grille de 60 kilogrammes de chaux éteinte par mètre carré, et nous l'avons fait traverser par des volumes d'air variant depuis 20 mètres cubes jusqu'à 90 mètres cubes par heure. Voici les résultats :

VOLUMES D'AIR EMIS PAR HEURE ET PAR MÈTRE CARRÉ.	PERTES DE CHARGES EXPRIMÉES EN MILLIM.	
	D'après l'expérience.	D'après la formule.
20	6,20	6,24
30	10,00	10,14
42	15,00	15,50
52	20,00	20,54
70	30,00	30,94
90	45,00	44,46

Les valeurs de Q et de C sont liées par des conditions qui dépendent de la nature du gaz.

Ainsi, pour épurer 100 mètres cubes de gaz, on compte, avec la houille le plus généralement employée, de 12 à 15 kilogrammes de chaux vive. Pour éteindre cette chaux il faut en moyenne 80 pour 100 d'eau ; on peut donc admettre 25 kilogrammes de chaux éteinte par 100 mètres cubes de gaz.

Si l'on ne renouvelle les épurateurs que toutes les vingt-quatre heures, il faut que C kilogrammes de chaux éteinte épurent $24Q$ mètres cubes de gaz. Ces quantités étant généralement dans le rapport de 25 à 100, on conclut $C = 6Q$.

On place sur les claies des épurateurs environ 25 kilogrammes de chaux éteinte, par mètre carré. Dans cette hypothèse, N indiquant le nombre des claies, on a $C = 25N$.

Au moyen des deux relations $C = 6Q$ et $C = 25N$, l'équation (A) peut se mettre sous la forme

$$H = 0,34 \, KN \, (N + 0,042 \, N^2) ; \qquad (B)$$

ou plus simplement, dans les conditions ordinaires de la pratique

$$H = 0,4 \, KN^2 ; \qquad (C)$$

et pour le gaz de houille

$$H = 0,25 \, N^2. \qquad (D)$$

Si l'on se sert de cette dernière formule pour apprécier la perte de charge d'après le nombre des grilles traversées par le gaz, il faut :

1° Que les grilles soient chargées d'environ 25 kilogrammes de chaux éteinte par mètre carré.

2° Que la quantité de gaz à épurer soit à raison de 100 mètres cubes par 25 kilogrammes de chaux éteinte, et qu'elle s'écoule régulièrement pendant vingt-quatre heures au travers des grilles.

Si ces conditions ne sont pas remplies, comme cela a nécessairement lieu lorsque l'on suit la marche méthodique, il faut modifier cette formule d'après les nouvelles données, ou recourir à la formule (A).

Il faut admettre, en pratique, que la perte de charge est en réalité supérieure à celle calculée d'après ces formules : car, dans l'expérience que nous avons faite, nous avons posé la chaux sur un grillage très-fin, sans intermédiaire de mousse ni de foin ; de plus, l'écoulement du gaz était régulier, tandis qu'en réalité, il suit toutes les phases de la production. La manière dont la chaux est éteinte a aussi une influence, et la résistance au passage du gaz augmente à mesure que marche l'opération.

C'est d'après ces raisons qu'il convient d'augmenter le coefficient de ces formules de 50 pour 100 ; ainsi de mettre 0,005 au lieu de mettre 0,0033 dans la formule (A), et 0,6 au lieu de 0,4 dans la formule (C). Pour le gaz de houille, on adoptera la formule $H = 0,4N^2$ au lieu de $H = 0,25N^2$.

D'après cette dernière formule, voici les différentes pertes de charge suivant le nombre des grilles.

NOMBRE DES GRILLES	PERTES DE CHARGE millimètres.
1	0,4
2	1,6
3	3,6
4	6,4
5	10,0
6	14,4
7	19,6
8, etc.	25,4

Malgré cette augmentation de la perte de charge, on préfère souvent faire passer le gaz au travers de plusieurs claies, afin de mieux régulariser l'action de la matière épurante. Néanmoins on ne doit pas oublier que cette augmentation de pression vient s'ajouter à celle que les cornues ont déjà à supporter : car la pression du gazomètre est réglée par des convenances locales, on ne peut la diminuer ; et, lorsque les usines ne se servent pas d'extracteurs, on doit, autant que possible, repousser toutes les causes amenant une augmentation de pression dans les cornues.

Valves. — Les valves servent à établir ou à interrompre, à volonté, la communication du gaz en un point d'une conduite. On les construit d'après deux principes ; de là, deux distinctions : valves hydrauliques et valves sèches.

Les valves hydrauliques sont celles où l'obstacle présenté au passage du gaz est une colonne d'eau de 0ᵐ,20 à 0ᵐ,30. Si, pour une cause quelconque, la pression du gaz vient à augmenter au delà des limites prévues, elle triomphe de cette colonne d'eau ; la valve devient insuffisante pour intercepter d'une manière complète le passage du gaz ; mais les dangers qui pourraient provenir d'une élévation accidentelle de pression sont évités. — Ces valves, dans les circonstances normales, produisent un effet plus certain que les valves sèches.

Les valves sèches sont celles dans lesquelles la fermeture est obtenue par un moyen mécanique, sans l'intermédiaire d'un liquide.

Valves hydrauliques. — La valve hydraulique la plus simple est celle qui consiste à interrompre la conduite au point désigné, et à y placer un tube en U de même diamètre, dont les deux branches sont raccordées, de chaque côté, aux extrémités coupées de la conduite. En remplissant d'eau le tube en U, la communication est interceptée, et elle est rétablie en laissant écouler l'eau par un robinet situé au point le plus bas.

Cette valve n'est adoptée, malgré sa simplicité, que lorsqu'elle est destinée à ne servir qu'accidentellement, à cause des embarras que nécessite son service chaque fois qu'elle doit fonctionner : c'est ou un volume d'eau à se procurer, ou bien, quand on veut ouvrir la valve, le même volume d'eau dont il faut se défaire, ou qu'il faut loger.

On adopte encore la disposition de la figure 5 (pl. XI). L'inspection de cette valve montre qu'effectivement on intercepte ou on établit à volonté, au moyen de l'eau, la communication du gaz. Cette disposition a l'avantage d'occuper moins de place ; mais, lorsque le courant de gaz est établi, elle présente une plus grande résistance à son passage.

La valve hydraulique (pl. XI, *fig*. 4) est celle dont le principe est le plus généralement suivi. Le gaz pénètre, en dessous, par une tubulure d'une hauteur de $0^m,20$ à $0^m,30$, dans un cylindre en fonte ou en tôle d'un diamètre de $0^m,10$ à $0^m,15$ plus grand que celui de la conduite d'arrivée. Ce cylindre a une hauteur de $0^m,60$ à $0^m,90$, et il est fermé en dessus par un couvercle au moyen d'un joint à brides. Le milieu de ce couvercle est percé d'une ouverture traversée par une tige métallique ; au-dessus de cette ouverture, sur le couvercle, est un stuffen-box. La tige soutient, dans l'intérieur du cylindre, un seau renversé qui vient se loger entre la conduite d'entrée et le cylindre, et qui, plongeant dans l'eau où le goudron qui remplit l'intervalle, interrompt ainsi la communication du gaz. Lorsqu'au moyen de la tige métallique on soulève le seau renversé, le gaz entre dans le grand cylindre, et il trouve une issue par une tubulure placée sur le côté, au-dessus du niveau de l'eau. Le liquide renfermé entre la conduite d'arrivée et le grand cylindre est alimenté par les condensations qu'amène le passage continuel du gaz. Le surplus tombe dans la conduite d'arrivée où il va rejoindre les syphons placés en contre-bas, et d'où il est extrait.

La figure 1, planche XII, représente un système de valves établi d'après le même principe. Le gaz pénètre dans une grande caisse ronde ou carrée. La ligne *ab* partage la figure de manière à représenter deux dispositions différentes. Dans celle de droite, la caisse est fermée, dans le haut, par un couvercle avec joint à brides. Dans la disposition de gauche, la caisse qui porte la tubulure d'entrée du gaz est ouverte dans le haut, et elle est recouverte par une autre caisse plongeant intérieurement.

Les seaux renversés, qui doivent interrompre ou rétablir la communication du gaz, sont manœuvrés par des tiges traversant non des stuffen-box, mais des fermetures hydrauliques.

Chaque tige traverse, au-dessus du couvercle, un tube en fer ayant la même hauteur que celle de la caisse intérieure ; ce tube est entouré d'une partie tronc-conique indiquée sur le dessin, et l'intervalle est rempli d'eau. La tige porte un tube cylindrique fermé dans le haut, dont le diamètre plus grand que celui du tube décrit ci-dessus entre dans la partie tronc-conique. Tant que ce tube plonge dans l'eau renfermée entre le tube fixé au couvercle et le tronc de cône, la communication du gaz avec l'extérieur est interrompue. Il est évident par l'inspection de la figure que, si le tube fixé à la tige plonge entièrement dans l'eau lorsque le seau renversé recouvre entièrement l'entrée du gaz, dans tous les mouvements de la tige pour soulever ou descendre le seau, la communication du gaz avec l'extérieur reste impossible pour des pressions ne dépassant pas $0^m,20$ et $0^m,30$.

Avec ce système de valves, on peut introduire dans la caisse plusieurs conduites qui y amènent, à volonté, le gaz et le fassent écouler par une ou plusieurs autres conduites de sortie disposées et manœuvrées comme les conduites d'entrée. On reste ainsi libre d'établir ou d'interrompre les communications du gaz entre ces conduites.

La disposition représentée à la gauche de la figure permet, en enlevant la caisse intérieure, de nettoyer avec la plus grande facilité la valve, et d'enlever les obstructions qui pourraient s'y former.

La figure 2, pl. XII, représente une valve fréquemment employée. Les épurateurs ont deux valves : l'une d'entrée, l'autre de sortie. La valve de la figure 2 les remplace toutes les deux. Les deux conduites, l'une d'arrivée et l'autre de départ du gaz, arrivent toutes les deux dans la caisse où arrivent également deux autres conduites, l'une d'entrée dans l'épurateur et l'autre de sortie. La caisse est ronde et les conduites pénètrent, comme l'indique la figure, mais à une hauteur double de la plus grande pression que puisse atteindre le gaz, augmentée de $0^m,10$ à $0^m,15$.

Un petit gazomètre comprenant, intérieurement, deux cloisons tracées à angle droit suivant des diamètres, de manière à isoler les quatre conduites, monte ou descend à volonté. Ces deux cloisons ont des hauteurs différentes. L'une a toute la hauteur du petit gazomètre : c'est celle qui sépare la conduite d'arrivée du gaz et celle de l'entrée dans l'épurateur d'une part, d'avec les conduites de sortie de l'épurateur et de sortie de la caisse, d'autre part.

L'autre séparation transversale ne descend que de $0^m,20$ à $0^m,30$.

Lorsque le gazomètre plonge entièrement, les quatre tuyaux sont isolés. Si l'on élève le gazomètre de $0^m,20$ à $0^m,30$, c'est-à-dire de la hauteur du diaphragme le moins élevé, et de $0^m,10$ à $0^m,15$ en plus, le gaz s'introduit librement dans l'épurateur et en sort de même, résultat obtenu par un simple mouvement d'ascension d'une seule valve. En abaissant le petit gazomètre, l'épurateur se trouve complétement isolé.

On construit d'après le même principe, au moyen d'un petit gazomètre divisé intérieurement par des cloisons, une valve que l'on place entre deux, trois ou quatre épurateurs, et qui, par une seule manœuvre, les met tous en communication, à part un seul qui reste isolé afin de pouvoir renouveler la matière épurante. Les cloisons ne descendent que jusqu'à la moitié de la hauteur de la cloche, de façon que lorsqu'on la soulève par le centre, un peu plus haut que la moitié de sa hauteur, elle peut tourner librement sans crainte que la rencontre des diaphragmes avec les extrémités des tuyaux d'entrée et de sortie du gaz ne vienne gêner son mouvement. La cloche est ainsi dirigée à une position déterminée, suivant l'épurateur que l'on veut isoler et, en la descendant, les compartiments isolent les conduites de manière que, s'il y a, par supposition, quatre épurateurs, le gaz pénètre dans le premier épurateur, que l'on désignera par n° 1, puis du premier au second et du second au troisième, qu'il quitte enfin pour se rendre à la conduite de sortie.

Le jour suivant, c'est l'épurateur n° 1 qui est renouvelé. Par une nouvelle manœuvre de la valve, le gaz se rend d'abord au n° 2 ; puis du n° 2 au n° 3, et du n° 3 au n° 4, qu'il quitte pour se rendre au gazomètre.

Avec une pareille valve, la marche méthodique est simple à suivre. On renouvelle chaque fois la chaux dans l'épurateur le plus anciennement fait et par conséquent le plus sale. Le gaz traverse toujours, en dernier lieu, la chaux la plus neuve avant de se rendre au gazomètre ; mais on a constamment un épurateur qui ne fonctionne pas, et il faut une plus grande surface d'épuration.

Valves sèches. — La valve sèche la plus usitée est celle qu'on connaît sous le nom de valve à coulisses : c'est un disque (*fig.* 6, pl. XI) qui se meut dans une caisse plate rectangulaire contre un plateau en fonte parfaitement dressé, percé d'une ouverture circulaire par où s'écoule le gaz, et que le disque vient ouvrir ou fermer à volonté.

Le disque est pressé contre le plateau au moyen d'un ressort, de manière à assurer l'herméticité de la fermeture. Il est manœuvré par une tige ronde qui traverse un stuffen-box placé sur le couvercle de la caisse. Cette tige se relie à une crémaillère qui sert à soulever ou à abaisser le disque. Ces valves, qui sont d'ailleurs les mêmes que celles dont on se sert pour l'eau, ont l'avantage de tenir peu de place ; l'entrée et la sortie du gaz restent dans la même direction sans qu'il soit nécessaire d'employer des coudes, comme on le fait généralement avec les valves hydrauliques.

On se sert fréquemment de ces valves pour les conduites des rues. On incline alors la valve de manière à pouvoir manœuvrer directement le pignon de la crémaillère à travers une ouverture verticale faite suivant l'axe d'une pièce de bois, dont l'extrémité supérieure affleure le sol.

Voici une autre valve très-économique (*fig.* 3, pl. XII); elle se compose, ainsi que le montre la figure, d'un plateau que l'on soulève ou baisse à volonté, suivant que l'on veut établir ou interrompre la communication du gaz.

Le plateau est formé de deux pièces en fonte superposées, comprenant entre elles un disque circulaire en cuir fort, qui dépasse la pièce du dessous du plateau de $0^m,01$ à $0^m,02$ environ. La pièce du dessus, qui est d'un plus grand diamètre, presse la rondelle en cuir contre la partie tournée de l'entrée du gaz.

Le plateau est soulevé par une tige à boule ; la boule est comprise entre les deux pièces ; on obtient ainsi un petit jeu.

La tige traverse un stuffen-box placé sur le couvercle ; elle est reliée à une vis qui tourne dans un écrou indiqué sur le plan. Le mouvement de la vis détermine le mouvement du plateau, et, lorsque celui-ci est posé sur l'ouverture, on produit avec cette vis une pression qui assure l'herméticité du joint.

La tige est réunie à la vis de manière à ne pas participer à son mouvement de rotation. Pour cela, on donne le même diamètre à la tige et à la vis, l'extrémité de la vis n'est pas taraudée. A 3 centimètres des extrémités à réunir, on pratique une rainure de 2 à 3 centimètres de hauteur et d'un demi-centimètre de profondeur. Une pièce cylindrique creuse en cuivre, fendue longitudinalement par la moitié, porte dans l'intérieur, à ses extrémités, deux anneaux qui s'engagent dans les rainures des deux tiges ; en rapprochant les deux moitiés, on relie la tige à la vis. Les deux moitiés de la pièce en cuivre sont maintenues par un cylindre creux en fer qui les enveloppe, et qui est retenu par un anneau intérieur venant s'appuyer sur la partie supérieure du manchon en cuivre.

PROJET DE SALLE D'ÉPURATEURS. — Quelle que soit la matière épurante que l'on emploie, chaux, sulfate et muriate de chaux, oxyde de fer, de manganèse, sulfate de fer, ou mélange de peroxyde de fer et de sulfate de chaux, etc., la marche désignée sous le nom de méthodique est, sans contredit, la plus économique : on dépense moins de matière épurante. Les inconvénients de cette marche sont : 1° l'augmentation de pression qui en résulte ; 2° la nécessité d'avoir à sa disposition une plus grande quantité de vases épurants. Aussi cette épuration méthodique est-elle rarement suivie dans les usines, au moment des grandes consommations d'hiver; mais, pendant l'été, elle pourrait l'être avec avantage.

La disposition que nous proposons permet d'adopter à volonté la marche méthodique, et de l'abandonner si le nombre des épurateurs devient insuffisant, par suite d'une augmentation dans la production. (Planche XIII.)

Les épurateurs sont rectangulaires, ils sont placés sur une même ligne. La conduite d'arrivée du gaz et celle de sortie sont posées en dessous dans une galerie. Le gaz arrive par une extrémité de la conduite et il sort, après avoir traversé les épurateurs, par l'autre extrémité de la conduite de sortie. Comme nous l'avons dit, il trouve ainsi une égale résistance dans tous les épurateurs, et il peut se répartir également dans tous.

Les épurateurs sont en nombre pair et ils sont agencés par couple, de telle sorte que, si l'on prend une couple quelconque et si l'on désigne les deux épurateurs par A et B, le gaz puisse à la fois passer dans ces deux épurateurs ou dans l'un quelconque à volonté; ou bien, si l'on suit la marche méthodique, que le gaz puisse, avant de se rendre à la conduite de sortie, sortant de l'épurateur A se rendre à l'épurateur B; ou sortant de l'épurateur B, se rendre à l'épurateur A. On reste ainsi libre de suivre à volonté la marche méthodique, mais pour deux épurateurs seulement, ou de ne faire passer le même gaz que par un seul épurateur. L'inspection de la figure dans laquelle on représente la disposition d'une couple, montre qu'en manœuvrant en conséquence les valves qui sont figurées, on obtient ces résultats. On remarquera que le gaz arrive dans chaque épurateur par le fond, à une des extrémités, et qu'il en sort par l'autre extrémité; il trouve ainsi une égale résistance pour traverser toutes les parties de chaque couche de chaux.

Toutes les valves se manœuvrent dans la salle même des épurateurs.

Les couvercles d'épurateur sont ordinairement soulevés au

moyen d'une poulie fixée, au-dessus, à une pièce en bois posée transversalement. Une corde ou une chaîne reliée au couvercle s'enroule autour de la poulie ; elle est manœuvrée au moyen d'un petit treuil placé sur le côté.

Cette disposition a l'inconvénient de maintenir le couvercle au-dessus de la tête des hommes pendant qu'ils renouvellent la matière épurante de l'épurateur ; il est préférable de se servir d'une grue.

M. Cockey a imaginé un treuil mobile qui se meut, au moyen de quatre petites roues, sur des rails posés sur le sol, de chaque côté de la ligne des épurateurs.

Ce treuil se compose d'un axe transversal soutenu par des montants roulant sur les rails ; à l'une de ses extrémités est montée une roue dentée placée sur le côté, et en dehors des montants, et mise en mouvement par un pignon portant une manivelle.

Cet axe en tournant fait mouvoir deux vis verticales terminées, en bas, par deux crochets, auxquels on attache, au moyen de chaînes, le couvercle de l'épurateur. Ce couvercle est soulevé en agissant sur la manivelle, et il est ensuite poussé sur le côté, de façon à dégager entièrement l'épurateur à renouveler.

La planche XIII représente une autre disposition également pour soulever et transporter sur le côté le couvercle de l'épurateur. C'est un grand châssis en bois portant des roulettes, et roulant sur des rails placés de chaque côté de la ligne des épurateurs. Les rails posés à 3 mètres au moins au-dessus des épurateurs, sont supportés par des colonnes en fonte, ou bien par des potences scellées dans le mur. Le couvercle est soulevé par deux cordes s'engageant autour de deux poulies fixées au châssis en bois. Ces cordes vont ensuite s'enrouler autour d'un tambour de 0^m,20 de diamètre, de telle sorte qu'en faisant tourner le tambour sur ses axes, on soulève ou l'on abaisse, en même temps, les deux cordes et par suite le couvercle.

Une grande roue à gorge, de 1^m,20 à 2 mètres de diamètre suivant le poids du couvercle, est montée sur ce tambour. En agissant sur une corde enroulée autour de la gorge de celte roue, on soulève ou l'on abaisse à volonté le couvercle.

Pour faire l'épurateur, on soulève le couvercle à une hauteur assignée et l'on maintient la corde, au moyen d'un anneau qui s'y trouve attaché au point convenable, à un piton posé sur un montant partant du châssis. En poussant ce montant, on fait rouler le châssis en bois et, par suite, on transporte sur le côté le couvercle de l'épurateur.

Extracteurs. — La pression du gaz dans les gazomètres varie suivant leur position par rapport à celle des localités à éclairer ; cette pression étant donnée, il faut, pour en conclure celle qui a lieu dans les cornues, y ajouter les pertes de charge qui proviennent :

1° Du frottement du gaz dans les conduites ; cette perte augmente comme les carrés des vitesses et, par conséquent, comme les carrés des quantités de gaz produit dans le même temps ;

2° Du passage du gaz à travers la colonne à coke et les claies des épurateurs ; cette perte augmente sensiblement comme les carrés du nombre des claies ;

3° Des colonnes de liquide à vaincre dans le barillet, dans les laveurs et dans les épurateurs, quand on emploie la voie humide.

Il en résulte une pression totale dans les cornues qui s'élève quelquefois à plus de $0^m,60$.

Avec une pression aussi forte, les pertes qui ont lieu à travers les fissures, surtout avec les cornues en terre, sont importantes. C'est dans le but de les atténuer que l'on place, le plus près possible des cornues, une machine, nommée *extracteur*, qui aspire le gaz et le renvoie au grand gazomètre de l'usine, en triomphant de la pression que lui opposent la colonne à coke, les claies des épurateurs et le frottement dans les tuyaux.

Une des premières machines dont on se soit servi pour enlever la pression est la cagniardelle ; elle est due à M. Cagniard de Latour, qui l'employa comme machine soufflante. C'est une vis d'Archimède inclinée de manière à ce que l'extrémité supérieure de l'axe, autour duquel tourne le cylindre, soit au niveau de l'eau contenue dans une caisse fermée, où afflue le gaz venant des cornues. On fait tourner la vis dans un autre sens que pour les épuisements, au moyen d'une roue dentée fixée extérieurement sur l'extrémité de l'axe; cet axe traverse un stuffen-box posé sur la caisse.

A chaque révolution, la bouche supérieure du canal hélicoïdal prend une certaine quantité de gaz, puis ensuite d'eau ; le gaz se place au-dessus du premier arc hydrophore, et, à mesure que le mouvement de rotation de la vis a lieu, il descend de spire en spire; il sort ensuite par la bouche inférieure du canal, pour remplir une capacité formée par le prolongement du canon de la vis, et fermée par un cercle bombé percé, au milieu, d'une ouverture par où pénètre le tuyau de sortie du gaz; ce tuyau monte dans cette capacité ménagée à la suite du corps de la vis, plus haut que le niveau de l'eau.

EXTRACTEUR GRAFTON. — M. Grafton a importé d'Angleterre un autre système ; c'est une véritable roue à tympan, telle qu'elle a été modifiée par Lafaye, mais il n'y a que quatre cloisons. (Pl. XI, *fig*. 2.) Si nous imaginons que cette roue plonge aux trois quarts dans l'eau, et qu'on lui donne ensuite un mouvement de rotation dans la direction même des palettes ou cloisons, il est facile de comprendre le jeu de cet appareil. Par ce mouvement de rotation, le gaz qui est pris dans chaque cloison, à la partie supérieure, descend peu à peu jusqu'au centre de la roue, d'où il s'échappe de chaque côté; il parvient ainsi aux compartiments *b, b,* et se rend de là dans un autre appareil semblable, où il se trouve soumis au même travail. La différence de niveau de l'eau, que l'on peut voir dans sa coupe, indique la pression qui est enlevée par chaque extracteur ; en en prenant un nombre suffisant, on obtient telle différence de pression que l'on veut.

Il est facile de s'assurer, d'après la disposition de l'appareil, et tant que la quantité d'eau restera la même, que chaque extracteur ne pourra donner un plus grand excès de pression que celui qui est indiqué par la différence de niveau, quelle que soit la vitesse de rotation : car, si cette pression pouvait augmenter, le gaz qui se trouve dans les compartiments b repasserait en a, et serait de nouveau repris par l'extracteur, pour revenir en b, et ainsi de suite, sans que l'excès de pression de b en a puisse jamais surpasser la différence de niveau h.

En augmentant la quantité d'eau dans chaque extracteur, on reconnaît que l'on peut effectivement augmenter la pression h ; mais comme alors, à chaque révolution, l'extracteur prendrait moins de gaz, il faudrait augmenter sa vitesse pour qu'il pût en passer toujours la même quantité.

EXTRACTEUR DE MM. PAUWELS ET DUBOCHET. —Les deux extracteurs dont nous venons de donner la description ont l'inconvénient d'entraîner dans leur mouvement de rotation une grande masse d'eau, ce qui représente une quantité de travail perdue pour l'effet utile, et exige par conséquent un moteur plus puissant. Dans l'extracteur de MM. Pauwels et Dubochet, la résistance de l'eau est très-faible (*fig.* 4, Pl. XII).

Trois cloches, alternativement élevées et abaissées par le mouvement rotatif de la bielle k, aspirent alternativement le gaz amené du barillet par le tube F, puis le refoulent dans un régulateur.

« Avant de décrire celui-ci, » dit M. Payen, auquel nous empruntons cette description, « nous donnerons, à l'aide de figures
« spéciales, l'explication plus détaillée des fonctions de l'une des
« trois cloches aspirantes et foulantes.

« La cloche A est mue par les bielles et les montants c, c', qui
« reçoivent ces mouvements par la rotation de l'arbre cc portant
« la roue d'engrenage b. La cloche qui s'élève et s'abaisse ainsi
« est guidée dans ces mouvements alternatifs par les tiges a, a'
« passant dans deux tubes ouverts.

« Lorsque la cloche monte, l'aspiration qu'elle produit fait

« arriver du barillet le gaz par le tube D, dans le tube D′ et dans
« le cylindre B, au travers de l'eau qui le remplit à moitié, enfin
« dans la cloche elle-même par le tube vertical f. Dès que
« la cloche s'abaisse, la pression fait monter le liquide dans le
« tube D′, comme l'indiquent les coupes cd, tandis que cette
« pression, agissant dans tous les tubes f, g, refoule le gaz par le
« deuxième tube évasé et aplati E. Le gaz traverse l'eau du cy-
« lindre C, et sort par le tube G qui le dirige vers le régulateur. »

Extracteur a pompe. — Cet extracteur est une machine soufflante dont la soupape d'aspiration est raccordée à la conduite qui
amène le gaz des cornues.

On peut supprimer le frottement des garnitures du piston en
donnant à ce dernier, comme l'a fait M. Moussard, mécanicien,
un peu de jeu, et le faisant mouvoir avec une plus grande vitesse.
On pratique, sur son pourtour, une série de cannelures ou rainures annulaires ; il s'y établit, pendant le mouvement, des re-
mous qui suffisent pour s'opposer au passage de l'air d'une face
du piston sur l'autre.

Cette pompe aspirante est ordinairement posée horizontalement
sur le même bâti que la machine à vapeur qui la fait mouvoir.
La tige du piston traverse les deux couvercles du corps de pompe
dans des stuffing-boxes qui la guident. Sa marche est de 50 à
60 doubles coups par minute.

Cette machine est simple, économique ; elle donne 50 p. 0 0
environ de l'effet utile. On en calcule les dimensions d'après
les besoins de l'usine.

Gazomètre régulateur. — Un régulateur est indispensable
avec un extracteur : en effet, si l'aspiration est trop forte, le
vide se fait dans les cornues ; l'air appelé par les fissures se mêle
au gaz et le rend moins éclairant ; si, au contraire, l'aspiration
est moindre que la production, la pression augmente dans les
conduites, entre les cornues et l'extracteur, et le mal que l'on
veut empêcher devient plus grand.

Imaginons qu'entre les cornues et les condenseurs, ou même

après les condenseurs, mais, dans tous les cas, le plus près possible des cornues, on établisse un petit gazomètre suspendu par un contre-poids, de telle sorte que la pression du gaz n'y dépasse jamais $0^m,02$. Le gaz se rendant directement des cornues à ce petit gazomètre, tant que celui-ci fonctionne, la pression du gaz dans les cornues, que l'on veut rendre le plus faible possible, est égale à $0^m,02$, — pression qui existe dans le petit gazomètre, — plus, à la hauteur de la colonne de liquide à vaincre dans le barillet, plus, enfin, à la perte de charge qui mesure le frottement du gaz dans les conduites. Cette dernière perte de charge est seule variable : elle varie suivant le carré de la vitesse d'écoulement ou le carré de la production ; elle est, de plus, proportionnelle à la longueur des conduites. Pour qu'elle soit le plus faible possible, on pose le gazomètre régulateur le plus près possible des cornues.

C'est dans ce gazomètre régulateur que l'extracteur prend le gaz à mesure qu'il afflue de la distillation. Si le mouvement de l'extracteur était réglé de telle sorte qu'il n'aspirât, à chaque instant, que la quantité de gaz arrivant des cornues, le gazomètre régulateur se maintiendrait en équilibre, et la pression dans les cornues resterait sensiblement constante. Il suffirait pour cela de relier le gazomètre, au moyen de transmissions de mouvement convenablement disposées, au papillon qui règle l'émission de la vapeur. Ainsi, quand le gazomètre monterait, c'est que l'extracteur n'aspirerait pas assez de gaz ; le mouvement d'ascension du gazomètre ouvrirait davantage le papillon ; dans le cas contraire, il se fermerait. Mais s'il survenait dans la production un ralentissement tel que le gazomètre descendant fermât le papillon au point d'arrêter la machine, celle-ci pourrait ensuite ne plus se remettre en marche, quelle que fût l'ascension du gazomètre. Une surveillance continue devient indispensable.

Le plus généralement on emploie le gazomètre régulateur de Clegg. Ce gazomètre, dont le diamètre varie de 1 à 2 mètres, a deux introductions qui communiquent avec la grosse conduite : l'une avant l'extracteur, l'autre après. Celle-ci est au centre ; elle est rérécie dans le haut par un disque annulaire dont l'ouverture du milieu est percée suivant une forme tronc-conique. Un cône renfermé dans le tuyau d'introduction est suspendu, par le sommet, au milieu de la calotte de la cloche : à mesure que ce sommet monte, le passage du gaz se rétrécit de plus en plus, jusqu'à se fermer entièrement, quand le gazomètre est arrivé à sa limite d'élévation.

Lorsque l'extracteur fonctionne, la cloche du régulateur baisse à chaque coup de piston, et il y entre une quantité de gaz, prise après l'extracteur, d'autant plus grande qu'il en est moins fourni par la distillation. L'extracteur aspire toujours la même quantité de gaz dépendant de la rapidité de son mouvement, que l'on règle d'après la plus grande production de gaz des cornues en charge. Il y aura plus de vapeur dépensée qu'avec la disposition précédente, mais la surveillance de l'ouvrier est moins nécessaire ; le vide dans les cornues est impossible. Dans le cas accidentel où la production de gaz viendrait à surpasser l'aspiration produite par l'extracteur, l'excès de pression qui aurait lieu dans le gazomètre-régulateur permettrait au gaz, en triomphant d'une faible addition de pression, de s'ouvrir un passage jusqu'au grand gazomètre de l'usine par un appareil de Woolf, tel qu'il est appliqué au système suivi pour le barillet des fours, posé sur la conduite allant du régulateur au gazomètre.

Quantité de travail pour comprimer un mètre cube. — Représentons par A la pression atmosphérique exprimée en colonne d'eau ;

Par p la pression manométrique avant l'extracteur, pression qui est généralement très-faible,

Et par P la pression manométrique, immédiatement après l'extracteur.

Le volume de gaz qu'il s'agit de comprimer, occupe 1 mètre cube à la pression atmosphérique A ; son volume, avant l'extracteur, est égal à $\dfrac{A}{A+p}$, et, après l'extracteur, à $\dfrac{A}{A+P}$.

Le problème à résoudre consiste à prendre ce volume de gaz $\frac{A}{A+p}$, à le réduire au volume $\frac{A}{A+P}$, et, exerçant sur lui une pression, par mètre carré, égale à $1000(P-p)^{kil}$, à le faire sortir du gazomètre ou du cylindre, selon l'extracteur adopté. C'est le même problème que pour les machines à vapeur : seulement, au lieu que ce soit le fluide élastique qui pousse le piston, c'est le contraire qui a lieu. La quantité de travail reste la même ; mais comme le volume ne se reduit que de $\frac{1}{50}$ environ, le travail de la détente est négligeable, et l'on se contente d'évaluer le travail de refoulement du gaz après la compression. Seulement, au lieu de mesurer le chemin à partir du du moment où le gaz est refoulé, on le mesure dès le point du départ ; ce qui compense et au delà le travail négligé de la détente et donne un léger excès sur le travail réellement à produire : en conséquense H représentant l'exeès de pression manomètriques à obtenir, le travail tqéorique par mètre sera 1,000 H.

Ainsi, pour 1 mètre cube de gaz mesuré à la pression atmosphérique, que l'on prend à la pression manométrique p et que comprime à la pression manométrique P, on dépense une quantité de travail théorique égale à $1000(P-p)$; en pratique, il faut compter sur le double.

Comme exemple particulier, supposons 100 mètres cubes de gaz à comprimer par heure, avec un excès de pression manométrique $(P-p) = 0^m,60$. La quantité de travail théorique à dépenser est $100 \times 1000 \times 0^m,60 = 60,000^{km}$. Un cheval-vapeur donnant, par heure, 270000 kilogrammètres, comprimerait donc, théoriquement, plus de 400 mètres cubes de gaz et, en pratique, 200. Pour comprimer les 100 mètres cubes de gaz par heure, avec un excès de pression manométrique de $0^m,60$, un demi-cheval-vapeur suffirait.

CHAPITRE X

DES GAZOMÈTRES. — DES CUVES.

Pression manométrique. — Les gazomètres sont de grandes cloches, généralement cylindriques, en tôle de fer et quelquefois en zinc, plongeant dans un bassin rempli d'eau. Leur contenance se détermine d'après les besoins de l'usine.

Lorsque le gaz est enfermé dans une cloche plongeant librement dans l'eau, il exerce, en vertu de sa force élastique, une pression égale, et sur la calotte intérieure du gazomètre pour le soulever, — cette pression est égale au poids de la cloche, — et sur la surface de l'eau pour la déprimer.

m exprimant la différence de niveau de l'intérieur à l'extérieur,

A, la section horizontale intérieure faite dans le gazomètre,

La pression exercée sur l'eau sera $1000 \mathrm{A}m$ kilogrammes; elle est égale au poids G du gazomètre : d'où $m = \dfrac{G}{1000 \mathrm{A}}$; c'est la pression manométrique *théorique*.

On néglige dans ces calculs l'influence de la différence entre la densité du gaz et celle de l'air, et l'on fait abstraction de la diminution du poids de la cloche provenant de la partie plongée dans l'eau.

R représentant le rayon de la section intérieure horizontale faite dans un gazomètre,

h, le nombre par lequel il faut multiplier R pour avoir la hauteur H du gazomètre; — cette hauteur est $\mathrm{R}h$,

E, l'épaisseur moyenne de la calotte,

e, l'épaisseur moyenne de la partie cylindrique.

Ces épaisseurs E et e sont prises en tenant compte du recouvrement des tôles, du poids des cornières et des armatures.

La section horizontale A faite dans le gazomètre est πR^2.

Admettons un gazomètre en tôle de fer, et prenons pour le poids du mètre cube de fer le nombre plus simple, et suffisamment exact, 8000 au lieu de 7788, — c'est une erreur que l'on est d'ailleurs toujours à même de rectifier en remplaçant 8 par 7,788, — on a :

$$G = 8000\,\pi R^2\,(E + 2he);\qquad (1)$$

et, toutes réductions faites,

$$m = \frac{G}{1000\,A} = 8(E + 2he).\qquad (2)$$

Cette formule donne la pression manométrique fournie par un gazomètre plongeant librement dans une cuve, du moment que l'on connaît E, e et h.

On conclut que, *quelles que soient les dimensions que l'on donne à un gazomètre, tant que l'on conserve les mêmes épaisseurs moyennes de tôle à la calotte et au pourtour, et le même rapport entre le rayon et la hauteur, la pression manométrique du gaz demeure constante.*

POIDS DU GAZOMÈTRE, D'APRÈS SA CONTENANCE, PAR MÈTRE CUBE.— Lorsque le gazomètre est à son plus haut point d'ascension, il contient un volume de gaz $AH = \pi R^2 h$; son poids total étant $1000 Am = 8000\pi R^2(E + 2he)$ kilogrammes, son poids g, par mètre cube, sera donné par la formule :

$$g = \frac{1000\,m}{H} = 8000\,\frac{E + 2he}{Rh}\ \text{kilogrammes}\qquad (3)$$

Ainsi, *pour avoir le poids d'un gazomètre par mètre cube, il faut multiplier par 1000 la pression manométrique théorique et diviser par la hauteur.*

Tant que E, e et h demeureront constants, le poids du gazomètre, estimé d'après sa contenance ; c'est-à-dire par mètre cube de gaz, est en raison inverse de la hauteur ou du rayon.

Au lieu de prendre plusieurs gazomètres pour contenir un volume nécessaire de mètres cubes, il est donc plus économique d'en construire un seul grand : ainsi, on remplacerait 8 gazomètres semblables par un seul gazomètre, en doublant le diamètre et la hauteur ; le poids ne serait que quadruple, et par conséquent moitié du poids total des 8 gazomètres.

On remarquera, cependant, que les épaisseurs E et e augmentent avec les dimensions des gazomètres, mais non pas proportionnellement au rayon ; l'économie que l'on trouve à construire de grands gazomètres, quoique moins grande que celle que l'on vient de calculer, n'en subsiste pas moins.

Dans la formule $g = 8000 \dfrac{E + 2he}{Rh}$, E et e sont fixés par des questions de stabilité ou de convenance ; mais, si on détermine h d'après la condition que g soit le plus petit possible, on trouve $h = \dfrac{E}{e}$ (a). Ce qui résout le problème suivant : *conservant les épaisseurs E et e, établir avec un poids de tôle G, un gazomètre ayant la plus grande contenance possible.*

(a) On arrive à cette condition si simple par les calculs suivants.

Il s'agit de différencier $\dfrac{E + 2he}{Rh}$ par rapport à R et à h, et d'égaler le résultat à 0, on aura :

(1). $(E + 2he)Rdh + (E + 2he)hdR - 2Rhedh = 0 ;$

mais, puisque le poids du gazomètre est $8000\,\pi\,R^2(E + 2he)$ et que ce poids, par hypothèse, est constant, la différentielle de cette expression doit aussi être égale à 0.

Cette différentielle, toutes réductions faites, est

(2). $(E + 2he)dR + Redh = 0.$

Des équations (1) et (2), on tire :

$$E + 2he = 3he \text{ d'où } h = \frac{E}{e} \cdot \text{ (C. Q. F. D.)}$$

Substituant la valeur de $h = \dfrac{E}{e}$ dans les valeurs de g et de m calculées plus haut, on trouve $m = 24E$, et $g = 24000\,\dfrac{e}{R} = 24000\,\dfrac{E}{H}$, puisque $\dfrac{e}{R} = \dfrac{E}{H}$.

Ainsi, *lorsque les épaisseurs moyennes de tôle d'un gazomètre, à la calotte et au pourtour, sont dans le rapport de la hauteur au rayon, le poids du gazomètre, par mètre cube contenu, est égal à 24000 fois l'épaisseur de tôle au pourtour divisée par le rayon, ou 24000 fois l'épaisseur de tôle à la calotte divisée par la hauteur.*

Dans le cas le plus général, le poids g donné par la formule (3) est toujours compris, comme il est facile de s'en assurer, entre $24000\,\dfrac{e}{R}$ et $24000\,\dfrac{E}{H}$.

Ayant les épaisseurs de tôle à la calotte et au pourtour, on les augmentera de 10 p. 0/0 pour tenir compte des recouvrements des tôles et avoir l'épaisseur moyenne. Restera à tenir compte des fers d'angle et des armatures.

Applications. — Soit un gazomètre de 10 mètres de rayon et de $7^m,50$ de hauteur, on a $h = 0,75$.

Donnons à la calotte une épaisseur moyenne $E = 0^m,004$, et au pourtour, une épaisseur $e = 0^m,0025$.

Substituant, on obtient pour m et p les valeurs suivantes :

$$m = 8\,(0,004 + 2 \times 0,75 \times 0,0025) = 0^m,062$$

$$g = 8000\,\frac{(0,004 + 2 \times 0,75 \times 0,0025)}{10 \times 0,75} = 8^k,260.$$

Si, maintenant, avec le même poids de tôle G, qui est $8,000 \times \pi \times 10^2\,(0,004 + 2 \times 0,75 \times 0,0025)$, on veut construire un gazomètre ayant la plus grande contenance possible, en conservant une épaisseur moyenne de $0^m,004$ à la calotte, et de $0^m,0025$ au pourtour, il faudra que $h = \dfrac{0^m,0040}{0^m,0025} = 1,60$: par conséquent, si r représente le rayon du gazomètre cherché, sa hauteur sera $1,60 \times r$, et son poids, $8,000 \times \pi \times r^2$ $(0,004 + 2 \times 1,60 \times 0,0025)$. Comme il doit être égal à celui du gazomètre de 10 mètres de rayon calculé ci-dessus, on conclut :

$$10^2 \times 0,00775 = r^2 \times 0,012,$$

et par suite,

$$r = 8^m,036.$$

Pour le gazomètre d'une contenance *maximum*, on aura pour la pression manométrique m et le poids proportionnel q :

$$m = 8(0,004 + 2 \times 1,60 \times 0,0025) = 24 \times 0^m,004 = 0^m,096,$$

$$q = 8000 \frac{(0,004 + 2 \times 1,60 \times 0,0025)}{8^m,036 \times 1^m,60} = 24000 \times \frac{0,0025}{8,036} = 7^k,466.$$

Ainsi, avec le même poids de tôle, en modifiant les dimensions du gazomètre, mais conservant les mêmes épaisseurs de tôle, on a augmenté sa contenance dans le rapport de 7,466 à 8,260.

La pression manométrique est devenue plus forte ; c'est souvent un avantage : l'on est ainsi dispensé de la nécessité d'avoir à surcharger le gazomètre. Mais, pour arriver à ce résultat, il faut donner au gazomètre une hauteur considérable qui, dans l'exemple particulier que l'on a choisi, serait de $(1,60 \times 8,036) = 12^m,857$.

Depuis que l'on dispose de moyens plus puissants pour les épuisements, grâce à l'emploi répandu des locomobiles, on peut certainement, dans bien des circonstances, faire des cuves aussi profondes. Reste à savoir si l'économie que l'on réaliserait sur le poids de la tôle, ne serait pas annulée par des frais plus grands pour l'installation de la cuve, et pour la pose des guides devant diriger le gazomètre.

DIMINUTION DE PRESSION SUIVANT LA PARTIE PLONGÉE DU GAZOMÈTRE ET LA DENSITÉ DU GAZ. — Nous allons tenir compte de la diminution de poids de la cloche provenant de la partie qui reste plongée dans l'eau, et de l'influence de la différence entre la densité du gaz et celle de l'eau.

Conservons les notations dont nous nous sommes servi, et désignons par H la hauteur totale du gazomètre, par H′ la hauteur de la partie qui est hors de l'eau, par b la pression atmosphérique sur un mètre carré, au niveau de l'eau de la cuve, par B le poids du mètre cube d'air atmosphérique, par K le poids du mètre cube de gaz, et enfin par a la section horizontale annulaire faite dans la partie cylindrique du gazomètre, laquelle valeur est sensiblement égale à $2\pi Re$.

Imaginons un plan passant par le bord inférieur du gazomètre, et regardons : le gazomètre, la partie d'eau renfermée dans ce gazomètre au-dessus du plan que nous venons de mener, et enfin le gaz renfermé, comme formant un tout qui est plongé dans l'eau. D'après le principe d'Archimède, le poids de ce tout est égal au poids du volume d'eau qu'il déplace.

Le poids de ces trois volumes est

$$\text{G} + 1000\,\text{A(H} - \text{H}' - m) + \text{A(H}' + m)\text{K}.$$

Le poids du volume d'eau déplacé est

$$1000(\text{A} + a)\,(\text{H} - \text{H}').$$

Pour que ces deux quantités fussent égales, il faudrait que la pression atmosphérique exercée sur la calotte du gazomètre, fût la même que celle exercée sur la surface extérieure de l'eau de la cuve, ce qui n'est pas, puisque le gazomètre s'élève à la hauteur H′ au-dessus de ce niveau d'eau ; la calotte du gazomètre est donc soumise à une pression atmosphérique moindre que celle que l'on suppose de la quantité $(\text{A} + a)\text{H}'\text{B}$. Il faut en conséquence retrancher du premier poids cette quantité, ou plus simplement AH′B, en négligeant aH′B, ce qui est permis puisque a est très-petit par rapport à A. Posant l'égalité, on retire pour la valeur de m, qui indique la pression manométrique cherchée :

$$m = \frac{G}{(1000 - K)\,A} - \frac{H'(B - K)}{1000 - K} - \frac{a}{A}(H - H') \qquad (1)$$

Le premier terme $\left(\frac{G}{(1000 - K)A}\right)$ est précisément la valeur que l'on a trouvée pour la pression manométrique, en négligeant l'influence de la densité du gaz et de la perte de poids de la partie cylindrique, à mesure qu'elle plonge dans l'eau. Seulement on a, ici, au dénominateur 1000 — K au lieu de 1000, ce qui ne peut produire une différence sensible, à cause de la faible valeur de K par rapport au nombre 1000.

Il faut diminuer cette pression manométrique ainsi calculée :

1° De la quantité $\frac{H'(B-K)}{1000-K}$, ou plus simplement de $\frac{H'(B-K)}{1000}$, qui provient, comme on peut s'en assurer en suivant les transformations de calcul, de l'influence de la densité du gaz;

2° De la quantité $\frac{a}{A}(H - H') = \frac{2e}{R}(H - H')$ qui mesure la perte de poids de la partie cylindrique du gazomètre plongée dans l'eau.

La correction due à l'influence de la densité du gaz, et qu'il faut retrancher de la pression manométrique calculée plus haut pour avoir la pression manométrique vraie, s'obtient donc en prenant la différence du poids du mètre cube d'air atmosphérique et du poids du mètre cube de gaz, en multipliant cette différence par la hauteur du gazomètre hors de l'eau, et en divisant par 1000 — K, ou plus simplement par 1000.

Cette correction est proportionnelle à la hauteur du gazomètre au-dessus de l'eau. Pour le gaz de houille ou $K = 0^k,50$, la correction devient $0^m,0008H'$.

Si le poids du mètre cube de gaz était plus grand que le poids du mètre cube d'air atmosphérique, on aurait au contraire une quantité à ajouter ; et si c'était l'air atmosphérique qui fût renfermé dans le gazomètre, la correction deviendrait nulle.

La seconde correction qui provient de la perte de poids de la partie plongée, s'obtient en prenant le double de l'épaisseur moyenne de la tôle à sa partie cylindrique, divisé par le rayon et multiplié par la hauteur de la partie du gazomètre immergée. Cette seconde correction diminue au contraire à mesure que le gazomètre s'élève.

La plus grande valeur de cette correction a lieu quand le gazomètre est entièrement au bas de sa course, elle devient alors $\frac{2e}{R} H$; et, si $H = R \frac{E}{e}$, la correction devient 2E : la plus grande valeur de la quantité à retrancher est au plus égale au double de l'épaisseur moyenne de la calotte.

Conditions pour qu'un gazomètre cylindrique conserve la même pression dans toute sa marche. — Pour avoir la pression manométrique donnée par un gazomètre, on retranche de la pression manométrique *théorique* $\frac{G}{1000\,A}$ deux termes, dont l'un augmente proportionnellement à la hauteur du gazomètre au-dessus de l'eau, et dont l'autre diminue de quantités précisément proportionnelles à cette même hauteur. Si l'augmentation de l'un des termes devient égale à la diminution de l'autre, la pression se maintiendra constante. Pour cela, il faut que

$$\frac{H'(B-K)}{1000} + \frac{2e}{R}(H-H') = \frac{2e}{R}H + H'\left(\frac{B-K}{1000} - \frac{2e}{R}\right) = \text{constante.}$$

Condition qui est et qui ne peut être remplie qu'en posant

$$\frac{B-K}{1000} = \frac{2e}{R}, \ = \text{d'où } e.\ \frac{R}{2} = \frac{B-K}{1000}. \tag{5}$$

Pour le gaz de houille, où $K = 0^k,50$, on a $e = 0^m,0004R$.

Ainsi, *avec du gaz de houille, dont le poids du mètre cube est égal à $0^k,50$, un gazomètre se mouvant librement, conservera dans toute sa marche une pression manométrique constante, lorsque l'épaisseur moyenne de la tôle du pourtour* *sera égale aux* $\frac{4}{10000}$ *du rayon.* La pression manométrique constante sera égale à la pression manométrique théorique $\left(\frac{G}{1000A}\right)$ diminuée de $\frac{2e}{R}$ H.

Si $\frac{B-K}{1000}$ est plus grand que $\frac{2e}{R}$, la pression manométrique diminue, par mètre, à mesure que le gazomètre s'élève, de la quantité $\left(\frac{B-K}{1000}-\frac{2e}{R}\right)$, et elle augmente de la même quantité dans le cas contraire.

Gazomètre donnant dans toute sa marche une pression constante. — Clegg a indiqué pour les gazomètres à suspension un moyen simple d'obtenir, dans toutes leurs positions, une pression constante.

On sait que c es gazomètres sont soulevés par des contre-poids suspendus à des chaînes s'enroulant autour de poulies. Le poids du gazomètre, à un point quelconque de sa marche, est évidemment alourdi de toute la partie des chaînes qui se trouve de son côté par rapport aux poulies, et il est, au contraire, allégé de toute la partie qui se trouve de l'autre côté. S'il fait un mouvement et qu'il s'élève, par exemple, d'un mètre, il sera allégé d'un côté et soulevé de l'autre par une force égale. En définitive, il sera allégé d'un poids égal à la somme des poids de 2 mètres de la longueur de chaque chaîne.

Nous venons de voir que lorsque le gazomètre monte d'un mètre par suite de la densité du gaz et de la perte de poids de la partie plongée, sa pression manométrique s'abaisse de $\left(\frac{B-K}{1000}-\frac{a}{A}\right)$ ou s'élève de $\left(\frac{a}{A}-\frac{B-K}{1000}\right)$, absolument comme si le gazomètre était chargé d'un poids $\left(\frac{a}{A}-\frac{B-K}{1000}\right)\times 1000$ A $=$ [1000a — A(B — K)] kilogrammes.

Si l'on établit les chaînes de manière à ce que le poids total de 2 mètres de chacune d'elles soit précisément égal à [1000 a — A(B — K)] kilogr., le gazomètre gagnant en poids, d'un côté ce qu'il perd de l'autre, la pression manométrique se maintiendra constante; mais pour que le problème soit possible, il faut que $1000a > A(B — K)$.

Voici une solution du problème que nous avons déjà publiée; elle est applicable aux gazomètres montant librement (pl. XV, *fig.* 1).

Soit XY l'axe du gazomètre,

ab le niveau extérieur de l'eau,

cd le niveau intérieur.

La différence entre les niveaux est *m*.

R représente le rayon du cercle intérieur *cd*,

R', celui du cercle extérieur *bo*,

e, l'épaisseur de la tôle.

Au lieu d'un gazomètre cylindrique, admettons une forme tronc-conique et déterminons l'inclinaison de manière à arriver à la solution du problème.

Supposons que le gazomètre s'élève d'une quantité infiniment petite *i*, il sortira de l'intérieur un poids d'eau égal à $1000\,\pi R^2 i$. L'ensemble composé du gazomètre, de l'eau et du gaz qui sont dedans, sera donc diminué de ce poids ; il déplacera, en moins, un volume d'eau égal $\pi R'^2 i$, il gagnera donc un poids égal à $1000\pi R'^2 i$; et comme il perd $1000\pi R^2 i$, la pression du gaz se modifiera, en définitive, comme si le gazomètre était chargé d'un nouveau poids égal à

$$1000\pi(R'^2 — R^2)i.$$

Mais le gazomètre s'élevant de *i*, la pression atmosphérique exercera sur la calotte une pression, en moins, égale à $\pi R'^2 i B$; et, puisqu'il est entré dans le gazomètre un poids de gaz égal à $\pi R^2 i K$, c'est comme si le gazomètre avait perdu une partie de son poids égale à $\pi R^2 i B — \pi R^2 i K = \pi R^2 (B — K)i$, le rapport $\frac{R'}{R}$ différant très-peu de l'unité.

Pour que la pression du gaz demeure constante, il faut que le gazomètre gagne en poids d'un côté ce qu'il perd de l'autre, et que l'on ait, en conséquence,

$$1000\pi(R'^2 - R^2)i = \pi R^2(B - K)i.$$

On peut remplacer $R' + R$ par $2R$, et l'on obtient, toutes réductions faites :

$$R' - R = \frac{R}{2} \cdot \frac{B - K}{1000} \cdot \qquad (6)$$

Dans le cas où $\frac{2e}{R} = \frac{B - K}{1000}$, on a vu qu'un gazomètre cylindrique satisfaisait à la condition de contenir, dans toutes ses positions, le gaz à une pression constante. Si l'on introduit cette condition dans l'équation (6), on trouve $R' - R = e$. Condition qui, effectivement, n'est remplie qu'avec un gazomètre cylindrique.

Soit r le rayon intérieur of, on a $R' = r + e$; substituant, on a :

$$r - R = \frac{R}{2} \cdot \frac{B - K}{1000} - e.$$

Ainsi, pour une hauteur m, le rayon augmente de la quantité $\left(\frac{R(B-K)}{2 \cdot 1000} - e.\right)$ Si R indique le rayon intérieur au bas du gazomètre, il faudra augmenter ce rayon, à la calotte, de $\frac{H}{m}\left(\frac{R}{2}\frac{B-K}{1000} - e\right)$, H étant la hauteur totale du gazomètre ; si cette expression est négative, il faudra, au contraire, le diminuer de cette même quantité qui, pour le gaz de houille, est $\frac{H}{m}(0,0004R - e)$.

Flèche de la calotte. — Nous avons admis que l'épaisseur à donner aux feuilles de tôle augmentait avec les dimensions des gazomètres, mais pas proportionnellement. Cet accroissement d'épaisseur est justifié par des efforts plus considérables que les différentes parties ont à supporter.

Ainsi, considérons en particulier la calotte d'un gazomètre. On lui donne la forme d'un segment sphérique, et lui donnât-on une forme plane, la pression seule du gaz déterminerait la forme sphérique et, dans les autres cas, augmenterait la longueur de la flèche.

Or, lorsqu'un fluide exerçant une pression P kilog. par mètre carré, agit sur une enveloppe sphérique dont le rayon est R', e représentant l'épaisseur de la paroi supposée uniforme, et T la tension, par mètre carré, à laquelle, pour une section quelconque perpendiculaire à la surface, sont soumis les ressorts moléculaires de la matière qui forme l'enveloppe, on a la relation connue (a) :

$$R'P = 2Te \qquad (7)$$

Si l'on applique cette formule à un gazomètre dont le rayon soit R et dont la flèche de la calotte soit f, on a $R' = \frac{1}{2}\left(\frac{R^2 + f^2}{f}\right)$; et comme f est généralement très-petit par rapport à R, on peut, sans erreur sensible, remplacer $R^2 + f^2$ par R^2 ; alors $R' = \frac{R^2}{2f}$ et la formule (7) devient

$$R^2P = 4fTe. \qquad (8)$$

R est donné, c'est le rayon du gazomètre à construire ; P est la pression du gaz par mètre carré : si l'on calcule dans l'hypothèse de la plus haute pression manométrique que l'on puisse donner au gaz qui est de 20 centimètres, — P = 200 kilog. — et si l'on réduit à 5 kilogrammes par millimètre carré la plus haute tension que doive supporter la tôle, — T = 5000,000. — Substituant, on a la formule simple.

$$fe = 0,00001R^2 \qquad (9)$$

Ainsi, l'épaisseur à donner à la tôle et la grandeur de la flèche

<hr>

(a) Nous donnons plus loin une démonstration de cette formule, en traitant du gaz portatif.

sont en raison inverse; en doublant la flèche on diminue de moitié l'épaisseur de la tôle.

Cette formule, nous l'avons dit, n'est applicable que dans le cas où la flèche est très-petite par rapport au rayon; sinon il faudrait prendre la corde $\sqrt{R^2+f^2}$, au lieu de f.

Prenons un grand gazomètre et faisons $R = 20^m$, on a $R^2 = 400$ et

$$fe = 0,004.$$

Si l'on donnait à la flèche une hauteur d'un mètre, il faudrait que les feuilles formant la calotte eussent, au moins, une épaisseur de $0^m,004$; mais on réduit cette épaisseur de moitié en doublant la longueur de la flèche.

La formule (9) est très-utile à consulter lorsque l'on établit un gazomètre de grande dimension. Elle est moins importante pour les autres, où l'on est dans l'habitude d'adopter des épaisseurs de tôle supérieures à celles que l'on déduirait de cette formule.

Pour connaître la plus petite épaisseur que l'on puisse donner aux tôles formant le pourtour, pour résister à la pression du gaz, on prend la formule

$$PR = Te;$$

donnant à T et à P les mêmes valeurs que ci-dessus, on conclurait

$$e = 0,00004R.$$

Ainsi, pour le gazomètre de 20 mètres de diamètre que nous avons choisi pour exemple, e serait égal à $0^m,0008$. Généralement, même pour les petits gazomètres, les feuilles de pourtour ont toujours une épaisseur d'au moins $0^m,002$: c'est plus que suffisant pour résister à la pression du gaz.

DIAMÈTRE DES RIVETS, ET ÉCARTEMENT. — Pour établir la formule (9) on a admis que la tôle ne devait pas être soumise à un effet de traction de plus de 5 kilogrammes par millimètre carré, pour une section quelconque faite perpendiculairement à la surface ; mais si cette section est faite suivant la ligne des rivets, il faut tenir compte de l'absence de tension dans la partie vide.

L'arrachement suivant la ligne des rivets a lieu de deux manières : soit par le déchirement de la tôle, soit par le cisaillement des rivets. On se trouve évidemment dans les meilleures conditions possibles, lorsque la résistance présentée par la section faite dans la partie pleine comprise entre deux rivets, est égale à celle présentée par un rivet. Or, comme ces deux résistances, dont l'une est due à la traction de la tôle et l'autre au cisaillement du rivet, sont proportionnelles à l'étendue de leurs sections, et toutes les deux égales pour la même unité de surface, il faut que la section faite dans la partie pleine de la tôle, entre deux rivets, soit égale à la section transversale faite dans un rivet.

Le diamètre des rivets augmente avec l'épaisseur de la tôle : e indiquant l'épaisseur de la tôle, le diamètre des rivets est ne ; n est un coefficient que l'on a intérêt à déterminer de manière à ce que le rapport des résistances du métal, pour une même longueur, suivant la ligne des rivets et suivant la partie pleine, soit le plus grand possible.

Puisque le diamètre des rivets est ne, la section transversale faite dans l'un d'eux est $\pi \frac{n^2 e^2}{4}$; elle est égale, d'après ce que nous venons de dire, à la section faite dans la partie pleine de la tôle comprise entre deux rivets ; de telle sorte que la résistance du métal entre deux rivets voisins, mesurée d'axe en axe, est celle donnée par une surface de métal égale à $\pi \frac{n^2 e^2}{4}$. Sans les rivets, pour la même longueur, la surface serait $\pi \frac{n^2 e^2}{4} + ne \times e$. Le rapport entre ces deux surfaces donne le rapport de la résistance de la tôle suivant les rivets à la résistance suivant la partie pleine. Ce rapport est, en remplaçant π par $\frac{22}{7}$,

$$\frac{\pi n}{\pi n + 4} = \frac{11 \times n}{11 \times n + 14}.$$

On voit que plus n sera grand, plus ce rapport approchera de l'unité, et moins par conséquent il y aura de différence entre les résistances suivant les rivets et suivant la partie pleine ; mais il faudrait, si l'on dépassait une certaine limite, conserver entre les rivets des distances trop considérables pour pouvoir compter sur une herméticité parfaite.

D'un autre côté, si la partie de tôle comprise entre les rivets est soumise à des efforts de tension, l'autre partie est refoulée, au contraire, contre chaque rivet. Il y a, nécessairement, équilibre entre ces efforts de tension et de refoulement. Or, pour le fer, la résistance à l'écrasement est la même que la résistance à l'extension, ce qui conduirait à ne conserver entre les rivets qu'une longueur égale au diamètre de chaque rivet. Cependant on remarquera que la résistance est augmentée par le frottement des deux feuilles de tôle pressées par les rivets, que l'on est d'ailleurs autorisé à étendre la limite du chiffre de résistance pour le refoulement, par cette considération que cette résistance offre plus de garantie, et que, lorsque des ruptures se produisent aux rivures par suite d'un excès de pression, la déchirure de la tôle a toujours lieu entre les rivets, pour des tôles de moins de $0^m,003$ à $0,004$, pourvu que l'écartement reste inférieur à trois fois le diamètre d'un rivet.

Pour les tôles de $0^m,002$ à $0^m,003$ et au-dessous, on prend ordinairement des rivets dont le diamètre soit égal à 3 fois l'épaisseur de la tôle. On a alors $n = 3$ et le rapport $\dfrac{11 \times n}{11 \times n - 14}$ devient à $0,70$; ce qui indique que la résistance de la tôle, suivant la ligne des rivets, est réduite aux $\dfrac{7}{10}$.

Si l'on·désigne par x l'écartement entre deux rivets, de centre en centre, la longueur de tôle comprise entre deux rivets est $x - ne = x - 3e$; et comme $\dfrac{x - 3e}{x} = 0,70$, on en conclut que x doit être égal à $10e$.

Ainsi, nous poserons en principe que pour des tôles de $0^m,002$ et au-dessous, on doit prendre des rivets dont le diamètre soit égal à 3 fois l'épaisseur de la tôle, et dont l'écartement, de centre en centre, soit égal à 10 fois cette épaisseur.

Pour des tôles plus épaisses on donne à n des valeurs plus petites qui sont égales à 2 fois $\frac{1}{2}$, 2 fois, et même 1 fois $\frac{1}{2}$ l'épaisseur, pour des tôles de $0^m,010$ et au-dessus. Dans ce dernier cas, $\frac{11 \times n}{11 \times n + 14} = \frac{16,5}{32}$, c'est-à-dire que l'affaiblissement de résistance nécessité par les trous des rivets réduit de moitié l'effort à faire supporter. Comme on ne peut laisser entre les rivets, de centre en centre, un trop grand écartement, cette réduction dans la valeur de n, à mesure que l'épaisseur de la tôle augmente, est une obligation.

Ainsi, lorsque les feuilles de tôle sont très-épaisses, le diamètre des rivets est relativement moins fort, ce qui diminue la résistance. M. Fairbairn, ingénieur anglais, qui n'a fait ses expériences que sur des tôles épaisses, estime que la résistance à la rupture de deux feuilles de tôle réunies par une seule ligne de rivets, n'est dans l'assemblage que les $\frac{56}{100}$ de la résistance à la rupture des feuilles elles-mêmes. Avec des tôles de $0^m,002$ nous avons dépassé cette limite sans rupture, sans même de lésion apparente.

Si, dans des circonstances particulières, on est réduit à ne donner aux tôles formant la calotte que l'épaisseur assignée par les formules, on peut toujours porter à 5 kilogrammes par millimètre carré l'effort à supporter, sans avoir égard au percement des trous dans la section faite suivant la ligne des rivets. C'est, pour cette section, pousser la résistance jusqu'à $\frac{5 \times 10}{7} = 7^k$ par millimètre carré, dans le cas hypothétique d'une pression de $0^m,02$.

Les tôles qui forment la calotte d'un gazomètre sont, ordinairement, taillées de manière à former des bandes circulaires concentriques dont les bords se superposent ; le milieu est d'une seule feuille coupée en rond. Toutes les croisures des feuilles qui forment chaque bande, rayonnent vers le centre sans se rencontrer.

Les feuilles du pourtour cylindrique sont réunies par des rivures verticales; ils forment des anneaux réunis par des rivures continues et horizontales.

On donne bien rarement, et encore pour les petits gazomètres, une épaisseur de tôle de moins de $0^m,002$ pour le pourtour, et de $0^m,0025$ pour la calotte. — Pour des gazomètres d'un diamètre de 30 à 40 mètres, on porte cette épaisseur, pour le pourtour, à $0^m,004$ et $0^m,005$, et, pour la calotte, à $0^m,005$ et $0^m,006$.

On préfère les rivets à tête ronde, parce qu'ils s'appliquent mieux sur la tôle et qu'ils préservent plus sûrement des fuites. Il vaut mieux garnir avec du chanvre qu'avec du minium.

ARMATURES INTÉRIEURES DES GAZOMÈTRES. — Les épaisseurs assignées aux feuilles de tôle ne donnent pas assez de rigidité aux gazomètres, pour que ceux-ci puissent résister aux efforts considérables auxquels ils sont soumis. Lorsqu'un gazomètre d'un grand diamètre repose accidentellement sur le fond de la cuve, et que le gaz est sans pression, la calotte ne conserve plus sa forme de segment sphérique : en vertu du poids de la tôle, elle s'affaisse, et il peut se produire en certains points des efforts tels que des déchirures s'ensuivent. On soutient cette calotte de deux manières : par une armature en fer, ou bien par une ou plusieurs colonnes en fonte de fer posées au fond de la cuve, et supportant, dans le haut, un châssis sur lequel la calotte vient se poser, quand le gazomètre est au bas de sa course. On peut remplacer les colonnes en fonte par un pilier en maçonnerie élevé au milieu de la cuve et supportant le châssis.

Lorsque l'on construit une armature en fer, on a l'attention de placer en fer plein toutes les barres qui supportent des efforts de tension, et en fer creux celles qui, au contraire, sont soumises à des efforts de compression ou d'écrasement.

La figure 2, pl. XV représente une disposition fréquemment employée.

bc est une colonne en fer creux soutenant le rond en tôle formant le centre de la calotte, qui, dans ce cas, a une épaisseur plus forte que l'épaisseur moyenne.

ed est une autre colonne en fer creux ; on en pose un certain nombre, suivant la grandeur du gazomètre, sur la circonférence dont *be* est le rayon. Ces colonnes sont soutenues par les fers pleins *ac*, *bd*, agissant par tension.

On place des fers à cornières, ou à **T**, de *a* en *b* suivant tous les rayons passant par les extrémités des colonnes *ed*. La calotte est quelquefois soutenue par un cercle en fer ayant *be* pour rayon, et posant sur les extrémités supérieures des colonnes *ed*.

Les dimensions des fers pleins sont déterminées d'après les plus grandes tensions auxquelles ces fers sont soumis.

Les fers pleins *adc* ont à supporter la totalité de la charge résultant du poids de la calotte, sur les extrémités de toutes les colonnes *ed* et de la colonne centrale *bc*. Ils exercent leur action dans le sens *ca*, pour s'opposer à un effort dans le sens vertical. — Si par *a* on mène une horizontale *am*, la somme des tensions suivant les fers *cda*, est égale à la somme des pressions exercées sur les colonnes creuses, multipliée par $\frac{ac}{cm}$. En faisant le tracé de manière que $ac = 2cm$, la somme des tensions supportées par tous les fers pleins *adc* est double de la pression totale exercée sur les extrémités des colonnes *ed*, *bc*, par suite du poids de la calotte.

Comme exemple particulier, soit un gazomètre de 20 mètres de diamètre, dont la calotte ait une épaisseur moyenne de $0^m,004$. Le poids de cette calotte est d'environ 10,000 kilogrammes. Si l'on ne tient pas compte de l'effet de la cornière *a*, qui cependant supporte la plus grande partie du poids de la calotte, tous les tirants *adc* auront à exercer une traction totale de 2×10000 kilog. ; et, s'il y en a 12, chacun d'eux sera soumis à une traction de $\frac{2 \times 10000}{12} = 1666^k,66$. En bornant à 5 kilog. par millimètre carré la tension maximum à faire supporter au fer, on reconnaît qu'un fer rond de $0^m,02$ de diamètre suffirait. Le fer *bd* ne doit avoir qu'une section de moitié moins grande.

Avec ce système d'armatures, il faut de plus fortes épaisseurs de tôle au milieu *b* et à la partie annulaire *e ;* ces feuilles sont reliées aux autres en graduant les épaisseurs.

Voici un autre système d'armatures : on fixe intérieurement au fond de la calotte un cylindre en tôle de $0^m,004$ à $0^m,005$ d'épaisseur et de 1 mètre de diamètre. Ce cylindre, qui a une hauteur de 2 mètres environ, est bordé en haut et en bas par des fers à cornière ; celui du haut sert à le fixer à la calotte. On partage le pourtour de la calotte en un certain nombre de parties égales ; de chacun des points de division part une ferme qui rejoint le cylindre du milieu ; chaque ferme est formée d'un fer à cornière rivé sur la calotte, et en dessous d'un autre fer à cornière se reliant à la bordure du bas du cylindre. — Ces deux fers sont rendus solidaires par des feuilles de tôle ou par des fers posés en croix.

Cette construction peut également s'établir extérieurement, au-dessus de la calotte.

La figure 3, pl. XV, représente une autre disposition : on ne se sert que de tubes creux en fer rond. — Ces tubes sont arc-boutés sur des montants placés intérieurement suivant les arêtes de l'enveloppe cylindrique ; leurs extrémités supérieures se relient à un cercle *e* formé avec du fer à cornière, sur lequel repose la calotte.

Cette armature suffit pour les petits gazomètres ; pour les grands, il faut une autre colonne posée au milieu de la cloche et soutenue par des tirants, que l'on se borne à faire partir de la circonférence *be*.

La partie cylindrique des gazomètres est renforcée par des armatures intérieures, qui se composent de montants verticaux en fer à cornière, ou à T, espacés de 2 à 5 mètres. Ces montants sont rivés sur la tôle, et souvent ils maintiennent d'autres fers à cornière courbés circulairement de manière à se river sur l'enveloppe, suivant des sections faites par des plans horizontaux espacés de 1^m,50 à 3 mètres.

La cornière du bas est destinée à maintenir extérieurement des anneaux ou des galets qui dirigent le gazomètre. Il se produit quelquefois une pression tellement considérable sur les guides, qu'il en résulterait une déformation de la cloche, si, pour parer à ce grave inconvénient, on ne maintenait le fer à cornière par un autre cercle en fer placé dans l'intérieur, et dans le même plan, dont le diamètre est de 1 mètre à 1^m,20 plus petit que le diamètre du gazomètre. La cornière et ce cercle sont reliés au moyen de traverses en fer ou de tôles rivées qui les rendent solidaires. Il est utile de soutenir cette partie annulaire ainsi formée, au moyen de barres de fer reliées aux montants verticaux ; on parvient ainsi à une rigidité parfaite.

DES GUIDES. — Il est indispensable de guider les gazomètres dans leur marche. Un des moyens les plus simples est de fixer, extérieurement, en haut et en bas du gazomètre, sur les cornières, des anneaux en fer qui soient engagés dans les barres de fer rondes placées, verticalement, dans l'espace annulaire compris entre les parois intérieures de la cuve et le gazomètre.

Ces barres sont scellées à leur pied dans des pierres taillées posées au fond de la cuve, qui servent, en même temps, d'appui au gazomètre lorsqu'il est au bas de sa course ; elles s'élèvent au-dessus de la cuve, à la plus grande hauteur que puisse atteindre le gazomètre ; elles sont maintenues, au haut de la cuve, par un support scellé dans la maçonnerie, et elles sont assujetties, à leur extrémité supérieure, à une colonne en fonte, en bois ou même en maçonnerie. Toutes ces colonnes sont reliées, dans le haut, par des barres en fer, en fonte, ou par des pièces de charpente, afin d'obtenir un tout solidaire et rigide.

Le nombre des guides dépend de la grandeur du gazomètre : trois suffisent pour un petit gazomètre de 5 à 6 mètres de diamètre ; on les espace de 4 à 6 mètres pour les gazomètres de plus grande dimension.

Lorsque les barres de fer rondes sont posées bien verticalement, ce dont il est toujours facile de s'assurer, et que les anneaux sont fixés le gazomètre étant parfaitement de niveau, ce qui arrive forcément quand il repose au fond de la cuve, on a, ainsi, un moyen parfait de le guider. Il ne faut pas craindre de forcer les dimensions des tiges servant de guides, afin qu'elles ne puissent, dans aucun cas, être faussées par un effort venant du gazomètre.

On reproche à ce système l'excès de pression qui résulte d'un frottement plus grand, et l'on donne la préférence à des poulies à gorge roulant sur la saillie d'une barre en fer, ou en fonte, posant au fond de la cuve et s'appuyant contre les colonnes. Ces poulies ont le grave inconvénient de quitter la saillie, et le gazomètre cesse d'être guidé.

On conserve l'avantage des anneaux, tout en diminuant le frottement, par la disposition suivante : on engage la tige verticale entre deux poulies à gorge posées en regard dans un plan perpendiculaire au rayon. Il ne faudrait pas donner à ces poulies des rebords trop grands ; car ces rebords, venant frotter contre la tige, augmenteraient l'influence du frottement. Ce serait d'ailleurs inutile ; dans aucun cas la tige ne pourrait quitter les guides.

Voici une autre disposition adoptée. Chaque guide se compose de deux barres de fer, de $0^m,15$ à $0^m,30$ de largeur, reliées parallèlement à $0^m,20$ d'écartement, de manière à former un système rigide, que l'on pose verticalement le long de la cuve et des colonnes, et sur lequel roulent des galets tournant autour d'axes parallèles au plan de ces barres, et fixés sur les cornières du haut et du bas. On place, pour chaque guide, deux galets en haut du gazomètre et deux galets en bas. On ménage naturellement entre ces galets un intervalle égal à la largeur du système servant de guide.

Gazomètres a suspension. — Les gazomètres à suspension sont soulevés au moyen de chaînes qui s'enroulent autour de poulies en fonte, et qui sont tendues par des contre-poids. Cette disposition est fréquemment employée pour les petites usines, où la pression du gaz est assez généralement très-faible ; elle présente un avantage pour le travail de la distillation, et sous le rapport de l'économie dans la consommation du gaz ; dans ces conditions, un gazomètre à mouvement libre donnerait trop de pression.

Le mode de suspension le plus simple est celui où le gazomètre est soulevé par le centre. On place au-dessus du gazomètre deux traverses en bois entre lesquelles se meuvent deux poulies : une des poulies est placée au milieu, elle reçoit la chaîne qui part du centre ; l'autre poulie est à l'extrémité, elle soutient le contre-poids en dehors de la cloche. Ce mode de suspension n'est en usage que pour les petits gazomètres ; pour les grands gazomètres, on adopte une disposition analogue : on soulève le gazomètre au centre au moyen de plusieurs contre-poids. Les traverses en bois qui portent les poulies sont soutenues au milieu par une colonne en fonte ; le gazomètre porte au centre un manchon qui entoure la colonne, et il est soulevé par quatre systèmes analogues à celui que nous venons de décrire, qui se coupent à angle droit à partir du centre.

Quand on veut alléger le poids d'un grand gazomètre, on le soulève par différents points également distants sur la cornière du haut. On choisit les points de suspension devant les colonnes servant de guide. Chaque colonne porte en haut deux traverses en bois parallèles placées dans le sens du rayon. Ces traverses sont destinées à supporter, dans leur écartement, deux poulies : l'une du côté du gazomètre reçoit la chaîne fixée à un des points de la cornière ; l'autre, placée en dehors, est tendue par le contre-poids. Il faut, autant que possible, placer ces deux poulies à égales distances du centre de la colonne, afin que celle-ci ne soit soumise qu'à un effort d'écrasement.

Tous ces contre-poids doivent être égaux et également espacés sur le pourtour de la cornière du haut. Le gazomètre est ainsi allégé, et il donne la pression voulue.

Ces modes de suspension ne dispensent pas de guider le gazomètre; on peut s'en dispenser cependant en soulevant le gazomètre par trois points également espacés sur la cornière, et faisant aboutir les chaînes de suspension, toutes, au même contre-poids. Par cette disposition, la calotte du gazomètre monte parallèlement, et, la longueur de chaque chaîne étant convenablement réglée, le plan de la calotte reste horizontal.

Influence du frottement sur la pression. — Dans les gazomètres à suspension, les poulies sont établies de manière à ce que l'influence du frottement soit faible, ou plutôt à ce que leur marche absorbe peu de travail, ce qui exige qu'on leur donne un grand diamètre. De plus, les chaînes ou cordages doivent avoir le moins de roideur possible; cette raison conduit à donner la préférence aux chaînes sur les cordes en fer.

On a toujours avantage à se servir d'une chaîne ordinaire, formée d'anneaux oblongs plans, d'une petite longueur et perpendiculaires les uns aux autres. On creuse, dans le milieu du pourtour cylindrique de la poulie, une rainure destinée à recevoir les maillons qui se présentent perpendiculairement à ce pourtour; les autres branches s'appliquent à plat sans donner de frottement. Dans ce système, qui est le plus solide et le plus simple en même temps, le frottement, au point de contact de deux maillons consécutifs, est nul dans certains cas.

Supposons que le gazomètre soit en charge, et que la quantité de gaz qu'il reçoit soit supérieure à celle qu'il dépense, le gazomètre montera, et il faudra que la pression du gaz triomphe non-seulement du poids du gazomètre, mais des résistances à attribuer au frottement. Dans le cas contraire, où le gazomètre débiterait plus de gaz qu'il n'en reçoit, il descendrait, et une partie de son poids serait employée à vaincre ces mêmes résistances. La pression du gaz sera plus forte dans la première hypothèse et plus faible dans la seconde. — La différence entre ces deux pressions sera d'autant moindre, évidemment, que les conditions qui diminuent le frottement seront mieux observées ; dans les conditions les plus favorables, elle est, mesurée au manomètre à eau, de $0^m,002$ à $0^m,003$.

GAZOMÈTRES A TÉLESCOPE. — Les gazomètres à télescope ont pour but d'obtenir avec une même cuve un plus grand réservoir de gaz ; on doit donc les adopter lorsque l'on est gêné par le manque d'emplacement, ou que l'on est forcé, par suite de la nature du sol, de réduire la profondeur de la cuve.

Un gazomètre à télescope se compose d'une cloche ordinaire, dont le rebord du bas se redresse extérieurement de $0^m,30$, pour former une rigole d'une largeur de $0^m,10$ à $0^m,20$. Extérieurement à cette cloche, plonge également dans la citerne une enveloppe cylindrique en tôle d'un diamètre plus grand de $0^m,20$ à $0^m,30$ environ, et d'une hauteur telle qu'elle plonge entièrement dans l'eau ; le rebord du haut de ce cylindre se reploie dans l'intérieur, comme celui du bas de la cloche. Lorsque le gazomètre est au haut de sa course, les deux rigoles ainsi formées s'engagent l'une dans l'autre.

La pression du gaz commence par soulever le gazomètre intérieur ; lorsque celui-ci est au haut de sa course, il entraîne, —le gaz continuant d'arriver, — l'enveloppe cylindrique ; l'eau qui reste logée dans la rigole du bas assure l'herméticité. On peut avoir une seconde enveloppe cylindrique qui soit prise par la première comme celle-ci l'est par la cloche, et l'on augmente encore, on le voit, la quantité de gaz à emmagasiner.

La cloche et les enveloppes cylindriques sont maintenues à des écartements constants au moyen de galets. La cloche est soulevée comme le sont les gazomètres à suspension ; les enveloppes sont équilibrées par des contre-poids, afin de ne pas s'exposer aux changements brusques de pression qui auraient lieu, lorsque le poids des enveloppes et celui de l'eau renfermée dans les rigoles, viennent s'ajouter à celui de la cloche centrale. Ces gazomètres rendent, dans bien des circonstances, de grands services ; mais leur construction est compliquée, elle demande beaucoup de soins.

CONDUITES DE GAZ, CAISSE A SIPHON. — Pour conduire le gaz dans le gazomètre, on construit contre la paroi extérieure de la cuve, un puits que l'on creuse plus profondément que la cuve ; au fond de ce puits, auquel on donne un diamètre de 2 mètres environ, on place deux caisses en fonte fermées de toutes parts, désignées sous le nom de caisses à siphon ; elles reçoivent : l'une le tuyau d'arrivée du gaz et le tuyau d'entrée dans le gazomètre, l'autre le tuyau de sortie du gazomètre et le tuyau de départ ; ces deux caisses sont destinées à recueillir les condensations déposées dans ces conduites. Chacune d'elles porte deux tubulures : l'une au-dessus, l'autre de côté. La tubulure de dessus, pour l'une des caisses, reçoit la conduite d'arrivée du gaz qui descend dans le puits ; sur la tubulure de côté est branchée une conduite qui traverse le mur formant la partie cylindrique de la cuve au-dessous de la surface du fond, se redresse ensuite verticalement, et atteint le niveau de la cuve. On branche également sur l'autre caisse deux conduites pour la sortie du gaz.

Cette disposition demande les plus grands soins : un joint mal fait, ou un défaut dans le métal, laisse pénétrer l'eau et interrompt la communication ; ce sont alors des réparations très-coûteuses. Il faut donc apporter un examen sérieux à la réception des tuyaux destinés à ce travail, et choisir de préférence des tuyaux à brides au lieu de tuyaux à tubulures, parce qu'ils offrent plus de garantie contre les fuites des joints.

Pour retirer l'eau qui se dépose dans chaque caisse-siphon, on y fait pénétrer un tube en fer plongeant jusqu'au fond ; une pompe aspirante adaptée à ce tube enlève, à volonté, les liquides déposés. On peut introduire le tube, par le haut, dans chacun des tuyaux verticaux ; on le remplace dans ce cas par une conduite en plomb.

On pose quelquefois, au lieu des deux caisses-siphons, une

seule caisse divisée au milieu par un compartiment, chaque partie a ses deux tubulures.

On peut placer les deux caisses-siphons, ou la caisse double, dans le massif du fond du gazomètre : les deux tuyaux verticaux posés extérieurement à la cuve se recourbent dans le bas pour rejoindre les deux tubulures des caisses. Cette disposition dispense de l'établissement d'un puits, mais ne présente plus les mêmes avantages en cas d'accident.

Il est évident qu'une seule conduite suffit pour l'entrée et la sortie du gaz : ainsi, lorsque l'on en a posé deux et que, par une cause quelconque, l'une d'elles est hors de service, au lieu d'une réparation longue et dispendieuse, on se borne à brancher la conduite restante sur deux valves, dont l'une reçoit le gaz venant des fours, et l'autre l'envoie à la consommation.

Système Pauwels. — La pose des conduites souterraines pour l'entrée et la sortie du gaz est, quand même, un travail qui laisse toujours à craindre par la difficulté d'y porter remède en cas d'accident. On doit à M. Pauwels une disposition qui est aujourd'hui fréquemment employée dans les usines : il fait pénétrer le gaz en dessus sur la calotte, par une conduite rendue mobile au moyen de genouillères. Tout est extérieur et les réparations sont, relativement du moins, très-faciles. (Pl. XV, fig. 4.)

La genouillère se compose de deux parties principales : la première A se branche, au moyen de la bride B, sur la conduite principale ; elle a la forme d'un C dont les extrémités b, b', sont terminées par deux brides qu'on dresse dans un même plan ; l'autre partie D a la forme d'un T ; une bride E la réunit à la conduite ; les deux autres branches sont tournées. Chacune de ces branches est réunie à l'une des brides b, b', au moyen d'un coude F. Chaque coude est alésé intérieurement, de manière à former un joint *stuffing-box*. On garnit l'intervalle e d'étoupes trempées dans du suif, que l'on presse au moyen du joint à brides f, en réunissant par des boulons les brides f et g.

Si une fuite se déclare, il suffit, pour y porter remède, d'enlever les boulons, de dégager la bride f, de changer les étoupes ou de charger avec de nouvelles.

Les deux coudes F, F' sont alésés intérieurement suivant deux diamètres, le premier, plus grand que le diamètre extérieur des branches d et d', sert à former le vide e pour les étoupes; l'autre, de même grandeur, a une profondeur qui permet à la branche dd' un petit jeu dans le sens dd', mais tel cependant que chaque partie cylindrique d, d', ne puisse, dans aucun cas, quitter les étoupes.

Soit gh la position la plus haute d'un gazomètre, $g'h'$ sa position intermédiaire, et $g''h''$ sa position la plus basse. (Pl. XV, fig. 5.)

Le gaz arrive par une colonne ma, qui, à l'extrémité a, se relie au moyen de la genouillère que l'on vient de décrire, à une conduite mobile ab, mise elle-même en communication avec le gazomètre au moyen de la conduite mobile bc et des deux genouillères b et c. On a $ab = bc = gg'$, moitié de l'ascension totale du gazomètre.

Si, lorsque le gazomètre est élevé en gh, bc est horizontal, on voit que p indiquant le poids de l'une des branches ab ou bc, le système total pèsera sur la cloche avec le poids $\frac{p}{2}$; à la hauteur $g'h'$, ce sera avec le poids p; et enfin, à la fin de la course, avec le poids $\frac{3}{2}p$. C'est-à-dire que, se bornant à étudier ces trois positions, le poids dont ce système charge le gazomètre augmente proportionnellement à la descente parcourue, compensant ainsi, en partie, la déperdition de pression qui augmente avec la partie cylindrique du gazomètre plongeant dans l'eau.

On place deux systèmes semblables : un pour l'entrée du gaz, l'autre pour la sortie; ils sont sur le même diamètre et opposés l'un à l'autre, afin de répartir également leurs poids sur la calotte.

Cuves de gazomètre. — Dimensions. — Les cuves de gazomètre sont généralement en maçonnerie ; cependant on en établit en fonte et en bois. Les principaux avantages des cuves en maçonnerie sont d'être plus sûrement à l'abri des inconvénients de la gelée, d'avoir plus de durée et, quand elles sont construites convenablement, d'offrir plus de garanties. Malgré cela, les gazomètres en fonte, et même en bois, sont souvent préférables dans des localités où les fouilles sont sinon impossibles, du moins très-coûteuses : on doit les entourer et les mettre à l'abri des grands froids.

Les dimensions à donner aux parois dépendent de la profondeur de la cuve et de son diamètre. Supposons une cuve en fonte de fer, et occupons-nous de l'enveloppe cylindrique. Ces parois ne sont sollicitées que par une seule force, celle qui provient de la pression de l'eau. Représentons toujours par H la hauteur de la cuve, par R son rayon. Considérons dans la cuve une tranche quelconque comprise entre deux plans horizontaux assez rapprochés, pour que l'on puisse considérer chacun de ses points comme étant sensiblement à la même profondeur.

Si l'on désigne par e l'épaisseur de ces parois, par T la tension à laquelle les molécules de la fonte sont soumises par mètre carré, par P la pression exercée par l'eau contenue dans la tranche et par mètre carré, on sait que l'on a

$$PR = Te.$$

Si h est la hauteur d'eau au-dessus de la tranche, $P = 1{,}000h$.

Il y a rupture avec la fonte, lorsque T devient égal à 12,000,000 kilog. Dans la pratique, et pour un effort permanent, T ne doit pas dépasser $\frac{1}{6} \times$ 12,000,000 kilog., $=$ 2,000,000 kilog.

Si l'on donne à T cette dernière valeur, et si l'on remplace P par sa valeur 1000h, on en conclut

$$e = \frac{1}{2{,}000} Rh. \qquad (10)$$

La valeur de e augmente, comme il est naturel de s'y attendre, avec la valeur de h. L'épaisseur de la cuve est donc plus grande au fond, elle diminue ensuite à mesure que l'on s'élève.

Comme exemple particulier, supposons une cuve dont la hauteur et le rayon soient égaux à 8 mètres; la valeur de Rh, au fond de la cuve, est 64, et l'on obtient $e = 0^m,032$. La valeur de e décroît, ensuite, à mesure que l'on s'élève, mais pas autant, on le comprend, que l'indique la formule, qui donnerait une épaisseur presque nulle dans le haut.

Les cuves en fonte sont construites par panneaux renforcés au moyen de nervures. Ces panneaux sont reliés par des boulons, dont on calcule le diamètre et le nombre d'après les formules, afin que la pression de l'eau n'en détermine pas la rupture. On prend pour les boulons, $T = 5000000$ kilog. Les panneaux sont boulonnés par assises, et les assises sont reliées de manière à ce que les joints verticaux alternent, et ne se trouvent pas sur la même ligne.

Quant au fond, on se contente de lui donner l'épaisseur de la partie cylindrique dans le bas, ayant l'attention de le faire reposer par le plus de points possible sur une surface horizontale unie, rendue solidaire et résistante au moyen de pilotis ou de radiers, s'il est nécessaire.

Quand on construit des cuves en bois, les douves formant la surface cylindrique sont retenues par des cercles en fer. Quel que soit l'écartement que l'on observe entre ces cercles, on imagine que l'on remplace chaque cercle par un autre ayant pour hauteur l'écartement observé, de milieu à milieu, et l'on calcule l'épaisseur qu'il faudrait lui donner pour résister à la poussée de l'eau. Il faut que la section transversale faite dans ce cercle idéal soit égale à celle faite dans le cercle posé. Cette épaisseur est déduite de la formule, en faisant T égal à 5,000,000 kilogrammes.

Cuves en maçonnerie. — Les cuves en maçonnerie sont généralement enterrées, la poussée des terres compense alors, en partie, celle de l'eau. Nous commencerons par supposer une cuve

24

entièrement hors de terre, et nous établirons les formules donnant l'épaisseur de la maçonnerie pour résister, seule, à la poussée de l'eau. Nous étudierons, après, l'influence de la poussée des terres.

Lorsqu'un mur est soumis à l'action d'une force horizontale, on sait que celle-ci ne peut produire la rupture que de deux manières : par glissement, en faisant glisser le massif par sa base ; par renversement, en renversant le mur sur l'arête extérieure de sa base.

Admettons d'abord un mur droit, dont les deux faces soient parallèles, retenant les eaux à une hauteur H au-dessus de la base et ayant, lui-même, cette même hauteur H; appelons e l'épaisseur du mur, P le poids du mètre cube de maçonnerie, f le coefficient du frottement à la pression pour deux portions du massif glissant l'une sur l'autre, et T la tension à laquelle les molécules de maçonnerie sont soumises par mètre carré.

Pour qu'il n'y ait pas glissement sur la base, il faut, on le sait, que

$$e = \frac{1000 H^2}{2(fPH + T)}, \quad (11)$$

et, pour qu'il n'y ait pas renversement autour de l'arête extérieure, que

$$e = 0{,}577 H \sqrt{\frac{1000}{P + \frac{2T}{3H}}} \cdot \quad (12)$$

C'est évidemment la plus grande de ces valeurs qu'il faut prendre pour qu'il n'y ait pas rupture. L'équation (11) se conclut de l'équilibre des forces, et l'équation (12), du principe des moments.

Lorsque le mur, au lieu d'être en ligne droite, forme une enveloppe cylindrique, on réduit d'une manière notable l'épaisseur e à lui donner : ainsi, R représentant le rayon intérieur de l'enveloppe, le mur résistera ou plutôt fera équilibre au glissement sur la base déterminant la rupture, en adoptant la formule

$$e = \frac{1000H^2}{2\left(f\mathrm{PH} + T + \dfrac{TH}{R}\right)} \cdot \qquad (13)$$

Pour les gazomètres où H est sensiblement égal à R, cette formule se met sous la forme plus simple :

$$e = \frac{1000H^2}{2(f\mathrm{PH} + 2T)} \cdot \qquad (14)$$

Le mur résistera à la rupture par renversement, en calculant l'épaisseur d'après la formule :

$$e = 0,577\,H \sqrt{\frac{1000}{P + \dfrac{2TH}{R} \times \dfrac{H}{3e}}} \,, \qquad (15)$$

ou bien, tant que la valeur de e déduite de cette formule sera plus petite que $0,22H$,

$$e = 0,577\,H \sqrt{\frac{1000}{P + \dfrac{3TH}{R}}} \qquad (16)$$

qui devient, quand $H = R$,

$$e = 0,577H \sqrt{\frac{1000}{P + 3T}} \cdot \qquad (17) \qquad (*)$$

(*) Les formules (11) et (12) se trouvent dans le résumé des *Leçons de mécanique* de Navier. Quant aux formules (13), (15) et (16), voici comment nous les établissons :

Soit *abcd* un massif de l'enveloppe cylindrique ; pour qu'il y ait rupture par glissement, il faut que la pression de l'eau sur la face *bd* triomphe 1º de la cohésion du massif avec la base *abcd*, et avec les deux faces *ab*, *cd* ; 2º du frottement du massif sur la base *abcd*.

L'eau pousse la face *bd* avec la force $\dfrac{1000H^2}{2}\,bd$.

Il faut, pour détacher le massif *abcd* de la face *ad*, une force qui soit

Dans toutes ces formules nous avons admis que le mètre cube d'eau pesait 1,000 kilogrammes.

COHÉSION DES MATÉRIAUX. — On possède très-peu d'expériences entreprises dans le but de déterminer la résistance à la rupture

---

supérieure à $bd \times e \times T$. — Il n'y a aucun inconvénient à adopter cette expression, qui ne peut donner qu'une valeur trop forte pour e. —

Pour détacher ce même massif $abcd$ des faces ab et cd, on observera qu'il faut produire, perpendiculairement à chacune de ces faces, une force $e \times H \times T$. La résultante de ces deux forces, pour les faces ab et cd, suivant OM, est $e \times H \times T \times \dfrac{bd}{R}$.

On admet la même valeur T pour la force qui mesure, pour la même étendue de surface, la rupture par cisaillement ou par arrachement.

Quant au frottement du massif sur la face ad, il est supérieur à $bd \times e \times H \times P \times f$, car le volume du massif est plus grand que $bd \times e \times H$. On peut donc prendre cette expression, et l'on a l'équation

$$\frac{1000}{2} H^2 \times bd = e \times T \times bd + e \times H \times T \frac{bd}{R} + e \times H \times P \times f \times bd ;$$

d'où :

$$e = \frac{1000 H^2}{2 \left(f HP + T + \dfrac{TH}{R} \right)} \quad (13)$$

et, pour les gazomètres où $H = R$,

$$e = \frac{1000 H^2}{2(f HP + 2T)} \quad (14)$$

Les conditions à remplir pour qu'il n'y ait pas rupture par renversement, s'obtiennent par le théorème des moments.

Le moment de la poussée de l'eau sur la face bd, par rapport à ik, est

$$\frac{1000 H^3 bd}{2.3}.$$

Le moment de la gravité du massif par rapport à ik est supérieur à

$$HP \times \frac{e^2}{2} \times bd.$$

Quant au moment des forces de cohésion tendant à l'arrachement du massif des faces ab, cd, et de la base $abcd$:

Le moment d'inertie de l'une des faces ab est supérieur à $\dfrac{He^3 + H^3 e}{3}$, qui indique le moment d'inertie d'un rectangle, dont les côtés sont H et e, par

par traction des matériaux utilisés dans la maçonnerie, ces matériaux n'étant le plus souvent employés que pour résister à des

rapport à un angle. On sait que ce moment est égal à la somme des moments sur chacun des côtés;

La tension extrême à vaincre est, sensiblement, $T \times \dfrac{bd}{2R}$; par suite, le moment de toutes ces forces de cohésion sur les deux faces ab, cd, est supérieur à

$$\frac{He^3 + H^3e}{3} \times \frac{T \times bd}{R} ;$$

La somme des moments de toutes les forces de cohésion tendant à l'arrachement du massif $abcd$ de la face ad, la tension extrême étant $T \times \dfrac{bd}{2R} \times \dfrac{e}{H}$, est supérieure à

$$T \times \frac{bd}{2R} \times \frac{e}{H} \times \frac{e^3}{3} \cdot$$

L'équation des moments devient :

$$\frac{1000H^3}{2 \cdot 3} = HP \frac{e^2}{2} + \frac{T}{R} \left(\frac{H^3e + He^3}{3} \right) + \frac{Te^4}{2 \cdot 3 \cdot RH}$$

d'où :

$$\frac{1000}{3} H^2 = e^2 \left\{ P + \frac{2T}{R} \left(\frac{H^2 + e^2}{3e} \right) + \frac{Te^2}{3RH^2} \right\} = e^2 \left\{ P + \frac{2TH}{R} \left(\frac{H}{3e} + \frac{e}{3H} + \frac{e^2}{6H^3} \right) \right\}$$

On peut d'autant mieux négliger, dans cette équation, les termes $\dfrac{e}{3H}$ et $\dfrac{e^2}{6H^3}$ vis-à-vis de $\dfrac{H}{3e}$ que la suppression de ces deux valeurs ne peut contribuer qu'à augmenter la valeur de e. On en déduit :

$$e = 0{,}577H \sqrt{ \frac{1000}{P + \dfrac{2TH}{R} \times \dfrac{H}{3e}} } \quad (15)$$

Comme la valeur de e déduite de cette formule est plus petite que $0{,}22H$, en substituant cette valeur dans $\dfrac{H}{3e}$, on a pour e la valeur suivante un peu augmentée, mais plus simple :

$$0{,}577H \sqrt{ \frac{1000}{P + \dfrac{3TH}{R}} } \quad (16) \qquad = 0{,}577H \sqrt{ \frac{1000}{P + 3T} } \quad (17)$$

Cette dernière expression s'obtient en faisant $H = R$, ce qui a lieu pour beaucoup de gazomètres.

efforts de compression. D'après Rondelet, la force de cohésion des mortiers et des ciments est le $\frac{1}{8}$ environ de leur résistance à l'écrasement, et leur adhérence pour les pierres et les briques surpasse généralement leur force de cohésion.

Voici une indication des corps soumis à l'extension qui a été donnée par M. Poncelet :

		Résistance par centim. carré.
Verre et cristal en tubes, tiges		248k,00
Pierres.	Basalte d'Auvergne	77 ,00
	Calcaire de Portland	60 ,00
	Blanche d'un grain fin et homogène	14 ,40
	— à tissu compacte (lithographique)	30 ,80
	— à tissu arénacé (sablonneuse)	22 ,90
	— à tissu oolithique (globuleuse)	13 ,70
Briques. .	de Provence, très-bien cuites (Coulomb)	19 ,05
	Ordinaires, faibles	8 ,00
Plâtre. . . .	Gâché ferme	11 ,70
	— moins ferme	5 ,08
	— à la manière ordinaire	4 ,00
Mortiers	en chaux grasse et sable âgé de 14 ans	4 ,20
	— — mauvais	0 ,75
	en chaux hydraulique ordinaire et sable	9 ,00
	en chaux éminemment hydraulique	15 ,00
	de ciment de Pouilly et sable (parties égales), après un an de durcissement, dans l'air ou dans l'eau	9 ,60

Ces nombres, pour les mortiers, surpassent ceux donnés par Vicat : les résultats moyens de ses expériences donnent seulement de 10 à 12 kilogrammes pour les chaux éminemment hydrauliques, et de 6 à 7 kilogrammes pour les mortiers à chaux hydraulique ordinaire; ils ont été constatés sur des mortiers durcis.

Les chaux les plus hydrauliques font prise du 2me au 4me jour seulement, et elles mettent de 5 à 6 mois pour acquérir leur plus grande dureté; les chaux hydrauliques ordinaires font prise du 6me au 8me jour, et il faut 12 mois pour qu'elles acquièrent leur plus grande dureté. Quand on construit une cuve, il importe de ne pas la remplir d'eau sans avoir laissé au mortier le temps de se durcir; mais, pour cela, il n'est pas nécessaire d'attendre 5 et 12 mois, suivant la qualité de la chaux. D'après Navier, l'adhérence après le premier mois est presque aussi grande qu'après plusieurs années. Un mois semble donc suffisant, mais c'est un minimum.

FORMULES PRATIQUES. — Parmi les forces qui s'opposent à la poussée de l'eau, celle qui provient du poids de la maçonnerie ne subit aucune dépréciation par le temps, ni par suite d'un vice dans la construction; par conséquent, si dans les formules on se borne à donner à P, poids du mètre cube de maçonnerie, une valeur moitié, on aura, de ce côté, un excès de résistance qui sera une garantie suffisante. Cette valeur de P oscille de 2,200 à 2,300 kilog.; on remplacera P, dans les formules, par 1,100.

Puisque, d'après le tableau ci-dessus, les mortiers hydrauliques ne rompent à l'extension que sous une charge de 5 à 10 kilogrammes par centimètre carré, suivant qu'ils sont plus ou moins hydrauliques, la charge de rupture T, par mètre carré, est de 50,000 kilog. à 100,000 kilog. Mais pour une charge permanente, même dans les constructions réputées les plus légères, on ne dépasse pas le $\frac{1}{10}$, ou le $\frac{1}{6}$ au plus de celle qui produirait la rupture; on remplacera donc, dans les formules, T par 5,000 et 10,000, suivant la qualité de la chaux. En outre, on s'assurera que les matériaux que cette chaux doit relier ont une résistance, à la traction, supérieure ou au moins égale. Si l'on construit avec de la brique, on choisira de préférence celle qui est la mieux cuite, et dont les parties présentent la plus grande cohésion; telle est, par exemple, la brique de Bourgogne.

La valeur de f représente le coefficient du frottement pour deux portions du massif glissant l'une sur l'autre : d'après Rondelet, une pierre de liais bien équarrie et dressée au grès, glissant sur une pierre semblable, se maintient en équilibre sur un plan incliné d'un peu plus de 30°. — On en déduit que le rapport du frottement à la pression est 0,58.

D'après les expériences de Boistard, le rapport du frottement à la pression, pour une pierre calcaire très-dure dont la surface est piquée ou bouchardée, est moyennement 0,78.

Ce dernier résultat est celui qui a le plus de rapport avec la nature du frottement qui aurait lieu dans une cuve de gazomètre, en cas de rupture. Pour la formule pratique, et pour plus de simplicité, on donnera à f une valeur telle que $2f\mathrm{P} = 1000$. C'est prendre pour f la valeur 0,455.

Substituant ces diverses valeurs dans les équations (13) et (16), on conclut qu'avec du mortier hydraulique ordinaire, pour qu'il n'y ait pas rupture par glissement, il faut que

$$e = \frac{1000\mathrm{H}^2}{1000\mathrm{H} + 10000\left(1 + \dfrac{\mathrm{H}}{\mathrm{R}}\right)} = \frac{1}{1 + 10\left(\dfrac{1}{\mathrm{H}} + \dfrac{1}{\mathrm{R}}\right)}\mathrm{H}, \quad (18)$$

et, pour qu'il n'y ait pas rupture par renversement, que

$$e = 0,577\mathrm{H}\sqrt{\frac{1000}{1100 + 15000\,\dfrac{\mathrm{H}}{\mathrm{R}}}}. \quad (19)$$

On doit prendre pour e la plus grande de ces deux valeurs.

Avec du mortier très-hydraulique, la formule pratique qui donne la valeur de e, pour qu'il n'y ait pas rupture par glissement, est

$$e = \frac{1000\mathrm{H}^2}{1000\mathrm{H} + 20000\left(1 + \dfrac{\mathrm{H}}{\mathrm{R}}\right)} = \frac{1}{1 + 20\left(\dfrac{1}{\mathrm{H}} + \dfrac{1}{\mathrm{R}}\right)}\mathrm{H}, \quad (20)$$

et pour qu'il n'y ait pas rupture par renversement,

$$e = 0,577\mathrm{H}\sqrt{\frac{1000}{1100 + 30000\,\dfrac{\mathrm{H}}{\mathrm{R}}}}. \quad (21)$$

En résumé, lorsque l'on emploie de la chaux hydraulique ne rompant, à l'extension, que sous une charge de 5 kilogrammes par centimètre carré, on prend pour e la plus grande des valeurs fournies par les équations (18) et (19).

Lorsque la chaux dont on se sert est éminemment hydraulique, et que la rupture à l'extension n'a lieu que sous une charge de 10 kilogrammes au moins par centimètre carré, on prend pour e la plus grande des valeurs fournies par les équations (20) et (21).

En étudiant ces formules, il est facile de s'assurer que pour des valeurs de T égales ou supérieures à 5000, tant que H et R sont plus grands que 4 mètres, et R plus petit que 2H, — c'est le cas de presque toutes les usines, — les valeurs de e, déduites des formules (18) et (20), qui sont relatives à la rupture par glissement, sont toujours supérieures à celles fournies par les formules (19) et (21), relatives à la rupture par renversement; en conséquence, dans ces conditions qui sont les plus générales, on ne doit s'occuper que des formules (18) et (20).

D'où l'on conclut que, *pour déterminer l'épaisseur à donner au mur cylindrique en maçonnerie d'une cuve construite au-dessus du sol, ou sans avoir égard à la poussée des terres, il faut :*

Diviser l'unité par le rayon, puis l'unité par la hauteur, et faire la somme de ces deux quotients ;

Multiplier cette somme par un nombre variable depuis 10 jusqu'à 20, suivant la qualité de la chaux hydraulique employée ; ou plus généralement par le double du plus faible effort de traction déterminant la rupture d'un centimètre carré des matériaux employés.

En ajoutant à ce produit l'unité, on a le nombre par lequel il faut diviser la hauteur pour obtenir l'épaisseur de maçonnerie cherchée.

Exemple. — On demande de déterminer l'épaisseur à donner

à la maçonnerie d'une cuve dont le rayon est égal à 12^m et la hauteur, à 8 mètres.

Avec des mortiers hydrauliques ordinaires, on prend la formule (18) et on y fait

$$H = 8 \text{ et } R = 12;$$

d'où :

$$e = \cfrac{8}{1 + 10\left(\cfrac{1}{8} + \cfrac{1}{12}\right)} = 0,324 \times 8 = 2^m,592.$$

Avec des mortiers éminemment hydrauliques on aurait, d'après la formule (20),

$$e = \cfrac{8}{1 + 20\left(\cfrac{1}{8} + \cfrac{1}{12}\right)} = 0,193 \times 8 = 1^m,544.$$

Ces épaisseurs sont plus fortes, en effet, que celles qu'on eût tirées des formules (19) et (21) établies pour résister à la rupture par renversement. Ainsi, dans le premier cas, on eût obtenu

$$e = 0,1716H,$$

et, dans le second,

$$e = 0,1256H.$$

Si l'on n'eût point tenu compte de la cohésion des matériaux et de la courbure du mur cylindrique, et que l'on eût calculé comme pour un mur droit, les valeurs de e eussent été beaucoup plus grandes : il eût fallu recourir aux formules (11) et (12) et n'avoir égard qu'à la valeur de e devant résister à la rupture par renversement, car cette valeur est la plusforte ; l'on eût obtenu

$$e = 0,404H = 3^m,23,$$

au lieu des largeurs $1^m,544$ et $2^m,592$, que nous ont données les formules (18) et (20). Et encore la formule (12) ne donne qu'une épaisseur limite inférieure devant, seulement, faire équilibre à la poussée de l'eau.

La courbure du mur, dans l'exemple choisi, permet de diminuer de plus de moitié l'épaisseur du mur. L'économie sera d'autant plus marquée, que l'on emploiera les mortiers hydrauliques les plus parfaits, et que l'on apportera les plus grands soins et la surveillance la plus minutieuse à ces travaux : la solidité de la cuve en dépend.

Influence de l'inclinaison de la surface extérieure du mur. — On a supposé un mur vertical, conservant dans toute sa hauteur la même épaisseur. Il est naturel de se demander si avec la même section, ce qui correspond sensiblement au même volume, on augmenterait l'énergie des forces résistantes, et par suite la solidité de la construction, en modifiant cette section et lui donnant la forme d'un trapèze au lieu de celle d'un rectangle : ce qui revient à élargir la base et, par compensation, à diminuer la largeur dans le haut.

Tant que l'on considère la rupture par glissement, la résistance provenant du frottement reste la même, puisque le poids demeure constant; la force qui mesure la résistance qu'oppose l'arrachement des côtés, résistance qui provient de la cohésion, ne change pas non plus, les sections demeurant les mêmes, — puisque, par hypothèse, la section faite dans le trapèze reste la même que celle faite dans le rectangle; — mais, la base augmentant, la résistance qui mesure l'arrachement augmente également. La somme des résistances est, en définitive, plus grande.

Si l'on se reporte aux conditions d'équilibre établies pour éviter la rupture par renversement, on reconnaît que les moments de deux forces résistantes augmentent avec la largeur de la base, tout en conservant la même grandeur totale de section, ce sont : 1° le moment des forces qui mesurent l'arrachement de la base, comme pour le glissement; 2° le moment du poids du massif. Mais le moment des forces de cohésion des faces de côté diminue évidemment. Aussi cette modification dans la forme de la section ne doit être faite que dans des limites restreintes.

En résumé, quand on fait une cuve avec des mortiers et des matériaux très-résistants, les forces de cohésion jouent, pour la solidité de la cuve, un rôle très-important, et l'on gagne moins en s'écartant de la forme rectangulaire pour la section transversale faite dans la partie cylindrique.

Avec des matériaux ayant une faible cohésion, la rupture par renversement est la seule à craindre. La résistance la plus énergique est celle de la pesanteur et on a tout à gagner à en augmenter le moment. Dans ce cas, on ne saurait trop augmenter la base au détriment de l'épaisseur dans le haut.

On renforce quelquefois le mur cylindrique par des contre-forts placés régulièrement autour de la cuve ; on réduit alors l'épaisseur du mur. Ces contre-forts servent de bases aux colonnes ou aux piliers qui dirigent le mouvement de la cloche dans le haut.

Fond des cuves de gazomètre. — On construit le fond des cuves en maçonnerie, en briques trempées dans du ciment, mais le plus souvent en béton ; on lui donne une épaisseur qui dépend de la nature du terrain : elle est le plus petite possible lorsqu'on arrive au roc ou à un sol très-solide ; mais, lorsque au contraire on tombe sur un terrain compressible, il faut l'augmenter d'autant plus que le diamètre de la cuve est plus grand.

Si le terrain est également compressible sur toute l'étendue de la surface des fondations, comme la pression totale exercée par la cuve remplie d'eau est répartie d'une manière régulière, l'enfoncement, s'il a lieu, se fera sans craindre de déversement. Mais si l'on tombe sur des terrains mouvants, ou inégalement compressibles, il faut recourir aux pilotis que l'on recouvre même, en certains cas, d'une grille en charpente. C'est sur cette grille que l'on monte la cuve.

Afin de rendre la cuve plus étanche, on garnit le fond d'argile bien pilonnée, sur une épaisseur de $0^m,60$. Quand on a de l'argile de bonne qualité, on l'emploie quelquefois seule pour le fond, et elle suffit pour assurer l'herméticité. L'on monte les murs en faisant un empatement à leur base ; on les garnit extérieurement avec de l'argile pilonnée.

Lorsque l'on creuse une cuve dans un terrain envahi par les eaux, on fait agir les pompes d'épuisement dans un puisard creusé sur le côté, plus bas que le fond de la cuve destinée à recevoir la maçonnerie ou la couche d'argile. Des rigoles sont ménagées pour conduire toutes les eaux au puisard, et l'on fait marcher les pompes pendant tout le temps de la construction, afin de n'avoir pas à travailler sur un terrain inondé.

Poussée des terres. — La pression que les terres exercent contre une paroi plane, par laquelle elles sont retenues, varie suivant leurs qualités. On distingue :

1° Les terres déblayées et réduites en petites parties, qui n'adhèrent pas sensiblement les unes aux autres ;

2° Les terres dans l'état naturel, en les supposant sèches ou légèrement humectées ;

3° Les terres fortement pénétrées par l'eau.

La plupart des terres, et même les sables, acquièrent une cohésion assez grande, lorsque les parties ont demeuré longtemps en contact, et ont été fortement comprimées. Dans cet état, on peut les couper verticalement, sans causer d'éboulement, sur une hauteur de 1 à 2 mètres pour la terre franche, et de 3 à 4 mètres, ou même davantage, pour les terres fortement argileuses. La force de cohésion de la même terre varie d'ailleurs avec le degré d'humidité.

Lorsque les terres, dans l'état naturel, ont été coupées, et que la surface du talus demeure exposée à l'air, les alternatives de sécheresse et d'humidité, ou l'effet de la gelée, changent les qualités de ces terres. Les parties voisines de la surface se détachent successivement ; et, en général, les terres tendent à prendre d'elles-mêmes, avec le temps, les talus qu'elles eussent affectés d'abord, si la cohésion n'eût pas existé. Mais si la paroi latérale a été revêtue par une construction en maçonnerie, l'altération dont il s'agit n'a pas lieu ; les terres peuvent se soutenir sur des talus moindres, ou avec des revêtements moins épais, qu'elles ne l'eussent fait si la cohésion des parties eût été préliminairement détruite.

Soit AB la surface plane qui retient les terres ; (Pl. XV, figure 7.)

CB le talus naturel des terres lorsque la cohésion est rompue et qu'elles se maintiennent par l'effet seul du frottement.

Si par le point B on mène la ligne BM partageant en deux parties égales l'angle ABC, on obtient un massif ABM qui tend à se disjoindre d'après le principe de Coulomb, et que l'on appelle *le prisme de plus grande poussée*.

Plus la cohésion des terres est grande, plus on peut les couper sur une grande hauteur sans causer d'éboulement, soit h cette hauteur. Représentant par t le rapport de AM à AB, — c'est la tangente trigonométrique de la moitié de l'angle ABC, — par S le poids du mètre cube de terre, et enfin toujours par H la hauteur AB, la force Q avec laquelle le prisme de plus grande poussée ABM sollicite la surface AB, est donnée par la formule (résumé des leçons de mécanique Navier),

$$Q = \frac{SH}{2}\, t^2\, (H - h). \qquad (22)$$

Pour un fluide, on aurait $h = 0$ et $t = 1$, puisque BC devient horizontale, on tomberait sur la valeur donnée plus haut pour la poussée de l'eau $\frac{SH^2}{2} = \frac{1000H^2}{2}$, car alors S = 1000.

Quand un gazomètre d'une hauteur H est enterré, l'enveloppe cylindrique de la cuve est soumise, dans son intérieur, de la part de l'eau à une pression égale à $\frac{1000H^2}{2}$, qui est contre-balancée à l'extérieur par la pression due à la poussée de la terre, dont la valeur est $\frac{SHt^2 (H - h)}{2}$. On réduit, en conséquence, l'épaisseur de la maçonnerie : car le poids du mur, la cohésion des parties de maçonnerie et le frottement ont à s'opposer, non à la force $\frac{1000\text{H}^2}{2}$, mais à la force

$$\frac{1000\text{H}^2 - \text{SH}t^2\,(\text{H} - h)}{2}.$$

L'épaisseur à donner à la maçonnerie pour résister au glissement sera donc

$$e = \frac{1000\text{H}^2 - St^2\text{H}\,(\text{H} - h)}{2\left(f\text{PH} + \text{T} + \dfrac{\text{TH}}{\text{R}}\right)}. \qquad (23)$$

Si l'on représente par e' l'épaisseur du mur cylindrique dans l'hypothèse où l'on ne tient pas compte de la poussée des terres, on en conclut pour e :

$$e = e'\left\{1 - \frac{\text{S}}{1000}\left(\frac{\text{H} - h}{\text{H}}\right) t^2\right\}. \qquad (24)$$

Lorsqu'on construit un mur de revêtement ne devant résister qu'à la poussée de la terre, on doit toujours se placer dans les conditions les plus défavorables, et admettre toutes les circonstances qui tendent à augmenter l'énergie de cette action.

Mais, ici, les conditions les plus défavorables sont celles, au contraire, où l'action de la poussée de la terre devient le plus faible; il faut que, même dans cette hypothèse, le mur puisse encore résister à la poussée de l'eau.

Il est donc prudent, de crainte d'accident, de prendre pour $\frac{\text{S}}{1000}$, $\frac{\text{H} - h}{\text{H}}$ et t^a des valeurs plutôt trop faibles.

Ainsi, pour fixer l'épaisseur à donner au mur cylindrique d'une cuve enterrée, en tenant compte de la poussée de la terre, il faut commencer par calculer cette épaisseur, en négligeant, comme il a été dit plus haut, cette poussée; puis multiplier cette épaisseur ainsi obtenue par l'unité diminuée du produit de trois facteurs, qui sont :

$1°\ \frac{\text{S}}{1000}$, *c'est-à-dire le poids du décimètre cube de la terre*. Il est nécessaire de prendre le poids de cette terre desséchée;

2° t^2, *c'est-à-dire le carré de la tangente trigonométrique de la moitié de l'angle formant le complément du talus naturel des terres avec l'horizon, lorsque la cohésion des terres est rompue;*

3° *Et enfin du terme* $\frac{H-h}{H}$, *qui est d'autant plus petit que* h *est plus grand.* — La valeur de h est la hauteur que l'on peut conserver aux terres coupées verticalement, sans causer d'éboulement. Cette hauteur varie suivant le degré d'humidité; on doit prendre une valeur moyenne, plutôt trop forte.

Comme exemple particulier, supposons que l'on creuse la cuve dans du sable.

La valeur de $\frac{S}{1000}$ est 1,80.

Celle de t^2 est comprise entre 0,4723 et 0,2766, dont la moyenne est 0,375.

h est sensiblement nul.

Substituant, on a $1 - \frac{S}{1000}\left(\frac{H-h}{H}\right)t^2 = 1 - 0,651 = 0,349$, et par suite $e = 0,35e'$. — C'est une réduction notable.

Mais, si l'on prend des terres ordinaires pour lesquelles $\frac{S}{1000} = 1,60$, $t^2 = 0,156$, et $h = 2$, on en conclut :

$$e = \left(1 - 0,25 \cdot \frac{H-2}{H}\right)e'.$$

Pour une cuve d'une hauteur de 8 mètres

$$e = (1 - 0,25 \times 0,75)e' = 0,8125 \times e'.$$

Il est donc très-avantageux de pouvoir entourer la cuve de sable, au lieu de terre ordinaire.

Cette formule exige la connaissance des valeurs de S, de t^2 et de h.

La valeur de h oscille depuis 1 mètre, pour la terre franche, jusqu'à 4 mètres pour les terres les plus fortes; et, pour une même espèce de terre, elle subit encore des variations, comme il a été dit, avec le degré d'humidité.

Le tableau suivant donne le poids du mètre cube S des différentes natures de terre.

Terre végétale......................	1400 kil.
Terre franche.......................	1500
Terre argileuse......	1600
Glaise..............................	1900
Sable terreux.......................	1700
Sable pur...........................	1900

VALEURS DE t^2 SUIVANT LA NATURE DES TERRES.

Le *sable fin et sec* est, de toutes les terres, celle qui prend le plus grand talus, ce talus est $\frac{5}{3}$; d'où l'angle ABC $= 69°$ et $tg \frac{69}{2}$ $= t = 0,6872$...$t^2 =$ 0,4723

D'après les expériences de Rondelet, le plan du talus du sable fin bien sec, et du grès pulvérisé, forme avec l'horizon un angle de 34°,52, d'où ABC $= 35° \frac{1}{2}$ et $ty \frac{55°,5}{2} = t = 0,5261$.......$t^2 =$ 0,2768

D'après Rondelet, le plan du talus, pour *la terre ordinaire, bien sèche et pulvérisée*, forme avec l'horizon un angle qui est au moins 46° 30'; d'où ABC $= 43°,10'$, $ty \frac{43° 10'}{2} = 0,3955$.......$t^2$.   0,1564

D'après un auteur anglais, le talus de la plus légère espèce de sable est $\frac{5}{4}$; d'où ABC $= 51$. $ty = \frac{51}{2} = t = 0,4769$..........$t^2$.   0,2275

Et le talus du sol de l'espèce la plus dense et de la plus compacte est $\frac{5}{7}$, d'où ABC $= 35°$. $ty \frac{35°}{2} = t = 0,3153$............$t^2$.   0,0994

Enfin nous terminerons ces données pratiques par les observations suivantes de Navier :

« Le sable, la terre végétale et la terre franche, pénétrés par « l'humidité, dit ce célèbre ingénieur, ne paraissent pas subir d'al- « tération notable. Les terres vaseuses, et celles dites savonneuses, « se délaient et deviennent susceptibles de couler presque comme « le ferait un fluide. La poussée des terres de cette espèce doit « être calculée par les formules qui conviennent au cas des fluides, « en attribuant au poids de l'unité de volume la valeur convena- « ble. Les terrains argileux, et principalement la glaise pure, « sans devenir coulants, ce qui exigerait qu'ils absorbassent une « très-grande quantité d'eau, augmentent de volume lorsque

25

« l'humidité les pénètre. Un terrain homogène augmentant de
« volume, agit contre un revêtement de la même manière que le
« ferait un fluide d'une pesanteur spécifique égale à celle de ce
« terrain. Aussi, quoique les terrains glaiseux, secs ou légèrement
« humides, aient une grande cohésion et paraissent exiger des
« revêtements peu épais, ces terrains deviennent cependant, à rai-
« son de leur grande pesanteur spécifique, *les plus dangereux*
« *de tous*, lorsqu'ils sont dans le cas d'être pénétrés par les
« eaux. »

Navier calcule les dimensions à donner à un mur devant
soutenir la poussée des terres; ce qu'il appelle *dangereux* est
chose très-avantageuse pour une cuve de gazomètre, où l'on
recherche avec soin, au contraire, tous les moyens d'augmenter la poussée des terres afin de contre-balancer l'action de
l'eau. Lorsqu'on se trouve dans un terrain humide, on ne saurait
donc trop recommander de laisser un intervalle entre la surface
extérieure de la cuve et la section faite dans la terre, et de garnir
cet intervalle de terre glaise; mais, pour qu'il en résulte une
poussée capable de compenser et de dépasser même celle de l'eau,
il faut que cette terre glaise soit pénétrée par les eaux, sinon
on calculerait la poussée d'après les formules.

Dans tous les cas, une couche de glaise autour de la cuve aura
pour effet, sinon d'arrêter, du moins d'atténuer dans de grandes
proportions les pertes d'eau qui pourraient accidentellement se
produire.

En définitive, on doit toujours adopter de préférence les hypo-
thèses qui tendent à diminuer la poussée des terres ; tandis qu'au
contraire, dans le cas d'un revêtement ou d'un mur devant soutenir les terres, il faut admettre toutes les suppositions qui peuvent
augmenter la poussée.

Le sable donne la plus grande poussée; on n'en excepte les
terres argileuses que lorsque celles-ci sont pénétrées par les
eaux ; et dans ce cas la poussée des terres ordinaires augmente
également. C'est même une garantie contre la rupture venant de

la poussée de l'eau contenue dans la cuve que de trouver de l'eau à une faible profondeur.

DES CHAUX HYDRAULIQUES ET CIMENTS. CLASSIFICATION. — M. Vicat partage les chaux hydrauliques en trois classes :

1° *Les chaux moyennement hydrauliques,* contenant 18 pour 100 d'argile ; elles font prise après quinze ou vingt jours d'immersion et continuent à durcir après ce terme, mais de plus en plus lentement, surtout après le sixième et le huitième mois. Au bout d'un an, leur dureté est comparable à celle du savon sec.

2° *Les chaux hydrauliques ordinaires.* (26 pour 100 d'argile.) Elles font prise après six ou huit jours d'immersion et continuent à durcir. Les progrès de cette solidification peuvent s'étendre jusqu'au douzième mois, quoique la plus grande partie de la dureté soit acquise au bout de six mois. A cette époque, la dureté de la chaux est déjà comparable à celle de la pierre très-tendre, et l'eau ne l'attaque pas.

3° *Les chaux éminemment hydrauliques.* (30 pour 100 d'argile.) Elles font prise du deuxième au quatrième jour d'immersion ; au bout d'un mois elles sont déjà dures et tout à fait insolubles dans l'eau. Au sixième mois, elles se comportent comme les pierres calcaires absorbantes ; elles donnent des éclats par le choc et présentent une cassure écailleuse.

On donne le nom de *chaux limites* à des chaux qui contiennent 34 pour 100 d'argile, elles ne s'éteignent qu'à la longue ou par l'emploi de l'eau bouillante. Réduites en poudre et gâchées à la manière du plâtre, elles font prise instantanément ; mais la solidification ne persiste pas plus d'une journée, elles se fissurent et se réduisent en bouillie.

Le nom de *chaux limites* a donc été donné à cette classe de produits, pour indiquer qu'ils ne présentent plus les propriétés des chaux hydrauliques, et qu'ils ne possèdent pas encore les caractères des ciments.

Les ciments pulvérisés et gâchés avec de l'eau acquièrent au bout de quelques minutes une excessive dureté qui persiste à l'air et sous l'eau. Cette propriété si remarquable suffit pour les distinguer des chaux hydrauliques.

Les différentes variétés du ciment peuvent être rattachées aux trois classes suivantes :

1° *Les ciments limites inférieurs* (39 pour 100 d'argile). On peut les regarder comme les plus parfaits de tous les ciments. Ils font prise instantanément avec l'eau en s'échauffant, et ne *lâchent jamais prise* sous l'eau comme le font les *chaux limites*.

2° *Les ciments ordinaires* (50 pour 100 d'argile). Ces ciments, ainsi que les suivants, font prise encore plus rapidement que ceux de la classe précédente ; il serait même impossible de les employer, car ils feraient prise sous la truelle, si la pulvérisation en grand n'avait pour effet de modérer cette énergie par une extinction partielle due à l'action de l'air.

3° *Les ciments limites supérieurs* (73 pour 100 d'argile). Les ciments de cette espèce présentent beaucoup d'analogie avec les précédents ; toutefois ils sont de moins bonne qualité et acquièrent moins de dureté après la solidification.

Lorsque la proportion d'argile atteint 90 pour 100, on obtient des pouzzolanes qui jouissent de la propriété remarquable de produire des mortiers hydrauliques, étant mélangés avec la chaux grasse.

Le tableau suivant résume les classifications qui viennent d'être données sur les chaux hydrauliques et les ciments.

DESIGNATION DES PRINCIPES CONSTITUANTS.	Type de chaux moyennement hydrauliques.	Type de chaux hydrauliques ordinaires.	Type de chaux éminemment hydrauliques.	Type des chaux limites.	Type des ciments limites inférieurs.	Type des ciments ordinaires.	Type des ciments limites supérieurs.	Type du commencement des Pouzzolanes.
A l'état naturel.								
Carb^{te} de chaux.	89	83	80	77	73	64	39	16.4
Argile..........	11	17	20	23	27	36	61	83.6
	100	100	100	100	100	100	100	100.0
Après cuisson.								
Chaux caustique.	82	74	70	66	61	50	27	10
Argile combinée.	18	26	30	34	39	50	73	90

Moyen de constater la nature d'un calcaire. — Pour analyser un calcaire, on en pèse environ 2 ou 5 grammes que l'on dissout dans de l'acide chlorhydrique étendu de son volume d'eau ; la chaux, la magnésie, l'oxyde de fer entrent en dissolution, tandis que l'argile et les substances siliceuses restent à l'état insoluble ; on jette ce résidu sur un filtre, on le lave et on le pèse après l'avoir desséché. Cet essai, bien simple, suffit dans la plupart des cas, il indique la quantité d'argile que contient un calcaire et, jusqu'à un certain point, la qualité de la chaux hydraulique qu'il donnera par la calcination.

L'état de la silice que contient un calcaire exerce une grande influence sur les propriétés de la chaux que ce calcaire peut produire : la silice en gelée, calcinée avec du carbonate de chaux, donne une chaux hydraulique de bonne qualité ; le quartz, au contraire, réduit en poudre et calciné avec du carbonate de chaux, produit une chaux maigre qui n'est nullement hydraulique. La silice, telle qu'elle se trouve dans l'argile, est dans un état favorable à la production des chaux hydrauliques.

La silice ou l'alumine hydratée, et surtout l'argile desséchée à 300° ou 400°, enlèvent complétement la chaux tenue en dissolution dans l'eau, il en est de même des pouzzolanes ; cette action est d'autant plus énergique que la propriété pouzzolanique est plus développée. Si l'on projette dans un volume déterminé d'eau de chaux, de petites quantités de pouzzolanes jusqu'à ce que la chaux soit précipitée, ce que l'on reconnaîtra à ce que le liquide n'est plus troublé par l'addition d'une goutte de carbonate de soude, la puissance pouzzolanique est proportionnelle au volume d'eau de chaux dépouillée, et la dureté du mortier fabriqué avec la substance soumise à l'essai paraît suivre la même loi. Voici une expérience de M. Vicat qui le démontre.

Pouzzolanes employées.	Eau de chaux dépouillée.	Résistance du mortier.
100 parties......................	700	640
100 parties d'un autre échantillon.	66	97

Voici, d'après le même ingénieur, les quantités d'eau de chaux qui sont décomposées par différentes matières pouzzolaniques.

		Eau de chaux dépouillée.
Argiles crues.	100 parties d'argile des Avènes............	1000
	100 parties de bonnes argiles pouzzolanes à l'état naturel...........................	400 à 50
Argiles cuites.	100 parties de bonne argile à pouzzolane calcinée au rouge à l'air...................	260
	100 parties de bonne argile à pouzzolane calcinée en vase clos......................	100
	100 part. donnant une pouzzolane médiocre	60 à 90
	100 part. donnant une mauvaise pouzzolane.	25 à 38
	100 part. de pouzzolane d'Italie............	147

CHAUX HYDRAULIQUES ARTIFICIELLES; MORTIERS; RÉSISTANCE A LA RUPTURE. — En mélangeant la chaux grasse avec de l'argile, on obtient de la chaux hydraulique. Cette chaux hydraulique artificielle se prépare par deux méthodes différentes : on distingue la chaux hydraulique de première cuisson, et la chaux hydraulique de seconde cuisson.

La première se prépare en broyant, au moyen de meules, un calcaire avec l'argile et une addition d'eau ; on forme une bouillie qu'on laisse sécher, et qu'on taille en briquettes pour faire cuire par la méthode ordinaire; le résidu est ensuite pulvérisé. On opère de la même manière pour obtenir de la chaux de seconde cuisson, avec cette seule différence que l'on mélange l'argile avec le calcaire cuit et éteint. Ce dernier procédé donne des résultats plus satisfaisants.

On obtient également par la cuisson d'argiles des pouzzolanes artificielles.

Les mortiers hydrauliques sont des mélanges de chaux et de différentes matières, qui jouissent de la propriété de se solidifier dans leur contact avec l'eau comme les chaux hydrauliques.

Certains corps solides, mélangés aux chaux hydrauliques, n'exercent que peu d'influence sur leur solidification ; d'autres, au contraire, ont la propriété d'améliorer les chaux moyennement hydrauliques et même, dans certains cas, rendent hydrauliques des chaux grasses.

Les substances que l'on mélange aux différentes chaux dans la confection des mortiers peuvent donc être divisées en *matières inertes* et matières énergiques.

Les matières inertes sont les cailloux, les sables, etc. ; mélangées à la chaux grasse, elles ne modifient en rien son action sur l'eau. Toutefois le sable ajouté aux chaux hydrauliques peut augmenter leur cohésion.

Les mortiers destinés à l'immersion renferment, en général, un volume de pouzzolane et 0,30 à 0,40 de chaux grasse, ou bien de 0,40 à 0,50 de pâte de chaux moyennement hydraulique. On peut encore faire un bon mortier avec moitié de chaux éminemment hydraulique et moitié sable. Il ne faudrait pas augmenter la proportion de sable pour la construction d'une cuve de gazomètre, où l'on a intérêt à obtenir une maçonnerie susceptible d'une grande résistance. Voici un tableau publié par la Compagnie Lobereau-et-Meurgey sur les ciments de Pouilly-en-Auxois (Côte-d'Or).

DÉSIGNATION DES CIMENTS.	TEMPS de LA PRISE		RÉSISTANCE A LA RUPTURE par centimètre carré.			
			CIMENT pur.		CIMENT avec moitié sable.	
	à l'eau.	à l'air.	Apr. 24 h.	Après 8 j	Apr. 24 h.	Après 8 j.
Ciment, couleur claire, fabriqué à Venarey et Seigny...............	4'	3',30	5k,00	6k,50	3k,70	5k,00
Ciment, couleur brune, fabriqué à Pouilly....	5'	4'	5k,30	6k,30	3k,50	1k,85
Ciment, couleur claire, fabriqué à Venarey...	12'	10'	4k,80	6k,60	3k,80	5k,10

Cette même société publie, également, les résultats suivants d'expérience sur des ciments de Portland fabriqués à 5 kilomètres de Paris, qui mettent en regard la résistance à l'arrachement du ciment gâché pur, et du même ciment gâché avec trois volumes de sable.

1° Pour le ciment Portland gâché pur :

$12^k,50$ par centimètre carré, après............. 2 jours.
$18^k,70$ —   —   .... 4 jours.
$23^k,80$ —   —   .... 30 jours.
$30^k,00$ —   —   .... 90 jours.

2° Pour le ciment Portland gâché avec trois volumes de sable.

$6^k,70$ par centimètre carré après............. 8 jours.
$9^k,35$ —   —   .... 30 jours.
$10^k,25$ —   —   .... 90 jours.

L'économie que l'on croirait réaliser en mettant dans le mortier trois volumes de sable, est contestable lorsqu'il s'agit d'une cuve de gazomètre ; car la valeur de T modifie sensiblement l'épaisseur à donner au mur circulaire : si l'on dépense plus pour le mortier, on dépensera moins pour la construction, puisque l'on sera à même de réduire l'épaisseur de la maçonnerie. D'après ces raisons, on ne doit pas, au moins pour la partie cylindrique de la cuve, introduire dans le mortier plus de 50 0/0 de sable. Ce serait en outre une économie mal entendue que de ne pas employer les chaux les plus incontestablement hydrauliques, ou au moins de ne pas relever la qualité des chaux moins parfaites par l'adjonction de pouzzolanes énergiques.

Il vaut mieux pécher par absence que par excès de matières étrangères quand la chaux est hydraulique, c'est le contraire avec la chaux grasse.

Les ciments doivent être gâchés en petite quantité à la fois ; il faut avoir l'attention de bien nettoyer les matériaux qu'ils doivent relier, de les mouiller, et de toujours appliquer une couche sur une couche encore fraîche. On doit éviter toute interruption de travail et, dans le cas où cela ne serait pas possible, apporter les plus grands soins à faire le raccordement pour bien relier la maçonnerie.

Bétons. — On donne le nom de bétons à un mélange de mortier hydraulique et de petites pierres. Le béton est principalement employé pour le fond des cuves, et quelquefois pour le pourtour.

Le béton se solidifie au bout d'un certain temps et il prend exactement la forme de l'enceinte où il a été enfermé. On fait varier les proportions suivant les usages auxquels il est destiné ; mais on ne doit jamais mettre plus de deux volumes de pierrailles contre un volume de mortier. Cette proportion pourrait être suivie pour la construction du fond, mais le contour demande une construction plus résistante : pour ce motif, lorsqu'on l'établit en béton, il faut de la chaux hydraulique d'excellente qualité, et ne pas mélanger plus d'un volume de pierrailles contre un volume de mortier. Toutes ces pierrailles doivent être nettoyées et lavées avec soin ; c'est une condition indispensable de réussite.

Le béton est posé en couches épaisses, et l'on veille à ce que la surface sur laquelle il repose soit balayée et lavée avec soin. Il ne doit rester aucune trace de poussière, afin que rien ne s'oppose à l'adhérence.

Malgré tous les soins que l'on peut apporter à la construction d'une cuve, l'herméticité n'est sûrement obtenue que par la couche de ciment dont on recouvre la surface intérieure de la cuve. Un mélange de briques pilées et de chaux donne quelquefois un excellent ciment ; cela dépend des propriétés pouzzolaniques de la brique, que l'on constate, *à priori*, au moyen de l'eau de chaux, comme il a été dit.

CHAPITRE XI

VITESSE, DÉPENSE THÉORIQUE DU GAZ PAR UN ORIFICE. — D'après
le théorème de Torricelli, la vitesse d'un fluide, à sa sortie d'un
orifice pratiqué dans les parois d'un réservoir, est celle qu'aurait
acquise un corps grave, en tombant librement de la hauteur
comprise entre le niveau de la surface fluide dans le réservoir
et le centre de cet orifice. Si H désigne cette hauteur, la vitesse
est donnée par la formule

$$V = \sqrt{2gH}$$

Cette formule s'applique aux fluides aériformes.

Imaginons un cylindre vertical rempli de gaz que presse en
dessus un piston. Si l'on admet, par la pensée, que ce gaz devienne inextensible, comme le sont les liquides, conservant dans
toutes ses parties la même densité, et si l'on remplace le piston
par une colonne de ce fluide, telle que la hauteur comprise
entre le niveau de la surface dans le cylindre et le centre de
l'orifice soit égale à H, la vitesse de sortie sera également donnée
par l'expression $\sqrt{2gH}$. Il suffit que la pression exercée par le
piston remplace le poids de la colonne *idéale* de gaz inextensible
que nous venons d'ajouter, pour que le même effet mécanique
se produise.

Si l'on pose près de l'orifice de sortie un manomètre différentiel contenant de l'eau, h étant la colonne mesurant la pression à laquelle le gaz est soumis dans le réservoir, et K la densité du gaz ou le poids du mètre cube, le gaz est comprimé près de l'orifice comme il le serait par une colonne H du même gaz supposé inextensible, telle que $HK = 1000\,h$ d'où $H = \frac{1000.h}{K}$; la vitesse de sortie devient alors $\sqrt{2\,g.\dfrac{1000h}{K}}$.

Cette formule est applicable au gaz d'éclairage renfermé dans un gazomètre. Connaissant la densité du gaz à $0°$, sous la pression barométrique $0^m,76$, on en déduit, par les formules connues, la densité du même gaz pour toute autre température et toute autre pression barométrique.

Le produit de la vitesse par la section donne la dépense théorique. Pour avoir la dépense réelle par un orifice à mince paroi, on multiplie ce produit par un coefficient de correction susceptible de décroître à mesure que les charges augmentent : pour l'eau et pour une petite charge de $0^m,035$ ce coefficient est égal à 0,71 ; tandis que pour la charge d'une atmosphère il s'abaisse à 0,55.

PERTE DE TRAVAIL A L'ENTRÉE DES CONDUITES. — Le gaz en sortant du gazomètre, pénètre dans de longues conduites qui l'amènent aux lieux de consommation ; la vitesse n'est plus celle qui vient d'être calculée, elle est altérée par diverses causes que nous allons rappeler.

Lorsque le gaz sort par un tube dont la longueur, ne dépassant pas quatre à cinq fois le diamètre de l'orifice, est assez petite pour que l'on puisse négliger l'influence du frottement, la vitesse d'écoulement n'en est pas moins sensiblement diminuée. Il se produit un phénomène dont les effets ont été sûrement appréciés par Borda dans un mémoire présenté à l'Académie des sciences (année 1766, page 576).

La veine fluide d'eau, en entrant dans le tube, se contracte à une distance égale à une fois et demie le diamètre de l'orifice, de manière à ce que la section, pour une charge d'eau de $0^m,10$

environ, se réduise aux deux tiers de la section de l'orifice. Comme les vitesses sont en raison inverse des sections, si V est la vitesse moyenne à l'orifice, $\frac{V}{0,66}$, ou plus généralement $\frac{V}{m}$, représentera la vitesse à la section contractée, en désignant par m le coefficient de contraction.

La veine fluide se dilate à partir de la section contractée, de manière à remplir la section du tube et en sort avec la vitesse V. Chaque petite tranche, dont on représentera le poids par p, animée à la section contractée de la vitesse $\frac{V}{m}$, vient rencontrer une masse relativement très-grande ayant la vitesse V ; et, par suite de la perturbation qui en résulte, il y a une perte de travail ou de force vive que Borda compare à celle qui a lieu, lorsqu'un corps d'un poids p, dépourvu d'élasticité et animé de la vitesse $\frac{V}{m}$, vient en rencontrer un autre également dépourvu d'élasticité, animé de la vitesse V, mais dont on peut regarder le poids comme indéfini par rapport au premier. La perte de force vive est représentée par l'expression $\frac{p}{g}\left(\frac{1}{m}-1\right)^2 V^2$.

Cette perte de travail, lorsqu'il s'agit de deux corps solides, dépourvus d'élasticité et animés de vitesses différentes qui viennent se choquer l'un contre l'autre, représente le travail mécanique employé au changement de forme et à la *désagrégation* des molécules ; mais, pour deux masses fluides dont toutes les parties roulent l'une sur l'autre sans résistance appréciable, une pareille évaluation pour mesurer la perte du travail peut paraître exagérée, quoique l'exactitude du résultat ne puisse plus être mise en doute, c'est pourquoi, dit à ce sujet notre illustre académicien, M. Poncelet, « il me paraît utile de faire observer que l'on arrive « à la même conséquence par plusieurs genres de raisonnement, « dont le moins contestable peut-être repose sur une donnée « mathématique et physique entièrement évidente : c'est que les « molécules fluides, à cause de leur parfaite mobilité, ne peuvent, « quand il existe une cause de trouble ou de ralentissement plus

« ou moins brusque, perdre l'excès de leur vitesse primitive de
« régime, c'est-à-dire uniforme et parallèle, sur celles qu'elles
« prennent ensuite, qu'en tourbillonnant les unes autour des
« autres, ou en pirouettant sur elles-mêmes; car le travail dû à
« la faible adhérence qui les unit entre elles, les vibrations
« qu'elles reçoivent ou excitent par leur frottement contre les
« parois, etc. ; toutes ces causes ne sauraient rendre compte de
« la diminution de vitesse rapide et apparente qui nous occupe,
« et qui s'observe dans une infinité de circonstances. Or, la force
« vive d'un corps ou d'un assemblage quelconque de molécules
« se compose, comme on sait, d'après un théorème de Lagrange,
« de la force vive relative au mouvement de translation générale
« du centre de gravité, et de celle qui se rapporte à la rotation
« autour de ce centre ou au déplacement relatif des parties.

« Lors donc qu'on applique le principe de la conservation des
« forces vives aux fluides, en supposant leurs molécules animées
« d'un simple mouvement de translation parallèle, dans certaines
« régions prismatiques d'un vase, on commet une double erreur,
« dont l'une, celle qui a été évaluée par Borda, provient de la
« force vive *dissimulée* dans la rotation des molécules ou groupes
« de molécules et dont l'autre est généralement due à l'inégalité
« et à l'obliquité des vitesses ou des filets fluides ; c'est pourquoi
« on doit les considérer comme autant de pertes qui viennent
« s'ajouter au terme relatif à la force vive principale ou de pure
« translation. » (*Comptes rendus des séances de l'Académie des
sciences,* tome **XXI**, séance du 21 juillet 1845.)

D'après la discussion des données d'expériences entreprises
dans les ateliers de M. Pecqueur et relatives à l'écoulement de
l'air dans les tubes, M. Poncelet a augmenté cette perte de
force vive en la multipliant par un coefficient égal à 1,10.

Cette augmentation d'un dixième « s'explique, dit M. Poncelet,
« d'après la circonstance que les vitesses des molécules fluides
« qui parcourent les tubes dans nos expériences, quoique paral-
« lèles, sont inégales à la sortie de ces tubes ; ce qui fait que la

« somme de leurs forces vives surpasse réellement celle qui se dé-
« duit de l'hypothèse du parallélisme des tranches ou d'une
« *vitesse moyenne* calculée expérimentalement, comme on est
« obligé de le faire, d'après Bernouilli, dans l'application des
« formules, en divisant la dépense effective par l'aire de la sec-
« tion transversale des tubes. »

MOUVEMENT DU GAZ DANS LES CONDUITES, ÉVALUATION DU FROTTE-
MENT, APPAREIL PECQUEUR. — La masse fluide, en avançant dans
la conduite, éprouve, avons-nous dit, de la part des parois une
résistance qui modifie les conditions d'écoulement. C'est une étude
de la plus haute importance pour les usines à gaz, que celle
qui conduit à la connaissance des lois physiques suivant lesquelles
cette modification se produit. Des conduites d'un diamètre trop
grand représentent une avance de fonds inutile et par suite une
charge d'intérêts; mais avec des conduites d'un diamètre trop
faible, les inconvénients sont plus grands encore : car l'exagé-
ration dans la pression, qui devient alors une nécessité, amène
d'une part, des difficultés dans la fabrication, et de l'autre, des
pertes dans les conduites dont l'importance dépasse incontestablement l'économie qu'on croirait réaliser.

L'appareil le plus convenable pour découvrir ou vérifier les
lois d'écoulement est celui dont s'est servi M. Pecqueur, en 1845.
Il se compose de deux récipients d'une capacité de 4 à 500 litres
chacun; ils sont reliés au moyen d'une conduite horizontale,
dont on reste libre de modifier, à volonté, le diamètre et la longueur. Chacun de ces récipients est muni d'un manomètre à
mercure à air libre, lorsque, comme l'a fait M. Pecqueur, on
fait les expériences avec de fortes pressions. Un manomètre différentiel à eau suffit dans les autres cas.

On fait arriver le gaz dans le premier récipient, en réglant
l'introduction de manière à ce que la pression prise au manomètre s'y maintienne constante, quel que soit l'écoulement du
gaz à travers la conduite pour se rendre au second récipient.
Ce dernier récipient est muni d'un robinet qui laisse échapper

le gaz dans l'atmosphère à mesure qu'il arrive, de manière à maintenir une pression constante accusée par un manomètre différentiel.

Dans les expériences de M. Pecqueur, qui recherchait les lois d'écoulement sous des pressions de plusieurs atmosphères, le gaz était comprimé dans une chaudière d'une contenance de 3 000 litres environ, et de là se déversait dans le premier récipient, comme il vient d'être dit. On appréciait la dépense d'après la perte de pression manométrique.

Pour les pressions ordinaires des usines, le gaz est pris dans un petit gazomètre, où la dépense est facile à constater.

Au moyen de ces dispositions, on maintient dans chacun des récipients une pression constante et, dès que l'uniformité du mouvement est établie, on note le nombre de secondes qu'un volume déterminé — soit de 100, 200, etc., ou même de 1 000 litres — met à s'écouler. On conclut la vitesse du gaz dans la conduite d'après son diamètre. Cette vitesse est évidemment en raison inverse de la durée d'écoulement du même volume de gaz.

Considérons le volume de gaz renfermé dans la conduite horizontale qui relie les deux récipients ; — S indiquant la section de cette conduite en mètres carrés, — ce volume est poussé par la pression du gaz contenu dans le premier récipient, qui est égale à la pression atmosphérique A augmentée de P qui représente la pression correspondant à l'indication du manomètre différentiel à eau placé sur le premier récipient. — On sait que P est donné par la hauteur du manomètre à eau exprimée en millimètres. — La pression exercée à l'entrée de la conduite sera, en kilogrammes, $(A + P)\,S$.

Ce même volume de gaz est retenu dans le second récipient par une force, appliquée à la sortie de la conduite, égale à $(A + p)\,S$; p représentant la pression manométrique différentielle du second récipient exprimée en millimètres.

La force active qui détermine le mouvement est donc égale à la différence de ces deux forces qui est $(P - p)\,S$.

Puisque le mouvement est uniforme, il y a équilibre entre les forces qui sollicitent la colonne de gaz qui sont, d'une part, la force active $(P - p)\, S$ et, de l'autre, la force retardatrice qui est celle que l'on recherche et qui provient des frottements.

On doit cependant faire observer, *à priori*, que le travail de la force active n'est pas anéanti par les frottements seulement : une partie est absorbée à l'entrée de la conduite, et nous avons montré comment, lorsque l'on passe au travail des forces, on tient compte de cette quantité de travail dissimulée, sa valeur est $\frac{1}{2}\frac{p}{g}\left(\frac{1}{m}-1\right)^2 V^2 = \frac{1}{8}\frac{p}{g} V^2$, en donnant à m sa valeur moyenne 0,66. Il est possible de faire disparaître cette cause de diminution de force ou de travail, en élargissant l'entrée de la conduite, suivant la forme qu'affecte la veine fluide, de manière à éviter toute contraction.

Il existe une autre cause d'absorption de travail : si l'on observe le travail des forces, pendant un temps déterminé, la force $(A + P)\, S$, en poussant la colonne fluide, permet à un volume de gaz, pris dans le récipient à une vitesse nulle, d'entrer dans la conduite et d'y prendre la vitesse commune. La moitié de la force vive acquise représente la quantité de travail absorbée, sa valeur est $\frac{1}{2}\frac{p}{g} V^2$, elle est 4 fois plus grande que la précédente.

Mais cette quantité de travail, comparée à celle absorbée par les frottements, pour les conduites de gaz où la longueur est très-grande par rapport au diamètre, est très-faible. On est donc autorisé à ne pas tenir compte de ces causes d'absorption, et l'on regarde $(P - p)\, S$ comme représentant sensiblement la résistance des frottements. Nous avons cependant tenu à évaluer ces déperditions de force vive afin de mettre à même d'en apprécier sûrement la faible importance, et d'exposer la méthode dont nous nous servirons plus loin pour calculer l'influence des étranglements.

D'après les expériences de Coulomb la résistance due au frottement est proportionnelle à la densité du fluide.

Lorsqu'il s'agit de fluides liquides, vu leur faible compressibilité sous les pressions les plus fortes, la densité représente un chiffre parfaitement défini ; il n'en est pas de même pour les fluides gazeux : la densité est différente dans les deux récipients, et même à chaque point de la conduite. Les remarquables expériences de M. Poncelet sur les appareils de Pecqueur, ont décidé la question. D'après cet illustre académicien,

Les gaz suivent, dans leur écoulement à travers les orifices et les tubes, entre les limites étendues de pressions ou de longueurs de ces tubes, les mêmes lois que pour les liquides ou que s'ils étaient parfaitement incompressibles.

En conséquence, ainsi que l'a fait M. Poncelet, nous prendrons la densité du gaz dans le premier récipient à la pression $A + P$.

Au lieu de la densité qui varie en chaque lieu de la terre, on prend plutôt la masse de l'unité de volume, qui est à Paris le poids du mètre cube de gaz K, divisé par $g = 9^m,81$.

D'après les expériences de Dubuat, faites sur l'eau, on admet que le frottement est indépendant de la pression du fluide contre les parois de la conduite.

Il est également indépendant de la nature de la surface frottante.

Enfin, D représentant le diamètre de la conduite, et L sa longueur (D et L étant exprimés en mètres), on admet, conformément aux résultats d'expérience, que la force qui mesure le frottement est proportionnelle à la surface totale intérieure du tuyau πDL, et au carré de la vitesse V, en sorte que cette force résistante du frottement est de la forme

$$b \times \frac{K}{g} \pi D L V^2.$$

b est un coefficient à déterminer. Comme $S = \pi \frac{D^2}{4}$, on conclut :

$$\pi . (P - p) \frac{D^2}{4} = b \frac{K}{g} \pi D L V^2. \quad (1)$$

On peut vérifier l'exactitude de cette formule avec l'appareil

Pecqueur. Ainsi, on fera successivement $P - p = 10, 20, 30...$ 100 millimètres, etc., et l'on observera les valeurs respectives de V.

Voici l'énoncé des lois trouvées par Pecqueur; elles sont d'accord avec la formule :

1° *Pour un tuyau donné, la durée d'écoulement d'un même poids d'air, ou d'un même volume sous la tension du grand récipient, est en raison inverse de la racine carrée de la différence des pressions ou des densités de l'air dans les deux récipients.*

2° *Toutes choses égales d'ailleurs, cette même durée est en raison directe de la racine carrée de la longueur des tuyaux.*

Cette même formule a également été adoptée par M. d'Aubuisson, lors de ses belles expériences sur le mouvement de l'air aux mines de Rancié, et par M. Girard à l'hôpital Saint-Louis.

Quant à la valeur de b, d'Aubuisson l'avait fixée à 0,00297; mais, d'après les dernières expériences de M. Poncelet, nous adopterons le nombre 0,003 admis par ce savant.

La formule (1) devient :

$$2g\,(P - p) = 0,024 \times K \times \frac{L}{D} \times V^2,$$

$$\text{d'où } V^2 = \frac{2g\,(P - p)}{0,024\,K \cdot \dfrac{L}{D}} \tag{2}$$

C'est la seule formule dont nous nous servirons pour en déduire les dimensions à donner aux conduites.

INFLUENCE D'UN RÉTRÉCISSEMENT DANS LA CONDUITE. — Nous nous sommes longuement étendu sur la perte de force vive qui a lieu à l'entrée de la conduite. La marche que nous avons exposée, d'après Borda, sert également à déterminer l'influence d'un rétrécissement. D représentant toujours le diamètre de la conduite, si à un point quelconque de cette conduite, on place un diaphragme percé d'un orifice dont le diamètre soit $\frac{1}{n}$, celui de sa conduite étant 1, la perte de force vive, en ce point, sera représentée par $1,10 \frac{v\mathrm{K}}{y}\left(\frac{n}{m}-1\right)^2 \mathrm{V}^2$. m indique le coefficient de contraction, et v, le petit volume qui s'écoule dans l'unité de temps. On retire pour la valeur de V^2 :

$$\mathrm{V}^2 = \frac{2g\,(\mathrm{P}-p)}{\mathrm{K}\left\{1,10\left(\frac{n}{m}-1\right)^2 + \frac{8b\mathrm{L}}{\mathrm{D}}\right\}}$$

En étudiant cette formule, on remarque qu'à mesure que la longueur de la conduite augmente, le terme $\frac{8b\mathrm{L}}{\mathrm{D}}$, seul, varie et augmente proportionnellement à L ; de telle sorte que l'influence du terme $1,10\left(\frac{n}{m}-1\right)^2$ tend à disparaître à mesure que L augmente. En d'autres termes, une obstruction, ou un rétrécissement quelconque dans la conduite, a d'autant moins d'effet sur la dépense que la longueur de la conduite est plus grande : car la dépense est évidemment proportionnelle à la vitesse V.

Lorsqu'une veine fluide débouche, par un orifice à mince paroi, dans une conduite plus grande que l'orifice, par suite de la rencontre des deux masses fluides animées de vitesses différentes, il y a nécessairement perturbation dans la masse : une grande partie de la force vive vient se disséminer dans une masse de petits tourbillons qui accompagnent la masse totale. « La production de ces tour- « billons, dit M. Poncelet (*Introduction de mécanique*, p. 259), « est l'un des moyens dont la nature se sert pour éteindre, ou « plutôt pour dissimuler la force vive dans les changements « brusques de mouvement des fluides, comme les mouvements « vibratoires eux-mêmes sont une autre cause de dissémination « dans les solides. »

En partant de ces considérations, on est amené à raccorder les deux sections par un tronc de cône allongé, de manière, en évitant de mettre *immédiatement* en contact des molécules animées de vitesses différentes, à ne plus donner lieu à la formation de ces tourbillons.

Influence des coudes. — Lorsqu'un mobile, au lieu de changer brusquement de direction, suit une courbe, il se trouve soumis à une force perpendiculaire à la direction de son mouvement, — force centrifuge, — dont l'unique effet est de modifier cette direction ; la vitesse reste constante.

Mais, lorsqu'il s'agit d'un fluide se mouvant dans un coude, si l'on admet que les molécules qui suivent la courbure extérieure, doivent se comporter comme le mobile dont nous venons de parler, il ne saurait en être de même des autres molécules, à cause de l'indépendance qu'elles ont les unes par rapport aux autres : il y aura perturbation dans la masse, par suite perte de force vive, et, en définitive, perte de charge.

On doit à notre célèbre hydraulicien Dubuat, des expériences entreprises dans le but de déterminer cette perte de charge.

Imaginons deux conduites rectilignes réunies par un coude, et une section faite suivant les axes ; admettons le filet central prolongé venant frapper la section circulaire faite dans le coude en un point, et se réfléchissant en faisant l'angle de réflexion égal à l'angle d'incidence.

Dubuat appelle cet angle d'incidence ou de réflexion, *angle de bricole*.

Si le filet central, après s'être réfléchi, suit la direction de la conduite rectiligne placée à la suite, le coude est dit : *Coude d'une seule bricole*.

Quand il y a deux, trois... réflexions, on a *un coude de deux, de trois... bricoles*.

D'après Dubuat, la résistance des coudes est proportionnelle, 1° au carré de la vitesse du fluide ; 2° au carré du sinus de *l'angle de bricole*, que nous appellerons i, 3° au nombre *des angles de bricoles*, que nous désignerons par n. La perte de charge totale, donnée par une hauteur de fluide égale au produit de ces trois quantités et d'un coefficient constant égal à 0,0123, est donc

$$0^m,0123 n V^2 \sin^2 i ;$$

au manomètre différentiel à eau, elle sera indiquée par une hauteur égale à

$$0^m,0123 \cdot \frac{K}{1000} n V^2 \sin^2 i = 0^m,0000123 \, K n V^2 \sin^2 i.$$

Pour les conduites de gaz, V est rarement supérieur à 3^m ; $\sin i$ est plus petit que l'unité, et *à fortiori* $\sin^2 i$; quant à n, sa valeur ne saurait dépasser 3 ou 4, et c'est qu'alors on a un grand rayon de courbure ; dans ce cas, $\sin i$ est plus petit : en définitive, pour un même angle, l'expression $n \sin^2 i$ diminue à mesure que n augmente.

La plus grande valeur de la perte de charge due à un coude, pour un changement de direction se faisant sous un angle de 90°, est donc

$$0^m 00000615 \, K V^2$$

qui, pour $K = 0,50$ et $V = 3$, se réduit à

$$0^m,0000277.$$

C'est $\frac{1}{40}$ de millimètre.

Si, lorsqu'on emploie des coudes bien arrondis, la perte de charge est insensible, il n'en est pas de même avec les angles. Ainsi, il résulte d'une expérience de Rennie, faite sur un tube de $4^m,57$ de long et de $0^m,0127$ de diamètre, sous une charge d'eau de $1^m,22$, que la résistance d'un seul angle de 90° est plus que double de celle de 15 coudes, et que celle de 24 angles n'a été que 11,4 fois plus grande que celle d'un seul.

Ce dernier résultat montre que la résistance des angles et des coudes n'est pas proportionnelle à leur nombre, comme Dubuat l'admettait. La même conclusion a été publiée par d'Aubuisson, lors de ses belles expériences sur le mouvement de l'air aux mines de Rancié. — On en a déjà fait connaître les résultats plus haut (page 220).

Nous ferons remarquer que ce manque de proportionnalité,

entre la résistance des coudes, ou des angles, et leur nombre, a été conclu d'expériences dans lesquelles ces coudes et ces angles se succédaient à de faibles distances, et qu'il n'en serait pas de même si, comme le cas se présente dans une canalisation, il y avait entre deux coudes consécutifs assez de distance pour permettre au fluide de rétablir l'uniformité de son régime, et de faire disparaître les perturbations que ces changements brusques dans l'intensité et dans la direction de la vitesse amènent dans sa constitution intime. Ces perturbations dans la masse, qui se traduisent par une transformation partielle de la force vive due à un mouvement rectiligne, en une force vive due à la rotation de chaque partie autour de son centre de gravité, expliquent, comme nous l'avons dit, la perte de charge observée. — C'est une production de tourbillons qui a lieu à chaque changement brusque de direction ou d'intensité de vitesse. — On peut concevoir que ces tourbillons, arrivés à un certain point, non-seulement s'opposent à la formation de nouveaux, et occasionnent, par suite, une perte de force vive moindre, mais encore, dans certains cas, favorisent la restitution d'une partie de la force vive absorbée, en transformant en mouvements rectilignes les mouvements de rotation. Cette supposition expliquerait les anomalies que présentent les expériences de d'Aubuisson ; mais il faut, pour cela, que les coudes se succèdent à d'assez faibles distances pour ne pas permettre à ces mouvements de rotation de s'éteindre.

Influence des branchements. — Il nous reste à parler de la perte de charge qui provient du changement de direction dans le mouvement, lorsque le gaz passe de la conduite principale dans un branchement, et d'un branchement dans un sous-branchement.

« Lorsqu'un corps qui se meut avec une vitesse V dans une « direction, » dit d'Aubuisson, « en prend forcément une autre « faisant avec la première un angle i, sa vitesse n'y est plus que « V cos i. De même, lorsqu'un fluide, ayant V de vitesse dans « une conduite, passera dans un branchement, abstraction faite

« des autres forces qui peuvent agir sur lui, il n'aura plus que
« V cos i de vitesse. La force ou hauteur due, qui était
« $\frac{V^2}{2g} = 0^m,051\,V^2$ dans la conduite, ne sera plus que $0^m,051$
« $V^2 \cos^2 i$; il aura donc perdu en hauteur ou charge $0^m,051$
« $V^2 (1 - \cos^2 i)$, ou $0^m,051\,V^2 \sin^2 i$.

« Presque tous les branchements s'implantent perpendiculai-
« rement sur les conduites, sauf à être ensuite déviés par des
« coudes plus ou moins forts. Dans ce cas $i = 90°$, $\sin i = 1$, et
« la perte de charge devient $0^m,051\,V^2$. »

Le fluide n'entre donc dans le branchement qu'en vertu
de sa pression contre les parois de la conduite ; cette pression,
d'après le principe de Bernouilli, est égale à la charge effective, moins la hauteur due à la vitesse dans ce tuyau qui est
$0^m,051\,V^2$.

Mais ce fluide, entrant dans le branchement, est encore soumis à d'autres causes de perturbation, c'est une nouvelle perte
de charge. « Pour la déterminer, dit d'Aubuisson, MM. Mallet
« et Génies ont placé un piézomètre sur une conduite d'eau de
« $0^m,25$ de diamètre, — un peu en amont du point où se bran-
« chait un tuyau de $0^m,081$, — et ils en ont établi un second sur
« ce tuyau à peu de distance de son origine. Il s'y est tenu à $0^m,12$
« plus bas que le premier, lorsque la dépense par le tuyau a été
« de $0^{mmm},00435$, par seconde, la vitesse y était de $0^m,847$, et
« sa hauteur due de $0^m,0366$. — Cette dernière quantité de-
« vant être prise sur l'élévation du premier piézomètre pour
« imprimer la vitesse sus-mentionnée. » La perte de charge
due à l'*érogation*, c'est-à-dire à la perturbation occasionnée dans
les molécules fluides, à la tête de chaque branchement, est donc
égale à $0^m,12 - 0^m,0366 = 0^m,0366 \times 2,28$: c'est 2, 28 fois
la hauteur due à la vitesse. D'autres expériences ont donné un
nombre moindre.

L'on conclut *que la perte de charge occasionnée par les per-*
turbations qui se produisent à l'entrée de chaque branche-

ment, en d'autres ermes par l'érogation, est égale à environ deux fois la hauteur due à la vitesse dans le branchement.

D'Aubuisson avait craint que les *érogations* n'étendissent leur effet sur la conduite même, en aval des points où les branchements sont faits, et que la charge n'y éprouvât une diminution considérable. Dans le but de décider cette question, il entreprit des expériences dont la conclusion fut qu'une prise d'eau faite sur une conduite, ne diminue pas sensiblement la pression dans cette conduite, en aval du point de branchement.

La plus grande vitesse du gaz dans les conduites de grandeur moyenne est de 3 mètres, la perte de charge due au changement de direction dans le mouvement est, au plus, égale à $\frac{3^2}{2\,g} = 0^m,051 \times 9 = 0^m,459$: elle est indiquée au manomètre différentiel à eau par une hauteur $\frac{0,459 \times K}{1000}$. Si $K = 0,50$, cette hauteur est $0^m,0002295$.

Si l'on ajoute à cette perte celle due à l'érogation qui, d'après les expériences sur l'eau, est double de celle due à la vitesse, on aura pour perte totale de charge maximum, lorsque le gaz entre dans un branchement pratiqué perpendiculairement sur la conduite, $0^m,0006885$; c'est un peu plus d'un demi-millimètre.

Cette perte est sans importance, au moins pour les conduites secondaires pratiquées aux abords de l'usine, où la pression du gaz y est plutôt trop forte. Quant aux conduites placées loin de l'usine, et où l'on a à craindre un abaissement dans la pression du gaz, il sera toujours prudent d'atténuer cette perte, qui pourrait devenir sensible en se multipliant, en raccordant les branchements suivant des arcs de cercle.

Quant à la perte de charge qui se produit sur la conduite même, lorsqu'elle change de direction, nous avons commencé par traiter cette question, et nous avons montré que cette perte était entièrement négligeable, pourvu que ces changements de direction se fassent suivant des arcs de cercle. Le résultat sera d'autant plus certain, que le rayon de l'arc sera plus grand.

DÉTERMINATION DU DIAMÈTRE DES CONDUITES. — Reprenons l'équation (2).

$$V^2 = \frac{2g(P - p)}{0,024\,\dfrac{K L}{D}} \cdot$$

Si l'on représente par Q la dépense par heure, exprimée en mètres cubes, on a $Q = 3,600\,\dfrac{\pi D^2}{4}\,V$, d'où :

$$D^5 = \frac{16 \times 0,024}{(3600)^2 \times 2g \times \pi^2} \times \frac{KLQ^2}{(P - p)} = \frac{1,53}{(100)^5}\frac{KLQ^2}{(P - p)} \quad (3)$$

P et p représentent les pressions, par mètre carré, exercées aux extrémités de la conduite. La valeur de $(P - p)$ est donnée par la différence des indications des deux manomètres à eau placés aux extrémités, exprimées en millimètres.

De cette formule se déduisent les lois suivantes, qu'il est utile d'avoir toujours présentes à l'esprit, lorsque l'on établit une canalisation. Ce sont, au reste, celles qui ont été constatées dans les expériences de Pecqueur, et que l'on a citées plus haut.

1° Si, sans rien changer au diamètre, on augmente à la fois et dans le même rapport, la longueur de la conduite et la différence des pressions, il s'écoulera dans le même temps le même volume de gaz. 2° Pour une même conduite, si l'on double, triple ou quadruple la pression, on augmente le volume de gaz écoulé, dans le même temps de 1 à $\sqrt{2}, \sqrt{3}, \sqrt{4}.$

En d'autres termes, les volumes de gaz écoulé, dans le même temps, par une conduite sont comme les racines carrées des charges, c'est-à-dire des différences de pression manométriques (Pecqueur).

TRACÉ GÉOMÉTRIQUE FIXANT LE DIAMÈTRE DES CONDUITES. — L'équation (3) contient quatre quantités : la longueur de la conduite L, son diamètre D, le volume de gaz qui s'écoule par heure Q, et enfin la perte de charge $P-p$. Trois de ces quantités étant données, on en déduit la quatrième. Mais ces calculs ne présentent jamais à l'esprit un ensemble aussi précis que le fait un dessin géométrique, ce qui nous engage à proposer un tableau graphique, dont nous allons donner la description. Nous aurons occasion de faire ressortir la simplicité des opérations à effectuer, comparée à la multiplicité des données précieuses qu'il fournit ; nous montrerons avec quelle promptitude on arrive ainsi à la solution de toutes les questions relatives à la canalisation.

Sur une ligne horizontale, ligne des abscisses, on porte des divisions égales, que l'on marque depuis 1 jusqu'à 10. Chaque division étant elle-même subdivisée en parties de 10 en 10 fois plus petites.

Dans l'équation $D^5 = \frac{1,53}{(100)^5} \frac{K L Q^2}{P-p}$, on fait $P-p=1$; connaissant la densité du gaz K, la longueur de la conduite L, et le nombre des mètres cubes à débiter par heure, on conclut le diamètre de la conduite pour une perte de charge de 1 millimètre.

On construit au-dessus de la ligne horizontale une courbe ayant pour abscisses toutes les valeurs de KLQ^2, comprises entre 1 et 10 et, pour ordonnées, les valeurs de D déduites de l'équation $D^5 = \frac{1,53}{(100)^5} KLQ^2$. Une pareille courbe, une fois tracée, donne le diamètre de la conduite correspondant au produit KLQ^2, tant que celui-ci reste exprimé par un nombre ayant à sa partie entière un seul chiffre.

On désigne cette courbe par l'annotation (I).

On admet ensuite que la ligne horizontale ci-dessus, au lieu de représenter les unités, représente les dizaines, et l'on construit, au-dessus de la courbe (I), une autre courbe (II) donnant les diamètres correspondant à toutes les valeurs de KLQ^2 comprises entre 10 et 100, c'est-à-dire aux valeurs exprimées par un nombre ayant deux chiffres à sa partie entière.

Poursuivant la même marche, on construit, successivement et au-dessus les unes des autres, les courbes (III), (IV), (V), (VI), etc..., c'est-à-dire toutes celles correspondant à des valeurs de KLQ^2 exprimées par des nombres ayant, à leur partie entière, 3, 4, 5, 6, etc., chiffres.

Pour déterminer avec ce tableau un diamètre d'après les valeurs de K, L et Q, on fait le produit KLQ^2, on voit combien ce produit contient de chiffres à sa partie entière, — soit 7, — la courbe (VII) fixe la valeur du diamètre, pour une perte de charge de $0^m,001$, en prenant pour abscisse la quantité KLQ^2, et regardant les divisions comme représentant les valeurs depuis 10^6 jusqu'à 10^7.

Toutes ces courbes sont tracées dans l'hypothèse d'une différence de pression de 1 millimètre. Si l'on a à déterminer le diamètre pour une différence de pression de 10 millimètres, ayant la valeur de KLQ^2 dans l'hypothèse de $P - p = 1$, il suffit, pour en déduire celle de $\frac{KLQ^2}{10}$, d'avancer la virgule d'un rang vers la gauche et, par conséquent, au même point de la ligne des abscisses, d'élever une perpendiculaire, ayant l'attention de l'arrêter à la courbe immédiatement au-dessous de celle tracée dans l'hypothèse de $P - p = 0^m,001$.

On voit également que pour $P - p = 100^{mm} = 0^m,10$, il faut toujours élever la perpendiculaire au même point de la ligne des abscisses, et l'arrêter à la courbe immédiatement au-dessous de celle correspondant à $P - p = 0^m,01$, et ainsi de suite.

En résumé, si le produit KLQ^2 a 7 chiffres à sa partie entière, le point de la ligne des abscisses où il faut élever une perpendiculaire étant déterminé d'après la valeur de KLQ^2, la longueur de cette perpendiculaire jusqu'à la courbe (VII), donne le diamètre de la conduite pour une différence de pression égale à un millimètre ; cette même perpendiculaire, limitée à la courbe (VI), donne le diamètre de la conduite pour une perte de charge de $0^m,01$. La courbe (V) fixe à son tour le diamètre pour une perte de charge de $0^m,1$; de même que les courbes (IV), (III), etc., limitent les grandeurs des diamètres à donner aux conduites, pour des pertes de charge de 1,000 millimètres ou de 1 mètre, de 10,000 millimètres ou de 10 mètres, soit de 1 atmosphère, etc.

Ces courbes donnent les diamètres correspondant à des différences de pression conservant entre elles des écarts trop considérables, pour servir utilement dans la pratique, on a tracé en lignes plus fines les courbes intermédiaires que fournit l'équation, lorsque l'on assigne successivement à $P - p$ les valeurs 2, 3, 4 et 9. Ces lignes tracées entre les courbes fixent ainsi les longueurs à donner aux diamètres pour des différences de pression égales à 2, 3, 4, 9 millimètres, centimètres, décimètres, etc., suivant leurs positions. Ainsi, celles tracées entre la courbe déterminée par le nombre des chiffres de la partie entière du produit KLQ^2 et celle immédiatement au-dessous, limitent la longueur des diamètres pour des différences de pression de 2, 3, 4... et 9 millimètres ; celles placées entre la seconde courbe et la troisième correspondent à des différences de pression variant d'un centimètre ; entre la troisième courbe et la quatrième, les lignes fines marchent par décimètre, etc.

Toutes ces lignes sont annotées sur la figure, suivant la perte totale de charge qu'elles indiquent.

Pour avoir les diamètres correspondant à toutes les valeurs possibles de KLQ^2 et à toutes les charges, il suffirait de tracer les 5 premières courbes (I) (II) jusqu'à (V).

En effet, tant que le nombre KLQ^2 contient à sa partie entière cinq chiffres au plus, une des cinq courbes donne immédiatement la valeur du diamètre, pour une perte totale de charge de 1 millimètre.

Si le nombre KLQ^2 contient plus de cinq chiffres, on partage ce nombre, à partir de la droite et en allant de droite à gauche, en tranches de cinq chiffres ; la partie restante, à gauche, pouvant avoir 1, 2, 3, 4 et 5 chiffres. Désignons par m le nombre des tranches ainsi séparées, à part la dernière tranche à gauche, le nombre KLQ^2 peut se mettre sous la forme $\frac{KLQ^2}{10^{5m}} \times 10^{5m}$.

Le nombre $\frac{KLQ^2}{10^{5m}}$ ayant cinq chiffres au plus à sa partie entière, on trouve la valeur du diamètre correspondant dans le tableau. Soit D' ce diamètre, on a

$$D'^5 = \frac{1,53}{(100)^5} \times \frac{KLQ^2}{10^{5m}}.$$

Or, comme la valeur de D (diamètre cherché) satisfait à la relation

$$D^5 = \frac{1,53}{(100)^3} \times KLQ^2 = \frac{1,53}{(100)^5} \frac{KLQ^2}{10^{5m}} 10^{5m},$$

on en conclut $D^5 = 10^{5m}D'^5$, ou $D = 10^m D'$. Ainsi, pour avoir D, il suffit de mettre à la suite du nombre D′, donné par le tableau, autant de zéros, ou de reculer la virgule sur la droite d'autant de rangs que sur la droite du nombre KLQ^2 l'on a enlevé de tranches de 5 chiffres pour arriver à ne laisser sur la gauche qu'un nombre de 5 chiffres au plus.

Par la même raison, on voit que si l'on a un tableau où l'on ait tracé jusqu'à la courbe (VIII), si le nombre KLQ^2 ne contient que 1, 2 ou 3 chiffres au plus à sa partie entière, comme alors les lignes sont très-rapprochées, et que les différences sont difficiles à apprécier, on multiplie le nombre KLQ^2 par 10^5, on calcule la valeur de D d'après les courbes $(I + V), (II + V), (III + V)$, au lieu des courbes (I), (II) et (III), et l'on divise par 10 les diamètres ainsi calculés pour avoir les diamètres cherchés.

C'est d'après ces considérations que, dans le tableau de la planche XIV, l'on a tracé les courbes jusqu'à la courbe (VIII).

D'où l'on conclut la marche suivante pour se servir de ce tableau.

Usage du tableau de la planche XIV, règle pour déterminer les diamètres. — On commence par former le nombre KLQ^2 (l'inspection seule du tableau montre qu'il suffit d'obtenir exactement les 3 premiers chiffres à gauche de ce nombre, pour avoir une exactitude plus que suffisante dans la pratique).

Si ce nombre a 8 chiffres à sa partie entière, ou moins de huit chiffres, on ne note que les trois premiers chiffres à gauche, dont la valeur détermine un point sur la ligne des abscisses, admettant que cette ligne soit divisée depuis 100 jusqu'à 1000.

En ce point, on élève une perpendiculaire jusqu'à la courbe dont l'annotation exprime le nombre des chiffres de la partie entière du produit KLQ^2.

La longueur de cette perpendiculaire comprise entre la ligne des abscisses et la courbe, donne le diamètre que doit avoir la conduite pour que, pendant l'écoulement du volume Q de gaz par heure, la différence entre les pressions manométriques aux extrémités soit de 1 millimètre.

En descendant sur la perpendiculaire à partir de la courbe, la première courbe tracée en trait fin fixe ce diamètre pour une différence de pression de 2 millimètres; la seconde courbe le fixe également pour une différence de pression de 3 millimètres, et ainsi de suite jusqu'à la courbe pleine qui correspond à une perte de charge de 1 centimètre.

Les lignes plus fines tracées entre cette courbe pleine et celle immédiatement au-dessous, limitent les grandeurs des diamètres pour des différences de pression de 2, 3, 4 centimètres jusqu'à 10 centimètres ou un décimètre.

Suivant la même loi, les courbes fines tracées entre la troisième courbe et la quatrième correspondent à des différences de pression marchant par décimètre, puis par mètre, puis par dix mètres ou par atmosphère, et ainsi de suite.

Si le nombre donné par l'expression KLQ^2 ne contient que 1, 2 ou 3 chiffres à sa partie entière, il est mieux, au lieu des courbes (I), (II) ou (III), de partir des courbes (VI), (VII) et (VIII), et de diviser le diamètre ainsi obtenu par 10.

Si le nombre KLQ^2 contient plus de huit chiffres, il faut enlever sur la droite assez de tranches de 5 chiffres, pour qu'il ne reste sur la gauche qu'une tranche de 8 chiffres au plus; rechercher le diamètre, comme il vient d'être dit ci-dessus, et reculer la virgule sur la droite du nombre exprimant ce diamètre, d'autant de chiffres que l'on a enlevé de tranches de 5 chiffres à la droite du nombre KLQ^2.

VALEUR DU COEFFICIENT DU FROTTEMENT b ADOPTÉ POUR LE TABLEAU.

— Pour établir la formule $D^5 = \frac{1.53}{(100)^5} \frac{KLQ^2}{(P-p)}$, on a admis que la valeur du coefficient b était 0,003, telle que l'a constatée M. Poncelet. On a cependant construit le tableau, en donnant à b la valeur 0,0032, qui est, il est vrai, un peu plus forte. La formule devient alors :

$$D^5 = \frac{1,632}{(100)^5} \frac{KLQ^2}{P-p} \cdot$$

Il y a d'autant moins d'inconvénient à en agir ainsi, que dans la pratique, comme il sera établi plus bas, on fait plus que doubler cette valeur $\frac{1,632}{(100)^5} \times \frac{KLQ^2}{P-p}$, pour en conclure la valeur de D.

L'avantage que l'on trouve est que ce tableau peut alors également déterminer les valeurs de D pour les conduites d'eau. Il suffit pour cela de faire $K = 1000$, et de multiplier $\left(\frac{1,632}{(100)^5} \frac{KLQ^2}{P-p}\right)$ par 1,10, ce qui revient à multiplier par ce nombre l'un des facteurs, — $b = 0,0032$, par exemple. — C'est, dans la formule, mettre pour b la valeur 0,00352. Or, on sait que pour les conduites d'eau, la fonction de la vitesse V, qui exprime l'influence du frottement, est de la forme $aV + bV^2$, et que, lorsque la vitesse est supérieure à $0^m,60$, on peut négliger le terme aV et n'avoir égard qu'au terme bV^2. — Eytelwein a d'ailleurs conclu de la comparaison des résultats de la formule avec ceux de l'expérience que, pour la pratique, on obtient des résultats suffisamment exacts, en se bornant au seul terme bV^2, et faisant $b = 0,003499$ ou plus simplement $b = 0,0035$.

Applications. — A l'extrémité d'une conduite d'une longueur de 6,000 mètres, on a à envoyer 1,000 mètres cubes de gaz par heure. Le poids du mètre cube de gaz est $0^k,50$. On demande le diamètre à donner à la conduite et la perte de charge correspondante.

$$KLQ^2 = 0,5 \times 6\,000 \times \overline{1\,000^2} = 3\,000\,000\,000.$$

Sur la droite de ce nombre, on retranche 5 chiffres, il reste le nombre 30000 ayant à sa partie entière 5 chiffres. On cherche sur la ligne des abscisses le nombre 300, et l'on prend la longueur de la perpendiculaire jusqu'à la courbe (V), qui correspond à une différence de pression, aux extrémités, de 1 millimètre. Voici, au reste, les nombres donnés par le tableau correspondant à diverses pertes de charge.

$$
\begin{aligned}
&\text{Pour une perte de charge de 1 millimètre, Diamètre} = 0^{m},0867\\
&\qquad\qquad\text{—}\qquad\text{—}\qquad 2 \quad\text{—}\qquad\text{—}\quad = 0^{m},0756\\
&\qquad\qquad\text{—}\qquad\text{—}\qquad 3 \quad\text{—}\qquad\text{—}\quad = 0^{m},0695\\
&\qquad\qquad\text{—}\qquad\text{—}\qquad 4 \quad\text{—}\qquad\text{—}\quad = 0^{m},0655\\
&\qquad\qquad\text{—}\qquad\text{—}\qquad 5 \quad\text{—}\qquad\text{—}\quad = 0^{m},0630\\
&\qquad\qquad\text{—}\qquad\text{—}\qquad 6 \quad\text{—}\qquad\text{—}\quad = 0^{m},0610\\
&\qquad\qquad\text{—}\qquad\text{—}\qquad 7 \quad\text{—}\qquad\text{—}\quad = 0^{m},0590\\
&\qquad\qquad\text{—}\qquad\text{—}\qquad 8 \quad\text{—}\qquad\text{—}\quad = 0^{m},0576\\
&\qquad\qquad\text{—}\qquad\text{—}\qquad 9 \quad\text{—}\qquad\text{—}\quad = 0^{m},0550\\
&\qquad\qquad\text{—}\qquad\text{—}\qquad \text{1 centimètre}\quad\text{—}\quad = 0^{m},0547\\
&\qquad\qquad\text{—}\qquad\text{—}\qquad 2 \quad\text{—}\qquad\text{—}\quad = 0^{m},0475\\
&\qquad\qquad\text{—}\qquad\text{—}\qquad 3 \quad\text{—}\qquad\text{—}\quad = 0^{m},0438\\
&\qquad\qquad\text{—}\qquad\text{—}\qquad \text{1 décimètre}\quad\text{—}\quad = 0^{m},0345
\end{aligned}
$$

Comme on a ôté une tranche de 5 chiffres sur la droite du nombre calculé d'après l'énoncé du problème, il faut multiplier tous ces diamètres par 10 pour avoir ceux qui répondent à la question. Aussi, ces diamètres sont, pour des pertes de charge de 1 millimètre, 1 centimètre, 1 décimètre, 0^{m},867, 0^{m},547, 0^{m},345.

On a proposé, pour éclairer la ville de Paris, de construire des fours de distillation sur le carreau de la mine et d'envoyer le gaz par une canalisation. Sans vouloir discuter ici le mérite de l'idée, voici, dans ce cas, les diamètres à adopter.

La valeur de L serait environ de 60 lieues, soit 240,000 mètres. La consommation moyenne de Paris est par jour de 250,000 mètres cubes; c'est-à-dire de 400,000 mètres pour les plus longues nuits d'hiver; prenons 480,000 mètres, et par heure, — en admettant à Paris des gazomètres d'une capacité suffisante pour emmagasiner la totalité du gaz émis d'une manière continue — 20,000 mètres ; c'est la valeur de Q. On ne tient pas compte, on le voit, des augmentations certaines pour l'avenir.

$$\text{Si } K = 0,50$$

$$KLQ^2 = 0,50 \times 240\,000 \times \overline{20\,000^2}$$

$$= 48\,000\,000\,000\,000$$

Après avoir *retranché* deux *tranches* de 5 chiffres, il reste le nombre 4 800.

Le tableau donne

Pour une perte de charge de 1 millimètre... Diamètre $0^m,0606$
   —   —   de 1 centimètre...   — $0^m,03\times22$
   —   —   de 1 décimètre....   — $0^m,02411$

En multipliant ces diamètres par 100, puisque l'on a enlevé deux tranches, on aura $6^m,06$, $3^m,82$, $2^m,41$ pour les diamètres correspondant aux pertes de charge de 1 millimètre, 1 centimètre et 1 décimètre.

Problèmes a résoudre. — L'équation $D^5 = \dfrac{1,632}{(100)^5}\,\dfrac{KLQ^2}{P-p}$, ou le tableau qui en est l'expression graphique, contient quatre quantités : D, L, Q et $P-p$; ce qui permet de résoudre tous les problèmes que l'on peut se proposer, du moment que l'on se donne trois de ces quantités. C'est ainsi qu'en admettant données les quantités L, Q et $P-p$, on a déterminé D. Le tableau permet également de déterminer $P-p$ d'après les trois quantités L, Q et D. Il est inutile de s'y arrêter.

Si L, D et $P-p$ sont donnés, et que Q soit à déterminer, c'est le cas où l'on a une conduite déjà placée, et où, ne pouvant disposer que d'une perte de charge $P-p$, on veut connaître la quantité correspondante de gaz que l'on peut livrer à l'extrémité.

Au-dessus de la ligne des abscisses, à une distance égale au diamètre de la conduite, on mène une ligne parallèle à la ligne des abscisses. Cette ligne coupera une ligne pleine et huit lignes plus fines.

Toutes ces courbes sont marquées depuis 1 jusqu'à 9 inclusivement.

Pour fixer les idées soit $P - p = 0^m,04$. On note le point où la ligne, menée parallèlement, coupe la courbe (4). Par ce point, on abaisse une perpendiculaire sur la ligne des abscisses. Cette perpendiculaire prolongée dans le haut rencontre une ligne pleine, qui limite la grandeur du diamètre à donner à la conduite pour que la différence de pression soit égale à 1 centimètre ; en prolongeant cette perpendiculaire au-dessus, elle rencontre une autre ligne pleine, qui fixe la grandeur du diamètre pour une différence de pression de 1 millimètre. C'est la valeur de KLQ^2 ; par conséquent, en la divisant par KL et prenant la racine carrée, on aura la valeur de Q.

INFLUENCE DES CHANGEMENTS DE DIAMÈTRE. — Lorsque la conduite change plusieurs fois de diamètre, on calcule, pour chaque partie où le diamètre reste constant, et d'après le volume de gaz à envoyer, la perte de charge correspondante. La somme de toutes ces pertes donne la perte de charge totale.

On en conclut que, si la conduite déverse la totalité de son gaz à l'extrémité, l'ordre suivant lequel sont placées ces différentes conduites est indifférent, en admettant toutefois qu'elles soient raccordées de manière à ne pas avoir à tenir compte de pertes de force vive à chaque changement de diamètre. Néanmoins, il est plus économique d'adopter un diamètre unique. En effet, si l'on conserve la même surface frottante, — ce qui représente sensiblement la même dépense, — la perte de charge est la plus petite possible, lorsque la vitesse dans chaque partie reste proportionnelle au diamètre (a).

(a) On a une conduite composée de deux parties : la longueur de la première est L, et son diamètre est D ; la longueur de la seconde est l, et son diamètre, d. Soit Q le volume de gaz qui s'écoule, par heure, dans la première partie, et q le volume qui s'écoule dans la seconde. Par conséquent le volume de gaz déversé à l'extrémité de la première partie est $Q - q$.

Or, puisque la conduite, par hypothèse, déverse la totalité de son gaz à l'extrémité, le volume qui s'écoule en chaque point,

---

La perte de charge totale P — p, exprimée en millimètres, est donnée par la formule :

$$P - p = \frac{1,53 . \text{K}}{(100)^5} \left\{ \frac{\text{LQ}^2}{\text{D}^5} + \frac{lq^2}{d^5} \right\}.$$

Si l'on conserve la même surface frottante de conduite, ce qui représente sensiblement la même dépense, on a, par suite, LD $+ ld = $ constante. Dans ces conditions, on demande de déterminer D et d, de manière que P — p soit le plus petit possible.

D′ et d′ représentant les dérivées de D et d, de la relation LD $+ ld = $ constante, on tire LD′ $+ ld$′ $= 0$: d'où d′ $= - \frac{\text{L}}{l}$ D′ $= - \lambda$ D′, faisant $\frac{\text{L}}{l} = \lambda$.

Posant $\frac{\text{LQ}^2}{lq^2} = $ I, le problème à résoudre revient à différentier l'expression $\frac{\text{I}}{\text{D}^5} + \frac{1}{d^5}$, et à égaler le résultat à 0. Effectuant cette différentiation, on obtient, toutes réductions faites, en combinant avec l'équation d′ $= - \lambda$ D′,

$$\text{I}d^6 = \text{D}^6 \lambda ; \text{ d'où } \frac{\text{D}^6}{d^6} = \frac{\text{I}}{\lambda} = \frac{\text{LQ}^2}{lq^2} \times \frac{l}{\text{L}} = \frac{\text{Q}^2}{q^2} ; \text{ et } \frac{\text{D}}{d} = \frac{\sqrt[3]{\text{Q}}}{\sqrt[3]{q}}$$

Ainsi, *pour avoir la perte de charge totale la plus petite possible, avec la même surface totale de conduite*, sensiblement avec la même dépense, *il faut*, dans le cas du problème proposé, *que les diamètres de chaque partie de la conduite soient dans le même rapport que les racines cubiques des volumes de gaz qui s'écoulent dans chacune d'elles.*

Si H représente la perte de charge, exprimée en millimètres, pour la première partie de la conduite ayant le diamètre D ; et h, la perte de charge pour l'autre partie de la conduite ayant le diamètre d, on a :

$$\text{H} = \text{constante} \times \frac{\text{I Q}^2}{\text{D}^5} ; h = \text{constante} \times \frac{lq^2}{d^5}.$$

D'où, puisque $\frac{\text{Q}^2}{q^2} = \frac{\text{D}^6}{d^6}$, $\quad \frac{\text{H}}{h} = \frac{\text{LQ}^2}{lq^2} \times \frac{d^5}{\text{D}^5} = \frac{\text{L}}{l} \times \frac{\text{D}^6}{d^6} \times \frac{d^5}{\text{D}^5} = \frac{\text{LD}}{ld}.$

Ainsi, *pour avoir la plus petite perte de charge totale, avec la même dépense de tuyaux*, et les mêmes volumes de gaz Q et q à débiter, *il faut que la perte de charge pour chaque partie de conduite, reste proportionnelle à l'étendue de la surface frottante.*

Si V indique la vitesse du gaz dans la première partie de la conduite, et v, la vitesse du gaz dans la seconde, on a 3600 $\pi . \frac{\text{D}^2}{4}$ V $= $ Q, et

dans le même temps, reste constant, il doit donc en être de même de la vitesse, ce qui ne saurait avoir lieu si le diamètre changeait en un point quelconque.

CAS OÙ **LA CONDUITE ALIMENTE DES BECS DANS SON PARCOURS.** — Si la conduite, au lieu de porter à son extrémité la totalité du volume de gaz Q, en abandonne une partie le long de son parcours, — ce sont les conditions ordinaires des usines à gaz, — pour une même perte de charge, le diamètre est moindre; on le calcule de la manière suivante. Soient :

L la longueur de la conduite,

Q le volume de gaz qui entre dans la conduite,

q le volume de gaz qui est régulièrement réparti le long de la conduite.

Au lieu de $D^5 = \dfrac{1{,}53}{100^5} \times \dfrac{KLQ^2}{P-p}$,

on a (b)

$$D^5 = \frac{1{,}53}{(100)^5} \times \frac{KL\left(Q(Q-q) + \dfrac{q^2}{3}\right)}{P-p} \; ; \; (4)$$

d'où l'on déduit évidemment pour D une valeur moindre.

$3600\,\pi \dfrac{d^2}{4}\, v = q$, d'où $\dfrac{V}{v} = \dfrac{Q}{q} \times \dfrac{d^2}{D^2}$; remplaçant $\dfrac{Q}{q}$ par sa valeur $\dfrac{D^3}{d^3}$, on conclut $\dfrac{V}{v} = \dfrac{D}{d}$.

La vitesse du gaz dans chacune des conduites, doit donc être proportionnelle à son diamètre.

Toutes ces conséquences qui viennent d'être démontrées pour deux portions de conduite, sont également vraies pour plusieurs.

(b) Le volume q de gaz s'écoulant régulièrement le long de la conduite L, le volume qui passe, par heure, dans une section faite à une distance l du point de départ est $Q - \dfrac{q}{L} l$; et la perte de charge sur une longueur infiniment petite dl, devient :

$$\frac{1{,}53}{(100)^5} \quad \frac{K\left(Q - \dfrac{q}{L}\, l\right)^2 dl}{D^5}$$

Pour avoir la perte de charge totale P — p, pour toute la conduite L,

Si $Q = q$, c'est-à-dire si la totalité du gaz est débitée uniformément le long de la conduite, la formule devient :

$$D^5 = \frac{1.53}{(100)^5} \frac{KLQ^2}{3(P - p)} \cdot \quad (5)$$

Dans ce cas, pour avoir le diamètre cherché au moyen du tableau de la planche XIV, il suffit de porter sur la ligne des abscisses le tiers du produit KLQ^2.

Influence de la différence de niveau lorsqu'il n'y a pas écoulement. — Les calculs précédents admettent les conduites posées horizontalement. Lorsqu'il n'en est pas ainsi, la différence entre la densité de l'air et celle du gaz modifie les indications du manomètre différentiel ; or, ce sont précisément ces indications qui fixent les conditions d'éclairage.

Admettons d'abord le gaz remplissant les conduites, mais sans écoulement, la pression sur les parois intérieures demeure constante sur l'unité de surface, tant que l'on considère des points situés sur un même plan horizontal, et elle varie dans le cas contraire.

Pour deux points ayant une différence de niveau H, si P indique la pression, sur l'unité de surface, au point le plus élevé, et K, le poids du mètre cube de gaz, la pression, au point le plus bas, sera P augmenté du poids d'une colonne de gaz ayant pour base l'unité de surface, c'est-à-dire le mètre carré, et pour hauteur H : cette pression sera $P + HK$.

En conséquence, si P représente la pression du gaz dans les conduites à l'usine, $P \mp HK$ représentera la pression en un

---

il faut intégrer cette expression par rapport à l, entre les limites 0 et L. On obtient :

$$P - p = \frac{1,53}{(100)^5} \cdot \frac{KL}{q} \frac{(Q^3 - (Q - q)^3)}{3D^5} = \frac{1,53}{(100)^5} \times \frac{KL\left(Q(Q - q) + \frac{q^2}{3}\right)}{D^5}$$

et par suite :

$$D^5 = \frac{1,53}{(100)^5} \times \frac{KL\left(Q(Q - q) + \frac{q^2}{3}\right)}{P - p} \quad (4)$$

autre point quelconque, ayant une différence de niveau H avec l'usine. On prend le signe $+$ lorsque le point est plus bas, et le signe $-$ lorsqu'il est plus élevé.

Si l'on désigne par b la pression atmosphérique à l'usine, sur l'unité de surface, il est évident, en représentant par B le poids du mètre cube d'air, que cette pression atmosphérique, pour un autre point ayant également une différence de niveau H avec l'usine, sera $b \mp \text{HB}$. Prenant, de même, le signe $+$ lorsque le point est plus bas, et le signe $-$ lorsqu'il est plus élevé. Un manomètre différentiel à eau placé à un point quelconque de la conduite ayant une différence de niveau H avec l'usine, indiquera donc un nombre de millimètres égal à $P - b \pm H (B - K)$. Pour les points plus élevés, on prend le premier signe $+$, et, pour les points qui sont en contre-bas, le signe $-$.

La correction à faire pour tenir compte de la différence de niveau, est donc d'autant plus importante que la densité du gaz K diffère davantage de la densité de l'air B. Elle devient nulle quand $K = B$.

La densité du gaz de houille, prise par rapport à celle de l'air, variant de 0,35 à 0,48, la valeur moyenne de $B - K$ est $= 0,80$, et la pression sur l'unité de surface, en un point quelconque de la conduite, devient $P - b \pm 0,80H$. Ainsi, avec le gaz de houille, pour tous les points qui sont plus élevés que l'usine, la pression manométrique dépasse celle de l'usine de $\frac{8}{10}$ de millimètre par mètre d'élévation en plus, et elle est inférieure, suivant la même proportion, pour les points qui sont en contre-bas.

Lorsqu'il y a écoulement. — Si l'on admet qu'il y ait écoulement, on calcule, au moyen de la formule ou du tableau, la pression manométrique en un point quelconque dans l'hypothèse où toutes les conduites, à partir de l'usine, seraient horizontales ; et l'on corrige la pression ainsi calculée en y ajoutant un nombre de millimètres donné par l'expression $\pm 0,80H$, ou plus généralement par $\pm$ (B — K) H. Le premier signe $+$ est pour les points qui sont plus élevés, et le second signe $-$ pour les points en contre-bas.

En effet, si dans l'appareil Pecqueur on incline la conduite qui joint les deux récipients remplis de gaz aux pressions P et p, de manière à ce que leurs extrémités aient une différence de niveau H ; si l'on pose l'équation du mouvement, on aura à tenir compte, pour le temps pendant lequel on étudie le mouvement, du petit volume de gaz correspondant élevé ou abaissé de la hauteur H.

Si la conduite va en montant, prenant la tranche entière de gaz contenu dans la conduite, pour un petit parcours x, on a l'équation

$$\pi \cdot \frac{D^2}{4}(P - p)\, x = b \cdot \frac{K}{g}\, \pi\, DLV^2\, x + \frac{\pi D^2}{4} KHx \; ;$$

et, faisant les mêmes transformations que plus haut, on obtient :

$$D^5 = \frac{1,53}{(100)^5} \times \frac{KLQ^2}{P - p - KH} = \frac{1,53}{(100)^5} \times \frac{KLQ^2}{P - (p + KH)} \quad (6)$$

L'inspection de cette formule, comparée à celle obtenue pour la conduite horizontale, démontre que, si la même conduite était posée horizontalement, pour le même volume de gaz débité par heure Q, l'extrémité serait à la pression $p + KH$, au lieu d'être à la pression p.

En élevant l'extrémité d'une conduite horizontale d'une hauteur H, l'écoulement restant dans les mêmes conditions, on diminue donc la pression à l'extrémité de KH. On conclut que, si le diamètre de la conduite est calculé de manière à ce que, celle-ci restant horizontale, la pression à l'extrémité soit p, lorsque l'extrémité de la conduite sera relevée de H, la pression y sera $p - KH$.

La pression atmosphérique à l'usine est b, elle sera à l'extrémité de la conduite $b - BH$: par conséquent le manomètre différentiel indiquera, en ce point, une pression $(p - KH) - (b -$

BH) $= p - b + (\text{B} - \text{K})\text{H}$. Or, $p - b$ est la pression manométrique à l'extrémité de la conduite lorsque celle-ci est horizontale ; il faut donc, effectivement, pour avoir la pression à un point plus élevé de H, y ajouter une hauteur manométrique égale à $(\text{B} - \text{K})\text{H}$.

Pour un point plus bas, il faudrait, au contraire, en retrancher la même quantité. Il y a donc avantage à établir l'usine au point le plus bas du périmètre à éclairer : la pression, au point de départ, sera le plus petite possible ; la fabrication se fera dans de meilleures conditions, et l'importance des fuites dans les conduites sera diminuée.

Pour une rue ascendante, à partir du point où s'établit la prise de gaz, il serait possible d'y poser une conduite telle que, pour une quantité donnée de gaz devant la parcourir, la pression en un point quelconque demeure constante : il suffirait pour cela que la perte de charge due au frottement, pour une longueur assignée, soit égale à l'excès de pression gagné par la différence de niveau des deux extrémités de cette longueur.

Il est évident que cette condition ne sera remplie que pour la quantité donnée de gaz : si l'écoulement diminue, la perte de charge due au frottement diminue également, et comme l'influence de la hauteur sur les indications du manomètre différentiel reste constante, la pression manométrique augmenterait à mesure que l'on s'élèverait, et elle diminuerait au contraire si l'écoulement venait à augmenter.

APPLICATION. — Supposons que le gaz doive arriver à l'extrémité d'une rue montante avec une pression, mesurée au manomètre différentiel, de $0^m,030$, que la pression, au bas, au point de raccordement soit $0^m,050$, et que la différence de niveau entre les extrémités soit de 20 mètres. Si la conduite était horizontale, on adopterait un diamètre qui, pour la dépense assignée, donnerait une perte de charge de 20 millimètres ; mais, puisque la conduite va en montant, la pression à l'extrémité doit être telle qu'augmentée de $0{,}80 \times 20$ millimètres, on ait $0^m,030$; elle doit donc être égale à $0^m,14$, et la perte de charge, à $0^m,050 - 0^m,014$ = 36 millimètres ; ce qui permet de réduire le diamètre, et l'on n'obtient pas moins la pression demandée de $0^m,030$.

Lorsque la conduite descend, les conditions sont toutes renversées : la pression au point de raccordement étant toujours $0^m,05$, si le point extrême est à 20 mètres au-dessous, la pression manométrique sera, lorsqu'il n'y aura pas écoulement, $(50 - 0,80 \times 20)$ millimètres $= 34$ millimètres.

Lorsqu'il y aura écoulement, il faudra diminuer cette pression de la perte de charge provenant du frottement du gaz dans la conduite. Si l'on impose la même condition que pour la conduite ascendante, relativement à la pression manométrique qui doit être à l'extrémité de $0^m,03$, il faudra disposer du diamètre de la conduite de manière à ce que la perte de charge soit réduite à $0^m,004$.

Ainsi, pour la même quantité de gaz à débiter, et la même longueur de conduite conservant à ses extrémités une différence de hauteur de 20 mètres, dans les mêmes conditions de pression assignées ci-dessus, au point de départ et au point extrême, le diamètre de la conduite, dans le cas d'une conduite montante, s'obtient comme pour une conduite horizontale, en calculant sur une perte de charge de 36 millimètres, et, dans le cas d'une conduite descendante, sur une perte de charge de 4 millimètres seulement. L'inspection du tableau permet de juger, *à priori*, les différences qui en résultent dans les dimensions des conduites.

COEFFICIENT DE CORRECTION POUR LA FORMULE PRATIQUE. — Les formules précédentes ont été déterminées d'après des expériences faites sur des conduites bien calibrées, et dont la surface intérieure était unie, ne présentant aucune aspérité. Dans la pratique, les tuyaux sont plus ou moins déformés par le moulage ; leurs parois intérieures présentent des bavures et des aspérités ; des dépôts s'y forment et produisent des obstructions. De plus, si l'on réfléchit au mode de pose des tuyaux, soit à brides, soit à tubulures, on ne peut répondre qu'ils soient dans le même axe ; on a alors à craindre des saillies. Avec les tuyaux à tubulures, chaque joint présente en outre dans l'intérieur une solution de continuité formant un vide annulaire. Or ces saillies, ou ces vides, donnent naissance à des perturbations dans la masse, qui, se répétant à chaque longueur de tuyau, occasionnent une réduction sensible dans la dépense. On voit combien doivent être minutieux les soins à apporter à la pose des conduites, et l'on apprécie les conséquences fâcheuses d'une négligence à cet égard.

M. Guemard, chargé de la conduite des eaux de la ville de Grenoble, signale, dans un mémoire inséré aux *Annales des mines*, 1839, page 136, qu'après avoir pris, pour les tuyaux, les attentions les plus minutieuses, il trouva avec étonnement que les formules de résistance données par Prony se trouvaient avoir parfaitement réussi ; tandis qu'il était reconnu dans la pratique que ces formules donnaient des résultats d'un tiers trop fort.

Outre l'attention de placer les tuyaux rigoureusement dans le même axe, M. Guemard avait encore fait disposer les bouts et les tubulures des tuyaux, de manière qu'entre le bout de chaque tuyau et le talon de la tubulure dans laquelle il est engagé, il ne se formât pas de vide qui pût occasionner des pertes de force vive.

D'après ces faits reconnus, les ingénieurs déterminent le diamètre des tuyaux pour les conduites d'eau, en augmentant, dans les formules, la dépense de 50 pour 100. On suivra cette règle pour les conduites des usines à gaz.

Ainsi, au lieu du produit KLQ^2, il faudrait calculer $KL (1,50)^2 Q^2 = 2,25\ KLQ^2$, en d'autres termes, multiplier KLQ^2 par le nombre 2,25. Or, si l'on se sert du tableau de la planche XIV, les courbes sont tracées en faisant $b = 0,0032$; tandis que sa véritable valeur est 0,0030 : c'est déjà comme si l'on multipliait KLQ^2 par $\frac{32}{30}$.

De plus, comme les conduites servent le plus ordinairement au gaz de houille, et que la valeur de K est, approximativement, égale à $0^k,50$, si, dans le tableau de la planche XIV, on se contente du produit LQ^2, au lieu de KLQ^2, c'est comme si l'on doublait cette valeur.

Se servir du tableau de la planche XIV, et faire $K = 1$ au lieu de $K = 0,50$, c'est multiplier la véritable valeur de KLQ^2 par $2 \times \frac{32}{30} = 2,133$. C'est donc sensiblement doubler la valeur de Q, ainsi qu'on le fait pour les conduites d'eau. En conséquence, on déterminera le diamètre des conduites pour le gaz de houille, en se contentant du produit LQ^2 au lieu de KLQ^2.

Si l'on devait établir une canalisation pour un gaz, dont la densité fût K', il faudrait prendre le produit $2K'LQ^2$ au lieu de LQ^2.

Marche a suivre pour poser une canalisation. — On distingue dans une canalisation : 1° les conduites principales ; elles partent de l'usine ; chacune d'elles traverse, en suivant les grandes voies de communication, les quartiers qu'elle doit éclairer ;

2° Les conduites secondaires ; elles se branchent sur les conduites principales, qui les alimentent ; elles se posent dans les voies transversales, et peuvent servir elles-mêmes à alimenter d'autres conduites, et ainsi de suite.

Pour arrêter une canalisation, on dresse un plan des localités parfaitement nivelé. On trace toutes les conduites principales et secondaires ; on prend pour plan de nivellement celui qui passe par le point de départ de l'usine. Toutes les cotes de nivellement sont indiquées avec le signe $+$ pour les points qui sont au-dessus du plan de nivellement, et avec le signe $-$ pour ceux qui sont en dessous.

On étudie successivement chacune des lignes principales : ainsi, on en prend une, et l'on indique tous les points de raccordement avec les lignes secondaires. On marque leurs cotes de nivellement et les distances qui séparent ces points.

On recherche d'abord la pression manométrique à l'extrémité de la conduite. Le gaz doit y arriver avec une pression d'autant plus forte, qu'il trouvera en ce point des éclairages plus importants à satisfaire. On ne peut admettre une pression moindre que $0^m,02$. Pour un projet, il faut compter au moins sur $0^m,03$.

Il se peut, en outre, que cette extrémité soit destinée à être prolongée par la suite; dans ce cas, le gaz doit y arriver à une plus forte pression. L'excès à lui donner dépend de la conduite à ajouter et de l'importance de l'éclairage futur. Il est variable, évidemment, et on l'arrête pour chaque cas particulier. Soit e cet excès exprimé en millimètres, le gaz devra arriver à l'extrémité de la conduite avec une pression manométrique égale à $(e + 30)$ millimètres.

Soit $\pm h$ la cote de nivellement de l'extrémité de la conduite. On recherche à quelle pression x (en millimètres), il faut envoyer le gaz à l'extrémité de cette conduite principale, supposée horizontale, pour que, donnant à cette extrémité la cote de nivellement $\pm h$, la pression devienne $e + 30$.

Il faut que $x \pm 0,8\,h = e + 30$; d'où $x = e + 30 \mp 0,80\,h$. Telle est la pression d'après laquelle on calcule le diamètre.

Le gaz part donc de l'usine à une pression à déterminer, et l'on calcule le diamètre de la conduite en la supposant horizontale, mais en admettant à l'extrémité une pression $(e + 30 \mp 0,80\,h)$ millimètres.

Quelle que soit la quantité de gaz qui arrive à l'extrémité, quelle que soit celle que la conduite émette dans son parcours, tant pour fournir à l'éclairage des établissements qui l'avoisinent que pour alimenter les conduites secondaires, il est évident que l'on pourra, à la rigueur, réduire la pression manométrique du gazomètre à l'usine, de manière à ce qu'elle ne dépasse celle à l'extrémité, — la conduite supposée horizontale, — que de 1 à 2 millimètres.

Mais pour arriver à ce résultat, il faudrait prendre de grandes conduites; ce sont de fortes dépenses. Si, au contraire, on diminue le diamètre, en vue d'une économie dans les frais d'installation, on a, alors, une forte pression dans le gazomètre et, avec elle, tous les inconvénients qui en découlent, et qui ont déjà été signalés.

Soit M la perte de charge depuis l'usine jusqu'à l'extrémité de la conduite principale que l'on étudie, la pression à l'extrémité de la conduite supposée horizontale étant $e + 30 \mp 0{,}80\,h$, elle sera à l'usine $M + e + 30 \mp 0{,}80\,h$. Autant que possible, cette quantité ne doit jamais dépasser 100 millimètres. M est déterminé en conséquence.

Il est naturel de faire varier cette perte de charge M, depuis le gazomètre jusqu'à l'extrémité, proportionnellement à la longueur du parcours : ainsi, L représentant la longueur totale de la conduite principale, pour laquelle la perte de charge est M, à un point situé à une longueur l de l'usine, la perte de charge, depuis l'usine jusqu'à ce point, serait $\dfrac{Ml}{L}$.

Pour la conduite supposée horizontale, la pression manométrique est en ce point $M\left(1 - \dfrac{l}{L}\right) + e + 30 \mp 0{,}80\,h$. Si la cote de nivellement de ce point est $\pm\,h'$, la véritable pression manométrique différentielle, est

$$M\left(1 - \frac{l}{L}\right) + e + 30 \mp 80\,h \pm 0{,}80\,h'.$$

Afin de mieux exposer la marche à suivre pour déterminer les diamètres des conduites, nous prendrons un exemple particulier. (Voir plus loin, tableaux A et B.)

Supposons une conduite principale qui, partant de l'usine, a cinq embranchements avec des conduites secondaires, ce qui partage cette conduite en six tronçons, dont il faut assigner les diamètres.

On forme six colonnes ; en tête de la première, on écrit : *premier tronçon*, de la seconde, *deuxième tronçon*, et ainsi de suite jusqu'à la dernière.

Sur une même ligne horizontale, on écrit dans chaque colonne les longueurs de ces divers tronçons. Ainsi, dans la première colonne, il y a 500 mètres; ce qui indique que la distance de l'usine au premier embranchement est de 500 mètres. Il y a, dans la seconde colonne, 320 mètres; c'est la distance du premier embranchement au second. Enfin, dans la dernière colonne, il y a 600 mètres pour indiquer la distance du dernier embranchement à l'extrémité de la conduite principale.

La somme de toutes ces distances est 2270 mètres, c'est la longueur totale de la conduite.

Sur une autre ligne horizontale, en dessous, on écrit la cote du nivellement de chaque embranchement, en prenant pour plan de nivellement celui qui passe par l'usine.

On recherche d'abord d'après quelles pertes de charge on doit calculer les diamètres.

On admet que l'extrémité de la conduite sera plus tard prolongée, et que la perte de charge totale, en tenant compte des différences de niveau, s'il était nécessaire, pour cette conduite projetée, soit de $0^m,02$; le gaz arrivant à son extrémité avec une pression, mesurée au manomètre différentiel, de $0^m,03$, qui est jugée nécessaire pour y satisfaire aux besoins futurs d'éclairage.

Ainsi, le gaz doit, par la suite, parvenir à l'extrémité de la conduite à poser, immédiatement, avec une pression de $0^m,02 + 0^m,03 = 0^m,05$.

Dans les conditions du problème à résoudre, la cote de nivellement du point extrême est -12. Si l'on calcule les dimensions de la conduite, en la supposant horizontale, comme en réalité son extrémité est abaissée de 12 mètres au-dessous du niveau de l'usine, c'est un abaissement de pression de $0,80 \times 12 = 9,6$ millimètres. Il faut donc, dans les calculs, augmenter la pression de cette quantité, et par conséquent la porter à $0^m,050 + 0^m,0096 = 0^m,0596$.

La pression dans le gazomètre doit être, au moins, égale à

$0^m,0596$, plus à la perte de charge depuis l'usine jusqu'à l'extrémité de la conduite. On reste libre de disposer de cette perte de charge, que l'on cherche toujours, d'après ce qui a été expliqué, à réduire le plus possible.

On a admis, dans le cas particulier que nous étudions, que cette perte de charge ne saurait dépasser $0^m,04$. La pression dans le gazomètre a donc pour limite inférieure $0^m,0596 + 0^m,04 = 0^m,0996$.

Admettons d'abord que l'on impose la condition que la perte de charge, pour chaque tronçon de conduite compris entre deux embranchements, soit proportionnelle à sa longueur. Pour la longueur totale de la conduite, qui est de 2270 mètres, elle reste fixée à $0^m,04$. Il est facile, par une simple proportion, d'en déduire la perte de charge pour chaque tronçon. On écrit ces pertes de charge sur une même ligne horizontale, à chaque colonne respectivement.

On inscrit en dessous, à chaque colonne, les quantités de gaz à déverser par heure, dans chaque conduite secondaire, en les calculant d'après les plus larges prévisions. Ainsi, à la première colonne, on met 25 mètres, à la seconde, 80 mètres, etc. La première conduite secondaire, au premier embranchement, prend donc 25 mètres cubes de gaz; la deuxième conduite secondaire, 80 mètres cubes, et ainsi de suite. La somme des quantités de gaz à déverser dans toutes les conduites secondaires est de 335 mètres cubes par heure.

On écrit, après, les volumes de gaz débités le long de chaque tronçon, pour alimenter les établissements qui avoisinent la conduite principale; ainsi, les 10 mètres qui sont dans la première colonne indiquent que, de l'usine au premier embranchement, la conduite débite le long de son parcours 10 mètres cubes de gaz; elle en débite 20 mètres cubes du premier au deuxième embranchement, 15 mètres cubes du deuxième au troisième, etc. La somme de tous ces volumes de gaz est de 105 mètres cubes. On fait, dans chaque colonne, la somme de ces deux quantités de gaz.

Ainsi, il faut qu'il s'écoule par heure, à partir de l'usine, dans la conduite principale un volume de gaz égal à $335^m + 105^m = 440^m$. Ce volume parcourra tout le premier tronçon, en déversant 10 mètres cubes le long de son parcours ; on admet que ce déversement se fait d'une manière uniforme. On met 440 mètres dans la première colonne.

De ces 440 mètres cubes, on retranche 35 mètres cubes, nombre placé immédiatement au-dessus qui représente la somme du volume de gaz déversé le long du premier tronçon, — 10 mètres cubes, — plus de celui déversé dans la première conduite secondaire, — 25 mètres cubes ; — il reste le nombre 405 que l'on porte dans la deuxième colonne.

Ces 405 mètres cubes de gaz restant parcourent le deuxième tronçon, en abandonnant 20 mètres cubes le long de son parcours, et 80 mètres cubes à l'extrémité dans la deuxième conduite secondaire.

Suivant le même raisonnement, on retranche $80^{mc} + 20^{mc} = 100^{mc}$, et l'on porte la différence 305 mètres à la troisième colonne. Ces 305^{mc} de gaz parcourent le troisième tronçon, en abandonnant 15^{mc} le long de son parcours, et 50^{mc} dans la troisième conduite secondaire, et ainsi de suite.

On a ainsi, pour chaque tronçon, le volume de gaz qui doit le parcourir, dont une partie arrive en entier à l'extrémité, et dont l'autre se déverse dans le parcours ; on a, plus haut, la longueur du tronçon et la perte de charge entre les extrémités.

Pour en conclure le diamètre d'après le tableau de la planche XIV, on fait le produit $L \times Q^2$, ou plus rigoureusement, en tenant compte du volume q régulièrement réparti le long de la conduite, on forme le nombre $L\left(Q(Q-q) + \frac{q^2}{3}\right)$. (Voir formule (4), page 420.) C'est cette dernière formule dont on a fait usage.

440 mètres de gaz parcourent le premier tronçon, en abandon-

nant 10 mètres cubes de gaz le long de son parcours. On a alors
$Q = 440$ et $q = 10$.

Au-dessous des volumes de gaz s'écoulant dans chaque tronçon
on écrit ces mêmes volumes diminués, chacun, du volume de
gaz correspondant qui s'écoule régulièrement le long du tronçon.
On a ainsi, pour chaque tronçon, toutes les valeurs de $Q - q$.

On en fait le produit par le nombre immédiatement au-
dessus Q, et l'on obtient toutes les valeurs de $Q (Q - q)$: pour
le premier tronçon, cette valeur est $440 (440 - 10)$.

On pourrait supprimer le terme $\frac{q^2}{3}$, qui est négligeable, au
moins pour les premiers tronçons où les valeurs $Q (Q - q)$
sont, relativement, très-fortes. Nous en avons cependant tenu
compte, et nous avons écrit au-dessous du produit $Q (Q - q)$,
les nombres $\frac{10^2}{3}$, $\frac{\overline{20}^2}{3}$, $\frac{\overline{15}^2}{3}$ pour le premier, le deuxième, le troisième tronçon, etc.

On fait dans chaque colonne la somme des deux derniers nombres, et l'on porte au-dessous le produit de cette somme par la
longueur du tronçon que l'on trouve en tête de la colonne.

On a ainsi, pour chaque tronçon, le nombre à porter sur la
ligne des abscisses du tableau (Pl. XIV); le nombre des chiffres
indique la courbe qui limite la longueur du diamètre pour une
perte de charge de 1 millimètre. On part de cette courbe pour
arriver à la courbe indiquant la perte de charge assignée plus
haut, et fixant le diamètre à adopter.

Pour le premier tronçon, le nombre à porter sur la ligne des
abscisses est 94.616.500 ; il a huit chiffres, il faut s'arrêter à la
courbe VIII; la perte de charge doit être de 8 millimètres 81 ; on
descend alors de manière à arriver au point 8,81, entre les courbes VIII et VII; l'on trouve $0^m,281$. On obtient de même, pour
le deuxième tronçon, $0^m,270$; pour le troisième, $0^m,240$, et ainsi
de suite jusqu'au dernier.

Nous ferons observer que ces diamètres sont bien effectivement
les diamètres vrais à placer ; mais comme ceux des conduites

employées dans l'industrie, ont des dimensions qui varient ordinairement par pouce ($0^m,027$) et demi-pouce, on remplace
chacun des diamètres calculés par un des diamètres usuels qui
en diffèrent le moins ; et, au moyen du tableau, on cherche la
perte de charge correspondante. — Il faut nécessairement que
la somme de toutes ces pertes de charge ne dépasse pas la
perte de charge totale que l'on s'est imposée, qui, dans l'exemple
que nous avons choisi, est de $0^m,04$.

On a fait varier la perte de charge proportionnellement à la
longueur ; on peut se proposer de la faire varier de manière à obtenir la plus petite surface frottante totale ; c'est, par conséquent,
employant le moins de fonte possible pour les conduites, établir
la canalisation le plus économiquement.

Pour cela, nous rappellerons la note (a), page 418. D'après
cette note, il faut que la perte de charge, pour chaque tronçon
de la conduite, soit proportionnelle à la surface frottante de ce
tronçon, ou à sa longueur multipliée par son diamètre.

Mais il faut aussi, d'après la même note, que les diamètres
des tronçons soient dans le même rapport que les racines cubiques des quantités de gaz qui s'y écoulent dans le même temps,
ou que $\sqrt[6]{Q^2}$.

Si, dans la note (a), au lieu de Q^2 on avait pris $Q\,(Q-q)$
$+\ \frac{q^2}{3}$, les mêmes conséquences s'en seraient déduites.

Si donc on écrit (tableau B) dans chaque colonne les racines
sixièmes des valeurs numériques de l'expression $Q\,(Q-q)+\frac{q^2}{3}$,
on aura des nombres qui sont proportionnels aux diamètres
cherchés ; et si, après, on multiplie chacun de ces nombres
par la longueur du tronçon correspondant, on obtiendra des
nombres proportionnels à LD, c'est-à-dire aux pertes de
charge à adopter.

On fait la somme de toutes ces pertes de charge, ou plutôt des
nombres qui leur sont proportionnels ; cette somme est 13903.
Comme la somme de toutes les pertes de charge doit être $0^m,04$,

on en conclut que si l'on multiplie chacun de ces nombres par $\frac{0,04}{13903}$, on aura les véritables pertes de charge à prendre pour chaque tronçon, dont la somme est effectivement égale à $0^m,04$.

Les diamètres donnés par le tableau B, d'après ces pertes de charge et les quantités $L \left\{ Q(Q-q) + \frac{q^2}{3} \right\}$, donnent des conduites dont la surface frottante totale est la plus petite possible, tout en répondant aux exigences du problème proposé.

Toutes ces opérations sont indiquées dans les tableaux A et B (voir plus loin, pages 438 et 439).

Il eût été plus simple, au lieu de former dans chaque colonne la valeur numérique de l'expression $Q(Q-q) + \frac{q^2}{3}$, de prendre seulement celle de Q^2 : ainsi, dans la première colonne, on eût fait le carré du nombre 440 ; dans la seconde, on eût fait celui de 405, et ainsi de suite. Ces carrés multipliés par les longueurs respectives des tronçons eussent donné les nombres qui servent à déterminer les diamètres, d'après les pertes de charge, au moyen de la Planche XIV. Cette marche plus simple donne, sensiblement, les mêmes résultats ; c'est celle que nous conseillons. Nous n'avons eu pour but, en suivant une autre marche un peu plus longue, que de résoudre le problème dans sa plus grande rigueur, et de mettre en même temps en évidence la simplicité des calculs à exécuter.

Nous avons formé le tableau A en admettant que la perte de charge, pour chaque tronçon, était proportionnelle à sa longueur, et en répartissant la perte de charge totale en conséquence.

Pour le tableau B, nous avons conservé la même perte de charge totale, et nous l'avons répartie de manière à ce que la vitesse du gaz, dans chaque tronçon, soit proportionnelle au diamètre. Nous avons démontré plus haut que c'était le moyen d'établir la canalisation le plus économiquement possible.

Pour cela, il faut que les diamètres soient proportionnels aux racines sixièmes des valeurs numériques de l'expression

$Q(Q-q)+\frac{q^2}{3}$. Nous avons écrit ces racines sixièmes, dont les produits, — écrits au-dessous, — par les longueurs respectives de chaque tronçon, donnent des nombres proportionnels à leurs surfaces frottantes, et par suite aux pertes de charge. On a réparti la perte de charge totale, pour chaque tronçon, proportionnellement à ces nombres. Les diamètres que l'on en déduit ne présentent qu'une économie de peu d'importance sur ceux du tableau A, pour lequel on a calculé les pertes de charge proportionnellement aux longueurs des tronçons. Dans cet exemple particulier, les pertes de charge, en effet, sont sensiblement les mêmes pour les deux tableaux.

Connaissant la pression manométrique à l'usine, les pertes de charge pour chaque tronçon et les côtes de nivellement, on en conclut la pression manométrique à chaque point d'embranchement. Pour cela, on commence par supposer la conduite horizontale : la pression manométrique, à chaque embranchement, s'obtient en retranchant, successivement, de la pression manométrique au gazomètre de l'usine les pertes de charge calculées pour chaque tronçon. Pour tenir compte, ensuite, de la côte de nivellement, il suffit à cette pression manométrique ainsi obtenue d'ajouter ou de retrancher, suivant le signe de la côte, un nombre de millimètres égal au produit de cette côte par le nombre 0,80. Ainsi la pression manométrique à l'extrémité du troisième tronçon, — la conduite supposée horizontale, — est 78^{mm},00 ; la côte de nivellement est $+$ 8 ; il suffit d'ajouter au nombre 78^{mm},00, le produit $8 \times 0,8 = 6,4$ millimètres, et la véritable pression manométrique est 84^{mm},4.

Nous verrons plus loin que le prix de revient d'un mètre de conduite de fonte (tous frais compris) peut être évalué, d'après le diamètre, à raison de 1^f,10 à 1^f,20 par centimètre. Dans la dernière ligne horizontale du tableau B, on a fait, séparément, le produit de la longueur de chaque tronçon par le nombre de centimètres du diamètre correspondant de la conduite, choisi parmi ceux adoptés dans l'industrie ; la somme de ces produits est 49,570 ; la conduite coûtera donc, toute posée, de 49,570 $\times$ 1,10 = 54,527 francs à 49,570 $\times$ 1,20 = 59,484 francs.

Nous avons supposé qu'il s'agissait de déterminer les diamètres des divers tronçons d'une conduite principale ; les mêmes raisonnements et les mêmes opérations sont applicables à toutes les autres conduites secondaires, sur lesquelles s'embrancheraient également d'autres conduites : ce sont les mêmes tableaux à dresser ; la pression, au point de départ, sera celle indiquée au point d'embranchement. On appréciera la pression à donner à l'extrémité, et l'on en déduira la perte de charge totale, comme ci-dessus, en tenant compte des différences de niveau.

Dans le cas où la pression à un point d'embranchement serait trop faible pour satisfaire aux exigences de cette conduite secondaire, il faudrait modifier les diamètres de la conduite principale, de manière à obtenir à la naissance de la conduite secondaire la pression jugée indispensable.

TABLEAU :

Tableau A

INDIQUANT LA MARCHE A SUIVRE POUR DÉTERMINER LES DIAMÈTRES DES DIVERS TRONÇONS D'UNE CONDUITE PRINCIPALE.

DÉSIGNATIONS.	1er TRONÇON de l'usine au premier embranchement.	2e TRONÇON du 1er embranchem. au deuxième.	3e TRONÇON du 2e embranchem. au troisième.	4e TRONÇON du 3e embranchem. au quatrième.	5e TRONÇON du 4e embranchem. au cinquième.	6e TRONÇON du 5e embranchem. au sixième.	TOTAUX.
Longueurs des tronçons.............	500m,00	320m,00	200m,00	400m,00	250m,00	600m,00	2270m
Côtes de nivellement. Usine 0m,0.....	+ 4m,00	+ 12m,00	+ 8m,00	— 1m,00	— 6m,00	— 12m,00	
Pertes de charge pour chaque tronçon, proportionnelles aux longueurs (en millimètres).....................	8mm,81	5mm,64	3mm,52	7mm,05	4mm,41	10mm,57	40mm,00
Volumes de gaz se déversant par heure.... {dans chaque embranchement.......... / dans chaque tronçon..	25m,00 10m,00	80m,00 20m,00	50m,00 15m,00	70m,00 25m,00	30m,00 15m,00	80m,00 20m,00	335m 105m
Totaux...	35m,00	100m,00	65m,00	95m,00	45m,00	*100m,00	440m
Volumes de gaz s'écoulant dans chaque tronçon.............	440m,00	405m,00	305m,00	240m,00	145m,00	100m,00	
Mêmes volumes diminués des volumes de gaz écoulés le long de chaque tronçon, entre les embranchements..........	430m,00	385m,00	280m,00	215m,00	130m,00	80m,00	
Produits...................	189,200,00	155,923,00	85,400,00	51,600,00	18,850,00	8,000,00	
Tiers des carrés des volumes de gaz écoulés entre deux embranchements.	33,00	133,00	75,00	208,00	75,00	133,00	
Sommes..................	189,233,00	156,058,00	85,475,00	51,808,00	18,925,00	8,133,00	
Produits de ces sommes par les longueurs des tronçons..	94,616.500,00	49,938,560,00	17,095,000,00	20,723,200,00	4,731,250,00	4,879,800,00	
Diamètres d'après le tableau, pl. XIV....	0m,281	0m,270	0m,238	0m,217	0m,177	0m,148	

Tableau B

DONNANT LES DIAMÈTRES DE CHAQUE TRONÇON CORRESPONDANT A LA SURFACE FROTTANTE TOTALE DE TOUTE LA CONDUITE LA PLUS PETITE POSSIBLE POUR UNE PERTE DE CHARGE DONNÉE.

DÉSIGNATIONS.	1er TRONÇON de l'usine au premier embranch ment.	2e TRONÇON du 1er embranchem au deuxième.	3e TRONÇON du 2e embranchem au troisième.	4e TRONÇON du 3e embranchem au quatrième.	5e TRONÇON du 4e embranchem au cinquième.	6e TRONÇON du 5e em ranchem au sixième.	TOTAUX.
Sommes ou valeurs numériques de l'expression $Q(Q - q + \frac{q^2}{3}$ (voir tableau A)	189,233,00	156058,00	85475,00	51808,00	18925,00	8133,00	
Racines sixièmes des nombres ci-dessus, nombres proportionnels aux diamètres.	7,577	7,354	6,714	6,106	5,162	4,484	
Produits des racines sixièmes par les longueurs des tronçons; produits proportionnels aux pertes de charge....	3788	2348	1345	2442	1290	2690	= 13903
Pertes de charge pour chaque tronçon..	10mm,91	6mm,77	2mm,83	7mm,04	3mm,72	7mm,75	= 40mm,02
Diamètres correspondants d'après le tableau de la planche XIV..........	0m,269	0m,260	0m,235	0m,217	0m,182	0m,159	
Diamètres choisis parmi ceux adoptés par l'industrie..................	0m,270	0m,270	0m,216	0,216	0m,190	0m,162	
Pertes de charge correspondantes......	10mm,10	5mm,60	5mm,80	7mm,10	3mm,10	7mm,10	= 3mm,80
Pressions manométriques aux extrémités des tronçons, la conduite supposée horizontale. — A l'usine 99mm,5. ..	89mm,40	83mm,80	78mm,00	70mm,90	67mm,80	60mm,70	
Idem, en tenant compte des différences de niveau. — A l'usine 99mm,5......	92mm,60	93mm,40	84mm,40	70mm,10	63m,00	51mm,10	
Produits des diamètres exprimés en centimètres par les longueurs..........	13500	8640	4320	8640	4750	9720	x = 49570

Régulateur, son utilité. — Il résulte, de ce qui précède, qu'il y a double avantage pour une usine à gaz, à s'établir sur les points les plus en contre-bas des localités qu'elle doit éclairer ; elle obtient ainsi : 1° diminution de pression dans le gazomètre, 2° économie dans l'installation des conduites. Au reste, toutes les usines recherchant de préférence, pour leur installation, les abords des rivières ou des canaux, à cause de l'arrivage des charbons, remplissent en général cette condition.

Mais, quelle que soit la position de l'usine, la pression du gaz, au début de chaque conduite principale, est le plus souvent supérieure à celle nécessaire pour l'alimentation des premières conduites secondaires. Cet excès de pression est une nécessité pour la conduite principale : car il faut que le gaz arrive à l'extrémité, après un long parcours, avec une pression assignée.

Si cet excès de pression permet des conduites d'un moindre diamètre, pour quelques embranchements, il reste toujours les inconvénients d'irrégularité dans l'éclairage, et d'une augmentation dans l'importance des fuites représentant un déboursé annuel assez considérable pour annuler, et au delà, l'économie que l'on croirait avoir faite sur la pose des conduites. Aussi, dans ces circonstances, a-t-on le plus grand intérêt à placer un régulateur de pression à la naissance de chaque conduite secondaire, où a lieu cet excès de pression manométrique, comme cela arrive le plus souvent pour toutes les conduites montantes. ·

Le régulateur est un appareil qui, recevant le gaz à une pression variable, a pour but de l'émettre à une pression moindre, mais constante.

On a décrit plus haut celui qui est dû au génie inventif de Clegg ; il est, malheureusement, d'un volume tel qu'on ne peut l'utiliser en ville, qu'à la condition de disposer d'un local dans le voisinage de la conduite ; mais placé dans l'usine même, à la sortie du gaz, il rend de très-grands services.

Valve régulatrice. — Avec un régulateur placé à la sortie de l'usine, la pression du gaz demeure, en effet, constante en ce point, mais elle varie pour tous les autres points, d'après les irrégularités forcées qui se produisent dans l'éclairage à chaque heure de la soirée. Quand la consommation diminue, la pression augmente dans toute la conduite, excepté au point de départ où se trouve le régulateur ; l'importance des pertes augmente nécessairement ; aussi place-t-on à l'usine même sur la conduite de sortie, après le régulateur, une valve régulatrice. On manœuvre cette valve à la main, à chaque instant de la soirée, d'après la consommation connue et les indications d'un manomètre différentiel, branché sur la conduite à quelques mètres après la valve, de manière à ce que la plus faible pression, dans tout le parcours, soit au moins de $0^m,02$ à $0^m,03$. — C'est celle qui, en général, a lieu à l'extrémité.

La valve régulatrice n'est ainsi réglée que d'après des données pratiques qui n'ont rien de précis, et ne peuvent être qu'approximativement exactes. Il serait désirable que l'on pût connaître à l'usine même, et à chaque instant, la plus basse pression qui a lieu sur la conduite pour laquelle on veut régler l'émission du gaz. Le point où se manifeste la plus basse pression est connu d'avance ; il suffirait de brancher en ce point une petite conduite qui retournerait à l'usine, et à l'extrémité de laquelle on placerait un manomètre. — Les indications de ce manomètre serviraient à manœuvrer la valve de sortie, de manière à donner strictement la pression nécessaire pour satisfaire aux conditions d'éclairage. La pression manométrique, à chaque point de la conduite, s'y maintiendrait toujours à sa limite inférieure extrême, et tous les inconvénients qui résultent d'un excès de pression seraient réduits autant que possible.

L'idée de cette conduite de retour est due à M. Giroud. Il s'est ensuite servi de l'électricité pour gouverner la valve et en régler l'ouverture, d'après les indications du manomètre différentiel placé à l'extrémité de la conduite de retour.

M. Servier s'est servi de la conduite de retour de M. Giroud pour alimenter un petit gazomètre, dont le mouvement règle l'écoulement du gaz.

Si le petit gazomètre et le point de raccordement sur la conduite sont sur un même plan de nivellement, la pression manométrique, en ce point, sera celle donnée par le petit gazomètre. S'il y a une différence de niveau, les pressions manométriques varieront d'une quantité constante que l'on sait calculer. On peut donc toujours calculer la pression manométrique du petit gazomètre, que l'on établit en conséquence, pour que celle au point de raccordement ait une valeur déterminée.

Les conséquences d'une pareille disposition se déduisent facilement : si la pression manométrique au point de raccordement baisse pour une cause quelconque, comme cela arrive forcément quand la consommation augmente, le petit gazomètre de la valve régulatrice baisse, et la valve s'ouvre jusqu'à ce que la pression manométrique, à ce point de raccordement, ait atteint la limite assignée. Si, au contraire, la pression manométrique augmente, la cloche monte, la valve se ferme jusqu'à ce que cet excès de pression manométrique ait disparu.

La disposition adoptée par M. Servier n'est pas celle que nous donnons : celle qu'il indique consiste à établir au milieu d'une cloche qui rappelle celle du régulateur de Clegg, une autre petite cloche formée par une partie cylindrique rivée au fond de la calotte, dans laquelle arrive le gaz venant des gazomètres, pour en sortir par un tuyau central dans lequel se meut un cône suspendu au centre de la calotte, comme dans le régulateur Clegg ; seulement, ici, au lieu d'entrer, le gaz sort par ce tuyau central. Par ce moyen, la pression du gaz dans ce petit gazomètre central est celle des gazomètres de l'usine, qui reste sensiblement constante ; sinon la pression du gaz dans cette capacité, subirait toutes les variations qu'occasionnent les différences dans la consommation.

Comme toute modification dans l'importance de l'éclairage se produit, sensiblement, dans le même temps pour toutes les conduites, une seule valve pourrait suffire pour plusieurs conduites principales ; mais le but ne saurait être *rigoureusement* et *sûrement* atteint que pour une seule conduite principale.

NÉCESSITÉ DE RÉGULATEURS PLACÉS SUR LE PÉRIMÈTRE. — Nous venons de dire qu'un gazomètre régulateur alimenté par une conduite de retour, raccordée au point de la conduite principale ayant la plus faible pression, permettait, pour chaque point de cette conduite, de maintenir la pression à sa limite inférieure extrême ; mais il n'en saurait être de même pour les conduites secondaires branchées sur cette conduite principale. Ainsi, pendant tout le temps que dure l'éclairage, le gaz, pour arriver au point raccordé au gazomètre-régulateur avec la pression voulue, part de l'usine ayant une pression encore considérable ; il alimente le plus souvent les premières conduites secondaires et celles placées sur des voies ascendantes, avec une pression que l'on pourrait diminuer avec avantage, puisque les pertes occasionnées par les fuites deviendraient moindres.

On atteint ce but en posant à l'entrée de chacune de ces conduites secondaires, un régulateur qui ne laisse entrer le gaz qu'à la pression strictement nécessaire pour l'éclairage.

Un régulateur posé à l'entrée d'une conduite secondaire, y laisse entrer le gaz à une pression qui, bien qu'aussi faible que possible, doit cependant être suffisante pour satisfaire aux plus grands besoins d'éclairage. Cette pression est fixe, et, lorsque l'éclairage vient à diminuer, elle serait abaissée avec autant d'avantage que l'est, dans les mêmes circonstances, celle qui a lieu à l'entrée de la conduite principale, à l'usine même. On pourrait alors régler chaque valve placée à l'entrée de chaque conduite secondaire, par un gazomètre alimenté au moyen d'une conduite de retour posée d'après les mêmes principes.

Une pareille disposition résoudrait le problème suivant : *une canalisation étant donnée, ne conserver, à chaque instant, dans toutes les conduites, que les pressions strictement indispensables pour satisfaire aux besoins les plus variés d'éclairage.*

Nous posons le problème et nous en donnons la solution sans tenir compte de l'importance des frais auxquels un pareil système entraînerait. Il n'en est pas moins évident que, même sans profiter du perfectionnement apporté par l'emploi des conduites de retour, des régulateurs placés sur le périmètre, rendent les plus grands services : pour l'usine, en diminuant l'importance des fuites ; pour les abonnés, en leur donnant un éclairage plus régulier.

Nécessité d'un grand volume de la cloche pour le régulateur Clegg. — Nous avons dit que le régulateur de Clegg ne pouvait être utilisé sur le périmètre, à cause de son volume, qu'à la condition de disposer d'un emplacement dans le voisinage de la conduite. Ce volume est une nécessité pour obtenir la régularité de sa marche, comme nous allons le montrer.

Pour un écoulement déterminé, la cloche étant en équilibre, s'il survient une augmentation dans la pression du gaz, avant le régulateur, le cône intérieur est soulevé par une nouvelle force qui augmente avec la pression ; la pression dans la cloche diminue, et les conditions d'émission du gaz se trouvent modifiées.

L'effet de la pression du gaz sur le petit cône, et par suite sur le poids de la cloche, varie non-seulement avec la pression du gaz arrivant, mais encore avec la consommation.

En effet, le cône laisse un passage annulaire par où le gaz pénètre dans la cloche. Dans une quelconque des positions de ce cône, le gaz arrivant agit en tous sens contre lui sur toute la partie qui est au-dessous du plan de l'orifice, et le gaz qui est dans la cloche, sur toute la partie qui est au-dessus. Le plan de l'orifice coupe le cône suivant un cercle, et il est évident, en ne considérant que les effets statiques, que le cône, en définitive, est soulevé par une force égale à celle qu'exercerait sur ce cercle une colonne d'eau ayant pour hauteur la différence des pressions manométriques du gaz avant et après le régulateur.

Cette force varie suivant la grandeur du cercle, c'est-à-dire suivant la plus ou moins grande ouverture laissée au passage du gaz, qui elle-même dépend de la consommation, et suivant la pression avant le régulateur ; sa valeur maximum est celle du poids d'une colonne d'eau ayant pour base l'orifice fermé par le cône, et pour hauteur le plus grand excès possible de la pression du gaz avant le régulateur sur la pression manométrique du gaz après.

L'effet de cette force variable sera de diminuer la pression manométrique du gaz dans la cloche d'une quantité qui est à cet excès de pression, dans le rapport des sections faites suivant le cône par un plan passant par l'orifice, et suivant la cloche : effet qui sera, en conséquence, d'autant moindre que le gazomètre sera plus grand.

On fait généralement le diamètre de la cloche égal à 5 fois celui de l'orifice. La diminution de pression dans la cloche, provenant d'un excès de pression avant le régulateur, est donc au plus égale aux $\left(\frac{1}{25}\right)$ de la différence entre la pression avant le régulateur et la pression après.

Nous n'avons parlé que de l'influence statique ; il y aurait plutôt à tenir compte des effets dynamiques produits sur le cône par une masse fluide en mouvement. Cette étude exigerait, pour être utilement résolue, des expériences spéciales.

Gazo-compensateur de Pauwels. — Nous allons donner la description d'un régulateur que l'on pose sous la voie même : il est dû à Pauwels. Planche XVI, fig. 1.

La valve qui règle l'émission du gaz est une valve tournante manœuvrée par un petit gazomètre.

Ce gazomètre a de $0^m,60$ à $0^m,70$ de diamètre ; la cuve en fonte dans laquelle il plonge, est entièrement fermée par le haut ; le gaz arrive et sort par des tubulures ménagées au-dessus du niveau de l'eau ; en exerçant sa pression en dessus sur la calotte du gazomètre, il le fait plonger plus ou moins dans l'eau de la cuve. Ce sont les mouvements de cette cloche qui déterminent ceux de la valve tournante.

Dans l'intérieur du gazomètre se trouve une conduite qui, sortant en dessous de la caisse, va rejoindre le mur le plus voisin ; elle se redresse ensuite pour s'appliquer contre ce mur, et venir aboutir, par son extrémité, à un robinet. On met l'intérieur du gazomètre en communication avec l'atmosphère en ouvrant ce robinet.

Le gazomètre est suspendu, dans l'intérieur de la caisse en fonte, par le centre de sa calotte à l'extrémité d'un balancier portant à son autre extrémité un poids tel, que, lorsque le gaz est à la pression voulue, il exerce sur la calotte du gazomètre un effort qui maintienne le balancier en équilibre. Si alors le gaz arrive dans la caisse à une pression supérieure, il pressera sur le gazomètre ; celui-ci baissera, fermera de plus en plus la valve jusqu'à ce que la pression soit régularisée.

Voici la description de cet appareil tel qu'il a été conçu par Pauwels :

M. Grande caisse cylindrique en fonte de $0^m,80$ de diamètre environ, portant 2 tubulures **A** et **B** ;

A. Tubulure d'entrée ;

B. Tubulure de sortie ;

F. Valve tournante ;

E. Gazomètre en tôle plongeant dans l'eau. Le niveau d'eau est fixé par les tubulures ;

C. Balancier soutenant le gazomètre ;

D. Contre-poids plongeant dans l'eau, fixé au balancier ; il est supporté par une tige qui fait mouvoir la valve tournante ;

H. Conduite qui se rend au mur voisin : elle communique avec la conduite intérieure dans le gazomètre, et avec une conduite G portant à son extrémité un robinet, qui sert à vider cette conduite en cas de condensation d'eau.

Si, accidentellement, on veut augmenter la pression, on ferme le robinet de la conduite G, et l'on injecte de l'air par le robinet fixé à l'extrémité de la conduite H ; on ferme ensuite ce robinet.

Dans le cas, au contraire, où l'on veut diminuer la pression, on fait le vide.

Ces moyens d'élever et d'abaisser à volonté la pression, indiqués par Pauwels, sont bien imparfaits; ils ne doivent être employés que momentanément, en cas d'urgence, comme il le dit lui-même.

En effet, si l'on a injecté de l'air et fermé le robinet dans le but d'avoir une pression plus forte : quand le mouvement du gaz vient à se ralentir, le gazomètre s'élève d'après le mécanisme décrit, et le manomètre différentiel placé sur la conduite H baisse évidemment; il pourrait indiquer une différence en moins, et non un excès sur la pression atmosphérique.

Pour modifier la pression d'une manière régulière, il faut enlever le couvercle et changer le poids D.

A mesure que le gazomètre plonge, il perd de son poids, et par conséquent la pression qu'il indique est modifiée nécessairement; il pèse moins sur l'atmosphère. Pour rétablir l'équilibre, il est nécessaire que le poids du gazomètre s'augmente de cette différence; c'est dans ce but que Pauwels a ajouté la boule qui est figurée au balancier C : quand le gazomètre baisse, la boule baisse également, et la pression à exercer sur la calotte du gazomètre pour maintenir l'équilibre demeure constante.

On fait à cet appareil le reproche sérieux d'avoir tout son mécanisme intérieur : on ne peut ni le réparer, ni avoir à modifier la pression, sans enlever un large couvercle de $0^m,80$, défaire et refaire un joint, enfin arrêter, au moins momentanément, l'émission du gaz dans la conduite.

Voici un autre régulateur remplissant le même but : il est plus simple et plus facilement réparable (Pl. XVI, *fig.* 2).

Ce régulateur se compose d'une valve mise en mouvement au moyen d'un balancier, par une petite cloche alimentée par une prise de gaz sur la grosse conduite, après la valve.

La longueur du bras de levier du balancier qui soutient la tige de la valve étant représentée par 1, celle du bras qui soutient la cloche est représentée par 4 ou par 5. Ce bras de levier prolongé par l'autre extrémité, s'engage dans un contre-poids mobile, que l'on arrête d'après la pression constante que l'on veut obtenir.

L'appareil étant réglé, toute variation dans la pression du gaz détermine un mouvement correspondant dans la cloche, et par suite dans la valve, qui vient rétablir l'uniformité de pression.

La valve se compose d'un plateau tel que celui du robinet décrit plus haut (Pl. XII, *fig.* 3), mais se fermant de bas en haut. Le gaz arrive en dessus, et il sort sur le côté; la tige, au lieu de traverser un stuffing-box, traverse une fermeture hydraulique.

On remplace le petit cylindre renversé, fixé à la tige, qui plonge dans le liquide pour assurer l'herméticité, par un tronc de cône dont l'inclinaison est réglée d'après la pression, comme il a été expliqué, de manière à ce que, dans tous les mouvements de la tige, l'effort à dépenser pour soulever le plateau ne soit pas influencé par les différences dans le volume de la partie plongée.

Le gazomètre régulateur a un diamètre de $0^m,50$ à $0^m,60$ environ; un tube t raccordé sur la grosse conduite, après la valve, y amène le gaz.

· Pour n'avoir pas à tenir compte des variations de pression suivant la partie plongée, on donne à la cloche une forme tronc-conique, dont l'inclinaison est réglée d'après la pression que l'on veut maintenir constante et l'épaisseur de la tôle.

Une fois ces dispositions admises, s'il survient, pour une cause quelconque, un changement de pression, soit en plus, soit en moins, après la valve, le gazomètre montera ou descendra, et le plateau suivra le même mouvement de manière à rétablir l'équilibre.

Si le changement de pression a lieu avant la valve, — supposons qu'il soit en plus, — le plateau sera soumis à un nouvel effort statique s'exerçant de haut en bas, semblable à celui qui se produit, dans les mêmes circonstances, avec le régulateur Clegg. Seulement ici, tant qu'on ne considère que les effets statiques, l'action contre le plateau est simplement proportionnée à l'augmentation de pression.

Si l'on appelle S la surface de la cloche, s celle de l'ouverture, B le bras de levier de la cloche, b celui du plateau, et enfin M l'augmentation de pression, avant la valve, cette augmentation de pression en détermine une autre dans la cloche, dont la valeur est $M \times \frac{s}{S} \times \frac{b}{B}$.

Avec le régulateur de Clegg, à une augmentation de pression avant le cône, correspond une diminution de pression dans le gazomètre au plus égale à $M \frac{s}{S}$; et comme généralement $\frac{s}{S} \leq \frac{1}{25}$, on conclut qu'il faudrait que la pression avant la valve augmentât de $0^m,025$, au minimum, pour qu'il fût possible d'arriver à une diminution de pression d'un millimètre dans la cloche.

Pour se trouver dans les conditions les moins favorables du régulateur de Clegg, il faudrait que $\frac{s}{S} \times \frac{b}{B} = \frac{1}{25}$: si $\frac{b}{B} = \frac{1}{5}$, il suffirait de donner à la cloche un diamètre égal à 2,23 fois le diamètre de l'ouverture ; on aurait alors $\frac{s}{S} = \frac{1}{5}$, et $\frac{s}{S} \times \frac{b}{B} = \frac{1}{25}$.

Cette petite augmentation de pression que donne ce régulateur, lorsque la pression du gaz arrivant augmente, qui n'est que le $\left(\frac{1}{16}\right)$, ou le $\left(\frac{1}{25}\right)$, suivant les proportions des différentes parties de l'appareil, de celle qui a lieu avant la valve, ne saurait être qu'avantageuse dans les circonstances particulières où nous admettons que ce régulateur fonctionne ; il pourrait même y avoir intérêt à l'augmenter.

En effet, ce régulateur est posé en tête d'une ligne secondaire ; celui qui règle l'émission du gaz dans la conduite principale est à l'usine. Or, le gaz entre dans chaque conduite principale à une pression calculée pour qu'il parvienne toujours à un point désigné de son parcours, — c'est le plus souvent l'extrémité de la conduite, — avec un minimum de pression. Ce résultat est obtenu, soit par une conduite de retour, soit en réglant l'ouverture de la valve à la main, d'après des indications connues.

La pression devant être constante à l'extrémité de la conduite, plus à un moment donné sera grande la consommation, et plus la pression à un autre point quelconque augmentera. Tous les régulateurs posés près de la conduite principale, en tête de chaque conduite secondaire, recevront donc à ce moment le gaz avec un excès de pression, et l'émettront avec une augmentation de pression égale au $\left(\frac{1}{16}\right)$ ou au $\left(\frac{1}{25}\right)$ de cet excès. Cette condition, comme nous l'avons dit, ne saurait être qu'avantageuse, puisque, par hypothèse, c'est le moment des grandes consommations de gaz, qui est le même aussi bien pour les conduites secondaires que pour les conduites principales.

Comme ces irrégularités dans la marche des régulateurs se produisent suivant une loi déterminée d'avance, il y aurait lieu, dans bien des circonstances, d'en profiter de manière à satisfaire à des exigences de service : ainsi, chaque régulateur pourrait être établi de manière à ce que la valeur $\frac{s}{S} \times \frac{b}{B}$ augmentât avec la longueur de la conduite, ce qui est souvent désirable.

On donnerait à ce régulateur plus de régularité dans sa marche, en posant dans l'intérieur de la cloche un petit cylindre, dont la section soit à celle de l'ouverture de la valve dans le rapport de b à B. Ce cylindre serait rivé intérieurement au centre de la calotte. Un tube partant du fond de la cuve, y amènerait le gaz pris dans la grosse conduite, avant la valve.

L'appareil étant en équilibre, s'il survient un excès de pression, il se fera sentir sur le plateau de la valve et, en sens inverse, sur la calotte du petit cylindre : la surface du plateau et celle de la section horizontale faite dans le cylindre étant en raison inverse des bras de levier, ces deux effets se détruiront. La régularité de l'appareil se trouve ainsi complétement indépendante des variations de pression avant le régulateur, *du moins pour ce qui regarde l'effet statique.*

Bien que les inclinaisons données à la partie tronc-conique

plongeante de la fermeture hydraulique de la valve, et à celle de la cloche, ne remplissent leur but que pour une pression déterminée, cependant, en pratique, on peut s'en écarter un peu sans erreur sensible; ce qui laisse une certaine latitude, suivant les exigences de service, dans le choix de la pression à fournir par le régulateur.

DESCRIPTION DE L'APPAREIL.

A. Grande caisse en fonte, où arrive le gaz : cette caisse sert de syphon où se recueillent les eaux amenées par des condensations.

On la vide quand il y a nécessité, comme les syphons ordinaires.

O. Ouverture par laquelle le gaz pénètre dans la grande caisse A.

B. Compartiment supérieur.

C. Tuyau d'arrivée du gaz.

D. Tuyau de sortie du gaz.

E. Plateau venant fermer l'ouverture O.

F. Fermeture hydraulique que traverse la tige supportant le plateau E.

G. Balancier.

H. Cloche de gazomètre.

I. Cylindre intérieur.

h. Tube amenant le gaz pris avant l'ouverture O.

t. Tube amenant le gaz pris après l'ouverture O.

R. Regard par lequel les ouvriers pénètrent dans la partie souterraine où est logé le régulateur.

Cet appareil se pose sous le sol, dans un petit caveau, au point de la conduite où l'on veut régulariser la pression du gaz. Un regard permet d'arriver à ce régulateur, de le visiter à volonté, d'y faire toutes les réparations utiles, sans pour cela interrompre l'écoulement du gaz : il suffit de maintenir au bas de sa course la tige qui supporte le plateau; le gaz continue de s'écouler tant que dure la réparation. Pendant tout ce temps, la pression, il est vrai, n'est pas réglée, mais cela est moins grave qu'une interruption.

Le regard R doit être assez grand pour que toutes les pièces qui font partie de l'appareil entrent librement, une fois le caveau terminé; l'installation, les réparations et les renouvellements se font alors avec la plus grande facilité.

OBSERVATIONS PRATIQUES SUR LA POSE DES CONDUITES. — Après avoir tracé l'emplacement des conduites ; après avoir arrêté les diamètres, il reste à exécuter le travail de manière à réduire le plus possible l'importance des fuites et des résistances qui augmenteraient les pertes de charge.

Pour éviter les fuites, il faut des tuyaux bien étanches et des joints bien faits, résistant aux ébranlements inévitables auxquels ces tuyaux sont soumis.

Pour réduire les résistances, il faut que les tuyaux ne présentent dans leur intérieur ni bavures ni aspérités ; que leur surface intérieure soit bien unie et bien lisse ; qu'ils soient posés, leurs axes se trouvant exactement sur une même ligne droite ; que les diamètres soient égaux et réguliers ; que les tuyaux ne soient pas déformés ; que leurs surfaces se raccordent exactement et ne présentent à la jonction, ni saillies, ni changements brusques de section. Il faut enfin, lorsque l'on pose des tuyaux à emboîtement, que l'extrémité de chaque bout mâle vienne exactement s'appliquer contre le talon de la tubulure, sans laisser un vide qui occasionnerait des perturbations, et par suite, des pertes de force vive.

En prenant ces précautions, on obtiendra, comme l'a constaté M. Guémard, un accord parfait entre les formules et les résultats pratiques.

ÉPAISSEUR DES TUYAUX. — Les conduites d'eau supportent des efforts considérables provenant des fortes charges d'eau, et des coups de bélier au moment des changements brusques de vitesse. On calcule l'épaisseur par la formule connue (p. 352) :

$$e = \frac{PR}{T} = \frac{PD}{2T}.$$

T est la tension du métal par mètre carré.

Pour la fonte, il y a rupture, lorsque T = 10 à 12,000,000 kilog.

Si P représente N atmosphères, on a P $= 10333 \times$ N et

$$e = \frac{10333 \times N \times D}{2T}.$$

On détermine l'épaisseur des tuyaux d'eau en faisant dans cette dernière formule, N $= 10$, T $= 2$ à 4,000,000 kilog., et en ajoutant à l'épaisseur ainsi calculée, une épaisseur constante qui varie de $0^m,006$ à $0^m,01$.

On a même été jusqu'à donner à T la valeur 7,380,000 kil.; mais on ajoutait une épaisseur de $0^m,01$; de sorte que ces tuyaux, à part ceux d'un très-grand diamètre, résistent encore avec sécurité à une charge de 10 atmosphères.

Les conduites de gaz n'ont pas à supporter de grandes pressions intérieures, ni à redouter les effets désastreux des coups de bélier, vu la faible densité du gaz et son élasticité ; mais elles restent soumises, comme les conduites d'eau, aux mêmes efforts extérieurs provenant des tassements, des surcharges, des cahots et des ébranlements des voitures. L'épaisseur doit donc augmenter avec le diamètre ; c'est d'ailleurs une condition utile pour le moulage de ces tuyaux.

Posant T $= 7\,380\,000$ et N $= 10$, comme on l'a déjà fait pour l'eau, mais se contentant d'ajouter l'épaisseur constante $0^m,008$, au lieu de $0^m,01$, on aurait pour fixer l'épaisseur à donner aux tuyaux à gaz, la formule

$$e = 0,007\,D + 0^m,8.$$

Il ne serait pas prudent de réduire cette valeur, avant qu'une expérience suivie ait donné un résultat satisfaisant.

Visite et essai des tuyaux. — La visite et l'essai des tuyaux a pour but de rejeter :

1° Ceux dont l'épaisseur, au lieu d'être uniforme dans tout le pourtour, est plus faible d'un côté de $0^m,002$ qu'elle ne doit être ;

2° Ceux dont le pourtour, soit intérieur, soit extérieur, est elliptique au lieu d'être rond, et dont la différence de diamètre est de $0^m,003$;

— La raison en a été expliquée plus haut : il faut que la jonction de deux tuyaux ne présente ni saillie ni changement de section. —

3° Ceux dans lesquels on reconnaît des chambres ou des soufflures, qui tendent à diminuer la force de la fonte;

— On constate ces chambres ou ces soufflures en frappant sur les tuyaux à petits coups de marteau. Par le même moyen, on reconnaît un tuyau fêlé à la différence du son produit par le coup.

4° Enfin, ceux qui, étant soumis à la charge d'une colonne d'eau de 100 mètres de hauteur, laissent échapper l'eau par de petits jets, ou même par des suintements.

En faisant l'épreuve à 10 atmosphères, on n'a pas pour but de s'assurer que le tuyau pourra résister à la pression du gaz, puisque cette pression est insignifiante, mais bien de mettre en évidence les fentes cachées ou les porosités. Cet essai peut être tenté en toute sécurité, sans craindre de *détériorer* le tuyau, au moins pour tous les tuyaux de $0^m,60$ de diamètre et au-dessous, calculés d'après la formule ci-dessus.

En effet, si dans la formule $e = \dfrac{10333\,N\,D}{2\,T}$, on fait $N = 10$ et $T = 3\,000,000$ kilog., on a $e = 0^m,017\,D$. Ainsi, il suffirait de donner à un tuyau de fonte de $0^m,60$ de diamètre, une épaisseur de métal de $0^m,017 \times 0^m,60 = 0^m,0102$, pour que, le tuyau étant soumis à l'épreuve de 10 atmosphères, le métal n'ait à résister qu'à une traction de 3 kilogrammes par millimètre carré, — traction que la fonte peut supporter avec sécurité. — Or, l'épaisseur de métal du tuyau de gaz de $0^m,60$ est, d'après la formule, $0^m,007\,D + 0^m,008 = 0^m,0122$; et, en admettant que l'épaisseur soit moindre en certains points de la tolérance $0^m,002$, on voit que le tuyau pourrait encore, sans crainte, être soumis à une épreuve de 10 atmosphères.

Il ne faut pas s'en rapporter aux essais faits dans la fonderie : l'expérience prouve que le cahot des voitures occasionne des fuites, et agit sur les parties défectueuses au point de rendre le tuyau inadmissible.

Il est essentiel de goudronner les tuyaux pour les préserver de l'oxydation, sinon ils s'altèrent très-rapidement. On fait bouillir le goudron avec moitié en volume de chaux vive, afin de lui enlever tout principe susceptible d'altérer le fer; puis l'on plonge chaque tuyau, préalablement chauffé, dans ce goudron; on le retire, et on le fait sécher en le posant verticalement pour permettre au goudron en excès de s'égoutter.

Syphons. — Comme le gaz entraîne avec lui des vapeurs condensables, il se produirait des dépôts, et nécessairement des obstructions, si l'on n'établissait pas les conduites avec une pente permettant à ces dépôts de s'écouler, et de se rendre dans des réservoirs que l'on appelle *syphons,* d'où ils sont ensuite extraits.

Les syphons sont des cylindres en fonte fermés de toutes parts, que l'on pose verticalement sous le sol; ils sont munis de deux ou de plusieurs tubulures, selon le nombre de conduites qui y aboutissent. La caisse extérieure de la valve hydraulique, Pl. XI, fig. 5, représente un syphon.

Le diamètre des syphons est double de celui des conduites. Un tube en fer pénètre par le couvercle, et arrive à peu de distance du fond; l'autre extrémité rejoint la surface du sol; elle est munie d'un raccord destiné à recevoir une petite pompe portative qu'on y adapte, lorsqu'il est nécessaire de retirer les eaux de condensation parvenues dans le syphon.

Ce tube traverse une pièce de bois posée verticalement et consolidée fortement. Cette pièce de bois affleure le sol, et elle est recouverte d'une plaque en fonte percée d'une ouverture garnie de son bouchon, que l'on enlève lorsque l'on place la pompe.

Si le terrain est accidenté, ces syphons se placent à tous les points qui sont en contre-bas ; la pente des tuyaux y conduit naturellement les condensations.

Si le terrain est horizontal, on est forcé de le creuser inégalement ; la pente de la conduite ne saurait être moindre de 1 centimètre par mètre ; la conduite monte et descend alternativement. Les syphons se posent naturellement aux points en contre-bas.

Le service des syphons laisse présumer l'état de la conduite : lorsqu'il y a des fuites, on retire une plus grande quantité d'eau dans les temps humides.

Les conduites sont enterrées assez profondément, afin de les soustraire aux secousses violentes qui ont lieu à la surface du sol, ainsi qu'aux influences des changements de température. On les pose bien rarement à une profondeur moindre de $0^m,60$, du dessus des conduites au niveau du sol ; mais le plus souvent c'est à 1 mètre, et même à $1^m,20$. Il faut avoir l'attention de bien pilonner les terres autour des tuyaux, afin de les maintenir ; et l'on veille surtout à ce qu'il n'y ait ni fontis ni excavation en dessous.

En vue de mieux parer aux chocs et aux secousses, on évite d'employer la fonte blanche pour les tuyaux.

Tuyaux a emboîtement. Il nous reste maintenant à parler des assemblages et des moyens de les rendre étanches. Les tuyaux sont reliés de deux manières : au moyen de brides, ou au moyen d'emboîtement.

On ne peut obtenir de grandes déviations avec les joints à brides, aussi emploie-t-on de préférence les joints à emboîtement.

Pour faire un joint avec un tuyau à emboîtement, on engage le bout mâle dans la tubulure, jusqu'à ce que le cordon vienne s'appuyer contre le talon de l'emboîtement ; puis on refoule au refus, avec un *mâtoir*, de la corde goudonnée, ou mieux de la corde imbibée de suif, de cire, jusqu'à remplir, environ, la moitié de l'espace annulaire.

Pour couler le plomb, on entoure l'entrée du joint d'un bour-

relet de terre glaise ; l'on ménage en-dessus une ouverture en
forme de godet par où l'on coule le plomb, qui vient se loger entre la corde et le bourrelet de terre glaise. Il faut avoir l'attention d'élever assez la température du plomb pour qu'il ne se
solidifie pas sans avoir rempli le joint. On enlève ensuite la terre
glaise, puis l'on mâte le plomb en le refoulant, pour le forcer de
remplir exactement l'espace annulaire, afin d'arriver à un joint
étanche.

Ce système a plusieurs inconvénients :

1° Il demande beaucoup de temps ;

2° Le plomb n'étant pas élastique, s'il survient un effort quelconque sur un tuyau, le plomb est refoulé d'un côté, tandis que
de l'autre il y a détachement des parties, c'est-à-dire un vide ;

3° Le diamètre intérieur de l'emboîtement est plus grand nécessairement que le diamètre extérieur du bout mâle, il y a un
petit jeu ; si l'ouvrier, en mâtant la corde, ne relève pas le tuyau
de manière à le remettre dans le même axe, il en résulte une
cause de perturbation dans le mouvement du gaz ; il est d'ailleurs
bien difficile d'arriver par le travail du mattage à une pose parfaite ;

4° Le déboîtement est une opération longue et dangereuse, à
cause des explosions, quand on emploie le feu pour fondre le
plomb, qui est perdu ; aussi se résigne-t-on le plus souvent à couper le tuyau.

Clegg a remédié à ce dernier inconvénient en coulant dans
l'espace annulaire, au lieu de plomb, un mélange de deux parties de suif fondu de Russie et d'une partie d'huile végétale
commune ; il remplace le bourrelet de terre glaise par des
étoupes trempées dans le bitume et posées à l'embouchure.

Pour lever la difficulté de bien placer les tuyaux dans le même
axe, M. King, à Liverpool, a employé des tuyaux dont les bouts,
tournés en forme conique, viennent s'emboîter dans des tubulures
dont le fond est allésé ; le joint est rendu étanche en l'enduisant
avec du blanc de céruse. Ces tuyaux se déboîtent avec la plus

grande facilité, — avantage qui manque aux joints avec emboîtement ; — ils sont d'ailleurs disposés pour recevoir une garniture
en plomb.

Il est à craindre, en employant ce système de joint sans garniture de plomb, que les différences de température n'amènent des
contractions capables de désunir un joint. La plus grande différence de température des conduites enterrées est de 24°, ce qui
correspond à un allongement de $0^m,027$ sur une longueur de
100 mètres, — c'est un peu plus d'un demi-millimètre par tuyau ;
— or, les joints n'étant pas également adhérents, la contraction
pourrait malgré la terre environnante se produire, pour plusieurs
tuyaux, sur un seul joint, et devenir alors assez sensible pour
opérer une désunion. Il est donc plus prudent de faire une garniture ; mais, au lieu de plomb, on emploierait, avec une grande
chance de succès, soit le joint de Clegg avec suif et huile, soit
des étoupes trempées dans un mélange d'huile, de suif ou de
cire avec de la terre d'ocre, ou de l'ardoise pilée, ou même
de la chaux ; on obtient ainsi d'excellents joints, parfaitement
étanches, inaltérables à l'action du gaz, à celle de l'humidité,
et *très-économiques*. Nous avons eu occasion de relever une
conduite en fonte posée depuis douze ans, dont les joints avaient
été faits avec des étoupes trempées dans un mélange d'huile
de lin et de terre d'ocre ; ils étaient dans un parfait état de conservation et étanches.

En définitive, le joint du système de M. King, avec garniture
d'étoupes trempées dans de la cire fondue, mélangée avec de la
terre d'ocre ou de l'ardoise pilée, nous paraît réaliser toutes
les conditions désirables pour un joint parfait. Il est bien entendu que nous ne parlons ici que des joints enterrés : pour
ceux qui sont à découvert, comme cela a lieu dans les usines,
la garniture en plomb est préférable. Dans ces conditions chaque
joint peut être visité et réparé, en cas de besoin, avec facilité.

Depuis les applications nombreuses du caoutchouc pour obtenir des fermetures hermétiques, on a cherché, naturellement, à l'appliquer aux conduites de gaz. Le caoutchouc vulcanisé est soumis à un travail intestin dont la rapidité dépend beaucoup du mode de fabrication. Il n'est pas rare d'en trouver qui, après un temps très-court, a perdu ses principales propriétés : l'élasticité a disparu, les morceaux s'arrachent sous la moindre pression, ou se transforment en un liquide visqueux. Quel est alors le rôle que remplit une semblable matière, lorsqu'elle est imprégnée par les huiles dissolvantes déposées par la condensation du gaz? Le caoutchouc enfoui sous terre, à une température, relativement du moins, constante, se trouve-t-il dans de meilleures conditions pour se soustraire aux effets que nous signalons? C'est à l'expérience de décider la question. Malheureusement, l'insuccès dans les essais que l'on pourrait tenter sur un nouveau système de canalisation, entraînerait à des conséquences tellement graves, que l'hésitation devient naturelle.

On ne doit pas fermer une tranchée sans essayer la conduite posée, et naturellement sans y porter remède en cas de besoin. On fait l'essai graduellement sur chaque partie de conduite qui est encore dans la tranchée, non recouverte par les terres : on bouche l'extrémité par un tampon de bois, et l'on établit une pression, ou l'on fait le vide ; comme toute la conduite, à part celle qui est découverte, a été essayée et reconnue étanche, on n'a à s'occuper que de la partie découverte.

On doit à M. G. Lowe un moyen très-ingénieux pour isoler temporairement une portion de conduite, applicable ici pour essayer la portion de conduite restée dans la tranchée.

Ce moyen consiste à percer, au point de la conduite où l'on veut produire une fermeture, une ouverture de $0^m,04$ de diamètre; on y introduit une vessie ou un ballon en caoutchouc, que l'on gonfle en y insufflant de l'air. On arrive ainsi à une fermeture parfaite. On bouche après l'ouverture.

Ce moyen est employé, en cas de réparation, pour une portion de conduite que l'on aurait intérêt à isoler.

Pour faire l'essai du tuyau, on élève la pression, ou l'on fait le vide au moyen d'une pompe portative à air.

Prix des tuyaux, devis de canalisation. — Il ressort des tableaux que nous donnons que, par approximation, on peut évaluer le prix des conduites, suivant les diamètres, à raison de 1 fr. 10 à 1 fr. 20 par centimètre : ainsi une conduite de $0^m,216$ coûterait, par mètre courant, de $21,6 \times 1,10 = 23,75$ fr. à $21,6 \times 1,20 = 25,92$ fr.; une de $0^m,30$, de $30 \times 1,10 = 33$ fr. à $30 \times 1,20 = 36$ fr., résultats qui, effectivement, sont d'accord avec ceux du tableau. Le prix 1 fr. 10 s'applique plus particulièrement aux petites conduites, et le prix 1 fr. 20 à celles de $0^m,40$ et au-dessus.

Ce devis est spécial à la ville de Paris ; pour la province, il est des localités où ce prix est abaissé à 1 fr. par centimètre.

Tableau

SERVANT A ÉVALUER LE PRIX DES CONDUITES DE FONTE, LORSQUE LES JOINTS D'ASSEMBLAGE SONT A EMBOITEMENT.

DIAMÈTRES des TUYAUX.	LONGUEUR.	LONGUEUR de l'emboîtement.	POIDS.	NOMBRE de tuyaux par 100 mètr.	POIDS de 1 mètre.	POIDS de la corde goudronnée.		POIDS du PLOMB.	
						par joint.	par mètre.	par joint.	par mètre.
m.	m.	m.	k.		k.	k.	k.	k.	k.
0,006	1,60	0,100	30,36	67	20,24	0,18	0,12	1,78	1,19
0,008	2,10	0,105	49,81	54	24,97	0,23	0,12	2,34	1,27
0,108	2,10	0,110	69,34	54	34,84	0,31	0,15	3,06	1,53
0,150	2,70	0,115	120,10	40	46,85	0,41	0,16	4,08	1,63
0,200	2,70	0,120	163,63	40	63,42	0,55	0,22	5,48	2,19
0,250	2,70	0,125	208,54	40	80,99	0,70	0,28	6,95	2,78
0,300	2,70	0,130	255,84	40	99,55	0,85	0,34	8,51	3,40
0,350	2,70	0,135	306,06	40	119,32	1,02	0,41	10,19	4,08
0,400	2,70	0,140	358,15	40	139,90	1,20	0,48	11,96	4,78
0,450	2,70	0,145	412,72	40	161,53	1,38	0,55	13,83	5,53
0,500	2,70	0,150	469,47	40	184,10	1,58	0,63	15,80	6,32
0,550	2,70	0,160	528,59	40	207,70	1,79	0,71	17,86	7,14
0,600	2,70	0,165	590,16	40	237,39	2,00	0,81	20,03	8,01

Tableau

SERVANT A ÉVALUER LE PRIX DES CONDUITES EN FONTE LORSQUE LES JOINTS D'ASSEMBLAGE SONT A BRIDES.

TUYAUX.			DANS CHAQUE JOINT IL ENTRERA							
			UNE RONDELLE EN PLOMB.			Cuir gras.	BOULONS.			
DIAMÈT.	POIDS par mètre.	NOMBRE DE JOINTS par 100 mètr	Diamèt. extérieur.	Épaisseur.	Poids.		Nombre	Diamètre.	Longueur.	Poids du boulon.
m.	k.		m.	m	k.			m.	m	k.
0,006	20,24	67	0,110	0,009	0,53	2	3	0,0010	0,10	0,120
0,081	24,97	50	0,140	0,007	0,82	2	3	0,0125	0,11	0,188
0,108	34,84	50	0,180	0,010	1,81	2	3	0,0125	0,11	0,188
0,150	46,85	40	0,230	0,011	2,98	2	4	0,0150	0,12	0,309
0,200	63,42	40	0,280	0,012	4,10	2	4	0,0150	0,12	0,309
0,250	80,99	40	0,330	0,013	5,38	2	6	0,0175	0,13	0,474
0,300	99,55	40	0,390	0,014	7,75	2	6	0,0175	0,13	0,474
0,350	119,32	40	0,440	0,015	9,51	2	8	0,0200	0,14	0,870
0,400	139,90	40	0,490	0,015	10,71	2	8	0,0200	0,14	0,870
0,450	161,53	40	0,540	0,015	11,92	2	10	0,0225	0,15	0,958
0,500	184,10	40	0,590	0,015	13,12	2	10	0,0225	0,15	0,958
0,550	207,70	40	0,640	0,015	14,32	2	10	0,0225	0,15	0,958
0,600	232,39	40	0,690	0,015	15,53	2	12	0,0250	0,16	1,290

TABLEAU :

Tableau

INDIQUANT LES PRIX DE MAIN-D'ŒUVRE A EXÉCUTER POUR L'ÉTABLISSEMENT DES CONDUITES EN FONTE, AVEC JOINTS A EMBOITEMENT, TOUTES FOURNITURES COMPRISES.

Épaisseur des tuyaux calculée d'après la formule : $e = 0^m,01 + 0^m,007\ D$.

DIAMÈTRE DES CONDUITES.	$0^m,081$	$0^m,108$	$0^m,135$	$0^m,162$	$0^m,190$	$0^m,216$	$0^m,250$	$0^m,300$	$0^m,325$	$0^m,350$	$0^m,400$	$0^m,500$	$0^m,600$
	f.	f.	f.	f.	f.	f.	f.	f.	f.	f.	f.	f.	f.
Démontage de la chaussée, du trottoir et remise en place...............	0,60	0,60	0,60	0,65	0,65	0,65	0,75	0,90	0,90	0,90	1,00	1,20	1,40
Ouverture de la tranchée, façon des niches et dressement du fond......	0,75	0,75	0,75	0,80	0,80	0,80	0,90	1,00	1,00	1,00	1,20	1,25	1,45
Transport des terres aux décharges publiques.....................	0,15	0,15	0,15	0,20	0,20	0,20	0,25	0,30	0,30	0,30	0,40	0,60	0,70
Descente des tuyaux.............	0,10	0,15	0,20	0,25	0,30	0,35	0,40	0,45	0,50	0,55	0,60	0,90	1,20
Mise en place........	0,05	0,05	0,10	0,10	0,15	0,20	0,20	0,25	0,30	0,35	0,40	0,50	0,60
Corde goudronnée.............	0,40	0,60	0,70	0,80	0,80	0,80	0,80	0,80	0,80	0,80	1,00	1,00	1,00
Façon des joints et plomb..........	1,15	1,40	1,70	2,20	2,60	3,00	3,60	4,20	4,55	4,90	5,65	6,75	7,85
Remblai et pilonnage.............	0,30	0,30	0,30	0,50	0,50	0,50	0,60	0,60	0,65	0,70	0,75	0,80	0,80
Totaux............	3,50	4,00	4,50	5,50	6,00	6,50	7,50	8,50	9,00	9,50	11,00	13,00	15,00
Fonte calculée à raison de 25 francs les 100 kilogrammes, y compris essai, peinture au goudron et transport sur la tranchée................	6,25	8,70	10,60	12,70	15,00	17,35	20,25	25,00	27,45	29,90	35,60	46,00	58,90
Prix de revient (toutes fournitures comprises).	9,75	12,70	15,10	18,20	21,00	23,85	27,75	33,50	36,45	39,40	46,00	59,00	73,90

CHAPITRE XII

On lit dans le *Traité de chimie appliquée aux arts* de M. Dumas (tome Ier, page 689, année 1828), au sujet du gaz portatif :

« L'économie que l'on peut espérer de ce genre d'éclairage est
« loin d'être évidente ; elle revient à peu près à celle qu'on pour-
« rait attendre, en remplaçant par des porteurs d'eau les tuyaux
« principaux de conduite que l'on établit à grands frais dans tou-
« tes les villes. » (a)

Mettons effectivement en parallèle le prix de vente de l'eau
portée par les porteurs d'eau, et celui de l'eau distribuée au
moyen de tuyaux ; nous voyons la ville de Paris, par exemple,
donner, par abonnement et pour de fortes consommations, un
hectolitre d'eau par jour aux prix de 3 à 5 fr. par an, pour l'eau
du canal de l'Ourcq, et de 6 à 10 fr pour l'eau de Seine.

(a) Malgré l'autorité justement acquise à tout ce qui sort de la plume
de M. Dumas, nous n'eussions pas songé à rappeler ce passage qui date
de 1828, si, dans ces dernières années, parmi les moindres objections
que l'on adressait à nos projets de monter une usine à gaz portatif comprimé, nous n'avions journellement entendu citer cette comparaison par
les savants pour lesquels nous professons la plus vive admiration. S'il y
eut alors témérité de notre part à poursuivre, quant même, une réa-
lisation déclarée impossible par de tels juges, nous ne pouvons nous dé-
fendre aujourd'hui d'un sentiment d'orgueil, bien légitime, en pensant
que nous avons trouvé succès là où tous prédisaient déception.

Ainsi, la ville de Paris vend 36 mètres cubes d'eau pour le prix minimum de 3 fr. Pour jouir de ce prix, l'abonné doit consommer au moins 10 mètres cubes d'eau par jour.

Les porteurs d'eau, — la compagnie des eaux filtrées entre autres, — livrent un tonneau contenant 1 mètre cube 40 pour le prix de 3 fr. 50.

Mettant de côté le mérite de la qualité de l'eau, qui est plus grand pour les eaux filtrées ; oubliant que pour l'abonné aux eaux de Paris, la consommation journalière portée sur sa police est un maximum qu'il ne peut dépasser ; et que, lorsqu'il dépense moins, ce qui arrive souvent forcément, il paie néanmoins la totalité de son abonnement ; tandis qu'il ne paierait, avec les porteurs d'eau, que la quantité d'eau reçue et suivant ses besoins, on conclut des chiffres posés ci-dessus que lorsqu'un mètre cube d'eau est payé à la ville 0 fr. 0833, il coûte, avec les porteurs d'eau $\frac{360}{14} \times \frac{35}{30} \times 0,0833 = 30 \times 0,0833$. C'est 30 fois plus.

Admettons maintenant, et sans en indiquer le moyen, que les porteurs d'eau, au lieu de transporter $1^{mc},40$, puissent charger dans leurs tonneaux $2^{mc},80$, *et ne pas augmenter sensiblement le poids ou le tirage de leurs voitures*, leurs frais restant les mêmes, ils pourraient, conservant les mêmes bénéfices, vendre leur chargement au prix de 3 fr. 50 ; alors le rapport ci-dessus ne serait plus de 1 à 30, mais de 1 à 15.

Continuant la même hypothèse, nous admettrons que l'on puisse charger 3 fois, 4 fois… et 30 fois le volume $1^{mc},40$, et toujours sans modifier sensiblement le poids ou le tirage des voitures, il arrivera qu'à la limite extrême les porteurs d'eau, conservant leurs mêmes bénéfices, pourront vendre le mètre cube d'eau au même prix que la ville de Paris.

Si, enfin, les porteurs d'eau chargent encore davantage leurs tonneaux, et supposons qu'ils aillent à 100 fois $1^{mc},40$ d'eau, l'économie deviendrait évidente en leur faveur.

Notre hypothèse est impossible avec l'eau, nous le savons, mais elle est possible, et elle se réalise, avec le gaz d'éclairage.

Les voitures de gaz portatif transportent bien, en effet, plus de 140 fois la lumière retirée de la combustion d'un mètre cube de gaz courant; seulement les frais de transport s'augmentent des frais de compression et d'entretien d'un matériel plus considérable que pour l'eau. En outre, le gaz étant 2000 fois plus léger que l'eau, on doit se demander si la même conduite, dans laquelle s'écoule un volume déterminé d'eau, utilisée pour le gaz, n'en débiterait pas un volume bien plus considérable ; auquel cas on conclurait, par analogie, que, pour conserver les mêmes avantages relatifs, les voitures de gaz portatif devraient transporter un plus grand volume.

Nous allons montrer qu'il n'en est rien, et que la même conduite utilisée pour l'eau ou pour le gaz, dans les conditions respectives de ces deux écoulements, débite sensiblement les mêmes volumes.

En effet, les diamètres des conduites d'eau sont calculés pour une distribution se faisant régulièrement dans les 24 heures ; tandis que forcément, par la nature des choses, les usines à gaz courant émettent leur production totale dans une durée moyenne de 6 heures sur 24.

De plus, les pertes de charge sont, en moyenne, de 1 à 10 mètres pour l'eau ; et elles ne sont que de 1 à 10 centimètres pour le gaz.

En conséquence, le diamètre pour une consommation de Q mètres cubes de gaz par heure, à l'extrémité d'une conduite ayant une longueur L, étant donné par la formule

$$D^5 = \frac{1,53}{(100)^5} \frac{KLQ^2}{P-p},$$

pour en déduire le diamètre d'une conduite d'eau de même longueur L, devant débiter le même volume d'eau à l'extrémité, dans les conditions ordinaires d'écoulement, on fera observer que la même formule, d'après Eytelwein, sert pour l'eau :

30

1° En faisant $b = 0,0035$, au lieu de $b = 0,0030$: c'est-à-dire en multipliant le coefficient $1,53$ par $\frac{35}{30}$;

2° En mettant à la place de K, 2000 K ;

3° En remplaçant Q par $\frac{Q}{4}$, puisque l'écoulement se fait en 24 heures au lieu de 6 ;

4° Enfin, puisque la perte de charge est moyennement 100 fois plus grande, en remplaçant $P - p$ par $100 (P - p)$.

L'on aura alors, pour le diamètre D' à adopter pour l'eau, la formule :

$$D'^5 = \frac{35}{30} \times \frac{2000}{16 \times 100} \times \frac{1.53}{(100)^5} \frac{KLQ^2}{P - p} = 1,458\ D^5.$$

D'où :

$$D' = 1,078\ D.$$

Ces valeurs de D et D' sont effectivement aussi peu différentes que le comportent ces calculs.

Conditions économiques du transport du gaz par voiture. — Les avantages du transport par voiture sont d'autant plus marqués, toutes choses égales d'ailleurs, que la quantité de lumière transportée est plus considérable. Or, cette quantité de lumière se compose du produit de deux facteurs, dont l'un est le titre du gaz, et l'autre le nombre de mètres cubes de gaz transporté. On a donc tout intérêt à fabriquer du gaz ayant le plus fort titre : le prix de revient de fabrication augmente nécessairement ; mais, tant qu'il se maintient dans des conditions normales, c'est-à-dire tant que ce prix de revient reste proportionnel à la valeur du titre, les conditions industrielles demeurent les mêmes quant à la fabrication, et les frais relatifs au transport du gaz deviennent plus avantageux par rapport à l'unité de lumière. Nous nous bornons à étudier l'importance de ces derniers frais.

Le volume de l'enveloppe devant contenir le gaz est limité, pour les voitures, par des convenances forcées. La Compagnie du gaz portatif non comprimé fondée à Paris par M. Houzeau, de Reims, avait limité à 10 mètres cubes le volume de gaz contenu dans ses gazomètres portatifs construits en tissu imperméable : c'était, avec du gaz ayant un titre au moins quadruple de celui du gaz de houille, la quantité de lumière renfermée dans 40 mètres cubes de gaz courant. Un seul cheval suffisait pour le transport de la voiture.

Ces gazomètres portatifs, en forme de soufflet, étaient remplis directement au gazomètre de l'usine ; la pression du gaz suffisait pour pousser le couvercle. Lorsque l'ouvrier vidait le gaz dans le gazomètre de l'abonné, il commençait par enlever la pression dans ce gazomètre, au moyen d'un treuil et de contre-poids ; puis, agissant sur un autre treuil placé à la voiture, il faisait marcher le couvercle et forçait le gaz à sortir.

Ce système était d'une grande simplicité ; la composition des tissus avait présenté les plus grandes difficultés, toutes résolues très-heureusement ; l'ensemble dénotait ce caractère de convenance et de science pratique, que l'on retrouve dans toutes les conceptions et dans tous les travaux de M. Houzeau. La difficulté et les frais d'installation des gazomètres chez les abonnés ont été les plus grands obstacles au développement de cette industrie. Il fallut recourir au système de la compression.

L'idée de prendre des réservoirs métalliques et d'y comprimer le gaz à plusieurs atmosphères, afin d'augmenter le volume de gaz transportable, est celle que l'on a suivie dans les premiers essais de gaz portatif.

La seule forme de réservoir à laquelle on songe dans la pratique, est celle d'un cylindre terminé par des calottes sphériques.

Au reste, quelle que soit la forme du réservoir adoptée, on sait que, pour des volumes semblables, les épaisseurs à donner au métal croissent comme les rayons et comme les pressions. Or, les pressions, pour un même récipient, croissent, d'après la loi de Mariotte, comme les volumes de gaz contenus, ramenés à la pression atmosphérique.

Avec des volumes semblables, les poids des réservoirs sont donc proportionnels aux volumes de gaz qu'ils contiennent, ramenés à la pression atmosphérique, et cela, quelle que soit la pression, quelle que soit la capacité des réservoirs.

On ne gagne rien, sous le rapport du poids du réservoir, à augmenter la pression du gaz, on diminue seulement le volume.

POIDS DES CYLINDRES PAR MÈTRE CUBE DE GAZ TRANSPORTÉ. FORMULE GÉNÉRALE. — Une fois la forme du récipient arrêtée, il importe de connaître son poids d'après le volume de gaz transporté, ou plus généralement le poids de métal par mètre cube de gaz, toujours ramené à la pression atmosphérique. Pour y arriver, il suffit d'assigner les épaisseurs d'après les pressions ; en multipliant la surface par l'épaisseur, on a le volume, et en multipliant ce volume par le poids du mètre cube de métal, on a le poids du réservoir. C'est ce poids qui, divisé par le produit de la capacité du récipient par le nombre d'atmosphères, donne le poids du métal par mètre cube.

On sait que ce poids est le plus petit possible pour la sphère ; voici comment on en fixe la valeur :

R étant le rayon de la sphère ;

P, la pression du fluide intérieur par mètre carré, que l'on peut remplacer par l'expression $10333 \times n$, n indiquant un nombre d'atmosphères ;

E, l'épaisseur de l'enveloppe ;

T, la tension du métal, par mètre carré, suivant une section perpendiculaire à la surface ; on a :

$$PR = 2TE. \quad (a)$$

Comme la surface est égale à $4\pi R^2$, le poids de l'enveloppe

---

(a) Soit R le rayon de la sphère ;

P, la pression en kilogrammes exercée par le gaz renfermé dans la sphère sur l'unité de surface (le mètre carré) ;

E, l'épaisseur de l'enveloppe métallique exprimée en mètres ;

T, la tension moléculaire du métal composant l'enveloppe sur l'unité de surface.

sphérique sera $4\pi R^2 \times E \times 8000$, — en prenant 8000 pour le poids du mètre cube de fer. — Le volume de gaz multiplié par le nombre d'atmosphères est $\frac{4}{3}\pi R^3 n$; en conséquence, l'on obtient pour le poids du métal, par mètre cube, l'expression

$$\frac{3 \times 8000 \times 10333}{2\mathrm{T}}.$$

Pour un cylindre d'une longueur supposée indéfinie, ayant le même rayon et soumis à la même pression, l'épaisseur du métal est double. Le poids du métal par mètre cube est, comme il est facile de s'en rendre compte,

$$\frac{2 \times 8000 \times 10333}{\mathrm{T}}.$$

Résistance a faire supporter au fer. — M. Combes pense, d'après Duleau, que l'on peut fixer la valeur de T à 6,000,000, mais qu'il serait imprudent de s'écarter de cette règle dans les

---

En vertu de la tension intérieure du gaz, tous les ressorts moléculaires composant l'enveloppe sont tendus, en chaque point, suivant des directions perpendiculaires à l'extrémité du rayon, absolument comme les ressorts moléculaires du gaz sont eux-mêmes, en chaque point, comprimés suivant toutes les directions, par des forces dont l'intensité sur l'unité de surface est représentée par P.

C'est cette tension moléculaire de l'enveloppe métallique sur le mètre carré que nous appelons T.

La relation entre P, T, R et E peut être obtenue au moyen de la considération du travail.

Si l'on imagine une action élémentaire de toutes les forces moléculaires du gaz, la quantité élémentaire de travail produit sera annulée par celle à attribuer aux ressorts moléculaires de l'enveloppe métallique, en vertu du principe d'équilibre des forces.

Si donc on suppose que tous les ressorts moléculaires du gaz se détendent d'une quantité infiniment petite, il en résultera un petit accroissement de volume r, et la quantité de travail élémentaire produit sera Pr : car elle est, évidemment, la même que celle que l'on aurait exercée en introduisant le volume r dans la sphère.

constructions, dont la destruction pourrait offrir quelques dangers pour les personnes.

Cette limite n'a été donnée que pour des fers tirés dans le sens de leur longueur ; tandis que pour un récipient soumis à une forte pression intérieure, le fer est tiré simultanément dans tous les sens. On a émis l'opinion qu'il ne se trouvait plus dans des conditions aussi favorables pour la résistance.

La question avait été étudiée et résolue depuis longtemps par Navier. Voici en quels termes il rapporte deux expériences qu'il fit à ce sujet :

« Un vase sensiblement sphérique, en tôle de fer de très-bonne
« qualité, formé de deux demi-sphères assemblées par des rivets
« et une soudure et se recouvrant l'une l'autre de $0^m,01$, ayant
« $0^m,337$ de diamètre extérieur dans le sens du grand cercle sui-
« vant lequel la soudure était faite, $0^m,323$ dans le sens perpendi-
« culaire à ce grand cercle, et $0^m,0026$ d'épaisseur, a été rompu
« sous la pression de 144 kilogr. par centimètre carré. La rup-
« ture s'est manifestée par une petite fente, à $0^m,05$ de la sou-
« dure.

Si l'on représente par i, l'accroissement correspondant du rayon, on a $= 4\pi R^2 i$; et la quantité de travail élémentaire due au jeu des ressorts moléculaires du gaz est $P \times 4\pi R^2 i$.

L'enveloppe métallique a augmenté pendant cette action, elle couvre une sphère d'un rayon plus grand qui est $R \times i$; tous les ressorts moléculaires se sont tendus de la même manière que les ressorts moléculaires du gaz ; ici ce travail est résistant. — Mais comme ces ressorts ont agi, quoique en sens contraire, absolument comme auraient agi les ressorts moléculaires du gaz, la valeur de ce travail sera également représentée par T multiplié par l'accroissement de volume v'. Or, ce volume était d'abord sensiblement $4\pi R^2 E$ (E étant généralement très-petit par rapport à R) ; quand R augmente de i, il devient $4\pi E (R^2 + 2Ri + i^2)$, et négligeant le terme en i^2 qui est infiniment petit, l'accroissement de volume v' devient $8\pi RE i$ — et la quantité de travail Tv', $T8\pi RE i$.

Égalant ces quantités de travail et réduisant, on obtient la forme connue :

$$PR = 2TE.$$

« D'après une autre expérience, un vase semblable, ayant
« 0^m,285 de diamètre dans le sens du grand cercle suivant lequel
« la soudure était faite, 0^m,279 dans le sens opposé, et 0^m,0024
« d'épaisseur, a été rompu sous la pression de 163 kilogr. par
« centimètre carré. La rupture s'est également manifestée par
« une petite fente, à 0^m,12 de la soudure. »

Si l'on applique les formules à ces deux expériences, en adoptant le plus grand des deux diamètres, on trouve que la tôle a été rompue par des efforts de 46 à 47 kilog. par millimètre carré.

Nous ne connaissons pas d'expériences sur la résistance des tôles à la traction, — dans une seule direction, — qui aient donné des chiffres aussi élevés. Navier n'a constaté dans ses propres expériences, qu'un poids maximum de 45 kilog. pour déterminer la rupture par millimètre carré. Il est vrai que les tôles qu'il expérimentait étaient de qualité moyenne ; tandis que celles qu'il a fallu emboutir pour former deux demi-sphères, ne pouvaient être que de très bonne qualité. Cependant, nous-même, dans les nombreux essais que nous avons faits pour constater la résistance des tôles, nous n'avons pas obtenu des nombres plus élevés avec les meilleurs fers, qui, laminés en barre, donnaient néanmoins des résultats incontestablement supérieurs.

Quoi qu'il en soit, si le travail du martelage, pour former l'embouti, a amélioré la qualité du métal, l'épaisseur d'un autre côté n'a pu être régulière. Navier a pris une moyenne : au point le plus mince de l'enveloppe, la tôle a été soumise à des efforts plus grands que ceux de 46 à 47 kilog. par millimètre carré.

Il ne paraît donc pas démontré que la condition d'avoir à résister simultanément à des efforts suivant deux directions rectangulaires soit désavantageuse pour la résistance ; et, de l'examen que nous venons de faire, nous conclurons qu'à la condition de prendre des tôles de première qualité et *excessivement ductiles*, on peut faire supporter à la tôle 6 kilog. par millimètre carré, — et poser, par conséquent, T = 6,000,000 kilog., — pour les réservoirs à mettre dans les voitures, qui doivent être le plus légers possible, relativement à la quantité de gaz qu'ils contiennent. Pour les réservoirs à placer chez les abonnés, on prendra $T = 5,000,000$.

Importance de la ductilité du métal. — Nous avons dit que la tôle devait être excessivement ductile; cette condition est de la plus haute importance : car ces réservoirs sont destinés à être soumis à des vibrations, et à éprouver des secousses et des chocs.

Lorsqu'un corps reçoit un choc d'un autre corps, ce n'est pas un effort seulement qu'il a à supporter, c'est une quantité de travail qu'il doit détruire : il ne le peut qu'en opposant au corps choquant une résistance, variable ou constante, *pendant un certain chemin*, et telle que le travail résistant qui en résulte soit égale, comme on le sait, à la moitié de la force vive du corps choquant. Si le corps choqué a de la roideur, le chemin qu'il peut parcourir sans se rompre est faible et, pour obtenir la quantité de travail assignée, il devrait être soumis à des efforts d'autant plus grands, susceptibles d'amener la rupture. Ce qui explique comment l'acier trempé qui supporte, *statiquement*, les plus grands efforts, est cependant brisé par un petit choc.

Quand on prend une barre que l'on tire jusqu'à arriver à la limite d'élasticité, et ensuite à celle de rupture, on produit des quantités de travail, que M. Poncelet nomme résistance vive d'élasticité et résistance vive de rupture. Ces quantités de travail sont très-différentes, suivant la nature du métal et son état, comme il ressort du tableau suivant (*Introduction à la mécanique industrielle*, Poncelet, p. 361) :

DÉSIGNATION du MÉTAL SOUMIS A L'EXPÉRIENCE DE LA TRACTION.	ALLONGEMENT par mètre relatif à la limite d'élasticité naturelle.	CHARGE par millimèt. carré correspondant à cette limite.	RÉSISTANCE VIVE d'élasticité par millimètre carré et par mètre de longueur.	RÉSISTANCE VIVE de rupture par millimètre carré et par mètre de longueur.
	m.	k.	kilom.	kilom.
Fer en fil ou en barre — doux ou recuit...	0,00054	10,8	0,003000	4,000000
Fer en fil ou en barre — fort ou non recuit.	0,00090	18,0	0,008000	0,080000
Acier ordinaire trempé et recuit..............	0,00120	25,0	0,015000	0,070000
Acier fondu, 1re qualité..	0,00220	66,0	0,072600	0,160000
Fonte de fer.............	0,00080	10,0	0,004000	»
Fils de laiton recuit.....	0,00135	15,0	0,012500	4,500000
— non recuit.	0,00170	15,0	0,012750	0,200005

Ce tableau montre qu'il faut 4 kilogrammes tombant de la hauteur d'un mètre, sur un plateau que l'on peut imaginer fixé à l'extrémité inférieure d'un fil vertical de fer doux et recuit, d'un mètre de longueur et d'un millimètre carré de section, pour amener la rupture de ce fil; tandis qu'un poids de $0^k,08$ seulement suffirait dans les mêmes circonstances, si le fer était fort et non recuit.

En admettant que les tôles en fer doux, recuit, et en fer fort, non recuit, étant soumises à des chocs, conservent, pour leurs résistances respectives, les mêmes rapports que les barres, on voit que, s'il faut faire tomber un cylindre en tôle douce et recuite, soumis intérieurement à une pression assignée, d'une hauteur de 4 mètres pour amener la rupture, ce même cylindre se briserait tombant seulement d'une hauteur de 8 centimètres, s'il était construit en tôle forte et non recuite. La constatation de ces deux chiffres démontre qu'il est d'une impérieuse obligation de construire les cylindres, tout au moins ceux de voiture, avec les tôles douces et le mieux recuites.

Nous venons de nous servir des nombres 4^m et $0^m,08$ pour exprimer un rapport et non des grandeurs absolues.

Nous avons fait construire un cylindre de $0^m,25$ de diamètre, et de $0^m,70$ de hauteur : il était en tôle d'acier recuit de $0^m,00125$ d'épaisseur, et il était chargé à 11 atmosphères. — Ce qui représente un excès de 10 atmosphères sur l'atmosphère naturelle, et une tension de la tôle, par millimètre carré, de 10 kilogrammes. — Ce cylindre fut lancé à plusieurs reprises sur le pavé, d'une hauteur de 6 mètres, sans que même une fuite se déclarât. Il est vrai que ce cylindre était très-léger, et comme tout l'effet du choc, (c'est-à-dire toute la quantité de travail à détruire) n'a lieu qu'en un seul point, il est logique de ne pas compter sur un semblable résultat avec des cylindres plus grands.

En prenant des tôles douces recuites, pour lesquelles la résistance vive de rupture est plus considérable que pour l'acier, et qui ne soient soumises qu'à un effort de traction de 6 kilogrammes par millimètre carré, on a plus de sécurité encore qu'avec les tôles d'acier recuit du cylindre ayant servi à l'expérience que nous venons de citer, qui supportaient une traction de 10 kilog. par millimètre carré.

Tant que l'on ne dépasse pas de 5 à 6 kilogrammes par millimètre carré pour la résistance de la tôle, surtout en la prenant très-ductile, la rupture ne saurait être à craindre, même dans le cas d'une lésion ou d'un manque de résistance à un point donné. On se trouve dans les mêmes conditions que lorsque l'on a une corde de fil de fer soutenant un poids. Si la grosseur de la corde est calculée de manière à ce que chaque millimètre carré n'ait à supporter qu'un effort de traction de 5 kilogrammes, et qu'un fil se brise par suite d'un défaut accidentel, c'est un excès de tension qui se répartit sur tous les autres fils ; mais chacun d'eux est encore tellement éloigné du point de rupture qu'un danger n'est pas à redouter. Il n'en serait pas de même, évidemment, si la tension totale de la corde, étant plus considérable, se rapprochait notamment de celle déterminant la rupture.

En résumé, pour les cylindres de voiture qui doivent être le plus légers possible, nous ferons $T = 6,000,000$ kilog., à la condition de prendre les tôles douces et le mieux recuites.

Pour les cylindres logés chez les consommateurs pour lesquels le poids a moins d'importance, nous ferons $T = 5,000,000$. Les tôles n'ont plus besoin d'être aussi parfaites; elles doivent être cependant de très-bonne qualité et recuites.

Substituant ces valeurs de T dans l'expression $\dfrac{2 \times 8000 \times 10333}{T}$, qui donne le poids de tôle par mètre cube de gaz, pour un cylindre d'un diamètre quelconque et d'une longueur supposée indéfinie, on obtient :

1° Pour les cylindres de voiture :

$$\frac{2 \times 8000 \times 10333}{6000000} = 27^\text{k},55\ 5$$

2° Pour les cylindres à placer chez les abonnés :

$$\frac{2 \times 8000 \times 10333}{5000000} = 33^\text{k},1666.$$

Si l'on ajoute 10 p. 100 pour tenir compte des recouvrements, on conclut qu'il faut admettre un poids moyen de 30 kilogrammes de tôle pour les cylindres de voiture, par mètre cube de gaz transporté. Ce chiffre est un peu augmenté si l'on met des calottes qui aient une petite flèche; dans tous les cas, il est d'autant plus exact, que la longueur du cylindre est plus grande par rapport à son diamètre.

La formule donne pour les cylindres d'abonné 37 kilogrammes par mètre cube; mais comme, pour ces réservoirs, la longueur est généralement petite par rapport au diamètre, il faut admettre 40 kilogrammes en moyenne, tenant compte ainsi de la cause d'augmentation de poids due aux calottes.

Reste à montrer dans quelles proportions les rivets viennent affaiblir la résistance du métal.

DOUBLE RIVURE, ÉCARTEMENT DES RIVETS.— Les feuilles de tôle roulées à la machine à cintrer, et reliées par des rivures longitudinales suivant une des génératrices, forment des viroles de cylindre qui sont ensuite raccordées par des rivures circulaires. Les rivures longitudinales sont soumises, perpendiculairement à leur direction, à des efforts de traction doubles de celles que supportent les rivures circulaires; on n'a donc à s'inquiéter que des rivures longitudinales.

Le percement des trous pour les rivets réduit l'étendue de la section longitudinale faite dans le métal suivant les centres des rivets; la traction que doit supporter le métal par millimètre carré augmente par suite.

Ainsi, conservant les notations de la page 353, nous avons montré que le percement des rivets, pour une rivure simple, réduit la section à $\dfrac{11 \times n}{11 \times n + 14}$; la tension augmente nécessairement en raison inverse de cette expression.

Dans ce cas, x représentant toujours l'écartement de deux rivets, de centre en centre, on a évidemment :

$$\frac{x - ne}{x} = \frac{11 \times n}{11 \times n + 14}; \text{ d'où } x = \frac{n(11 \times n + 14)}{14} \times e.$$

Si l'on représente par d le diamètre des rivets, on a $d = ne$, et cette expression peut se mettre sous la forme plus simple :

$$x = \frac{d}{e} (0{,}78\, d + e).$$

Pour diminuer l'affaiblissement dû au percement des rivets, on fait de doubles rivures : la section perpendiculaire faite suivant une génératrice dans la portion de la tôle comprise entre deux rivets, est alors égale à deux fois la section faite dans un rivet. Il en résulte un accroissement de résistance que nous allons expliquer.

En effet, le rivet intermédiaire placé sur l'autre ligne doublant la résistance au cisaillement, on peut doubler également la longueur de la portion de tôle comprise entre deux rivets, et la faire égale à $2 \times \dfrac{11}{14} n^2 e$. La distance, de centre en centre, devenant $2 \times \dfrac{11}{14} n^2 e + ne$, la résistance à l'arrachement n'est donc affaiblie que dans le rapport de ces deux longueurs, c'est-à-dire, de

$$\frac{2 \times 11 \times n}{2 \times 11 \times n + 14}.$$

x désignant l'écartement des deux rivets, on a, dans ce cas,

$$x = 2 \times \frac{11}{14} n^2 e + ne = \frac{d}{e}(1,56\,d + e).$$

Il n'est utile de faire des doubles rivures que pour celles qui sont suivant une des génératrices ; une rivure simple suffit pour les rivures circulaires qui n'ont à résister qu'à un effort moitié.

On n'emploie les rivures doubles que pour les cylindres de voiture, qu'on a intérêt à rendre le plus légers possible. Quant aux cylindres d'abonné, dont on calcule l'épaisseur d'après une traction de 5 kilogrammes par millimètre carré, il vaudrait mieux augmenter un peu l'épaisseur, ce qui est sans inconvénient, et ne faire que des rivures simples.

Les cylindres de voitures ont des diamètres de $0^m,40$ à $0^m,50$; aussi, quand on borne la compression du gaz à 10 atmosphères en sus de l'atmosphère naturelle, donne-t-on aux feuilles de tôle une épaisseur de $0^m,0033$ à $0^m,0042$, qui est celle calculée d'après la condition de porter à 6 kilogrammes, par millimètre carré, la traction du métal.

Avec ces épaisseurs, on ne dépasse pas, pour le diamètre des rivets, le double de l'épaisseur ; ainsi on a $n = 2$ et $d = 2e$.

La résistance à l'arrachement est donc affaiblie avec une simple ligne de rivets, dans le rapport de $\dfrac{11 \times 2}{11 \times 2 + 14} = \dfrac{22}{36} = 0,611$, et avec une double rivure, dans le rapport de $\dfrac{2 \times 11 \times 2}{2 \times 11 \times 2 + 14} = \dfrac{44}{58} = 0,75$.

La tôle qui, pour une section faite suivant une quelconque des génératrices, supporte une traction de 6 kilogrammes par millimètre carré, en supportera une, pour une section faite suivant la génératrice passant par les centres des rivets, de $\frac{6}{0,75} = 8$ kilogrammes. Cette traction sera diminuée par le frottement des deux feuilles de tôle pressées par les rivets.

La distance entre les rivets, de centre en centre, sera pour une feuille de tôle de $0^m,004$, $2\,(1,56 \times 2 + 1)\,0,004 = 0^m,03296$.

Dans la crainte des fuites, on peut rapprocher un peu les rivets, mais ce sera toujours au détriment de la résistance; la rupture tendrait alors à se produire par arrachement de la tôle. Si, au contraire, on éloignait les rivets, la rupture tendrait à se produire par cisaillement des rivets.

En définitive, en suivant les prescriptions que nous venons d'indiquer, on admet avec sécurité un poids de 30 kilogrammes pour les cylindres de voiture, par mètre cube de gaz à déverser à la pression atmosphérique, ce qui porte à 40 et 60 mètres cubes le volume total que les voitures attelées de deux chevaux transportent, suivant l'état des routes, quelle que soit la compression du gaz.

Plus on élève le degré de la compression, plus le volume est réduit; mais plus aussi augmentent les difficultés pour l'installation du matériel; c'est pour cette raison que l'on fixe à 11 atmosphères, — 10 atmosphères en plus de l'atmosphère naturelle, — le chiffre de la compression. A ce point, le volume de la voiture n'a rien d'exagéré et le titre du gaz n'est pas affaibli.

Comme les voitures déversent leur gaz dans d'autres cylindres que l'on charge de 4 à 5 atmosphères, elles rentrent à l'usine avec un volume qu'elles ne peuvent écouler; — aussi faut-il ne compter, par voiture, que sur 75 p. 100 du volume de gaz qu'elle déverserait dans un gazomètre.

Quantité de travail pour comprimer un mètre cube. — Prenons un cylindre d'une capacité d'un mètre cube, contenant du gaz à la pression atmosphérique; imaginons que ce cylindre communique avec un grand corps de pompe, également rempli de gaz à la pression atmosphérique, ayant un mètre carré de section, et dans lequel se meut un piston placé à une hauteur m du fond. Ce corps de pompe contient m mètres cubes de gaz à introduire dans le cylindre, qui aura alors m mètres cubes de gaz disponibles à la pression m en plus de l'atmosphère, ou à la pression absolue $m + 1$.

Il y aura à produire sur ces $(m + 1)$ mètres cubes de gaz, pour les condenser en 1 mètre cube, le même travail de détente que celui que produiraient ces $(m + 1)$ mètres cubes, réduits à un mètre cube, pour reprendre leur premier volume $(m + 1)$.

On sait que cette quantité de travail est égale au volume de gaz qui, ici, est égal à un mètre cube, multiplié par la pression du gaz sur le mètre carré, qui est $10,333$ $(m + 1)$, et par le logarithme hyperbolique du rapport des deux volumes $(m + 1)$ et 1, rapport qui est égal à $(m + 1)$. Cette quantité de travail, relative à la détente, est donc

$$10333 \times (m + 1) \ \text{log. hyp.} \ (m + 1) \ \text{kilog. mètres.}$$

Mais ce travail est aidé par la pression atmosphérique, qui, pendant tout le temps que le piston descend dans le grand cylindre, exerce sur lui une pression 10333 kilog., et développe, par conséquent, une quantité de travail $10333 \times m$.

La quantité de travail à développer par le moteur est, pour m mètres cubes à envoyer dans le cylindre à la pression absolue $(m + 1)$,

$$10333 \left\{ (m + 1) \ \text{log. hyp.} \ (m + 1) - m \right\} \ \text{kilog. mètres};$$

et pour un mètre cube,

$$10333 \left\{ \frac{m + 1}{m} \ \text{log. hyp.} \ (m + 1) - 1 \right\} \ \text{kilogr. mètres.}$$

D'après cette formule générale, nous construisons le tableau suivant donnant les quantités de travail correspondant aux valeurs de m égales à 5, 10, 15, jusqu'à 40.

VALEURS de m.	VALEURS du LOG. HYP. $(m + 1)$	QUANTITÉS de TRAVAIL POUR COMPRIMER un mètre cube.	NOMBRE DE MÈTRES CUBES comprimés par force de cheval et par heure.
		kil. m.	mc.
5	1,78	11,883	22,72
10	2,40	16,943	15,94
15	2,77	20,198	13,37
20	3,04	22,650	11,92
25	3,26	24,700	10,93
30	3,43	26,291	10,27
35	3,58	27,717	9,74
40	3,72	29,067	9,29

Ce tableau montre que le travail théorique n'augmente pas proportionnellement au degré de compression : si l'on pouvait avoir avantage à se servir d'une forte pression, l'excès de dépense de ce côté ne deviendrait pas un obstacle ; mais plus le degré de compression s'élève et plus le travail pratique diffère du travail théorique.

L'échauffement vient augmenter ce travail et, d'un autre côté, les condensations le diminuent ; de plus, la loi de Mariotte ne s'observe plus dans les hautes pressions.

Ainsi, d'après les expériences de Sulzer faites sur l'air atmosphérique, la force élastique étant 1 pour une densité de l'air égale à 1, lorsque la densité devient 8, la force élastique est égale à 6,835.

Robinson, ayant répété ces expériences après avoir desséché l'air, a trouvé que, lorsque la densité de l'air montait de 1 à 7,62, la force élastique ne montait que de 1 à 6,49.

Quoi qu'il en soit, on peut compter en pratique, pour 11 atmosphères absolues, sur un rendement moitié des données théoriques. Nous avons obtenu, dans des expériences, 66 p. 100.

FRAIS DE TRANSPORT DU GAZ PAR VOITURE. — Pour transporter le gaz par voiture, il faut installer un matériel, pourvoir aux charges d'intérêt et d'amortissement du capital employé, ainsi qu'aux frais d'entretien de toute sorte de ce matériel, et enfin, parer aux dépenses journalières pour la compression du gaz, son transport et son déversement chez l'abonné.

Le matériel se compose de pompes comprimant le gaz, d'une double installation de machines à vapeur, afin d'être à l'abri de tout chômage par suite d'accident, de voitures contenant les cylindres que l'on remplit de gaz, et de chevaux pour les conduire ; enfin, de cylindres, de régulateurs et de portes d'introduction à placer chez les abonnés : c'est dans ces cylindres que le gaz se déverse pour être mis à la disposition de l'abonné.

La dépense de ce matériel varie suivant les localités ; elle varie encore, pour un même nombre de mètres cubes à déverser par an, suivant la nature de l'éclairage. Mais, en général, on peut poser en principe que, pour une usine d'une certaine importance, cette dépense, par mètre cube de gaz à déverser par an, dans un périmètre restreint à l'étendue d'une grande ville, est :

	f.
Pour les machines et les pompes, de	0,12
Pour les voitures	0,15
Pour les chevaux	0,08
Pour les cylindres	0,30
Pour installations chez les abonnés	0,10
Pour constructions	0,05
C'est une dépense totale de	0,80

Il faut tenir compte de l'intérêt de ce capital, de son amortissement, de l'entretien du matériel et des frais journaliers de main-d'œuvre, etc.

Ces frais de transport s'établissent en résumé ainsi qu'il suit, par mètre cube, avec une approximation suffisante pour le but que nous poursuivons.

	f.
Compression du gaz, y compris main-d'œuvre et entretien des machines	0,03
Intérêt à 5 p. 100 et amortissement du capital employé aux machines à compression	0,01
A reporter	0,04

$$\begin{aligned}
&\textit{Report}\ldots\ldots\ldots\ldots\ldots\ldots && 0,04\\
&\text{Voitures et chevaux; intérêt, amortissement du capital}\\
&\quad\text{employé et entretien du matériel}\ldots\ldots\ldots\ldots\ldots\ldots && 0,16\\
&\text{Nourriture des chevaux et main-d'œuvre}\ldots\ldots\ldots\ldots\\
&\text{Cylindres, régulateurs et portes d'introduction; intérêt,}\\
&\quad\text{amortissement du capital employé, et entretien du}\\
&\quad\text{matériel}\ldots\ldots\ldots\ldots\ldots\ldots\ldots\ldots\ldots\ldots\ldots\ldots\ldots\ldots\ldots && 0,06\\
&\hspace{4cm}\textsc{Total}\ldots\ldots\ldots\ldots\ldots\ldots\ldots && 0^{f},26
\end{aligned}$$

Ces frais se décomposent en frais qui sont proportionnels aux distances parcourues, et en frais qui en restent indépendants. Les premiers sont ceux relatifs à l'entretien des voitures, à la nourriture des chevaux et à la main-d'œuvre ; ils sont portés dans le devis à la somme de $0^{f},16$.

Les autres chiffres restent les mêmes, quelle que soit la distance parcourue ; leur total est de $0^{f},10$.

Ces frais de transport par mètre cube supposent les conditions ordinaires, et, par conséquent, un temps d'arrêt chez chaque abonné pour le déversement du gaz ; ils augmentent quand ces temps d'arrêt se multiplient pour une même voiture, en d'autres termes, quand l'importance de chaque consommation est faible ; dans le cas contraire, ils diminuent.

Si une voiture, au lieu de se déverser par parties, n'avait qu'un seul abonné à desservir, chez lequel elle se viderait entièrement, elle pourrait, parcourant une plus grande distance, rester néanmoins dans les mêmes conditions, quant à son prix de revient de déversement par mètre cube ; cette distance peut être fixée à 6,000 mètres au minimum. Si la voiture doit porter son gaz plus loin, à une distance x où elle se vide en entier, les frais relatifs aux voitures et aux chevaux augmentent seuls proportionnellement à cette distance, et le prix de revient par mètre cube, qui pourrait d'ailleurs subir quelques légères variations suivant les localités, est donné par la formule :

$$0^{f},10 + 0^{f},16\,\frac{x}{6000}$$

Cette formule suppose que la voiture se déverse en entier à la

distance x mètres de l'usine. S'il s'agit de plusieurs consommateurs à desservir à cette distance, il faudra y rester plus de temps ;
ce sera une augmentation de prix de revient, dont il est possible de tenir compte en augmentant en conséquence la valeur
de x.

C'est admettre, en moyenne, un déversement complet de 40 mètres cubes environ, avec une voiture à deux chevaux, un facteur
et un cocher, ou de 20 mètres cubes seulement avec une seule
voiture à un cheval et un cocher-facteur. Ainsi, tant que l'usine
déversera journellement à une distance x, par chaque voyage,
20 mètres cubes de gaz, au minimum, le prix de revient du
transport du gaz est donné par la formule. Si cette consommation n'est pas obtenue journellement, et que la voiture, pour se
déverser en entier, ne doive l'alimenter que tous les deux ou
trois jours, on augmente alors le nombre des réservoirs chez
l'abonné : c'est un capital plus considérable à débourser ; c'est
une nouvelle charge d'intérêt, d'amortissement de ce capital et
d'entretien de matériel, que nous avons évaluée, pour une consommation journalière, à $0^f,06$ par mètre cube, mais en comprenant les autres frais d'installation pour portes, régulateurs,
entretien, changements s'il est nécessaire et dépenses diverses.
Pour une alimentation ne devant avoir lieu que tous les deux ou
trois jours, il suffit de placer des cylindres en plus, pour lesquels on admet $0^f,04$ par journée de retard pour le déversement.
Ainsi, supposons que le gaz à déverser à la distance x ne soit
fourni que tous les y jours, le prix de revient du transport du
gaz, par mètre cube, sera

$$0^f,10 + 0^f,16 \ \frac{x}{6000} + 0^f,04 \ (y - 1).$$

Ce prix comprend l'intérêt à 5 p. 100 et l'amortissement du
capital employé, l'entretien du matériel et les dépenses de
toutes sortes pour main-d'œuvre, entretien et nourriture des
chevaux.

Le capital nécessaire pour les localités avoisinant l'usine est de $0^f,80$ par mètre cube à déverser par an ; mais si la distance x dépasse 6000 mètres, il faudra plus de chevaux et plus de voitures ; l'excès de dépense sera

$$0,20 \left(\frac{x - 6000}{6000} \right).$$

Si l'alimentation n'a lieu que tous les y jours, il est nécessaire d'avoir plus de cylindres, dont la valeur est $0^f,30\ (y-1)$ par mètre cube.

La formule générale donnant le capital à dépenser pour frais d'installation, par mètre cube, sera donc :

$$0^f,80 + 0^f,20 \left(\frac{x - 6000}{6000} \right) + 0^f,30\ (y - 1).$$

Au lieu de déverser le gaz dans des cylindres, on a proposé, pour les localités éloignées, d'établir des gazomètres d'où le gaz se déverserait ensuite au moyen de conduites dans les localités avoisinantes. On croit trouver dans cette disposition un avantage, en ce sens que la voiture n'a lus besoin de rentrer avec quelques cylindres à 4 ou 5 atmosphères. Elle peut incontestablement déverser un plus grand volume de gaz par voyage ; mais nous contestons l'économie par la raison que le gaz déversé des voitures à compression dans les gazomètres, subit une détérioration sensible de son titre, dans une proportion plus grande que l'économie à réaliser : il faudrait faire une réduction sur le prix du gaz, qui détruirait l'avantage annoncé. Il est donc préférable de conserver les récipients, sauf à les réunir dans une même localité, d'où le gaz partirait pour se distribuer au moyen de conduites chez les abonnés, ce qui peut être avantageux dans quelques circonstances. D'ailleurs, la dépense du gazomètre sera toujours plus grande que celle des récipients ; car ceux-ci s'établissent à raison de 40 à 50 francs par mètre cube à déverser ; tandis que l'établissement des petits gazomètres coûte 100 francs environ par mètre cube. En outre, avec les cylindres, le déplacement du matériel, l'augmentation ou la diminution dans le volume de gaz à débiter, sont sans inconvénient et entraînent peu de frais.

DISTRIBUTION DU GAZ AU MOYEN D'UNE CANALISATION. — PRIX DE REVIENT VARIABLE SUIVANT LA CONSOMMATION. — Nous n'admettrons que 2 p. 100 de la valeur des conduites pour leur entretien et pour l'amortissement du capital déboursé, ce qui réduit à 7 p. 100 de la dépense totale de la canalisation les frais annuels de toutes sortes, en y comprenant la charge d'intérêt à 5 p. 100, que le prix de revient du gaz a à supporter pour son déversement. Cette faible évaluation n'est admissible qu'avec une canalisation parfaite, dispendieuse, et avec une concession de très-longue durée.

N représentant le nombre de mètres cubes déversés par an ; P, la dépense totale pour la canalisation, la dépense par mètre cube, pour le déversement, est donc

$$0^{f},07\,\frac{P}{N}\,.$$

Supposons maintenant qu'il s'agisse de transporter un volume de gaz à un point éloigné de l'usine, et recherchons comment le prix de revient, par mètre cube, se modifie suivant le volume de gaz à envoyer ; pour cela, reprenons la formule

$$D^{5}=\frac{1,53}{(100)^{5}}\times\frac{LQ^{2}}{(P-p)}\,.$$

Faisons $\frac{1,53}{(100)^{5}}\,\frac{L}{P-p}=M^{5}$; la formule se met sous la forme plus simple $D^{5}=M^{5}Q^{2}$.

Posons successivement $Q=0,1,\ 0,2,\ 0,3\ldots,\ 0,9,$ et $Q=1.$ 2, 3.... 9, 10, on obtient les résultats suivants :

TABLEAU

VALEURS DE Q.	VALEURS DE D CORRESPONDANTES.	VALEURS DE Q.	VALEURS DE D CORRESPONDANTES.
0,1	0.398 M	1	1,000
0,2	0,525	2	1,320
0,3	0,618	3	1,552
0,4	0,709	4	1,781
0,5	0,758	5	1,904
0,6	0,815	6	2,047
0,7	0,867	7	2,178
0,8	0,915	8	2,297
0,9	0,959	9	2,408
1,0	1,000	10	2,512

De ce tableau on tire quelques conséquences pratiques sur lesquelles nous appuierons. Supposons qu'à une distance L de l'usine, on ait à envoyer une quantité donnée de gaz, le diamètre sera déterminé au moyen de la formule ou du tableau (pl. XIV); soit M ce diamètre. Le capital P à débourser pour la conduite sera 100ML multiplié par 1,10 ou 1,20; et même, comme première approximation, sera simplement 100ML; d'où l'on conclura le prix de revient pour le déversement du gaz, par mètre cube, qui devient $0{,}07\dfrac{P}{N} = 7\dfrac{ML}{N}$.

Si l'on n'a à envoyer à la distance L qu'un nombre 0,5N mètres cubes par an seulement, le diamètre donné par le tableau ci-dessus est 0,758M.

Le nombre de mètres cubes de gaz à débiter ayant diminué de moitié, pour que le prix de revient, par mètre cube, restât le même, il faudrait que les frais d'installation pour le matériel se réduisissent également de moitié, et pour cela, — puisque la dépense est sensiblement proportionnelle au diamètre, — que le diamètre fût moitié, c'est-à-dire égal à 0,50M, au lieu de 0,758M.

Le prix de revient du gaz pour le déversement a donc augmenté dans le rapport de 0,50 à 0,758, ou de 45,6 p. 100.

On voit de même que, si N se réduit au dixième, la valeur du diamètre, au lieu d'être 0,1M, est 0,398M ; en d'autres termes, elle devient plus grande de 298 p. 100. Le prix de revient de déversement arrive ainsi à atteindre une valeur telle, que l'opération cesse d'être possible, industriellement parlant.

Par compensation aussi, lorsque la valeur de N augmente, le prix de revient pour le déversement du gaz diminue sensiblement : ainsi, lorsque la quantité de gaz à envoyer devient 2N, le diamètre est 1,320M, au lieu de 2M ; le prix de revient pour le déversement diminue de 34 p. 100. Il diminuerait de 74,88 p. 100, si la quantité de gaz à envoyer était 10N : car le diamètre à prendre sera 2,512M, au lieu de 10M.

VOLUME DE GAZ A ENVOYER POUR OBTENIR UN PRIX DE REVIENT DÉTERMINÉ. — Lorsque le prix de revient, par mètre cube, pour le déversement du gaz est arrêté d'avance, il devient intéressant de connaître, pour une longueur L, la quantité de gaz à envoyer pour que ce prix de revient ne soit pas dépassé. Si la quantité de gaz à fournir en réalité est plus grande ou plus petite, le tableau ci-dessus permet de conclure les modifications dans le prix de revient.

Une usine à gaz doit satisfaire aux besoins les plus variés : tel éclairage n'a lieu que pendant une saison, tel autre que les jours fériés seulement, etc. Or, tous ces éclairages pouvant avoir lieu au même moment, l'usine doit être à même d'y satisfaire : les diamètres des conduites doivent être calculés de manière à parer à ces exigences souvent momentanées. C'est d'après ces considérations, que nous posons en principe que le plus grand volume de gaz Q, que débitent les conduites, par heure, ne saurait être inférieur à $\frac{N}{1000}$.

C'est admettre, en définitive, que la totalité du gaz débité dans le courant d'une année par une canalisation, n'est pas supérieure à 1000 fois la plus grande quantité que les conduites peuvent fournir dans une heure.

Nous posons donc $N = 1000Q$, et comme nous avons sensiblement $P = 100 DL$, le prix de revient pour le déversement $\left(0,07 \dfrac{P}{N}\right)$ se met sous la forme $0^r,007 \dfrac{DL}{Q}$. Si nous représentons ce prix de revient par c, on aura, pour le volume de gaz cherché :

$$Q = 0,007 \frac{DL}{c}. \tag{1}$$

Valeur qui dépend de celle de D, or la perte de charge étant fixée d'avance, le diamètre de conduite est donné par la formule

$$D^5 = \text{constante} \times LQ^2;$$

d'où :

$$D^5 = \text{constante} \times (0,007)^2 \frac{D^2 L^3}{c^2}, \text{ par suite } D^3 = \text{constante} (0,007)^2 \frac{L^3}{c^2}.$$

La valeur de la constante, pour la formule pratique, est $\dfrac{1,632}{(100)^5 (P - p)}$; on a donc, pour déterminer la valeur de D, la formule

$$D^3 = \frac{1.632}{(100)^5} \cdot \frac{(0,007)^2 L^3}{(P - p) c^2}. \tag{2}$$

Comparaison entre les frais de transport du gaz par les conduites et par les voitures. — Les frais de distribution du gaz par les conduites sont donnés par la formule $0^r,07 \dfrac{P}{N}$; ceux de transport par les voitures ont été portés à $0^r,26$ par mètre cube, pour une enceinte limitée à l'étendue d'une grande ville. Il faudrait, pour que ces frais fussent les mêmes, que l'on ait :

$$P = \frac{0,26}{0,07} N = 3,714 N;$$

c'est-à-dire que les frais d'installation des conduites, exprimés en francs, fussent 3,714 fois plus grands que le nombre de mètres cubes à déverser annuellement. Il n'y a pas d'usines à gaz courant, marchant dans un état normal, qui se trouvent dans d'aussi mauvaises conditions; et ce serait celles qu'accepterait une usine à gaz portatif, si elle songeait à transporter dans ses voitures le même gaz que celui émis dans les conduites, le gaz de houille. Aussi ne peut-il être question, lorsqu'il s'agit d'établir une usine à gaz portatif, que d'un gaz ayant un grand pouvoir éclairant, et que l'on obtient en distillant certains schistes bitumineux, ou des matières grasses qui donnent un gaz d'un plus grand titre encore.

Le gaz de houille, depuis le grand abaissement du prix de vente, est forcément fabriqué, sous peine d'une ruine certaine pour les usines, avec des charbons tout-venant, donnant beaucoup de coke et dans des cornues longues ; son titre dans les becs ronds usuels ne s'élève pas au-dessus de 5, et dans les becs Manchester placés chez les abonnés il descend à 3. Les Compagnies de gaz portatif peuvent livrer un gaz ayant un titre huit fois plus grand, n'admettons que cinq et six fois. Si l'on prend le mètre cube de gaz de houille comme représentant l'unité de lumière, le prix de transport de cette unité de lumière par les voitures de gaz portatif, se réduit à $\frac{0^f,26}{5} = 0^f,052$ et à $\frac{0,26}{6} = 0^f,043$. Dans ces conditions, pour que ce prix de revient soit le même que pour le gaz courant, il faut que $P = \frac{0^f,052}{0,070} N = 0,757\ N$, ou $P = \frac{0,043}{0,070} N = 0,60 N$, c'est-à-dire que le capital déboursé pour la canalisation soit les trois quarts ou les six dixièmes, suivant la richesse du gaz portatif, du nombre de mètres cubes distribués par an. Ces conditions sont pratiques ; elles se réalisent dans les usines le plus favorablement établies. Quoi qu'il en soit, elles fixent la limite entre les deux systèmes d'exploitation : quand les frais de canalisation sont moindres, l'avantage est en faveur du gaz courant ; dans le cas contraire, le transport par les voitures devient plus économique.

Il ne faut pas perdre de vue qu'une fois la canalisation posée, l'usine accepte avec les mêmes avantages proportionnels les petites et les grandes consommations ; tandis que le déversement du gaz par les voitures est plus dispendieux pour les petites consommations, au point qu'on doit y renoncer quand elles sont trop minimes ; mais, par compensation, ces frais diminuent avec les fortes consommations. Le prix de 0ʳ,26, par mètre cube, est une moyenne.

On doit encore faire observer que pour débiter N mètres cubes de gaz par an, le gaz courant dépense pour ses conduites un capital de 0ʳ,60N à 0ʳ,75N environ, tandis que le gaz portatif, pour alimenter le même éclairage, n'a à débourser qu'un capital de $\frac{0,80}{5}$ N $= 0,16$N, ou de $\frac{0,80}{6}$ N $= 0,132$N. Si les frais journaliers sont plus considérables, les charges d'intérêt sont incontestablement moindres.

COMPARAISON POUR LE GAZ TRANSPORTÉ A DE GRANDES DISTANCES. — Nous nous bornerons à étudier le cas où il s'agit, pour le gaz courant, de conduire le gaz à l'entrée d'une localité, sans tenir compte de la canalisation à poser dans cette localité ; et, pour le gaz portatif, de remplir journellement une batterie de cylindres placée à la même distance.

Cette hypothèse permet de calculer d'une manière précise le mérite respectif des deux systèmes, tous les autres cas s'en déduisent.

Si la voiture de gaz portatif se déverse chaque jour en entier, le prix de revient par mètre cube est :

$$0^r,10 + 0^f,16 \frac{x}{6000}.$$

Nous ferons dans cette formule successivement $x = 6000^m$, 12000^m, jusqu'à 36000, et nous en conclurons les différentes valeurs du prix de revient de transport du gaz.

En admettant un titre quatre fois plus fort seulement pour le gaz portatif, — ce qui représente une valeur de 12 à 15 bougies par 100 litres et par heure, — on divise par 4 ces prix de revient et l'on en conclut ceux de l'unité de lumière, qui est celle fournie par la combustion d'un mètre cube de gaz de houille. On calcule ensuite, pour chacun d'eux, par la formule (2) ci-dessus, le diamètre à donner à la conduite, et par la formule (1), le nombre de mètres cubes à envoyer pour que ce prix de revient soit atteint.

Si le chiffre de consommation n'est pas obtenu en réalité, le tableau de la page 486, donne l'augmentation qui en résulte dans le prix de revient; si le chiffre, au contraire, est dépassé, il donne l'économie à réaliser.

Pour établir nos calculs, nous admettons une perte de charge de $0^m,05$, qui ne saurait être dépassée.

DISTANCES	PRIX DE REVIENT.		DIAMÈTRES calculés d'après la formule.	QUANTITÉS DE GAZ à déverser par an.	PRIX DE LA CANALISATION		DÉPENSES DE MATÉRIEL (gaz portatif).	
	par mètre cube.	par unité de lumière.			TOTAL.	par unité de lumière	par mètre cube.	par unité de lumière.
m.	f.	f.	m.	m c.	f.	f.	f	f.
6000	0,26	0,065	0,201	130200	120600	0,93	0,80	0,20
12000	0,42	0,105	0,293	234100	351600	1,50	1,00	0,25
18000	0,58	0,145	0,354	307700	637200	2,07	1,20	0,30
24000	0,74	0,185	0,401	364400	962400	2,64	1,40	0,35
30000	0,90	0,225	0,437	407700	1311000	3,21	1,60	0,40
36000	1,06	0,265	0,474	450400	1706490	3,78	1,80	0,45

On voit qu'à mesure que la distance augmente, la consommation de la localité à desservir doit augmenter de plus en plus, pour que le prix de revient de distribution par mètre cube reste le même que pour le gaz portatif.

Ainsi, à une distance de 12000^m, il faut que la localité consomme 234100 mètres cubes, par an, pour que les conditions de prix de revient restent les mêmes dans l'un et l'autre système; et encore faudra-t-il que l'usine débourse pour sa canalisation la somme énorme de 351600 francs, soit $1^f,50$ par mètre cube; tandis que la dépense de matériel pour le gaz portatif est réduite à $0^f,25$ par mètre cube, au sixième.

Le gaz portatif peut, restant dans les mêmes conditions, porter son gaz à ces distances avec la certitude d'une consommation minimum de 20 mètres cubes par jour, qui représente la lumière de 80 mètres cubes de gaz de houille. Si l'on tient compte des différences dans les consommmations suivant les saisons, ce minimum de 80 mètres de gaz de houille par jour correspond à

50000 mètres cubes du même gaz par an. C'est le 1/5 de ce que doit prendre une compagnie de gaz courant pour être dans les conditions du gaz portatif.

Si la compagnie de gaz courant posait sa canalisation pour une consommation de 50000 mètres cubes au lieu de 234100, le diamètre de la conduite serait réduit à 50 p. 100, tandis que pour rester dans les mêmes conditions, il devrait être réduit à 20 p. 100. C'est une dépense 2 fois 1/2 plus grande qui devient par conséquent 3^r,75 par mètre cube, au lieu de 1^r,50. — Condition inacceptable pour une usine à gaz courant.

Nous devons ajouter que les conditions deviendraient au contraire plus avantageuses pour le gaz courant, si la consommation à fournir était plus considérable que celle indiquée dans le tableau ci-dessus. Mais nous n'avons admis pour le gaz portatif qu'un titre 4 fois plus grand, tandis qu'il peut l'être 6, 7 et 8 fois.

CAS OU LE MÊME GAZ EST DISTRIBUÉ SOIT AU MOYEN DES CONDUITES, SOIT AU MOYEN DE VOITURES. — IMPORTANCE DE LA VALEUR DU TITRE. — Le prix de revient du transport par les voitures, pour une enceinte limitée à l'étendue d'une grande ville, est de 0^r,26; celui de distribution au moyen de conduites est, au minimum, 0^r,007 $\frac{DL}{Q}$. Représentons ces deux prix de revient par r et c. La valeur de r est indépendante de la qualité du gaz : il coûtera toujours 0^r,26 par mètre cube de gaz pour le transporter. Mais il n'en est pas de même de c : si le titre est double, on dépensera deux fois moins de gaz ; la valeur de Q est en raison inverse du titre.

Quand Q, dans la valeur de $c = 0{,}007\,\frac{DL}{Q}$, se réduit à la moitié, au tiers ou au quart par suite de la valeur du titre, on sait que D ne diminue pas dans la même proportion, par conséquent la valeur de c augmente avec la valeur du titre.

Si donc une usine à gaz courant songe à relever la valeur de son titre pour diminuer les frais de canalisation, elle n'obtiendra pas un avantage proportionnel ; tandis qu'avec les voitures la proportion est exacte.

Ainsi pour deux usines situées dans la même localité, une de gaz portatif et une de gaz courant, livrant toutes les deux le même gaz, la position est d'autant moins désavantageuse pour le gaz portatif, que la valeur du titre est plus élevée.

Ne peut-on même pas déterminer, quelle que soit la valeur de c, pour un gaz d'une richesse déterminée, un titre tel qu'à ce moment, quelque différence qu'il y ait entre les valeurs de r et de c, les prix de revient, calculés dans chacun des deux systèmes d'émission, soient égaux? C'est la question que nous allons étudier.

Quand le titre augmente, la densité du gaz augmente également : pour un titre quatre fois plus fort, la densité double. Bien que l'on ne puisse établir aucun rapport mathématiquement exact entre la densité d'un gaz et la valeur de son titre, on se trouve dans des conditions acceptables en admettant que la densité croît comme la racine carrée du titre.

Ayant la valeur de c pour un gaz de houille, cherchons la valeur du prix de revient c', dans l'hypothèse d'émission d'un gaz ayant un pouvoir éclairant m fois plus fort que ce gaz de houille.

Les valeurs de D et de Q, qui sont relatives au gaz de houille, sont liées par la relation

$$D^5 = \text{const. } KLQ^2.$$

K est la densité.

Pour un gaz m fois plus riche, le nombre de mètres cubes q à émettre est $\dfrac{Q}{m}$, et la densité est $K\sqrt{m}$.

Le nouveau diamètre d sera donc donné par la formule

$$d^5 = \text{const. } K\sqrt{m}\, Lq^2 = \text{const. } KLQ^2 \sqrt{\frac{1}{m^3}}$$

D'où

$$\frac{d^5}{D^5} = \sqrt{\frac{1}{m^3}} \text{ et par suite } d = D\left(\frac{1}{m^3}\right)^{\frac{1}{10}}$$

Comme la valeur de c' est $0,007\,\dfrac{dL}{q}$; remplaçant d et q par leurs valeurs exprimées en D et en Q, on obtient :

$$c' = 0,007 \frac{DL}{Q} m \left(\frac{1}{m^3}\right)^{\frac{1}{10}} = c \times m^{\frac{7}{10}}$$

Ce résultat très-simple montre que le prix de revient d'émission du gaz augmente avec la valeur du titre comme la puissance septième de sa racine dixième. Quant à r', il reste constant et toujours égal à 0^f26. Or, quelque différence qu'il y ait entre r et c, on peut toujours déterminer m de manière que $r' = c'$; pour cela, il suffit de poser :

$$r' = r = c \times m^{\frac{7}{10}}; \text{ d'où } m = \left(\frac{r}{c}\right)^{\frac{10}{7}}.$$

faisant successivement $\frac{r}{c} = 2, \ 2\frac{1}{2}, \ 3, \ 3\frac{1}{2}, \ 4.., $ jusqu'à 5, on obtient :

VALEURS DE $\left(\frac{r}{c}\right)$	VALEURS CORRESPONDANTES DE m.
Ou rapport des prix de revient de distribution par mètre cube de gaz de houille avec des voitures et avec des conduites.	Ou du titre qu'il faut donner au gaz, par rapport au gaz de houille, pour que les prix de revient de distribution, par mètre cube, dans les deux systèmes, soient égaux.
2,0	2,69
2,5	3,70
3,0	4,81
3,5	5,98
4,0	7,24
4,5	8,80
5,0	9,96

On reconnaît, d'après ce tableau, que lorsqu'une usine à gaz courant et une usine à gaz portatif fournissent le même gaz, plus le gaz est pauvre, plus le système de distribution au moyen des conduites devient économique ; plus au contraire le gaz est riche, plus il est avantageux de le transporter par les voitures. Ainsi, admettons que le prix de transport avec voiture restant égal à $0^f,26$, le prix de revient, pour les conduites, soit de $\frac{0^f,26}{4} = 0^f,065$ c'est faire $\frac{r}{c} = 4$; si l'on distribue le même gaz par les deux systèmes, le prix de revient de distribution de l'unité de lumière est quatre fois moindre pour les conduites ; mais si l'on rend le titre du gaz 7,24 fois plus grand, l'avantage, sous le rapport de l'économie, constaté pour le gaz courant disparaît, et les prix de revient restent les mêmes dans l'un et l'autre système.

Si l'on n'augmentait la richesse du gaz que pour celui transporté par les voitures, il suffirait de rendre son titre 4 fois plus grand, pour rétablir l'équilibre dans les prix de revient.

Si l'on se bornait à rendre la richesse du gaz, dans l'un et l'autre système, 4 fois plus grande seulement au lieu de 7,24, l'exploitation par le gaz courant conserve toujours un avantage, quoique moindre.

Soit D le diamètre de la conduite.

Avec le gaz de houille, sa valeur est déduite de la formule

$$D^5 = \text{constante} \times KQ^2.$$

Si le gaz devient 4 fois plus riche, il faut remplacer K par 2K et Q par $\frac{Q}{4}$, le nouveau diamètre sera donné par la formule

$$d^5 = \text{const.} \times 0,125 \; KQ^2$$

d'où :

$$d^5 = 0,125 \; D^5 \text{ et } d = 0,66 \; D.$$

Quoique le gaz soit devenu 4 fois plus riche, le nouveau diamètre est encore les deux tiers de l'ancien. L'avantage en faveur du gaz courant qui était de 75 p. 100 avec le gaz de houille, n'est plus que de 33 p. 100, lorsque l'on rend le titre 4 fois plus grand dans l'un et l'autre système.

Les pertes de gaz, avec un diamètre D, étant 1, elles seraient 0,66 avec un diamètre 0,66D, si le gaz avait la même densité ; mais comme la densité du gaz a doublé, la perte ne sera que $\frac{1}{\sqrt{\frac{1}{2}}} \times 0,66 = 0,46$; c'est presque moitié de ce qu'elle était avant.

Il passe 4 fois moins de gaz, les fuites auront par le fait une importance relative double, circonstance qui tend à réduire le bénéfice que pourrait avoir, sous le rapport de l'économie dans l'établissement de la canalisation, une usine à gaz courant, en augmentant la valeur du titre du gaz.

Admettons maintenant qu'il s'agisse de transporter le gaz à

dé grandes distances, et reprenons les considérations exposées plus haut. Si le gaz devient 4 fois plus riche, sa densité double, et son prix de revient c, pour rester dans les conditions du gaz portatif, peut être 4 fois plus grand ; l'on conclurait (D étant le diamètre de la conduite avec le gaz courant), pour la valeur du nouveau diamètre d, avec un gaz 4 fois plus riche,

$$d^3 = D^3 \frac{4}{8}, \text{ d'où } d = \frac{1}{2} D.$$

On verrait de même que le volume Q est le huitième de celui calculé pour le tableau de la page 491.

Ainsi, dans cette hypothèse, en faisant le titre du gaz 4 fois plus grand, on n'a à envoyer que le huitième du volume de gaz de houille qu'il est nécessaire de fournir pour se trouver dans les mêmes conditions que le gaz portatif ; c'est précisément une quantité de lumière moitié, ce qui est un avantage incontestable pour le gaz courant, amoindri cependant par des fuites relativement plus grandes.

Résumé. — Les cylindres de voiture pour le gaz portatif pèsent à raison de 30 kilogrammes par mètre cube de gaz à déverser dans un gazomètre, ou par $0^{mc},70$ à $0^{mc},75$ à déverser dans les cylindres de consommateur.

Ce poids reste le même, quel que soit le degré de compression du gaz. Une trop grande compression procure, il est vrai, une plus grande réduction de volume, mais elle diminue le titre du gaz et elle augmente la difficulté de l'exploitation ; aussi ne dépasse-t-on pas 11 atmosphères : on évite ainsi les inconvénients que l'on vient de signaler, et le volume, d'après le poids qu'il est possible de donner aux voitures, est transportable.

Le poids de 30 kilogrammes par mètre cube, est calculé dans l'hypothèse d'un effort de traction, pour la tôle, de 6 kilog. par millimètre carré.

Nous avons montré les avantages de la double rivure et indiqué les règles à suivre pour que la tension du métal, entre les trous des rivets, ne soit augmentée que dans les plus faibles proportions. Nous avons appuyé, d'une manière spéciale, sur la nécessité d'employer les tôles les plus douces.

Après avoir calculé la formule donnant le travail théorique nécessaire pour comprimer un mètre cube de gaz, après avoir posé en principe qu'il faut compter, dans la pratique, sur un cheval-vapeur pour comprimer 8 mètres cubes par heure, nous avons établi les prix de revient de distribution du gaz par les voitures, et ensuite par les conduites.

Le prix de revient de distribution du gaz portatif, pour une grande ville, est, en moyenne, de 0ᶠ,26 par mètre cube, y compris l'intérêt et l'amortissement du capital. La lumière fournie par la combustion d'un mètre cube de gaz de houille étant représentée par 1, le prix de revient du gaz portatif, pour transporter cette lumière, sera 0ᶠ,26 divisé par la valeur du titre du gaz transporté (le titre du gaz courant étant 1).

Le prix de revient pour le gaz *courant* a été calculé en comptant seulement 7 p. 100 de la dépense totale de la canalisation, pour l'entretien, pour desservir l'intérêt du capital dépensé à raison de 5 p. 100, et pour pourvoir à l'amortissement de ce capital, ce qui suppose une canalisation en fonte faite avec les plus grands soins, et une concession de très-longue durée.

De la comparaison de ces deux prix de revient, il ressort, en réduisant le titre du gaz portatif à n'être que 4 fois plus fort seulement que celui du gaz *courant*, — ce qui représente une valeur absolue de 12 à 15 bougies, — que, tant que le capital dépensé pour la canalisation est sensiblement inférieur au nombre de mètres cubes à fournir par an — ce nombre étant exprimé en francs — le système de distribution au moyen des conduites est plus économique; dans le cas contraire, il l'est moins.

Telle est la règle à suivre pour apprécier la valeur respective des deux systèmes; elle varie cependant suivant le rapport des titres des deux gaz.

Les frais qui forment le prix de revient de distribution du gaz portatif, consistent principalement en main-d'œuvre, en nourriture des chevaux et en dépense d'entretien ; l'intérêt et l'amortissement du capital dépensé entrent pour une faible part ; ce capital est de 0^f,20 par unité de lumière à fournir par an, — cette unité de lumière étant représentée par celle que donne la combustion d'un mètre cube de gaz de houille ; — il serait moindre encore, si le titre du gaz augmentait. Il en résulte que ce prix de revient pourrait, pour le même éclairage, être supérieur à celui obtenu par les conduites, et néanmoins le revenu industriel, en sus de l'intérêt à 5 p. 100, être plus grand.

Les dépenses d'installation avec le gaz portatif sont graduelles ; elles marchent avec l'importance de l'éclairage : tandis que les conduites entraînent à des dépenses considérables, et restent ensuite plusieurs années avant qu'on puisse leur faire rendre tout ce qu'elles sont en état de fournir. — Dans la comparaison que nous avons établie entre les deux systèmes, nous avons tacitement admis que les conduites avaient atteint cette limite.

Mais les conduites étant posées, l'usine accepte toutes les consommations, grandes ou petites, avec un égal bénéfice *proportionnel ;* au lieu qu'avec le gaz portatif, si le prix du transport diminue pour les très-fortes consommations, il augmente à tel point pour les très-petites, que l'on doit y renoncer.

Nous avons ensuite étudié le cas où le gaz est porté à de grandes distances : nous avons démontré qu'à mesure que ces distances augmentent, l'exploitation ne devient possible avec les conduites, qu'à la condition d'alimenter des consommations de plus en plus fortes ; et, quand ces consommations n'atteignent pas les chiffres que nous avons posés pour chaque distance, le prix de revient augmente alors dans de telles proportions, que l'affaire devient industriellement impossible ; dans ces conditions, le gaz portatif acquiert une supériorité marquée.

Nous avons montré que l'élévation du titre était une condition capitale pour que le gaz portatif puisse lutter avec le gaz *courant ;* mais cette élévation du titre permet également au gaz courant une économie dans la pose de ses conduites pour un même éclairage. Nous avons alors comparé les deux systèmes, en admettant que la valeur du titre reste la même pour les deux, et se modifie en même temps. Nous avons conclu que, pour un même éclairage :

1° Moins le titre du gaz est élevé, plus il est avantageux de le distribuer au moyen de conduites ;

2° Quand le titre s'élève, au contraire, la comparaison est moins désavantageuse pour le gaz portatif ; et quel que soit l'éclairage à satisfaire, on peut toujours assigner un titre tel, que les prix de revient de distribution, dans les deux systèmes, soient égaux.

Ainsi, admettant que le prix de revient que nous étudions soit 4 fois plus élevé pour le gaz portatif distribuant le même gaz que celui des conduites, l'équilibre entre les deux prix de revient s'établira, si l'on prend, *pour les deux systèmes*, un gaz qui ait un titre 7,24 fois plus grand.

Mais nous avons fait observer qu'avec les conduites, l'importance relative des fuites augmente en même temps que l'élévation du titre.

CHAPITRE XIII

DU COMPTEUR

Principe sur lequel reposent les compteurs. — Les compagnies ont deux moyens de débiter leur gaz : par abonnement, ou à la mesure, en se servant alors d'un appareil appelé compteur.

Dans les compteurs employés jusqu'à présent pour mesurer la quantité de gaz qui passe dans une conduite, on a une capacité fixe qui se remplit et se vide alternativement ; le nombre de fois que ces alternatives ont lieu est indiqué par un mouvement d'horlogerie, qui permet de lire sur des cadrans la quantité de gaz qui est passée : l'un des cadrans indique le nombre de mètres cubes, et les autres les dizaines, centaines, etc., de mètres cubes, suivant la force de l'appareil.

Le moyen le plus simple est de prendre deux petites cloches, plongeant dans l'eau, qui soient dépendantes l'une de l'autre comme le sont les plateaux d'une balance : l'une des cloches ne peut se baisser sans soulever l'autre, et chacune d'elles communique, d'une part, avec la conduite du gaz et, de l'autre, avec la consommation. Des soupapes sont disposées de manière à ce que, lorsque l'une des cloches n'est en communication qu'avec la conduite, l'autre ne communique qu'avec la consommation, et réciproquement ; le mécanisme est mis en jeu par le mouvement même des cloches.

Lorsque le gaz arrive dans l'une des cloches, il la soulève en vertu de sa pression et force ainsi le gaz, qui est dans l'autre cloche, à se rendre aux brûleurs.

Arrivée à une certaine hauteur, cette cloche fait mouvoir le petit mécanisme et la communication avec l'extérieur est interrompue ; le gaz soulève alors l'autre cloche, et ainsi de suite.

Ce système, qui paraît le plus simple, a été abandonné malgré les perfectionnements qu'on y a apportés : il donne des oscillations à la lumière, et se trouve soumis à des inconvénients résultant du jeu des soupapes.

On a aussi essayé de prendre une seule cloche, que la pression du gaz soulevait jusqu'à une certaine hauteur, où, par un petit mécanisme qu'elle mettait en jeu, la communication de la cloche avec le gaz entrant était fermée, en même temps qu'elle se trouvait établie, au contraire, avec un régulateur où le gaz se déversait pour se rendre de là à la consommation. La cloche baissait alors jusqu'à un autre point déterminé, où par la même manœuvre la communication se trouvait rétablie avec le gaz extérieur. Un mouvement d'horlogerie, indiquant le nombre d'oscillations, faisait connaître la quantité de gaz qui avait passé.

Cet appareil a l'inconvénient de ne pouvoir fonctionner lorsque la pression du gaz dans la conduite devient inférieure à celle qui est nécessaire pour soulever la cloche ; ce qui peut, dans le cas d'une diminution momentanée dans la pression du gaz, occasionner une extinction complète. De plus, il fournit des oscillations dans les lumières qui précèdent le compteur, qui sont d'autant plus sensibles que le nombre des becs alimentés par ce compteur est plus considérable, mais il sert en même temps de régulateur.

COMPTEUR CROSLEY. — Le seul compteur qui soit généralement en usage est le compteur de Clegg, tel qu'il a été perfectionné par Crosley ; c'est aussi le seul dont nous allons faire connaître le mécanisme.

Nous ne pouvons mieux comparer cet appareil, pour en donner une idée, qu'à une vis d'Archimède couchée horizontalement, plongeant un peu plus qu'à moitié dans l'eau; — le gaz arrive dans cette vis par une extrémité et sort par l'autre ; — sa longueur est telle que, quelle que soit sa position, les cloisons s'opposent à ce qu'il y ait communication entre les deux extrémités. Si nous nous représentons une semblable vis, nous pouvons nous rendre compte du résultat obtenu.

Le gaz, en entrant par l'une des extrémités, pénètre dans les canaux hélicoïdes de la vis, et vient exercer une pression contre une des marches qui, de l'autre côté, n'est soumise qu'à la simple pression atmosphérique, si le compteur n'a pas encore marché, et, si nous prenons le compteur fonctionnant déjà, à une pression qui varie suivant la consommation, d'après le travail qu'exige le mouvement de la vis. Il en résulte, sur cette marche, une force égale à la différence des deux pressions, en vertu de laquelle la vis tourne autour de son axe ; la capacité où va se loger le gaz s'agrandit jusqu'au moment où l'entrée de la marche venant à plonger dans l'eau, le gaz ne peut plus pénétrer, mais il continue d'agir sur la marche suivante.

On obtient ainsi un courant continu de gaz, dont la mesure est donnée par le nombre de tours de la vis.

L'appareil ne peut marcher qu'autant qu'il y a pression exercée sur l'une des marches de la vis. Du moment qu'il y a une consommation quelconque, cette pression s'exercera toujours : car la pression du gaz arrivant est constante, et celle du gaz qui a déjà traversé tend à s'affaiblir.

Cette différence de pression devra vaincre :

1° L'inertie de la masse d'eau que la vis doit entraîner dans son mouvement de rotation, les frottements et les étranglements qui en résultent,

2° Les frottements à attribuer aux pivots et à la nécessité de faire marcher un mouvement d'horlogerie qui indique le nombre de tours de la roue.

L'intensité de ces résistances augmente évidemment avec la con-

sommation. La différence de niveau sur les deux faces opposées
de la marche augmente, alors, également, ce qui tend à accroître
la capacité du compteur. Aussi, les compagnies s'opposent-elles
avec raison à ce que leurs abonnés fassent usage de compteurs
d'une force inférieure à celle qu'exige l'importance de leur consommation. Les compteurs ne doivent pas faire plus de 100 tours
par heure ; et, malgré cela, il ne faut pas compter sur une différence de pression moindre de 2 millimètres.

Le compteur de Crosley a quatre marches d'une forme particulière, qui permet de n'avoir que des surfaces planes. Nous allons le décrire. (Pl. XV, *fig.* 8.)

Supposons que la surface cylindrique du tambour soit coupée
suivant une arête et qu'elle soit déroulée sur un plan.

NN′, N″N‴ indiquent les lignes suivant lesquelles le tambour
plonge dans l'eau ; de sorte que la partie NN′N″N‴ du tambour
est hors de l'eau.

Chacune des marches est composée de trois surfaces planes qui
coupent la surface du tambour suivant les lignes *ab*, *bc* et *cd*,
etc.... : le plan du milieu *bc*, limité à la surface du tambour,
passe par le centre de l'axe suivant une certaine inclinaison ; il
se termine à la surface d'un petit cylindre idéal, que l'on doit se
représenter ayant le même axe que celui de la vis, et pour rayon,
une grandeur variable suivant la force du compteur.

Dans aucun cas, ce petit cylindre idéal ne doit sortir de l'eau,
par un abaissement de niveau, avant que la soupape d'entrée
dont nous parlerons tout à l'heure ne soit fermée : sinon le gaz
pourrait passer en dessous, au détriment de la compagnie, d'une
marche à l'autre, sans faire marcher le compteur.

La surface plane *bc* est raccordée, de chaque côté, à deux
autres surfaces planes *ab*, *cd*, un peu inclinées, comme l'indique
le dessin ; ce sont deux secteurs circulaires. Les trois plans *ab*, *bc*
et *cd* forment une des marches de la vis.

Tous ces plans secteurs se raccordent au centre, et se soudent
sur un petit cercle de même métal.

Le gaz pénètre successivement entre les marches du comp-teur ; il vient, par exemple, remplir l'espace compris entre les deux marches *abcd, a'b'c'd'* ; la marche *abcd* est soumise d'un côté à la pression du gaz arrivant, et de l'autre, à celle du gaz qui a déjà traversé. Nous avons dit que la différence de ces deux pressions était d'au moins 2 millimètres. La marche s'avançant de *b'* en *b*, l'arête qui limite le plan secteur *b'a'* vient atteindre le niveau NN' ; en ce moment, la communication entre le gaz arrivant et la capacité *abcd a'b'c'd'* est fermée. Un instant après, le plan secteur *cd* quitte le niveau N''N''', et le gaz compris entre les deux marches *ab* et *a'b'* se vide dans la caisse du compteur, pour de là rejoindre la consommation, et ainsi de suite.

Pour pouvoir introduire le gaz dans le compteur, on raccorde sur l'une des faces du tambour un cercle un peu bombé de même métal, ainsi que le représente la figure. (Pl. XV, *fig.* 10.) Ce cercle est percé au centre d'une ouverture circulaire *cd*, par où pénètre un tuyau recourbé *gf*, qui amène le gaz dans le tam-bour. Cette ouverture, ainsi que le cylindre idéal dont nous avons parlé plus haut, est d'un rayon assez petit pour être cer-tain qu'elle reste toujours recouverte par l'eau, tant que la soupape d'entrée n'est pas fermée.

Ce tuyau recourbé doit s'élever assez haut dans l'intérieur de la partie bombée, pour que dans aucun cas l'eau ne puisse s'y introduire et fermer l'entrée du gaz ; mais si, malgré cela, l'eau y pénétrait, ou si des condensations s'y déposaient, on dévisse le petit bouchon *e*, pour recevoir les eaux accumulées.

Cette ouverture *e*, disposée telle que l'indique la figure, per-met, en y branchant un tuyau en caoutchouc, de prendre le gaz venant directement des conduites, sans que la quantité en soit marquée par le compteur. Pour soustraire les compagnies à cette fraude, MM. Evans et Edge ont modifié les dispositions de cette entrée du gaz, ainsi que le représente le dessin : l'eau est re-cueillie en passant par un siphon qui, dans tous les cas, ferme le passage au gaz. (Pl. XV, *fig.* 11.)

Le niveau de l'eau ne doit pas s'élever au-dessus du tuyau recourbé qui amène le gaz, sinon l'eau entre dans ce tuyau, s'oppose à l'entrée du gaz, et la marche du compteur est arrêtée.

Ce niveau ne doit pas non plus descendre jusqu'au petit cylindre central qui limite la grandeur des marches bc, $b'c'$, ni jusqu'à l'ouverture pratiquée dans la partie bombée pour l'introduction du tuyau recourbé, sinon le gaz traverserait le compteur sans être marqué, au préjudice de la compagnie.

Il importe donc de fermer l'entrée du gaz, en se servant pour cela de l'abaissement du niveau de l'eau, avant que ce préjudice ne puisse avoir lieu : pour remplir ce but, on se sert d'un flotteur.

Le niveau de l'eau peut varier entre ces limites sans que la marche du compteur s'en ressente ; mais comme ces variations en amènent d'autres dans les appréciations des volumes transmis, on doit rapprocher les limites le plus possible, afin de rendre insensibles les différences dans les indications du cadran, suivant les niveaux. — On n'attend pas non plus que le niveau ait atteint le haut du tuyau courbé d'entrée, pour être averti de ce changement par une interruption de lumière ; on se sert d'un tuyau de trop-plein qui fixe le niveau supérieur de l'eau à tout moment, sans aucun danger pour l'éclairage.

Le niveau de l'eau dans le compteur se trouve donc limité de cette manière : en haut par un tuyau de trop-plein, et en bas, par un flotteur.

Le flotteur (Pl. XV, *fig*. 10) sert à fermer la communication du gaz lorsque l'abaissement de l'eau dépasse une limite assignée. A cet effet, il est surmonté d'une tige verticale portant un petit clapet, en forme de tronc de cône, qui ferme de haut en bas ; d'autres fois ce clapet est à charnière, ainsi que le représente la figure. Lorsque le niveau de l'eau baisse, et par suite le flotteur, ce petit cône vient s'emboîter dans une petite ouverture e en même métal, qu'il est destiné à fermer. Le gaz, en pénétrant par le raccord d'arrivée A dans la capacité fermée E, ne peut arriver au compteur qu'en traversant l'ouverture qui est fermée par le clapet du flotteur, lorsque le niveau de l'eau baisse à sa dernière limite. L'émission du gaz est arrêtée, et l'on est ainsi prévenu qu'il faut verser de l'eau par le raccord *o*.

Il arrive souvent, lorsque la pression extérieure est forte, et que l'on ouvre brusquement le robinet du compteur, que l'eau baisse subitement dans la chambre, entraînant le flotteur qui ferme la soupape avec force, il se produit alors une adhérence telle que l'action du flotteur est ensuite impuissante pour la surmonter.

MM. Siry et Lizars ont paré à cet inconvénient, en enfermant le flotteur dans une capacité formée au moyen d'un diaphragme percé de trous, par où l'équilibre de la pression de l'eau s'établit, mais pas cependant assez rapidement pour que l'effet que nous signalons puisse alors se produire.

Le tuyau de trop-plein a pour but de recueillir l'eau lorsque le niveau dépasse une limite supérieure.

Le tuyau de trop-plein de MM. Siry et Lizars (pl. **XV**, *fig.* **12**) est le meilleur de ceux employés; il se compose d'un cylindre vertical fermé dans le bas, qu'on loge dans la boîte d'entrée du compteur, de manière à ce que la partie supérieure vienne affleurer le niveau supérieur de l'eau, qui ne doit pas être dépassé. Dans l'intérieur du cylindre plonge un tube *t*, par où toute l'eau qui excède le niveau pénètre dans le tuyau de trop-plein, et trouve ensuite une issue par l'ouverture *i*.

Cette ouverture peut rester ouverte sans crainte, mais on la bouche néanmoins par un bouchon en métal, afin d'éviter les écoulements d'eau qui se produiraient par moments. Il n'y a jamais, au reste, inconvénient à déboucher cette ouverture, même au moment de l'éclairage. Ce tuyau de trop-plein a l'avantage de n'apporter aucun changement dans le niveau d'eau du compteur, lorsqu'il survient une augmentation momentanée de pression, comme cela aurait lieu, l'ouverture *i* restant libre, avec un siphon ordinaire. Il n'a pas non plus, dans les mêmes circonstances, l'inconvénient de se vider entièrement.

M. Williams a apporté à ce tuyau de trop-plein un perfectionnement. En aspirant par l'ouverture i, on enlève toute l'eau du siphon, et l'on peut alors soustraire le gaz avant qu'il ne passe dans le compteur. Pour parer à cette fraude, il entoure le tuyau de trop-plein par une enveloppe cylindrique fermée de toute part, mais percée d'ouvertures circulaires dans le bas, ainsi que l'indique le dessin (Pl. XV, *fig.* 13). Quand bien même alors on viderait le tuyau de trop-plein, au moyen d'une aspiration, il est évident qu'aucune soustraction de gaz n'est possible.

MM. Siry et Lizars font communiquer, vers le bas, le tuyau de trop-plein avec le compartiment du tambour, de sorte que lorsque l'on veut enlever le gaz par le raccord i, on ne soustrait que celui qui a passé dans le tambour, et qui est marqué par conséquent au cadran.

L'axe de la roue (*fig.* 10) porte une vis sans fin qui fait marcher une roue r, communiquant son mouvement à un mouvement d'horlogerie ; des cadrans indiquent le nombre de mètres cubes de gaz passé dans le compteur.

MOYENS PROPOSÉS POUR ÉVITER LES DIFFÉRENCES DE NIVEAU. — Bien que le niveau d'eau dans les compteurs soit, par les dispositions que nous venons de décrire, toujours compris entre deux limites que l'on est libre de resserrer à volonté, cependant on ne saurait user d'une manière complète de cette faculté sans craindre, pour des différences légères de niveau, de voir le compteur s'arrêter. Il faut, d'ailleurs, que l'entrée du gaz par le passage que ferme le clapet du flotteur soit entièrement dégagée, et cela ne saurait avoir lieu sans une certaine latitude dans la hauteur du niveau de l'eau ; il en résulte, alors, pour un même volume de gaz, des différences forcées dans les indications du compteur, suivant les hauteurs du niveau. Nous donnons dans la note (a) les moyens de

----

(a) Nous allons rechercher le volume de gaz que débite le tambour du compteur, par révolution, et les variations qu'amène, dans ce volume, un changement de niveau d'eau. (Pl. XV, *fig.* 9.)

Soient AB, la projection verticale du tambour, A'B' la projection hori-

calculer l'importance de l'erreur commise dans les deux positions extrêmes. Quoique cette erreur soit faible, tant que le flotteur et le tuyau de trop-plein fonctionnent bien, il peut arriver que le

---

zontale, *cbef* et *c'b'ef*, les projections verticales des plans milieux de deux marches voisines, qui se trouvent dans la partie supérieure, au moment où l'arête N*s* du plan secteur N*sb'* vient plonger entièrement dans l'eau, et où, par conséquent, le gaz ne pénètre plus entre ces deux marches.

NN' indique le niveau de l'eau.

Si le niveau d'eau est tel que, lorsque l'arête N*s* du plan secteur vient plonger en totalité dans l'eau, les deux plans *cbef*, *c'b'ef* soient également inclinés à l'horizon, le volume d'eau qu'ils comprennent est égal à un prisme qui aurait pour base le triangle *mne* et pour hauteur la largeur du tambour. Le volume de gaz compris entre ces deux plans est égal au volume total, moins le volume d'eau ci-dessus.

Par révolution, le compteur débitera évidemment quatre fois ce volume. Désignant par R le rayon du tambour, par *h* la hauteur du niveau d'eau au-dessus de l'axe, et enfin par L la largeur, le volume fourni par chaque révolution, sera $\pi R^2 L$, moins quatre fois le prisme d'eau *mne* $\times$ L, ou quatre fois $h^2 L$, moins deux petites pyramides ayant pour base *egfl* et pour hauteur $\frac{L}{2}$. Faisons O*s* $= r$, le volume cherché deviendra :

$$L\left[\pi R^2 - 4\left(h^2 + \frac{r}{3}\right)\right].$$

Nous ne tenons pas compte des petits volumes d'eau compris entre les plans secteurs, qui sont d'ailleurs négligeables, en prenant pour L la distance *a'a''* (*fig.* 8).

Admettons maintenant que le niveau vienne à baisser de la quantité *d*, que nous supposons assez petite, par rapport à R, pour pouvoir prendre, sans erreur sensible, $\frac{d}{R}$ pour mesurer l'angle *a* que l'arête du plan secteur doit faire en plus pour arriver à plonger entièrement dans l'eau.

Puisque O*s* $= r$, O*e* $= r\sqrt{2}$, le point *e* se sera abaissé de la quantité $\frac{dr\sqrt{2}}{R}$, et le point *f* se sera élevé de la même quantité.

Le prisme d'eau *men m'fn'* se changera donc en une pyramide triangulaire tronquée, dont la grande base *men* aura pour hauteur $h + \frac{dr\sqrt{2}}{R} - d$, et la petite base *m'fn'*, $h - \frac{dr\sqrt{2}}{R} - d$.

Chacune des bases de ces triangles est égale à deux fois la hauteur

clapet du flotteur ferme mal, et alors les compagnies restent soumises à des pertes certaines, difficiles à constater. On a naturellement recherché les moyens de se soustraire à ces pertes.

---

multipliée par $\left(\frac{1+a^2}{1-a^2}\right)$, comme il est facile de le calculer, puisque l'angle a est très-petit, et que l'on peut poser $\sin a = a$ et $\cos a = 1$. On en conclura la grandeur respective de chaque base, et nous aurons, après avoir fait toutes les réductions, pour le volume de ce tronc de pyramide, l'expression

$$\frac{1+a^2}{1-a^2} \times L \left\{ (h-d)^2 + \frac{2}{3} \times \frac{r^2 d^2}{R^2} \right\}$$

$$= \frac{R^2+d^2}{R^2-d^2} L \left\{ (h-d)^2 + \frac{2}{3} \frac{r^2 d^2}{R^2} \right\} . \qquad (b)$$

En faisant $d = o$, on retombe sur le prisme d'eau déjà calculé Lh^2.

Ainsi, lorsque le niveau d'eau baisse de la quantité d, le volume de gaz débité par le compteur, dans chaque révolution, est égal à $\pi R^2 L$, moins les deux pyramides ayant pour base $4r^2$, et pour hauteur $\frac{L}{2}$, moins enfin quatre pyramides triangulaires tronquées dont la solidité est donnée par l'expression (b).

Recherchons l'influence d'un abaissement de niveau de $0^m,01$, on a $d = 0^m,01$. Pour le compteur de 3 becs, $R = 0^m,1175$, $r = 0^m,016$ et $h = 0^m,0285$.

Avant l'abaissement du niveau de l'eau, le prisme est égal à $L(0^m,0285)^2 = L \times 0,000812$ mètres cubes, et, lorsque le niveau se sera abaissé de 1 centimètre, à

$$L \times \frac{(0,1175)^2 + (0,01)^2}{(0,1175)^2 - (0,01)^2} \left\{ (0,0185)^2 + \frac{2}{3} \frac{(0,016)^2(0,01)^2}{(0,1175)^2} \right\} = L \times 0,0003574$$

Le niveau d'eau baissant de $0^m,01$, il passera donc, par chaque révolution, un volume de gaz en plus égal à $4L(0,000812 — 0,000357) = 0,00182 L = 0^{mc},000205$ en faisant $L = 0^m,1125$.

Comme ce compteur est établi de manière à débiter $0^{mc},036$ par révolution, un abaissement de niveau de $0^m,01$ entraine, pour la compagnie, une perte de $5,5$ p. 100.

La perte serait moindre avec les gros compteurs pour le même abaissement de niveau, ce qui est évident *à priori*.

MM. Crosley et Goldsmith ont imaginé de placer en avant de la chambre du compteur un compartiment rempli d'eau. Le mouvement même du tambour fait marcher une petite machine *élévatoire*, qui vient puiser l'eau dans ce compartiment pour la déverser, en dessus, dans le compteur. Un tube de trop-plein ramène les eaux en excès dans le compartiment qui sert de réservoir.

La machine élévatoire se compose d'un tuyau ayant la forme d'un S, relié par le centre à un tube horizontal creux également mis en mouvement par le tambour; les branches de l'S prennent l'eau par leurs extrémités, la ramènent au centre, où elle trouve l'axe creux qui la conduit au compteur. MM. Crosley et Goldsmith n'évaluent pas la perte de pression occasionnée par la marche de cet appareil à plus de $0^m,002$, comme les compteurs ordinaires.

Il y a toujours un inconvénient à compliquer la marche du compteur, que MM. Siry et Lizars ont évité en remplissant néanmoins le même but que MM. Crosley et Goldsmith. Ces messieurs ont également un compartiment rempli d'eau, en avant de la chambre du compteur; un tube, fermé par le bas, plonge verticalement dans l'eau de ce compartiment; il peut faire un quart de cercle autour de son extrémité supérieure, qui est garnie d'une tubulure par laquelle il laisse écouler dans la chambre du compteur toute l'eau renfermée dans le tube, lorsque celui-ci devient horizontal.

Ce tube est percé, à une certaine distance du fond, d'une ouverture sur le côté, dans le sens du mouvement qu'il prend autour de son extrémité supérieure. Lorsque le tube plonge dans l'eau, il s'emplit par l'ouverture à la hauteur du niveau; cette ouverture reste toujours en dessus, quand le mouvement de rotation s'opère, et elle ne laisse échapper aucune partie d'eau, aussitôt qu'elle a dépassé le niveau. L'eau renfermée dans le tube se vide ensuite dans la caisse du compteur, lorsque celui-ci achève son quart de révolution.

Le mouvement nécessaire à cette manœuvre est fait par l'abonné lui-même, chaque fois qu'il touche au robinet du compteur. Ce robinet fait mouvoir, au moyen d'une petite bielle, une tige en fer qui traverse la caisse du compteur pour entrer dans un tube plongeant dans l'eau du compartiment antérieur ; la tige de fer se redresse au bas, de manière à arriver à l'extrémité supérieure du tube ; et là, au moyen d'un excentrique, son mouvement vertical de va-et-vient, suivant que le robinet s'ouvre ou se ferme, détermine le mouvement de quart de révolution du tube.

Les cadrans des compteurs portent au-dessus un petit tambour gradué, posé horizontalement, dont le mouvement est plus rapide que celui des cadrans : on y lit facilement la consommation de quelques litres, ce qui permet de contrôler en quelques minutes la dépense d'un établissement, ou de constater l'importance des fuites.

M. Barthélemy a rendu les indications de dépense plus sensibles encore : au-dessous des cadrans, il fait mouvoir dans un plan horizontal une petite aiguille indiquant sa marche sur un cadran dont les divisions sont très-apparentes ; on y lit les plus petites dépenses.

Puisque nous parlons des moyens de signaler les fuites, nous ne pouvons nous dispenser de citer l'ingénieux appareil de M. Cantagrel, qui est un indique et un cherche-fuite en même temps ; il permet de les découvrir beaucoup plus sûrement et plus commodément que ne le fait le flambage, et sans danger.

L'appareil de M. Cantagrel se compose d'une vessie en caoutchouc raccordée sur un robinet d'une construction particulière que l'on branche sur la conduite. La clef de ce robinet prend deux positions différentes, suivant que l'on met la vessie en communication avec l'atmosphère ou avec la conduite. Dans la première position la vessie s'emplit d'air ; dans la seconde, elle est pressée à la main, afin de chasser cet air dans la conduite.

En répétant ainsi successivement les mêmes opérations, on

arrive à produire une pression d'un quart d'atmosphère, et par suite un sifflement qui trahit la présence de chaque fuite.

Cet appareil est très-simple; il rend de grands services, et est très-répandu : on le place à demeure chez l'abonné, qui peut à chaque instant, et sans frais, vérifier l'état de ses conduites.

FIN.

TABLE DES MATIÈRES

CHAPITRE PREMIER

DISTILLATION DES MATIÈRES ORGANIQUES. — NATURE DES GAZ PRODUITS —
ANALYSE.

CHAPITRE II

PHOTOMÉTRIE. — PHÉNOMÈNES DE LA LUMIÈRE. — PUISSANCE ÉCLAIRANTE D'UN GAZ. — TITRE. — BRULEURS.

CHAPITRE III

COMBUSTIBLES MINÉRAUX UTILISÉS POUR LA PRODUCTION DU GAZ. — ANALYSE.

CHAPITRE IV

THÉORIE DE LA DISTILLATION DES MATIÈRES ORGANIQUES. — FORMES A DONNER
AUX CORNUES. — GAZ DE DIVERSES NATURES. — TÊTES DE CORNUE. — RA-
BILLET.

CHAPITRE V

DÉVELOPPEMENTS THÉORIQUES SUR LES PHÉNOMÈNES DE LA CHALEUR.

CHAPITRE VI

DU MOUVEMENT DE L'AIR DANS LES CHEMINÉES ; DU TIRAGE ; DIMENSIONS A DONNER AUX CHEMINÉES ; VITESSE THÉORIQUE DE SORTIE DES GAZ BRULÉS DANS UNE CHEMINÉE.

CHAPITRE VII

FOURNEAUX A GAZ.

CHAPITRE VIII

PRIX DE REVIENT DU GAZ. — COMMISSION DE SAINT-CLOUD. — COMPTES RENDUS. — EXAMEN CRITIQUE. — CONCLUSION.

CHAPITRE IX

PURIFICATION DU GAZ. — CONDENSATEURS. — COLONNES A COKE. — SCRUBBER. — LAVEURS. — ÉPURATEURS. — VALVES. — EXTRACTEURS.

CHAPITRE X

DES GAZOMÈTRES. — DES CUVES.

CHAPITRE XI

CONDUITES DE GAZ. — NOTIONS THÉORIQUES. — FORMULES PRATIQUES.
— RÉGULATEURS.

CHAPITRE XII

CONSIDÉRATIONS GÉNÉRALES SUR LE GAZ PORTATIF. — COMPARAISON ENTRE LE PRIX DE DISTRIBUTION DU GAZ AU MOYEN DES CONDUITES ET LE PRIX DE TRANSPORT PAR VOITURE.

CHAPITRE XIII

DU COMPTEUR.

FIN DE LA TABLE DES MATIÈRES

CORBEIL, TYP. ET STÉR. DE CRÉTÉ.